教育部高等学校电工电子基础课程教学指导分委员会推荐教材
武汉大学"十三五"规划核心教材

信号与系统

（第 2 版）

严国志　杨玲君　王　静　刘开培　编著

电子工业出版社.
Publishing House of Electronics Industry
北京·BEIJING

内 容 简 介

本书突出体现课程内容的逻辑性、知识点的目标性，着重讲清物理意义，全面给出 MATLAB 实现方法，体现课程内容的专业实用性。结合典型的实际工程问题，给出具体分析、解决的方法和步骤，引导学生建立理论与工程实际的联系，并体会课程的基础性、实用性，以及对解决实际问题的局限性，激发和提高学生的学习兴趣。全书共 7 章，包括：绪论、连续时间信号与系统的时域分析、连续时间信号与系统的频域分析、连续时间信号与系统的复频域分析、离散时间信号与系统的时域分析、离散时间信号与系统的频域分析、离散时间信号与系统的 z 域分析。本书提供配套的电子课件 PPT、习题参考答案、MATLAB 仿真程序代码、每章精选的难题解答等。

本书可作为高等学校电气类、自动化类、通信类、机械类、能源与动力类、电子信息类、计算机类等工科类专业"信号与系统"及"信号与系统实验"课程的教材，也可供相关科技、工程技术人员学习和参考。

图书在版编目（CIP）数据

信号与系统 / 严国志等编著. —2 版. —北京：电子工业出版社，2022.8

ISBN 978-7-121-44037-3

Ⅰ. ①信… Ⅱ. ①严… Ⅲ. ①信号系统－高等学校－教材 Ⅳ. ①TN911.6

中国版本图书馆 CIP 数据核字（2022）第 133448 号

责任编辑：王晓庆　　　　特约编辑：田学清
印　　刷：北京天宇星印刷厂
装　　订：北京天宇星印刷厂
出版发行：电子工业出版社
　　　　　北京市海淀区万寿路 173 信箱　　　邮编：100036
开　　本：787×1092　　1/16　　印张：19.5　　字数：562 千字
版　　次：2018 年 10 月第 1 版
　　　　　2022 年 8 月第 2 版
印　　次：2024 年 7 月第 4 次印刷
定　　价：58.00 元

第 2 版前言

本书第 1 版自 2018 年出版以来，被国内多所高校使用，教材得到了许多肯定，并入选武汉大学规划核心教材建设项目。在教材的使用过程中，作者认真总结、广泛调研、收集反馈信息，得到了许多教师、学生和同行专家的有益意见和建议。为了进一步提高教材质量，更好地满足高校高素质人才培养的需求，适应教育部工程认证及新工科专业建设，结合使用教材过程中的体验，这次修订主要进行了如下工作：

（1）对基本概念、基本理论、基本方法进行深入、细致的审定，力求更准确、全面、易懂；

（2）进一步完善课程理论与工程实际的联系，反映到讲解、例题、实例中；

（3）进一步完善各知识内容对应的 MATLAB 实现方法；

（4）进一步优化主要例题、习题；

（5）加入课程思政内容。

本书的第 2 章和第 5 章由杨玲君执笔修订，第 3 章由王静执笔修订，第 7 章由刘开培执笔修订，第 1 章、第 4 章、第 6 章由严国志执笔修订。全书由严国志主持编著和统稿。

本书提供课程教学的配套电子课件 PPT、习题参考答案、MATLAB 仿真程序代码、每章精选的难题解答等，请刮开封二的防伪码涂层，扫描封面上的二维码，注册华信 SPOC 后单击"使用图书防伪码学习"按钮并输入防伪码，即可免费学习。相关资源也可登录华信教育资源网（www.hxedu.com.cn）注册下载，或联系编辑（wangxq@phei.com.cn，010-88254113）索取。

在本书的编写、出版过程中，得到了作者学校武汉大学电气与自动化学院、武汉晴川学院机械与电气工程学院的大力支持，也得到了课程组诸位成员的大力支持和帮助，并参考了部分参考文献，电子工业出版社的编辑人员也为本书的出版付出了大量心血，在此一并表示衷心的感谢。

限于编著者的水平，书中难免有疏漏之处，恳请读者批评指正。

编著者

2022 年 8 月

前　　言

　　信号与系统，顾名思义，研究的是信号与系统两方面。信号分析，是指研究信号的表示方式、运算、特性、变换和应用。系统分析，是指研究系统模型，分析信号作用于系统时所产生的响应，通过研究系统的单位冲激响应和单位样值响应、系统的频率特性、系统函数等来研究系统的各种特性，如系统的线性、时不变性、因果性、稳定性等。信号与系统是密不可分的，将任意复杂信号表示为基本信号的线性组合，通过分析信号作用于系统产生的响应，揭示信号与系统之间的内在机理，得到输出响应与输入激励和系统之间的相互关系。信号与系统是一对包含广泛内容的概念，工程类专业都有其自身的信号与系统。信号与系统课程分析，以及研究信号与系统的基本概念、基本理论和基本方法，可适用于范围广泛的工程领域。对于工科学生来讲，本课程是工程专业一门基本的理论和实践课程，是一门专业理论素养课程，它的基本概念、基本理论和基本方法是学习后续相关专业课程的重要基础。通过对本课程的学习，学生能够从数学观念、物理观念与工程观念去分析问题和解决问题，对于工程实际问题具备全局观和系统观的科学思维方式，具备从实际问题中抽象出本质规律的能力。

　　学习本课程必须具备一定的数学基础，但是要注意，本课程不是数学课程。本课程对于信号与系统的分析和处理需要借助数学基础来研究。对于电类专业的学生来讲，在学习本课程前，一般都学习了电路课程，电路课程中所讨论的电压、电流（信号）与电路（系统），只是本课程在电路方面的特例，熟悉电路课程，有助于对本课程的学习和理解。但是同样要注意，本课程也不是电路课程，它比电路课程所讨论的内容具有更加广泛的工程适用范围。

　　MATLAB 是国际上公认的优秀科技应用软件。它的高效数值计算及符号计算功能能使使用者从繁杂的数学运算中解脱出来；借助 MATLAB 工具，将繁杂的计算处理交由软件完成，使用者只需将注意力放在对问题的分析和处理方法上；它具有功能丰富和完备的数学函数库及应用工具箱，大量繁杂的数学运算和分析可通过调用 MATLAB 库函数直接求解；它的语法规则简单易学，其语法格式与数学表达式非常相近；它还具备强大的图形功能，可实现计算结果的图示化。

　　编著者在长期从事"信号与系统"课程教学的实践中，深感一本合适的教材在教学中的重要性，从本科教学的学时数和课程安排的实际状况出发，根据多年教学实践经验和教学研究成果凝练成本书。本书突出体现课程内容的逻辑性、知识点的目标性，注重从物理意义上体现课程内容的专业实用性，注重使该课程成为专业基础课，而不是纯理论课、数学课。本书舍弃了不必要的内容，使其很好地适用于课程教学。本书在众多知识环节中利用 MATLAB 工具给出了信号与系统分析的实现方法，结合专业实际，给出了工程应用实例，使学生切实体会到课程的专业实用意义，可以引导学生理解相关知识并建立与工程实际的联系，提高学生的学习兴趣，为后续专业课的学习打下良好的基础。

　　（1）关于内容的取舍。本书既注重基础性，又注重专业实用性。关于理论部分，只讲清楚课程理论，不进行数学意义上的广泛展开，并将理论知识对应的物理意义讲清楚，使学生学习起来简明易懂。本书将许多后续课程要重点讲述的内容从本课程中去掉，避免不必要的重复，将有限的学时用于对重点内容的学习。

（2）关于技术性。由于现代计算机技术、数字技术的快速发展，实际应用中信号与系统的分析、处理手段已经大大偏向于数字方法或离散方法，因此，本书适当弱化连续方法而强化离散方法。

（3）关于专业性。本书结合专业学科近年科研、论文等的热点问题，重点引入典型的专业实际工程问题，利用本课程的知识，给出具体分析、解决问题的方法和步骤，引导学生体会本课程的基础性、实用性，以及对解决实际问题的局限性。激发学生学习本课程的积极性，以及对后续课程的学习热情。

（4）关于 MATLAB 工具。本书全面引入强大的工程计算软件 MATLAB 工具，在每个知识内容下面给出了对应的 MATLAB 实现方法，这样更全面、更具体。经过这样的处理，本书会是很好的实验指导教材。

本书提供配套电子课件、习题参考答案、MATLAB 仿真程序代码等，请登录华信教育资源网（www. hxedu.com.cn）注册下载，也可联系本书责任编辑（wangxq@phei.com.cn，010-88254113）索取。

本书第 2 章和第 5 章由杨玲君执笔，第 3 章由王静执笔，第 7 章由冉晓洪执笔，第 1 章、第 4 章、第 6 章由严国志执笔。全书由严国志主编和统稿，由刘开培教授主审。

在本书的编写、出版过程中，得到了武汉大学有关部门的关心和支持，得到了有关参考文献的有益帮助，得到了电子工业出版社的编辑人员的大力支持，在此一并表示衷心的感谢。

限于编著者水平，书中难免有疏漏之处，恳请读者批评指正。

编著者

2018 年 9 月

于武汉大学

目　　录

第1章 绪论

1.1 信号的基本概念

人们在日常生活、生产劳动及政治、经济、军事等场合中，一个非常重要的任务是对信息（Information）进行传递和处理。所谓信息，通常是指接收者从发送者那里获取的有意义的内容。如何快速、高效地完成对信息的传递和处理，人类自古以来一直在进行着这方面的努力和研究，传递和处理信息水平的高低是人类生产力水平的一个重要标志。

要实现对信息的传递和处理，人们首先要将信息以某种物理形式表现出来，这种用于表示信息的物理形式就是消息（Message）。要传递信息，表现出来就是要传递消息。我们的时空中充斥着各种各样的消息，而只有消息中有意义的内容才是信息，信息才是接收者所需要的。例如，烽火是一种消息，表示的是军事信息；灯语是一种消息，表示的是交通信息；脉搏是一种消息，表示的是健康信息；莫尔斯电码是一种消息，表示的是文字信息。此外，还有语言、图形、图像、位置、编码、电报、电视、广播等，都是用消息传递信息的实例。

一般来讲，消息的直接传递在距离、速度、可靠性、有效性等方面都有很大的局限性。为此，将消息利用一定的转换设备转换为易于有效传递的形式，这就是信号（Signal），即信号是消息的载体。信号的一个重要特点是：信号是随时间或空间变化的物理量。从数学的角度而言，可以将信号视为一个或多个独立变量的函数。根据所采用的物理量的不同，信号可以是光信号、声音信号、图像信号、文字信号、温度信号、压力信号、电信号等。在这些物理信号中，电信号是一种便于产生、传递、存储、控制和处理的信号形式，可以通过特定的传感器将许多非电信号转换成电信号。电信号一般是随时间变化的电压或电流，这种变化的电压或电流代表特定的消息。所以，电信号是信息传输与处理技术领域的工作对象。本书中若无特别说明，"信号"均指电信号。

1.2 信号的描述

信号是一个或多个独立变量的函数。如果信号是单个独立变量的函数，就称为一维信号，如 $x(f)$。如果信号是 n 个独立变量的函数，就称为 n 维信号，如 $x(f_1, f_2, f_3, \cdots, f_n)$。本书只讨论一维信号，而且在大多数情况下，选用时间 t 作为自变量，称为时间信号，记为 $x(t)$。

对于信号 $x(t)$ 的描述方法通常有三种：一是图示描述方法，如图 1-1 所示；二是解析表达式描述方法，如式（1-1）所示；三是表格描述方法，如表 1-1 所示。

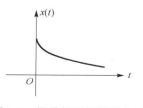

图 1-1 信号的图示描述方法

$$x(t) = \begin{cases} 0, & t < 0 \\ e^{-\frac{t}{\tau}}, & t \geq 0 \end{cases} \qquad (1\text{-}1)$$

表 1-1　信号的表格描述方法

t	0	0.2	0.4	0.6	0.8	1	1.2	1.4	1.6	1.8	2
$x(t)$	1.00	0.82	0.67	0.55	0.45	0.37	0.30	0.25	0.20	0.17	0.14

1.3　信号的分类

根据其自身的特性或函数关系，信号可以有不同的分类。

1.3.1　确定信号与随机信号

信号对于任意给定的自变量值，都有一个确定的函数值或取值与之对应，则这种信号称为确定信号，如图 1-1 中的信号。

如果对于任意给定的自变量值，信号的函数值不能确定，则这种信号称为随机信号。电路中的噪声信号就是一种随机信号。

本书仅限于讨论确定信号。

1.3.2　连续时间信号与离散时间信号

当信号的自变量取时间变量时，就是时间信号。对于时间信号，如果在某个时间区间内，对于任意时间取值，除有限个间断点外，都有确定的函数值与之对应，就称该信号为定义在该区间内的连续时间信号，简称连续信号，通常记为 $x(t)$。所谓连续，是指在定义区间内，信号的时间变量 t 的取值是连续可变的。

仅在规定的离散时刻点上的取值有定义的信号称为离散时间信号，简称离散信号。所谓离散，是指在定义区间内，信号的时间变量 t 的取值不是连续可变的，而是只能在规定的离散时刻点 $t = nT$ 取值，其中，n 为整数，T 为离散时间信号相邻取值点之间的时间间隔。一种常见的离散时间信号是从连续时间信号中抽样得到的，相邻取值点之间的时间间隔 T 可以是相等的，也可以是不相等的，前者对应均匀抽样，后者对应非均匀抽样。在这些离散的时刻点之外，信号没有定义。对于均匀抽样，抽样时间间隔 T 为常数，因此离散时间信号通常记为 $x(n)$。

信号的值域可以是连续的，也可以是不连续的。对于连续时间信号 $x(t)$，如果其值域除有限个不连续点外都是连续取值的，就称为模拟信号，如图 1-2(a) 所示。对于离散时间信号 $x(n)$，如果其值域除有限个不连续点外都是可以连续取值的，就称为抽样信号，如图 1-2(b) 所示。对于离散时间信号，如果其值域只能是某些规定的有限个取值，就称为数字信号，如图 1-2(c) 所示。

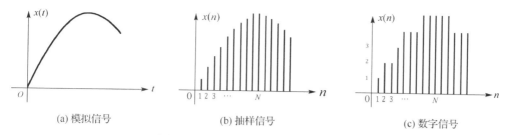

(a) 模拟信号 　　　　(b) 抽样信号 　　　　(c) 数字信号

图 1-2 模拟信号、抽样信号、数字信号

1.3.3 周期信号与非周期信号

对于连续时间信号 $x(t)$，若在定义区间内所有 t 均满足

$$x(t) = x(t + mT) \tag{1-2}$$

式中，m 为整数，T 为正数，则称 $x(t)$ 为连续时间周期信号。满足式（1-2）的最小 T 值称为 $x(t)$ 的周期。图 1-3(a) 所示为半波整流信号，是典型连续时间周期信号。

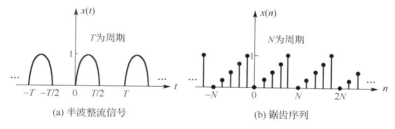

(a) 半波整流信号 　　　　　　(b) 锯齿序列

图 1-3 典型周期信号

不满足式（1-2）的连续时间信号称为连续时间非周期信号。图 1-4(a) 所示为典型连续时间非周期信号。

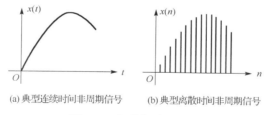

(a) 典型连续时间非周期信号 　(b) 典型离散时间非周期信号

图 1-4 典型非周期信号

同样，对于离散时间信号 $x(n)$，若在定义区间内，所有 n 均满足

$$x(n) = x(n + mN) \tag{1-3}$$

式中，m 为整数，N 为正整数，则称 $x(n)$ 为离散时间周期信号。满足式（1-3）的最小正整数 N 称为 $x(n)$ 的周期。图 1-3(b)所示为锯齿序列，是典型离散时间周期信号。

不满足式（1-3）的信号，或者虽然满足式（1-3），但 N 不能取整数的信号，称为离散时间非周期信号。图 1-4(b)所示为典型离散时间非周期信号。

【例 1-1】 判断下列信号是否为周期信号。若是周期信号，其周期是多少？

（1）$x_1(t) = 2\sin(100\pi t) + 3\sin(200\pi t)$ 　　　　（2）$x_2(t) = 3e^{-2t}$

（3）$x_3(n) = 2\sin\left(\dfrac{\pi n}{100}\right)$　　　　　　　　　　　（4）$x_4(n) = 3\sin\left(\dfrac{n}{200}\right)$

解：（1）$2\sin(100\pi t)$ 是周期信号，周期为 $T_1 = \dfrac{2\pi}{\omega_1} = \dfrac{2\pi}{100\pi} = 0.02\text{s}$。

同理，$3\sin(200\pi t)$ 也是周期信号，周期为 $T_2 = \dfrac{2\pi}{\omega_2} = \dfrac{2\pi}{200\pi} = 0.01\text{s}$。

$x_1(t)$ 为两个周期信号之和，因为两个周期信号的周期存在最小公倍数 $T=0.02\text{s}$，因此 $x_1(t)$ 仍然是一个周期信号，其周期为 $T=0.02\text{s}$。

（2）显然不存在实数 T，使 $x(t) = x(t+mT)$，因此 $x_2(t)$ 是非周期信号。

（3）$2\sin\left(\dfrac{\pi n}{100}\right)$ 的周期为 $N = \dfrac{2\pi}{\Omega} = \dfrac{2\pi}{\pi/100} = 200$，即 $x_3(n)$ 是周期信号，周期为 $N=200$。

（4）$3\sin\left(\dfrac{n}{200}\right)$ 的周期为 $N = \dfrac{2\pi}{\Omega} = \dfrac{2\pi}{1/200} = 400\pi$，不是整数，因此 $x_4(n)$ 是非周期信号。

1.3.4　能量信号与功率信号

对于连续时间信号 $x(t)$，信号的能量是指信号模值平方的积分，记为 E，即

$$E = \lim_{T\to\infty} \int_{-\frac{T}{2}}^{\frac{T}{2}} |x(t)|^2 \mathrm{d}t = \int_{-\infty}^{\infty} |x(t)|^2 \mathrm{d}t \tag{1-4}$$

当 $x(t)$ 为实信号时，$|x(t)|$ 为信号的绝对值，当 $x(t)$ 为复信号时，$|x(t)|$ 为信号的模值。如果信号 $x(t)$ 是电压或电流，信号 $x(t)$ 的能量就表示它在单位电阻上消耗的全部能量。

将能量 E 对时间取平均值，可得信号的平均功率，记为 P，即

$$P = \lim_{T\to\infty} \frac{1}{T} \int_{-\frac{T}{2}}^{\frac{T}{2}} |x(t)|^2 \mathrm{d}t \tag{1-5}$$

同样，对于离散时间信号 $x(n)$，信号的能量可定义为

$$E = \lim_{N\to\infty} \sum_{n=-\frac{N}{2}}^{\frac{N}{2}} |x(n)|^2 = \sum_{n=-\infty}^{\infty} |x(n)|^2 \tag{1-6}$$

离散时间信号 $x(n)$ 的平均功率定义为

$$P = \lim_{N\to\infty} \frac{1}{N+1} \sum_{n=-\frac{N}{2}}^{\frac{N}{2}} |x(n)|^2 \tag{1-7}$$

或者定义为

$$P = \lim_{N\to\infty} \frac{1}{N} \sum_{n=0}^{N-1} |x(n)|^2 \tag{1-8}$$

如果信号的能量 E 为非零有限值，就称其为能量有限信号，简称能量信号。如果信号的平均功率 P 为非零有限值，就称其为功率有限信号，简称功率信号。

对于能量信号，由于其能量是有限的，其在无限大时间区间内的平均值一定为零，因此

只能从能量的观点研究。同样，对于功率信号，由于其在无限大时间区间内存在有限功率，其能量必定为无穷大，因此只能从功率的观点研究。

【例 1-2】 判断下列信号是能量信号还是功率信号。

（1） $x_1(t) = A\cos(100\pi t)$ （2） $x_2(t) = 3\mathrm{e}^{-2t},\ t \geqslant 0$ （3） $x_3(n) = \begin{cases} 1, & 0 \leqslant n \leqslant 9 \\ 0, & \text{其他} \end{cases}$

解：（1）由式（1-4）可得

$$E_1 = \int_{-\infty}^{\infty} |A\cos(100\pi t)|^2 \,\mathrm{d}t = \frac{A^2}{2} \int_{-\infty}^{\infty} [1 + \cos(200\pi t)]\mathrm{d}t = \infty$$

由式（1-5）可得

$$P_1 = \lim_{T \to \infty} \frac{1}{T} \int_{-\frac{T}{2}}^{\frac{T}{2}} |A\cos(100\pi t)|^2 \,\mathrm{d}t = \frac{A^2}{2} + \lim_{T \to \infty} \frac{A^2}{2T} \int_{-\frac{T}{2}}^{\frac{T}{2}} \cos(200\pi t)\mathrm{d}t = \frac{A^2}{2}$$

因此，$x_1(t)$ 为功率信号。

（2）由式（1-4）可得

$$E_2 = \lim_{T \to \infty} \int_{-\frac{T}{2}}^{\frac{T}{2}} |x(t)|^2 \,\mathrm{d}t = \lim_{T \to \infty} \int_0^T |x(t)|^2 \,\mathrm{d}t = \lim_{T \to \infty} \frac{9}{-4}(\mathrm{e}^{-4T} - 1) = \frac{9}{4}$$

由式（1-5）可得

$$P_2 = \lim_{T \to \infty} \frac{1}{T} \int_0^T |3\mathrm{e}^{-2t}|^2 \,\mathrm{d}t = \lim_{T \to \infty} \frac{1}{T} \frac{9}{-4}(\mathrm{e}^{-4T} - 1) = 0$$

因此，$x_2(t)$ 为能量信号。

（3）由式（1-6）可得

$$E_3 = \sum_{n=-\infty}^{\infty} |x(n)|^2 = \sum_{n=0}^{9} |1|^2 = 10$$

由式（1-8）可得

$$P_3 = \lim_{N \to \infty} \frac{1}{N} \sum_{n=0}^{9} |x(n)|^2 = 0$$

因此，$x_3(n)$ 为能量信号。

应该注意的是，一般而言，周期信号为功率信号，而非周期信号为能量信号。例如，单脉冲信号是非周期信号，其能量有限而平均功率为零，因此其为能量信号。正弦信号是周期信号，其能量无限而平均功率有限，因此其为功率信号。

一个信号不可能既是能量信号又是功率信号，能量信号的平均功率为零，而功率信号的总能量是无穷大的，可见，能量信号与功率信号是互不相容的。但是，有一些信号可能既不是能量信号，也不是功率信号，如 $x(t)=t$ 和 $x(t) = 3\mathrm{e}^{-2t}$。

1.3.5　因果信号与非因果信号

对于连续时间信号 $x(t)$，若当 $t<0$ 时，$x(t)=0$，而当 $t \geqslant 0$ 时，$x(t) \neq 0$，则称此信号为因果信号；反之，当 $t < 0$ 时，$x(t) \neq 0$，则称此信号为非因果信号。

对于离散时间信号 $x(n)$，若当 $n < 0$ 时，$x(n) = 0$，而当 $n \geq 0$ 时，$x(n) \neq 0$，则称此信号为因果信号；反之，当 $n < 0$ 时，$x(n) \neq 0$，则称此信号为非因果信号。

1.4　系统的基本概念

对信号进行加工处理，需要由系统完成。系统（System）是指由若干相互关联的单元组成的具有特定功能的有机整体。组成系统的单元可以是电子、机械等方面的物理实体，称为物理系统，如计算机、电视机、汽车、舰船、宇宙飞船等；也可以是社会、经济等方面的非物理实体，称为非物理系统，如国家、政党等。系统可以是人工制造的，如电力系统、铁路运输系统、互联网系统、卫星定位系统等，称为人工系统；也可以是自然界生成的，如宇宙天体、生命物体、风雨雷电、火山地震、江河湖海等，称为自然系统。

系统的基本作用是对输入信号进行运算、变换等处理，以达到提取有用信息或使信号便于利用的目的。因此，系统与信号是相互依存的。系统的输入信号通常称为激励，输出信号通常称为响应。激励表示外部对系统的作用，响应表示系统对激励处理的结果。只有一个激励的系统称为单输入系统，具有多个激励的系统称为多输入系统。同样，只有一个响应的系统称为单输出系统，具有多个响应的系统称为多输出系统。本书仅讨论单输入单输出系统。典型的单输入单输出系统如图 1-5 所示。

图 1-5　典型的单输入单输出系统

在图 1-5 中，$T[\cdot]$ 表示变换，即输入与输出之间的关系为 $y(t) = T[x(t)]$。

1.5　系统的描述

一般使用系统模型来描述系统。按照系统分析的理论对系统进行分析，首先要针对实际问题建立系统模型，然后运用数学分析方法对模型进行分析和求解，最后对所得的结果做出物理解释。

所谓系统模型，是指对实际系统基本特性的一种抽象描述。对于一个实际系统，根据不同的需要，可以建立和使用不同类型的系统模型。因此，系统模型具有不同的表现形式，可以是由物理部件组成的结构图，也可以是由基本运算单元构成的模拟运算框图或信号流图，还可以是由输入、输出变量组成的数学方程。

建立系统模型时，通常可以采用输入/输出描述法或状态变量描述法。输入/输出描述法着眼于系统输入与输出之间的关系，适用于单输入单输出系统，其相应的数学模型为系统的输入/输出方程。状态变量描述法着眼于系统内部的状态变量，一般用于多输入多输出系统，也可用于单输入单输出系统，其相应的数学模型为系统的状态空间方程。本书只讨论单输入单输出系统的输入/输出描述法。

以电路系统为例，设有一个 RLC 串联电路，如果采用理想电路元件符号画出系统的连接关系，其就是系统的电路图，属于系统的物理模型，如图 1-6(a)所示。

对该电路，可以写出激励 $u_s(t)$ 与响应 $u_C(t)$ 之间的数学方程：

$$LC\frac{\mathrm{d}^2 u_C(t)}{\mathrm{d}t^2} + RC\frac{\mathrm{d}u_C(t)}{\mathrm{d}t} + u_C(t) = u_s(t) \tag{1-9}$$

该式是一个二阶线性常系数微分方程，这就是该 RLC 串联电路的数学模型。

观察式（1-9）可知，其可以由乘法器、积分器和加法器的运算组成，可将式（1-9）改写为

$$\frac{\mathrm{d}^2 u_C(t)}{\mathrm{d}t^2} + \frac{R}{L}\frac{\mathrm{d}u_C(t)}{\mathrm{d}t} + \frac{1}{LC}u_C(t) = \frac{1}{LC}u_s(t) \tag{1-10}$$

由式（1-10）可画出方程的运算框图，如图 1-6(b) 所示，其中，$\frac{1}{s}$ 表示积分器的运算符，而 s 表示微分器的运算符。

进一步，由图 1-6(b)可以得到信号流图，如图 1-6(c) 所示。

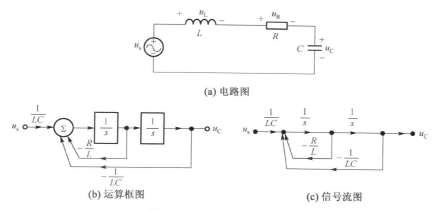

(a) 电路图

(b) 运算框图　　　　　　　　(c) 信号流图

图 1-6　RLC 串联电路模型

1.6　系统的分类

根据系统模型的特性的不同，可以对系统进行不同的分类。

1.6.1　连续时间系统与离散时间系统

如果系统的输入信号及输出信号均为连续时间信号，那么这样的系统就是连续时间系统。如果系统的输入信号及输出信号均为离散时间信号，那么这样的系统就是离散时间系统。图 1-6(a) 中的电路系统为典型的连续时间系统，计算机系统为典型的离散时间系统。连续时间系统中的时间变量是连续变量 t，而离散时间系统中的时间变量是离散变量 n。微分方程是描述连续时间系统的常用数学模型，而差分方程是描述离散时间系统的常用数学模型。

连续时间系统可表示为

$$y(t) = T[x(t)] \tag{1-11}$$

离散时间系统可表示为

$$y(n) = T[x(n)] \qquad (1\text{-}12)$$

1.6.2　线性系统与非线性系统

满足线性特性（齐次性和叠加性）的系统称为线性系统，否则称为非线性系统。

对于连续时间系统，设系统输入为 $x(t)$，响应为 $y(t)$。若 $y_1(t) = T[x_1(t)]$，$y_2(t) = T[x_2(t)]$，则系统为线性系统的条件为

$$\alpha y_1(t) + \beta y_2(t) = T[\alpha x_1(t) + \beta x_2(t)] \qquad (1\text{-}13)$$

式中，α、β 为非零常数。

同样，对于离散时间系统，设系统输入为 $x(n)$，响应为 $y(n)$。若 $y_1(n) = T[x_1(n)]$，$y_2(n) = T[x_2(n)]$，则系统为线性系统的条件为

$$\alpha y_1(n) + \beta y_2(n) = T[\alpha x_1(n) + \beta x_2(n)] \qquad (1\text{-}14)$$

式中，α、β 为非零常数。

【例 1-3】 判断如图 1-7 所示的电阻分压系统是否为线性系统。

解： 由图 1-7 可得

$$y(t) = \frac{R_2}{R_1 + R_2} x(t) = Rx(t)$$

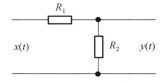

图 1-7　电阻分压系统

式中，R 为由电阻值确定的常数。

若 $y_1(t) = Rx_1(t)$，$y_2(t) = Rx_2(t)$，则必有

$$R[\alpha x_1(t) + \beta x_2(t)] = \alpha R x_1(t) + \beta R x_2(t) = \alpha y_1(t) + \beta y_2(t)$$

式中，α、β 为非零常数，因此该系统是线性系统。

【例 1-4】 在图 1-6(a) 中，当输入信号为 $x(t) = u_s(t)$，输出信号为 $y(t) = u_C(t)$ 时，判断该系统是否为线性系统。

解： 根据式（1-10），有

$$y''(t) + \frac{R}{L} y'(t) + \frac{1}{LC} y(t) = \frac{1}{LC} x(t) \qquad (1\text{-}15)$$

设

$$y_1''(t) + \frac{R}{L} y_1'(t) + \frac{1}{LC} y_1(t) = \frac{1}{LC} x_1(t)$$

$$y_2''(t) + \frac{R}{L} y_2'(t) + \frac{1}{LC} y_2(t) = \frac{1}{LC} x_2(t)$$

则当输入为 $\alpha x_1(t) + \beta x_2(t)$ 时，有

$$\frac{1}{LC}[\alpha x_1(t) + \beta x_2(t)] = \alpha[y_1''(t) + \frac{R}{L} y_1'(t) + \frac{1}{LC} y_1(t)] + \beta[y_2''(t) + \frac{R}{L} y_2'(t) + \frac{1}{LC} y_2(t)]$$

$$= [\alpha y_1''(t) + \beta y_2''(t)] + \frac{R}{L}[\alpha y_1'(t) + \beta y_2'(t)] + \frac{1}{LC}[\alpha y_1(t) + \beta y_2(t)]$$

可见，其输出为 $\alpha y_1(t) + \beta y_2(t)$，系统是线性系统。由此可以推论，常系数线性微分方程所描述的系统为线性系统。

1.6.3 时不变系统与时变系统

对于连续时间系统，当系统在零初始状态条件下时，激励 $x(t)$ 作用于系统所产生的响应称为零状态响应 $y_{zs}(t)$，即零状态响应 $y_{zs}(t)$ 是仅由激励 $x(t)$ 引起的响应。如果激励 $x(t)$ 所产生的零状态响应为 $y_{zs}(t)$，那么，当激励延迟 t_d 后输入系统时，其零状态响应除延迟相同的时间 t_d 外，其他一切不变，满足这种特性的系统称为时不变系统，否则就是时变系统。

时不变系统的特征是，系统的组成结构和元件参数都是不随时间变化的，即系统特性是不随时间变化的，其输入/输出关系也不会随时间变化。

对于连续时间系统，若 $y_{zs}(t) = T[x(t)]$ 时有

$$y_{zs}(t - t_d) = T[x(t - t_d)] \tag{1-16}$$

则称为连续时不变系统，否则，称为连续时变系统。

同样，对于离散时间系统，若 $y_{zs}(n) = T[x(n)]$ 时有

$$y_{zs}(n - n_d) = T[x(n - n_d)] \tag{1-17}$$

则称为离散时不变系统，也称为离散移不变系统，否则，称为离散时（移）变系统。

式中，t_d 为任意非零值，n_d 为任意非零整数。

时不变系统的特性如图1-8所示。

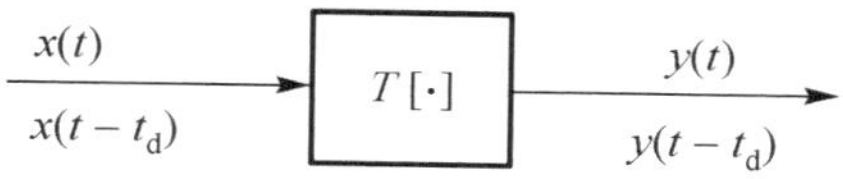

【例1-5】 判断如图1-7所示的电阻分压系统的时不变性。

解： 由例1-3可知：$y(t) = Rx(t)$，R 为常数，其系统特性如图1-9(a)所示。

图 1-8 时不变系统的特性

当输入信号延迟 t_d 后加入系统时，其响应为 $T[x(t - t_d)] = Rx(t - t_d)$，如图1-9(b)所示。

而将输出信号延迟 t_d 后为 $y(t - t_d) = Rx(t - t_d)$，如图1-9(c)所示。

比较图1-9(b)及1-9(c)，若两者的输出相等，则为时不变系统，否则为时变系统。

可见，电阻分压系统为时不变系统。

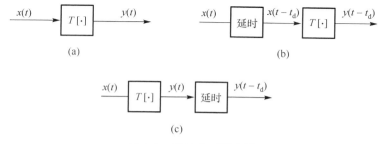

(a)

(b)

(c)

图 1-9 系统的时不变性

【例1-6】 判断下列系统是否为时不变系统，a、b 为非零常数。

（1） $y(t) = ax(t) + b$ （2） $y(t) = tx(t)$

（3） $y(n) = ax(n) + b$ （4） $y(n) = nx(n)$

解： （1）输入信号延迟 t_d 后的零状态响应为

$$T[x(t-t_d)] = ax(t-t_d) + b$$

而输出响应延迟 t_d 后为

$$y(t-t_d) = ax(t-t_d) + b$$

可见，两者相等，因此该系统为时不变系统。

（2）

$$T[x(t-t_d)] = tx(t-t_d)$$

$$y(t-t_d) = (t-t_d)x(t-t_d)$$

可见，两者不相等，因此该系统为时变系统。

说明： 在（1）中，可认为方程的系数是不随时间变化的常数，是恒参系统，因此系统是时不变系统；而在（2）中，$x(t)$ 的系数是 t，是随时间变化的，是变参系统，因此系统是时变系统。

（3）输入信号延迟 n_d 后的零状态响应为 $T[x(n-n_d)] = ax(n-n_d) + b$，而输出响应延迟 n_d 后为

$$y(n-n_d) = ax(n-n_d) + b$$

可见，两者相等，因此该系统为时不变系统。

（4）

$$T[x(n-n_d)] = nx(n-n_d)$$

$$y(n-n_d) = (n-n_d)x(n-n_d)$$

可见，两者不相等，因此该系统为时变系统。

【例 1-7】 判断图 1-6 中的 RLC 串联电路系统是否为时不变系统。

解： 由式（1-15）可知，输入信号延迟 t_d 后的零状态响应为 $y_d(t)$，有

$$y_d''(t) + \frac{R}{L}y_d'(t) + \frac{1}{LC}y_d(t) = \frac{1}{LC}x(t-t_d)$$

输出响应延迟 t_d 后，有

$$y''(t-t_d) + \frac{R}{L}y'(t-t_d) + \frac{1}{LC}y(t-t_d) = \frac{1}{LC}x(t-t_d)$$

比较两式，右端相等，即 $y_d(t) = y(t-t_d)$，因此该系统为时不变系统。

由此可以推论，常系数线性微分方程所描述的系统为时不变系统。

1.6.4　因果系统与非因果系统

如果把系统的激励视为引起响应的原因，而把响应视为激励作用于系统的结果，那么，如果系统在任何时刻的响应只与该时刻和该时刻之前的激励有关，而与该时刻之后的激励无关，那么这样的系统就是因果系统，否则，就是非因果系统。

因果系统是物理上可实现的系统，非因果系统一般是物理上不可实现的系统。

【例 1-8】 判断如图 1-7 所示的电阻分压系统的因果性。

解： 由例 1-3 可知：$y(t) = Rx(t)$，R 为常数。系统在任何时刻的响应只与该时刻的激励有关，而与之后的激励无关，因此其是因果系统。

【例 1-9】 判断下列系统的因果性。

（1）$y(t) = ax(t) + bx(t-1)$ （2）$y(t) = ax(t-b)$

（3）$y(n) = ax(n) + bx(n-1)$ （4）$y(n) = ax(n-b)$，b 为整数

解：（1）显然，响应 $y(t)$ 只与当前激励 $x(t)$ 及之前时刻的激励 $x(t-1)$ 有关，而与之后的激励无关，因此该系统是因果系统。

（2）分两种情况讨论：

当 $b \geq 0$ 时，$y(t)$ 只与之前的激励有关，因此该系统是因果系统；

当 $b < 0$ 时，$y(t)$ 只与之后的激励有关，因此该系统是非因果系统。

（3）显然，响应 $y(n)$ 只与当前激励 $x(n)$ 及之前时刻的激励 $x(n-1)$ 有关，而与之后的激励无关，因此该系统是因果系统。

（4）分两种情况讨论：

当 $b \geq 0$ 时，$y(n)$ 只与之前的激励有关，因此该系统是因果系统；

当 $b < 0$ 时，$y(n)$ 只与之后的激励有关，因此该系统是非因果系统。

1.6.5　稳定系统与非稳定系统

如果对于任何有界的激励，系统的输出亦是有界的，这样的系统就称为稳定系统；反之，如果对于有界的激励，系统的输出为无界的，这样的系统就称为非稳定系统。

若 $|x(t)| \leq M_x$，$|y(t)| \leq M_y$，则是稳定系统；否则，是非稳定系统。

【例 1-10】 判断如图 1-7 所示的电阻分压系统的稳定性。

解： 由例 1-3 可知

$$y(t) = Rx(t)，R \text{ 为常数}$$

可见，当 $|x(t)| \leq M$（M 为常数）时，$|y(t)| \leq RM$，因此该系统是稳定系统。

【例 1-11】 判断下列系统的稳定性，a、b 为非零常数。

（1）$y(t) = ax(t) + b$ （2）$y(t) = tx(t)$

（3）$y(n) = ax(n) + b$ （4）$y(n) = nx(n)$

解：（1）当 $|x(t)| \leq M_x$（M_x 为常数）时，$|y(t)| \leq aM_x + b \leq M_y$，系统是稳定系统。

（2）当 $|x(t)| \leq M_x$（M_x 为常数）时，$|y(t)| \leq tM_x$，随着 t 趋于无穷大，$|y(t)|$ 也趋于无穷大，系统是非稳定系统。

（3）当 $|x(t)| \leq M_x$（M_x 为常数）时，$|y(n)| \leq aM_x + b \leq M_y$，系统是稳定系统。

（4）当 $|x(t)| \leq M_x$（M_x 为常数）时，$|y(n)| \leq nM_x$，随着 n 趋于无穷大，$|y(n)|$ 也趋于无穷大，系统是非稳定系统。

1.6.6　可逆系统与不可逆系统

若系统在不同激励信号的作用下产生不同的响应，即激励与其响应是一一对应的，则称此系统为可逆系统，否则，称为不可逆系统。对于每个可逆系统，都存在一个"逆系统"，当原系统与此逆系统级联后，输出信号与输入信号相同，就是恒等系统。

例如，系统 $y_1(t) = 5x_1(t)$，其输入 $x_1(t)$ 与输出 $y_1(t)$ 是一一对应的，它是可逆系统，其逆

系统为 $y_2(t) = \dfrac{1}{5} x_2(t)$。

1.6.7　记忆系统与无记忆系统

如果系统在任何时刻的响应只与该时刻的激励有关，而与其他时刻的激励无关，那么这样的系统就是无记忆系统，也称为即时系统，恒等系统就是一个简单的无记忆系统。

如果系统在任何时刻的响应还取决于其他时刻的激励，这样的系统就是记忆系统，也称为动态系统。

例如，由纯电阻元件组成的系统就是典型的无记忆系统，包含储能元件的系统就是典型的记忆系统。

1.7　系统的分析方法

系统分析就是要讨论对系统的描述及系统在给定的任意激励下的响应。因此，系统分析有两方面的内容：一是对系统响应的分析，即分析系统对给定的任意激励信号的响应；二是对系统的描述，即对系统自身特性的分析，分析系统的模型、组成结构、频率响应、线性、时不变性、因果性、稳定性等。这两方面的分析是相互促进、有机结合的。

分析线性时不变系统对给定的任意激励信号的响应，一般将任意信号分解为基本信号的线性组合。一般情况下，系统对基本信号激励的响应是容易求取的，再应用系统的线性与时不变性，就可以求出由基本信号线性组合而成的任意信号激励下的响应。由于信号可分为连续时间信号与离散时间信号，因此，就有了连续时间系统分析与离散时间系统分析，又由于基本信号可以选择单位冲激信号或指数信号，因此，又有了系统的时域分析与变换域分析。当基本信号选用单位冲激信号时，就是系统的时域分析，而当基本信号选用指数信号时，就是系统的变换域分析。在变换域分析中，如果作为基本信号的指数信号取虚指数信号，就是频域分析，也就是傅里叶变换分析；如果作为基本信号的指数信号取复指数信号，就是复频域分析。其中，对于连续时间系统，其复频域分析就是拉普拉斯变换分析，也叫 s 域分析；对于离散时间系统，其复频域分析就是 z 变换分析，也叫 z 域分析。

时域分析方法需要求解微分方程（连续时间系统）或差分方程（离散时间系统），或者要进行卷积运算，而变换域分析方法将微分方程（或差分方程）的求解问题转换为代数方程的求解问题，将卷积运算转换成乘法运算，从而大大简化了分析计算过程。

将连续时间与离散时间、时域与变换域的分类进行组合，可得到的系统分析法有：连续时间系统的时域分析、离散时间系统的时域分析、连续时间系统的频域分析、离散时间系统的频域分析、连续时间系统的复频域（s 域）分析及离散时间系统的复频域（z 域）分析。

从系统分析的分类来看，涉及的方面有很多，不同分类针对不同类型（连续时间与离散时间）的信号及不同的分析手段（时域与变换域）。因此，这些分析方法必然具有非常密切的内在联系，具有许多共性，当然，它们之间也必然存在区别。这些分析方法的思路是一致的，只需抓住它们的异同点进行对照和比较，该课程中看似纷繁复杂的内容就变得井然有序了。

1.8　小结

信号是随时间或空间变化的物理量，从数学的角度而言，可以将信号视为一个或多个独立变量的函数。如果信号是单个独立变量的函数，那么称为一维信号，本书只讨论一维信号，而且，在大多数情况下，选用时间 t 作为自变量，称为时间信号。根据其自身的特性或函数关系，信号可以有不同的分类。

系统是指由若干相互关联的单元组成的具有特定功能的有机整体。系统的基本作用是对输入信号进行运算、变换等处理，以达到提取有用信息或使信号便于利用的目的。因此，系统与信号是相互依存、密不可分的。系统一般使用系统模型来描述，系统的模型有物理模型、数学模型、运算模型。根据系统特性的不同，可以对系统进行不同的分类。

习　题　1

1.1　判断下列信号的类型。

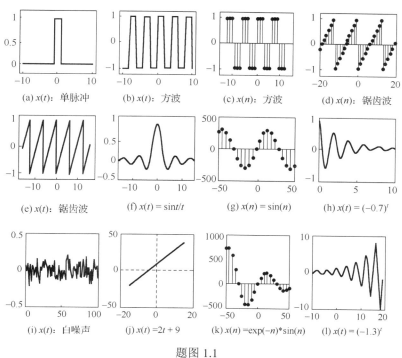

(a) $x(t)$：单脉冲　　(b) $x(t)$：方波　　(c) $x(n)$：方波　　(d) $x(n)$：锯齿波

(e) $x(t)$：锯齿波　　(f) $x(t) = \sin t / t$　　(g) $x(n) = \sin(n)$　　(h) $x(t) = (-0.7)^t$

(i) $x(t)$：白噪声　　(j) $x(t) = 2t + 9$　　(k) $x(n) = \exp(-n) * \sin(n)$　　(l) $x(t) = (-1.3)^t$

题图 1.1

1.2　画出信号的波形。

（1）　$x(t) = 5e^{-0.2t}$，$t \geqslant 0$　　　　　　（2）　$x(t) = 5e^{-0.2t}$，$t \leqslant 0$

（3）　$x(t) = 5e^{-0.2t}$　　　　　　　　　　　（4）　$x(t) = \sin(2\pi t)$

（5）　$x(t) = 5e^{-0.2t} + \sin(2\pi t)$　　　　　　（6）　$x(t) = 5e^{-0.2t} \sin(2\pi t)$

（7）$x(n) = 5e^{-0.2n}$　　　　　　　　　　（8）$x(n) = \sin(2\pi n / 10)$

（9）$x(n) = 5e^{-0.2n} + \sin(2\pi n / 10)$　　　（10）$x(n) = 5e^{-0.2n}\sin(2\pi n / 10)$

1.3　若 $x(t) = e^{-2t}$，画出下列信号的波形。

（1）$x(t-3)$　　　　　　　　　　　　（2）$x(t+3)$

（3）$x(3t)$　　　　　　　　　　　　　（4）$x(t/3)$

1.4　若 $x(t) = 311\sin(100\pi t)$：

（1）对 $x(t)$ 按时间间隔 10ms 抽样得到 $x_1(n)$，画出信号 $x_1(n)$ 的波形；

（2）对 $x(t)$ 按时间间隔 5ms 抽样得到 $x_2(n)$，画出信号 $x_2(n)$ 的波形；

（3）对 $x(t)$ 按时间间隔 2ms 抽样得到 $x_3(n)$，画出信号 $x_3(n)$ 的波形；

（4）对 $x(t)$ 按时间间隔 1ms 抽样得到 $x_4(n)$，画出信号 $x_4(n)$ 的波形。

（5）由上述 4 种抽样波形，你得到什么结论？

1.5　判断下列信号是否为周期信号，若是周期信号，其周期是多少？

（1）$x(t) = 311\sin(100\pi t + 0.1\pi)$

（2）$x(n) = 311\sin^2(\pi n/100)$

（3）$x(t) = 311\sin(18\pi t + 0.1) + 11\sin(72\pi t + 0.4)$

（4）$x(n) = 311\sin(\pi n/7) + 11\sin(\pi n/3)$

（5）$x(t) = 311e^{-t/3}\sin(100\pi t)$

（6）$x(n) = 311\sin(n/100) + 11\sin(n/300)$

（7）$x(t) = 7e^{-j3t} + 3e^{-j7t}$

（8）$x(t) = 3t + 7$

（9）$x(n) = 7e^{-j\pi n/5} + 3e^{-j\pi n/7}$

1.6　证明下列信号是能量信号还是功率信号。

（1）$x(t) = 311\sin(100\pi t + 0.1\pi)$　　　（2）$x(n) = 311\sin(\pi n/100)$

（3）$x(t) = 3^{-t/7}$，$t \geq 0$　　　　　　（4）$x(t) = 5t + 7$，$t \geq 0$

（5）$x(t) = 311e^{-t/3}\sin(100\pi t)$，$t \geq 0$　（6）$x(t) = \sin t/t$

（7）$x(n) = 5n + 7$，$n \geq 0$　　　　　　（8）$x(n) = 2^{-n/10}$，$n \geq 0$

1.7　判断下列信号是因果信号还是非因果信号。

（1）$x(t) = 311\sin(100\pi t)$　　　　　　（2）$x(n) = 311\sin(\pi n/100)$，$n \geq 0$

（3）$x(t) = 7e^{-t/3}$，$t \geq 0$　　　　　　（4）$x(t) = 11e^{t/3}$，$t \geq 0$

（5）$x(t) = 311e^{-t/3}\sin(100\pi t)$　　　　（6）$x(t) = 5t + 7$，$t \geq 0$

（7）$x(n) = 5|n| + 7$　　　　　　　　　（8）$x(n) = 7e^{-n/3}$

1.8　证明下列系统是否为线性系统、时不变系统、因果系统、稳定系统、可逆系统、记忆系统（其中，a、b 均为非零实常数）。

（1）$y(t) = ax(t) + b$　　　　　　　　（2）$y(t) = ax(t) + bt$

（3）$y(t) = ax^2(t)$　　　　　　　　　（4）$y(n) = ax(n)$

（5）$y(t) = ax(t-5) + bt$，$b,t \geq 0$　　　（6）$y(t) = atx(t+5) + b$

（7）$y(n) = ax(n-5) + b$，$n \geq 0$

1.9 写出题图 1.9 中的各系统的输入/输出关系式。其中，$H_1(s) = \dfrac{2}{s+2}$。

1.10 信号的本质是什么？信号分析的内容是什么？信号分析的方法有哪些？

1.11 信号有哪些分类？各类信号的本质区别是什么？

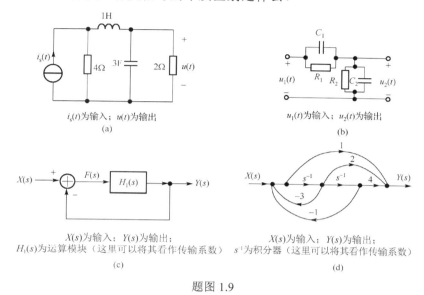

题图 1.9

1.12 系统的本质是什么？系统分析的内容是什么？系统分析的方法有哪些？

第2章 连续时间信号与系统的时域分析

2.1 引言

信号与系统分析的基本任务是在给定输入（激励）和系统的情况下，求出系统的输出（响应）。如果这种求解过程和方法都是在连续时间域内进行的，且均以时间 t 为自变量来进行分析，那么这种求解方法就是时域分析方法。本章首先介绍常用的连续时间信号及其基本特性，然后给出连续时间系统的数学模型——线性常系数微分方程。在高等数学中，用线性常系数微分方程的经典解法可求解微分方程，但没有从系统的角度来解释微分方程的解。在本章中，将从系统的角度，把微分方程的解分解为仅由系统的初始状态形成的零输入响应和仅由系统的激励信号形成的零状态响应。并讨论输入（激励）为单位冲激信号 $\delta(t)$ 和单位阶跃信号 $\varepsilon(t)$ 时的零状态响应，即单位冲激响应 $h(t)$ 和单位阶跃响应 $g(t)$ 的求解方法。最后介绍卷积积分的定义和性质，并从系统的角度得出线性时不变系统的零状态响应的卷积解法。

2.2 典型连续时间信号及其基本特性

2.2.1 正弦信号

连续时间正弦信号（简称正弦信号）的数学表达式为

$$x(t) = A\sin(\omega t + \varphi) \tag{2-1}$$

式中，A 为正弦信号的幅度，ω 为角频率，φ 为初相位。

在电气工程领域，振动电荷或电荷是指在周围空间产生的电磁波、电流、电压、声波、光波等物理现象，在一定条件下都可用正弦信号描述。

正弦信号作为基本信号，具备以下特性：

（1）正弦信号对时间的微分和积分仍然是同频率的正弦信号；

（2）在一定条件下，可以将连续时间信号分解为一系列不同幅度、频率和相位的正弦信号的叠加。

利用 MATLAB 可以画出正弦信号的波形，如图 2-1 所示。

```
%cp2j221.m
t=-0.06:0.001:0.06;
f=50;                    %频率为 50Hz
y=sin(2*pi*f*t);
```

```
plot(t*1000,y)
xlabel('t / ms')
ylabel('y(t)')
title('y(t)=sin(2*pi*50*t)')
```

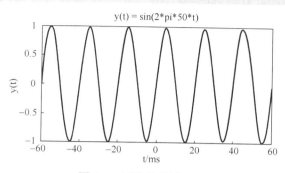

图 2-1　正弦信号波形图

此处，plot 函数是 MATLAB 中常用的绘图函数，它将各个数据点通过连折线的方式绘制二维图形。其调用格式为

```
plot(x,y)
```

其中，当 x、y 均为向量时，以 x 向量为横坐标 x 轴，以 y 向量为纵坐标 y 轴，绘制连折线图。注意：要使得绘制的曲线平滑，需选取合适的时间步长和时间的长短。

xlabel 和 ylabel 函数用于解释 x 坐标轴和 y 坐标轴的意义，如 "xlabel('t / ms')" 表示 x 轴为时间 t，单位为 ms。title 函数用于给图形加标题。

2.2.2　指数信号

连续时间指数信号，简称指数信号，其一般形式为

$$x(t) = Ae^{st} \tag{2-2}$$

式中，$s = \sigma + j\omega$，根据 s 的不同，可分为以下三种不同情况。

（1）若 $\omega = 0$，即 $s = \sigma$，则 $x(t)$ 为实指数信号，即 $x(t) = Ae^{\sigma t}$。当 $\sigma > 0$ 时，$x(t)$ 随时间增长按指数增长；当 $\sigma < 0$ 时，$x(t)$ 随时间增长按指数衰减；当 $\sigma = 0$ 时，$x(t)$ 等于常数 A。

（2）若 $\sigma = 0$，则 $s = j\omega$，$x(t)$ 为虚指数信号。根据欧拉公式，有

$$x(t) = Ae^{j\omega t} = A(\cos \omega t + j\sin \omega t) \tag{2-3}$$

$x(t)$ 的实部和虚部都是角频率为 ω 的正弦信号，显然，$x(t)$ 是周期信号。

（3）若 $\omega \neq 0$ 且 $\sigma \neq 0$，则 $s = \sigma + j\omega$，$x(t)$ 为复指数信号，则

$$x(t) = Ae^{st} = Ae^{\sigma t}(\cos \omega t + j\sin \omega t) \tag{2-4}$$

式中，复指数信号 $x(t)$ 的实部和虚部都是振幅按指数规律变化的正弦信号。复指数信号 $x(t)$ 的实部（或虚部）的波形图如图 2-2 所示，当 $\sigma > 0$（$\sigma < 0$）时，$x(t)$ 的实部（或虚部）都是振幅按指数增长（衰减）的正弦信号；当 $\sigma = 0$ 时，$x(t)$ 的实部（或虚部）都是等幅的正弦信号。

指数信号的微分和积分仍然是同频率的指数信号。

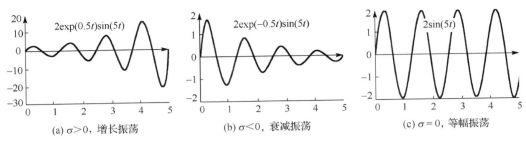

图 2-2　复指数信号 $x(t)$ 的实部（或虚部）的波形图

电力系统中常见的暂态信号为振荡的指数信号，其数学表达式为

$$u(t) = \sqrt{2}U\cos(2\pi ft + \varphi)e^{-t/\tau}\varepsilon(t)$$

【例 2-1】　试画出 $f = 50\text{Hz}$，$\varphi = 0$，$\tau = 0.1$，$U = 1$ 的电力系统常见暂态波形。

MATLAB 程序如下：

```
t=0:0.0001:0.2;U=1; tao=0.1;f=50;phi=0; w0=2*pi*f;
ut=U*sqrt(2)*exp(-1/tao*t).*cos(w0*t+phi);
plot(t*1000,ut);
xlabel('t / ms'); ylabel('u(t)')
```

电力系统常见暂态信号波形图如图 2-3 所示。

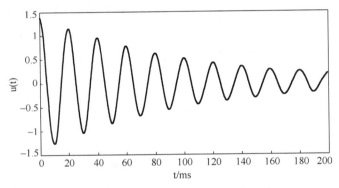

图 2-3　电力系统常见暂态信号波形图

2.2.3　抽样函数信号

抽样函数信号的定义为

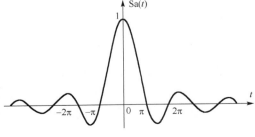

图 2-4　抽样函数信号的波形图

$$x(t) = \text{Sa}(t) = \frac{\sin t}{t} \qquad (2\text{-}5)$$

抽样函数信号的波形图如图 2-4 所示。

该信号具有以下性质。

（1）当 $t = 0$ 时，$\text{Sa}(0) = \lim\limits_{t \to 0}\dfrac{\sin t}{t} = 1$；当 $t \to \infty$

时，$\lim\limits_{t \to \infty}\dfrac{\sin t}{t} = 0$。

（2）当 $\mathrm{Sa}(t)=0$ 时，有 $t=\pm n\pi\ (n=1,2,3,\cdots)$。

（3）该信号是关于时间 t 的偶函数，即 $\mathrm{Sa}(-t)=\mathrm{Sa}(t)$。

（4）该信号满足以下等式

$$\int_{-\infty}^{\infty}\mathrm{Sa}(t)\mathrm{d}t=\pi\ ,\quad \int_{0}^{\infty}\mathrm{Sa}(t)\mathrm{d}t=\int_{-\infty}^{0}\mathrm{Sa}(t)\mathrm{d}t=\frac{\pi}{2}$$

利用 MATLAB 可以画出抽样函数信号，其代码见本书配套教学资料中的 cp2j23.m。

2.2.4　单位阶跃信号

单位阶跃信号的定义为

$$\varepsilon(t)=\begin{cases}0,&t<0\\1,&t>0\end{cases}\tag{2-6}$$

单位阶跃信号的波形图如图 2-5（a）所示。单位阶跃信号在信号分析中的主要作用是描述信号在某一时刻（如 $t=0$ 时刻）的转换。如果将此信号作为信号源放入电路中，就相当于起到开关转换的作用，如图 2-5（b）所示，因此也常称此信号为"开关"信号。

单位阶跃信号具有以下基本特性。

（1）可以方便地表示某些信号。如图 2-6 所示的信号可表示为

$$x(t)=2\varepsilon(t)-3\varepsilon(t-1)+\varepsilon(t-2)$$

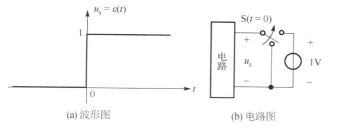

(a) 波形图　　　(b) 电路图

图 2-5　单位阶跃信号的波形图和电路图

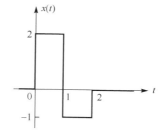

图 2-6　用单位阶跃信号表示某些信号

（2）可以用单位阶跃信号表示信号的作用区间，如图 2-7 所示。

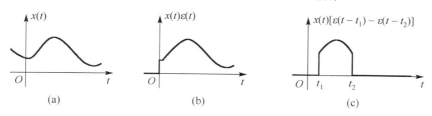

(a)　　　　　　(b)　　　　　　(c)

图 2-7　用单位阶跃信号表示信号的作用区间

（3）单位阶跃信号的微分和积分为

$$\frac{\mathrm{d}\varepsilon(t)}{\mathrm{d}t}=\delta(t)\ ,\quad \int_{-\infty}^{t}\varepsilon(t)\mathrm{d}t=t\varepsilon(t)$$

利用 MATLAB 可以画出单位阶跃信号，代码见本书配套教学资料中的 cp2j24.m。

2.2.5　单位冲激信号

单位冲激信号的定义为

$$\delta(t)=\begin{cases}\infty, & t=0\\ 0, & t\neq0\end{cases}\quad 且\quad \int_{-\infty}^{\infty}\delta(t)\mathrm{d}t=1 \tag{2-7}$$

此定义表明单位冲激信号除在 $t=0$ 时刻外处处为零，但其面积为1，如图2-8所示。单位冲激信号具有强度，强度表示的就是其面积，并用括号注明，以区分信号的幅值。如图2-8中的(1)表示强度为1的单位冲激信号。在电力系统中，发生时长很短、强度很大的信号可以由单位冲激信号等效，如雷电信号。

单位冲激信号具有以下性质。

（1）时移性质：

$$\delta(t-t_0)=\begin{cases}\infty, & t=t_0\\ 0, & t\neq t_0\end{cases}\quad 且\quad \int_{-\infty}^{\infty}\delta(t-t_0)\mathrm{d}t=1$$

单位冲激信号的时移信号波形图如图2-9所示。

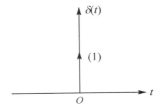

图2-8　单位冲激信号的波形图

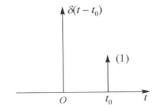

图2-9　单位冲激信号的时移信号波形图

（2）抽样性质：按照广义函数的理论，$\delta(t)$ 也可定义为

$$\int_{-\infty}^{\infty}x(t)\delta(t)\mathrm{d}t=x(0) \tag{2-8}$$

式（2-8）给出了 $\delta(t)$ 的一个重要性质，即单位冲激信号的抽样性质。此式表明将 $\delta(t)$ 与任意信号 $x(t)$ 相乘并在 $(-\infty,\infty)$ 时间内积分，即可得到 $x(t)$ 在 $t=0$ 时刻（抽样时刻）的函数值 $x(0)$。同理，若冲激时刻发生在 $t=t_0$ 时刻，则可筛选出抽样时刻 $t=t_0$ 处的函数值 $x(t_0)$，即

$$\int_{-\infty}^{\infty}x(t)\delta(t-t_0)\mathrm{d}t=x(t_0) \tag{2-9}$$

（3）乘积性质：如果 $x(t)$ 为在 $t=0$ 时刻连续且处处有界的函数，那么

$$x(t)\delta(t)=x(0)\delta(t) \tag{2-10}$$

式（2-10）表明：$\delta(t)$ 与任意信号 $x(t)$ 相乘，其乘积结果都是一个强度为 $x(0)$ 的冲激信号，该冲激信号的冲激时刻不变。

将式（2-10）推广可得 $x(t)\delta(t-t_0)=x(t_0)\delta(t-t_0)$。

（4）尺度变换性质：$\delta(at)=\dfrac{1}{|a|}\delta(t)$，$a\neq0$。

（5）单位冲激信号是偶函数，即 $\delta(-t)=\delta(t)$。

（6）单位冲激信号与单位阶跃信号互为微积分关系，即

$$\frac{\mathrm{d}\varepsilon(t)}{\mathrm{d}t} = \delta(t), \quad \int_{-\infty}^{t} \delta(t)\mathrm{d}t = \varepsilon(t)$$

【例 2-2】　计算下列各式。

（1）$\displaystyle\int_{-\infty}^{+\infty} \sin(t) \cdot \delta\left(t - \frac{\pi}{6}\right)\mathrm{d}t = \sin\left(\frac{\pi}{6}\right) = 1/2$

（2）$\displaystyle\int_{-2}^{+3} \mathrm{e}^{-2t} \cdot \delta(t-2)\mathrm{d}t = \mathrm{e}^{-2\times2} = 1/\mathrm{e}^4$

（3）$\displaystyle\int_{-2}^{0} \mathrm{e}^{-5t} \cdot \delta(t-2)\mathrm{d}t = 0$

（4）$\displaystyle\int_{-\infty}^{+\infty} \mathrm{e}^{-2t} \cdot \delta(2-2t)\mathrm{d}t = \int_{-\infty}^{+\infty} \mathrm{e}^{-2t} \cdot \frac{1}{2}\delta(t-1)\mathrm{d}t = \frac{1}{2\mathrm{e}^2}$

（5）$\displaystyle\int_{-2}^{+2} (t^2+3t) \cdot \delta\left(\frac{t}{4}-1\right)\mathrm{d}t = \int_{-2}^{+2} (t^2+3t)\cdot 4\delta(t-4)\mathrm{d}t = 0$

（6）$\mathrm{e}^{-2t} \cdot \delta(2+2t) = \mathrm{e}^{-2t} \cdot \frac{1}{2}\delta(t+1) = \frac{1}{2}\mathrm{e}^{-2\times(-1)}\delta(t+1) = \frac{1}{2}\mathrm{e}^2\delta(t+1)$

从例 2-2 中可以看出：

（1）在单位冲激信号的抽样性质中，其积分区间不一定都是$(-\infty, +\infty)$，但只要积分区间不包括单位冲激信号 $\delta(t-t_0)$ 的 $t = t_0$ 时刻，则积分结果必为零；

（2）对于 $\delta(at+b)$ 形式的单位冲激信号，要先利用单位冲激信号的尺度变换性质将其转换为 $\frac{1}{|a|}\delta\left(t + \frac{b}{a}\right)$ 的形式，再利用单位冲激信号的抽样性质与乘积性质。

2.2.6　符号函数信号

符号函数信号的定义为

$$\mathrm{sgn}(t) = \begin{cases} 1, & t > 0 \\ 0, & t = 0 \\ -1, & t < 0 \end{cases} \qquad （2\text{-}11）$$

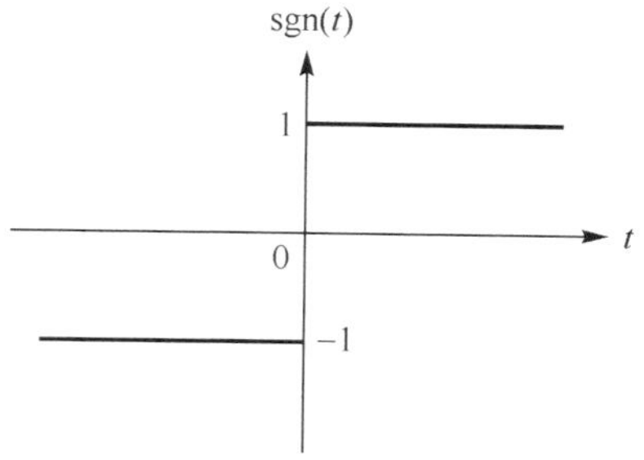

符号函数信号的波形图如图 2-10 所示。

可以用单位阶跃信号来表示符号函数信号：

$$\mathrm{sgn}(t) = 2\varepsilon(t) - 1 = \varepsilon(t) - \varepsilon(-t)$$

利用 MATLAB 可以画出符号函数信号，其代码见本书配套教学资料中的 cp2j26.m。

图 2-10　符号函数信号的波形图

2.2.7　冲激偶信号

单位冲激信号的微分是呈现正、负极性的一对冲激，称为冲激偶信号，以 $\delta'(t)$ 表示。冲激偶信号 $\delta'(t)$ 可以由矩形脉冲的导数的极限来定义，如图 2-11 所示。

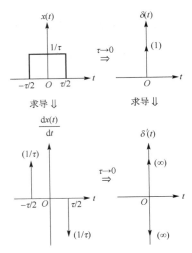

图 2-11　由矩形脉冲信号形成冲激偶信号

冲激偶信号具有以下性质。

（1）冲激偶信号所包含的面积等于零，这是因为正、负两个冲激的面积相互抵消，即 $\int_{-\infty}^{\infty} \delta'(t)\mathrm{d}t = 0$。

（2）$\int_{-\infty}^{t} \delta'(\tau)\mathrm{d}\tau = \delta(t)$。

（3）$\int_{-\infty}^{\infty} x(t)\delta'(t)\mathrm{d}t = -x'(0)$，$\int_{-\infty}^{\infty} x(t)\delta'(t-t_0)\mathrm{d}t = -x'(t_0)$。

证明：

$$x(t)\delta'(t) = \left[x(t)\delta(t)\right]' - x'(t)\delta(t) = x(0)\delta'(t) - x'(0)\delta(t)$$

$$\int_{-\infty}^{\infty} x(t)\delta'(t)\mathrm{d}t = \int_{-\infty}^{\infty} x(0)\delta'(t)\mathrm{d}t - \int_{-\infty}^{\infty} x'(0)\delta(t)\mathrm{d}t = -x'(0)$$

同理可证，$\int_{-\infty}^{\infty} x(t)\delta'(t-t_0)\mathrm{d}t = -x'(t_0)$ 也成立。

（4）冲激偶函数是奇函数，即 $\delta'(-t) = -\delta'(t)$。

【例 2-3】　$\int_{-\infty}^{\infty} (t-3)^2 \delta'(t)\mathrm{d}t = -\dfrac{\mathrm{d}}{\mathrm{d}t}\left[(t-3)^2\right]\Big|_{t=0} = -2(t-3)\Big|_{t=0} = 6$

2.2.8　单位斜变信号

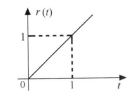

图 2-12　单位斜变信号的波形图

单位斜变信号也称单位斜坡信号，是指从某一时刻开始随时间正比例增长的信号。单位斜变信号的波形图如图 2-12 所示，其表达式为

$$r(t) = \begin{cases} t, & t \geqslant 0 \\ 0, & t < 0 \end{cases} \tag{2-12}$$

单位斜变信号和单位阶跃信号互为微积分，即 $\dfrac{\mathrm{d}r(t)}{\mathrm{d}t} = \varepsilon(t)$，

$\int_{-\infty}^{t} \varepsilon(t)\mathrm{d}t = r(t)$。

2.3 连续时间信号的基本运算

连续时间信号的基本运算包括信号的相加和相乘,信号的时移、反折和尺度变换,信号的微分(导数)和积分,以及信号的分解和合成。

(1)信号的相加和相乘。

两个信号相加,其和信号在任意时刻的信号值等于两个信号在该时刻的信号值之和,即 $x(t) = x_1(t) + x_2(t)$,如图 2-13 所示。

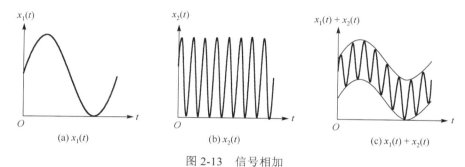

(a) $x_1(t)$ (b) $x_2(t)$ (c) $x_1(t) + x_2(t)$

图 2-13 信号相加

两个信号相乘,其积信号在任意时刻的信号值等于两个信号在该时刻的信号值之积,即 $x(t) = x_1(t)x_2(t)$,如图 2-14 所示。

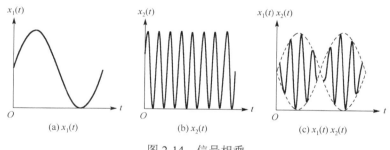

(a) $x_1(t)$ (b) $x_2(t)$ (c) $x_1(t) x_2(t)$

图 2-14 信号相乘

(2)信号的时移、反折和尺度变换。

对连续时间信号 $x(t)$ 进行时移,可表示为 $y(t) = x(t - t_0)$。当 $t_0 > 0$ 时,$x(t)$ 右移 t_0;当 $t_0 < 0$ 时,$x(t)$ 左移 $|t_0|$。可将信号 $x(t)$ 的自变量 t 用 $t - t_0$ 替换,如图 2-15 所示。

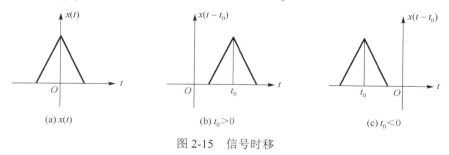

(a) $x(t)$ (b) $t_0 > 0$ (c) $t_0 < 0$

图 2-15 信号时移

对连续时间信号 $x(t)$ 进行反折可表示为 $y(t) = x(-t)$,相当于将自变量 t 用 $-t$ 代替。

对连续时间信号 $x(t)$ 进行尺度变换可表示为 $y(t) = x(at)$，相当于将自变量 t 用 at 代替。当 $a>1$ 时，$x(at)$ 表示将 $x(t)$ 波形沿 t 轴压缩为原来的 $1/a$；当 $0<a<1$ 时，$x(at)$ 表示将 $x(t)$ 波形沿 t 轴展宽至原来的 $1/a$ 倍，如图2-16 所示。

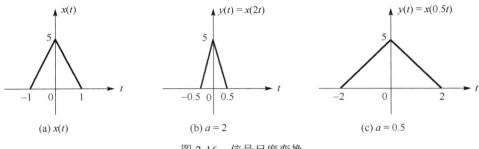

图 2-16　信号尺度变换

【例 2-4】　已知信号 $x(t)$ 的波形如图 2-17(a) 所示，画出信号 $x(-2t+4)$ 的波形。

解：根据 $x(-2t+4)$ 的形式可知，$x(t)$ 需要进行时移、反折和尺度变换三种运算才能得到 $x(-2t+4)$。

① 首先将原信号反折，得到信号 $x(-t)$，如图 2-17(b) 所示；

② 然后将波形沿时间轴向右时移 4 个单位，得到信号，即 $x(-t+4)$，如图 2-17(c) 所示；

③ 最后进行尺度变换，将信号沿时间轴压缩到原来的 $1/2$，得到信号 $x(-2t+4)$，如图 2-17(d) 所示。

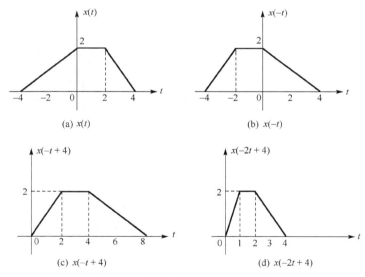

图 2-17　例 2-4 的波形变换过程

利用 MATLAB 可以实现以上信号的运算，代码见本书配套教学资料中的 cp2liti4.m。

（3）信号的微分和积分。

对连续时间信号 $x(t)$ 进行微分，可表示为 $y(t) = \dfrac{\mathrm{d}x(t)}{\mathrm{d}t}$。

对连续时间信号 $x(t)$ 进行积分，可表示为 $y(t) = \displaystyle\int_{-\infty}^{t} x(\tau)\mathrm{d}\tau$。

【例 2-5】 $x(t)$ 的波形图为三角波图形，如图 2-18(a)所示，试利用 MATLAB 画出 $\dfrac{\mathrm{d}x(t)}{\mathrm{d}t}$ 和

$\displaystyle\int_{-\infty}^{t} x(\tau)\mathrm{d}\tau$ 。

解： MATLAB 程序如下

```
function yt=triwave(t)        %在 MATLAB 中定义一个函数，函数名为 triwave
yt=tripuls(t,2,0.3);          %tripuls 函数为 MATLAB 自带的三角函数，宽度为2，
                              斜率为0.3
```

利用 diff 和 integral 函数来实现微分和积分：

```
%cp2liti5.m
dt=0.001;t= -2:dt:2;
y1=diff(triwave(t))/dt;       %diff 函数为 MATLAB 自带的一阶微分函数
subplot(311)
plot(t,triwave(t))
xlabel('t/s');title('x(t)');
subplot(312)
plot(t(1:length(t)-1),y1)
xlabel('t/s');title('dx(t)/dt');
for x=1:length(t)
y2(x)= integral (@triwave, 0,t(x));%integral 函数为 MATLAB 自带的积分函数
end
subplot(313)
plot(t,y2)
xlabel('t/s');title('integral of x(t)');
```

结果如图 2-18(b)和图 2-18(c)所示。

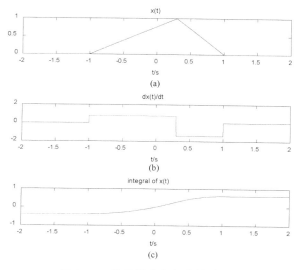

图 2-18　信号微分和积分的波形图

从图 2-18 中可以看出：①信号经过微分运算后，突出显示了它的变化部分，起到了锐化的作用；②信号经过积分运算后，突出变化部分变得平滑了，起到了模糊的作用，利用积分

可以削弱信号中噪声的影响。

（4）信号的分解与合成。

实际信号通常比较复杂，为了便于分析和处理，往往可将复杂信号分解为基本信号分量之和。

① 分解成直流分量与交流分量。

信号 $x(t)$ 可以分解成直流分量 $x_D(t)$ 和交流分量 $x_A(t)$，即 $x(t) = x_D(t) + x_A(t)$，如图 2-19 所示。

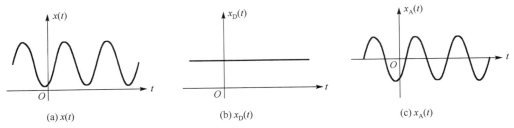

图 2-19 将信号分解为直流分量和交流分量

② 分解成偶分量和奇分量。

信号 $x(t)$ 可以分解成偶分量 $x_e(t)$ 和奇分量 $x_o(t)$，即 $x(t) = x_e(t) + x_o(t)$，如图 2-20 所示。偶分量满足 $x_e(t) = x_e(-t)$，奇分量满足 $x_o(t) = -x_o(-t)$，则

$$x_e(t) = \frac{1}{2}[x(t) + x(-t)]$$

$$x_o(t) = \frac{1}{2}[x(t) - x(-t)]$$

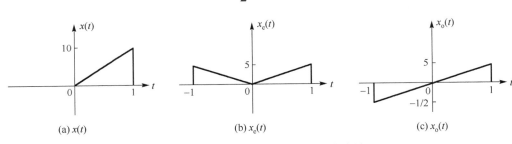

图 2-20 将信号分解为偶分量和奇分量

③ 任意信号可分解成冲激信号的叠加。

任意信号可分解成窄矩形脉冲信号的叠加，其极限情况就是分解为单位冲激信号的叠加。

如图 2-21 所示，$x(t)$ 为任意信号，将时间均匀分割，用窄矩形脉冲近似逼近 $x(t)$ 信号。设 τ 时刻，矩形脉冲分量的幅度为 $x(\tau)$，宽度为 $\Delta\tau$，则时段 $[\tau, \tau+\Delta\tau]$ 的信号可以近似表示为 $x(\tau)[\varepsilon(t-\tau) - \varepsilon(t-\tau-\Delta\tau)]$。当 τ 在 $(-\infty, \infty)$ 区间内变化时，$x(t)$ 的近似表达式为

$$x(t) \approx \sum_{\tau=-\infty}^{\infty} x(\tau)[\varepsilon(t-\tau) - \varepsilon(t-\tau-\Delta\tau)]$$

当 $\Delta\tau \to 0$ 时，可得

$$x(t) = \lim_{\Delta\tau\to 0}\sum_{\tau=-\infty}^{\infty} x(\tau)[\varepsilon(t-\tau) - \varepsilon(t-\tau-\Delta\tau)] = \lim_{\Delta\tau\to 0}\sum_{\tau=-\infty}^{\infty} \frac{x(\tau)[\varepsilon(t-\tau) - \varepsilon(t-\tau-\Delta\tau)]}{\Delta\tau}\Delta\tau$$

$$= \int_{-\infty}^{\infty} x(\tau)\delta(t-\tau)\mathrm{d}\tau \tag{2-13}$$

从式（2-13）可以看出，任意连续时间信号可以分解为单位冲激信号的叠加，信号的不同之处只在于分解前后的系数不同。当求解信号 $x(t)$ 通过线性时不变系统产生的响应时，只需求解单位冲激信号通过该系统所产生的响应，然后利用线性时不变系统的特性进行叠加和延时，即可求得信号 $x(t)$ 产生的响应，这是通过连续时间系统求取任意激励信号的响应的基本方法。

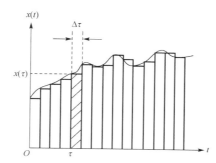

图 2-21　将信号分解为冲激信号的叠加

2.4　连续时间系统的数学模型

2.4.1　连续时间系统的数学模型描述

对已知系统进行分析，一般可分为三个阶段：首先，建立系统的数学模型，即写出系统输入信号与输出信号之间的数学表达式；然后，采用适当的数学方法分析模型，从中找出反映系统基本性能的特征量，求出系统在给定激励下的响应的数学表达式；最后，对得到的数学解进行物理解释，理解系统对信号进行变换处理的本质和规律。

我们知道，描述线性时不变连续时间系统的输入/输出方程是线性常系数微分方程或方程组，其数学模型可用 n 阶常系数微分方程来表征，写成一般形式为

$$\sum_{i=0}^{n} a_i y^{(i)}(t) = \sum_{j=0}^{m} b_j x^{(j)}(t) \tag{2-14}$$

式中，$x(t)$ 为系统的输入（激励），$y(t)$ 为系统的输出（响应）。若要求解 n 阶微分方程，则需要给定 n 个独立初始条件 $y(0), y'(0), y''(0), \cdots, y^{(n-1)}(0)$。

2.4.2　线性常系数微分方程的经典解法

连续时间系统的微分方程的求解方法主要是经典解法。经典解法是将系统微分方程的完全解 $y(t)$ 分解为齐次解 $y_h(t)$ 和特解 $y_p(t)$，即 $y(t) = y_h(t) + y_p(t)$。

（1）齐次解。

将系统微分方程中的输入设为零，便可得到原方程的齐次微分方程，对应的解为齐次解，即

$$\sum_{i=0}^{n} a_i y^{(i)}(t) = 0 \tag{2-15}$$

求解式（2-15），需求出对应的特征方程的特征根。特征方程为

$$\sum_{i=0}^{n} a_i \lambda^i = 0 \tag{2-16}$$

不同形式的特征根对应不同形式的齐次解。当特征方程存在 n 个不同的单根时（单根包括实根与共轭复根），其解为

$$y_{\mathrm{h}}(t) = \sum_{i=1}^{n} C_i \mathrm{e}^{\lambda_i t} \tag{2-17}$$

式中，C_i 为待定常数，由系统初始条件确定。注意，当把共轭复根视为两个单根时，C_i 不一定是实数，也可能为复数。

当特征方程存在一个 r 阶重根 $\lambda_1 = \lambda_2 = \cdots = \lambda_r = \lambda$ 和 $n-r$ 个单根时，其解为

$$y_{\mathrm{h}}(t) = \sum_{i=1}^{r} C_i t^{r-i} \mathrm{e}^{\lambda t} + \sum_{j=r+1}^{n} C_j \mathrm{e}^{\lambda_j t} \tag{2-18}$$

（2）特解。

特解 $y_{\mathrm{p}}(t)$ 是满足系统微分方程对给定输入的任意一个解。表示特解的待定常数与齐次解中的待定常数的确定过程是不同的。特解中的待定常数应由系统方程自身来确定。不同激励信号对应的特解形式如表 2-1 所示。

表 2-1　不同激励信号对应的特解形式

激励 $x(t)$	特解 $y_{\mathrm{p}}(t)$	
A（常数）	B	
t^m	$P_m t^m + P_{m-1} t^{m-1} + \cdots + P_1 t + P_0$	所有的特征根均不等于 0
	$t^r[P_m t^m + P_{m-1} t^{m-1} + \cdots + P_1 t + P_0]$	有 r 重等于 0 的特征根
e^{at}	$P \mathrm{e}^{at}$	a 不等于特征根
	$(P_1 t + P_0)\mathrm{e}^{at}$	a 等于特征单根
	$(P_r t^r + P_{r-1} t^{r-1} + \cdots + P_1 t + P_0)\mathrm{e}^{at}$	a 等于 r 阶重根的特征根
$\cos(\beta t + \varphi)$ 或 $\sin(\beta t + \varphi)$	$P\cos(\beta t) + Q\sin(\beta t)$	所有的特征根均不等于 $\pm \mathrm{j}\beta$
$t^m \mathrm{e}^{at}\cos(\beta t + \varphi)$ 或 $t^m \mathrm{e}^{at}\sin(\beta t + \varphi)$	$(P_m t^m + P_{m-1} t^{m-1} + \cdots + P_1 t + P_0)\mathrm{e}^{at}\cos(\beta t) + (Q_m t^m + Q_{m-1} t^{m-1} + \cdots + Q_1 t + Q_0)\mathrm{e}^{at}\sin(\beta t)$	

（3）完全解。

完全解 $y(t)$ 为齐次解 $y_{\mathrm{h}}(t)$ 和特解 $y_{\mathrm{p}}(t)$ 之和，即 $y(t) = y_{\mathrm{h}}(t) + y_{\mathrm{p}}(t)$。完全解中的待定常数 C_i 由系统初始条件 $y(0), y'(0), y''(0), \cdots, y^{(n-1)}(0)$ 确定。

【例 2-6】 已知系统微分方程 $y''(t) + 4y'(t) + 3y(t) = x'(t) + 3x(t)$，激励信号为 $x(t) = t^2$，$y(0) = 4$，$y'(0) = -6$，试求其齐次解、特解和完全解。

解：系统对应的齐次微分方程为 $y_h''(t) + 4y_h'(t) + 3y_h(t) = 0$。

对应的特征方程为 $\lambda^2 + 4\lambda + 3 = 0$。

其特征根为 $\lambda_1 = -1$，$\lambda_2 = -3$，则齐次解为 $y_h(t) = C_1 e^{-t} + C_2 e^{-3t}$。

根据激励可知，其特解形式为 $y_p(t) = D_2 t^2 + D_1 t + D_0$。

对 $y_p(t)$ 求一阶导数和二阶导数，代入系统微分方程可得 $D_2 = 1$，$D_1 = -2$，$D_0 = 2$，即 $y_p(t) = t^2 - 2t + 2$。

全解为 $y(t) = y_h(t) + y_p(t) = C_1 e^{-t} + C_2 e^{-3t} + t^2 - 2t + 2$。

根据初始条件 $y(0) = 4$，$y'(0) = -6$，可得 $C_1 = 1$，$C_2 = 1$。

因此全解为 $y(t) = e^{-t} + e^{-3t} + t^2 - 2t + 2$。

采用经典解法分析系统响应时，存在很多局限。若微分方程右边的激励项较复杂，很难得到特解；若激励信号发生变化，则须全部重新求解；若初始条件发生变化，也要全部重新求解。而且，这种方法是一种纯数学方法，无法突出系统响应的物理概念。

从经典解法的求解过程来看，完全解中的齐次解不受系统激励的约束，完全取决于系统自身及内部状态，它表示系统的自由响应（自然响应或固有响应）。特征方程的根 $\lambda_i(i = 1, 2, \cdots, n)$ 称为系统的自由频率（自然频率或固有频率），它决定了系统自由响应的全部形式。完全解中的特解由系统激励决定，与激励信号的形式密切相关，称为系统的强迫响应。因此，整个系统的完全解表征的完全响应由系统自身特性决定的自由响应和与外加激励信号有关的强迫响应两部分组成，如图2-22所示。

图 2-22　系统响应的构成

2.4.3　零输入响应和零状态响应

在经典解法中，系统的完全响应可表示为自由响应和强迫响应之和。其实，产生系统响应的原因无非有两个：系统的初始状态和系统的激励信号。那么，系统的完全响应可以分解为仅由系统的初始状态引起的零输入响应和仅由系统的激励信号引起的零状态响应，即

$$y(t) = y_{zi}(t) + y_{zs}(t) \tag{2-19}$$

式中，$y_{zi}(t)$ 为零输入响应，$y_{zs}(t)$ 为零状态响应。

（1）零输入响应。

没有外加激励信号的作用，即 $x(t) = 0$，因此，$y_{zi}(t)$ 满足系统常系数微分方程所对应的齐次方程，即

$$\sum_{i=0}^{n} a_i y_{zi}^{(i)}(t) = 0 \tag{2-20}$$

则 $y_{zi}(t)$ 与系统常系数微分方程齐次解的形式一致，参照式（2-17）和式（2-18）。

若系统的特征根为 n 个不相等的实根，则 $y_{zi}(t)$ 的表达式为

$$y_{zi}(t) = \sum_{k=1}^{n} C_{zik} e^{\lambda_k t} \qquad (2\text{-}21)$$

待定系数 C_{zik} 由系统 $t = 0_-$ 的初始状态决定，即由 $y_{zi}^{(j)}(0_-)(j=0,1,2,\cdots,n-1)$ 决定。另外，因为零输入响应是没有外加激励信号作用下的响应，存在 $y_{zi}^{(j)}(0_+) = y_{zi}^{(j)}(0_-) = y^{(j)}(0_-)$ $(j=0,1,2,\cdots,n-1)$，所以也可以用 $y_{zi}^{(j)}(0_+)$ 来求解待定系数 C_{zik}。

【例 2-7】 已知某线性时不变系统的微分方程为 $\dfrac{\mathrm{d}^2 y(t)}{\mathrm{d}t^2} + 5\dfrac{\mathrm{d}y(t)}{\mathrm{d}t} + 4y(t) = 4x(t)$，$t \geqslant 0$，已知系统的初始状态为 $y(0_-) = 2$，$y'(0_-) = -5$，求系统的零输入响应 $y_{zi}(t)$。

解： 系统的特征方程为 $\lambda^2 + 5\lambda + 4 = 0$，其特征根为 $\lambda_1 = -1$，$\lambda_2 = -4$，则零输入响应为

$$y_{zi}(t) = C_1 e^{-t} + C_2 e^{-4t}$$

代入初始状态的值，可得

$$\begin{cases} y(0_-) = C_1 + C_2 = 2 \\ y'(0_-) = -C_1 - 4C_2 = -5 \end{cases}$$

求出待定系数为 $C_1 = 1$，$C_2 = 1$，所以零输入响应为 $y_{zi}(t) = e^{-t} + e^{-4t}$，$t \geqslant 0_+$。

（2）零状态响应。

零状态响应 $y_{zs}(t)$ 是初始状态为 0，仅由系统的激励信号引起的响应，即初始状态为 $y_{zs}^{(j)}(0_-) = 0$。此时 $y_{zs}(t)$ 满足系统常系数微分方程的非齐次方程，即

$$\begin{cases} \displaystyle\sum_{i=0}^{n} a_i y_{zs}^{(i)}(t) = \sum_{j=0}^{m} b_j x^{(j)}(t) \\ y_{zs}^{(j)}(0_-) = 0, \quad j = 0,1,\cdots,n-1 \end{cases} \qquad (2\text{-}22)$$

其解法与完全解的经典解法类似，不同之处在于待定系数的确定上。零状态响应中的待定系数是由初始条件 $y_{zs}^{(j)}(0_+)$ 确定的，而在完全解的经典解法中，待定系数是由初始条件 $y^{(j)}(0_+)$ 确定的。

当系统微分方程右端不包含 $\delta(t)$ 及其各阶导数时，系统的初始值从 0_- 状态到 0_+ 状态没有跳变，此时 $y_{zs}^{(i)}(0_-) = y_{zs}^{(i)}(0_+)$，零状态响应的完全解由零状态齐次解和零状态特解组成，即

$$y_{zs}(t) = y_{zsh}(t) + y_{zsp}(t)$$

但如果系统微分方程右端包含 $\delta(t)$ 及其各阶导数，系统的初始值从 0_- 状态到 0_+ 状态会发生跳变，那么 $y_{zs}^{(i)}(0_-)$ 不一定等于 $y_{zs}^{(i)}(0_+)$，此时系统的零状态响应 $y_{zs}(t)$ 满足

$$y_{zs}^{(n)}(t) + a_{n-1} y_{zs}^{(n-1)}(t) + \cdots + a_1 y_{zs}{}'(t) + a_0 y_{zs}(t) = b_m \delta^{(m)}(t) + b_{m-1}\delta^{(m-1)}(t) + \cdots + b_1 \delta'(t) + b_0\delta(t) \quad (2\text{-}23)$$

根据单位冲激信号的性质，$\delta^{(j)}(t) = 0$，$t > 0(j=0,1,\cdots,m)$，式（2-22）可转化为

$$\begin{cases} y_{zs}^{(n)}(t) + a_{n-1} y_{zs}^{(n-1)}(t) + \cdots + a_1 y_{zs}{}'(t) + a_0 y_{zs}(t) = 0, \ t > 0 \\ y_{zs}^{(j)}(0_-) = 0 \end{cases} \qquad (2\text{-}24)$$

式（2-24）为常系数齐次微分方程，所以零状态响应 $y_{zs}(t)$ 具有齐次解的表达形式。

假设系统特征根为 n 个不相等的实根，则

① 当 $n > m$ 时：

$$y_{zs}(t) = \left(\sum_{i=1}^{n} C_i e^{\lambda_i t} \right) \varepsilon(t), \quad t \geq 0_+ \tag{2-25}$$

② 当 $n \leq m$ 时，为使方程（2-23）两边平衡，$y_{zs}(t)$ 应含有冲激函数及其高阶导数，即

$$y_{zs}(t) = \left(\sum_{i=1}^{n} C_i e^{\lambda_i t} \right) \varepsilon(t) + \sum_{j=0}^{m-n} A_j \delta^{(j)}(t), \quad t \geq 0_+ \tag{2-26}$$

（3）系统完全响应。

系统完全响应的表达式为

$$y(t) = y_{zi}(t) + y_{zs}(t)$$
$$= \sum_{k=1}^{n} C_{zik} e^{\lambda_k t} + \sum_{i=1}^{n} C_{zsi} e^{\lambda_i t} + y_{zsp}(t), \quad t \geq 0_+$$

式中，假设系统特征根为 n 个不相等的实根。我们知道经典解法中的特解的待定常数是由系统方程自身确定的，而零状态响应中的特解的待定常数也是由系统方程自身确定的，$y_p(t) = y_{zsp}(t)$，所以图 2-22 也可以完善为图 2-23。

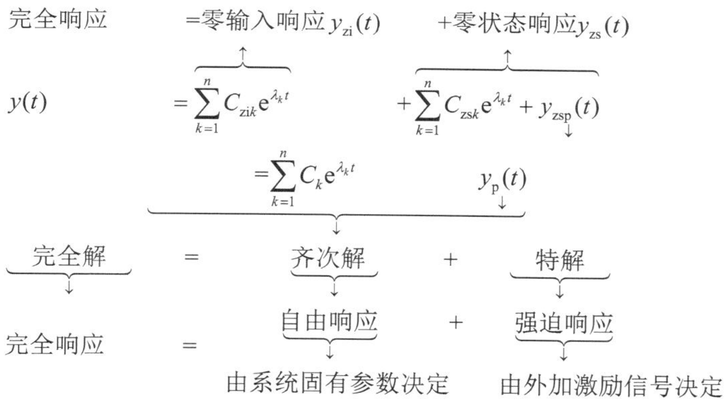

图 2-23　系统方程解与系统响应的关系

【例 2-8】　描述某系统的微分方程为 $y''(t) + 3y'(t) + 2y(t) = 2x'(t) + 6x(t)$，已知 $y(0_-) = 2$，$y'(0_-) = 0$，$x(t) = \varepsilon(t)$，求该系统的零输入响应、零状态响应和完全响应。

解：（1）求零输入响应 $y_{zi}(t)$。

根据特征根求得通解为 $y_{zi}(t) = C_{zi1} e^{-2t} + C_{zi2} e^{-t}$，其初始值为 $\begin{cases} y_{zi}'(0_+) = y_{zi}'(0_-) = y'(0_-) = 0 \\ y_{zi}(0_+) = y_{zi}(0_-) = y(0_-) = 2 \end{cases}$，代入通解中，得到 $C_{zi1} = -2$，$C_{zi2} = 4$。则零输入响应为 $y_{zi}(t) = -2e^{-2t} + 4e^{-t}$，$t \geq 0_+$。

（2）求零状态响应 $y_{zs}(t)$。

零状态响应方程为 $y_{zs}''(t) + 3y_{zs}'(t) + 2y_{zs}(t) = 2\delta(t) + 6\varepsilon(t)$。

可将上述零状态响应方程分解为两个子方程，即

$$\begin{cases} y_{zs1}{}''(t)+3y_{zs1}{}'(t)+2y_{zs1}(t)=2\delta(t) & \text{方程 1} \\ y_{zs2}{}''(t)+3y_{zs2}{}'(t)+2y_{zs2}(t)=6\varepsilon(t) & \text{方程 2} \end{cases}$$

对于方程 1，只含有 $\delta(t)$ 及其各阶导数，此时 $n>m$，由式（2-25）有

$$y_{zs1}(t)=\left(C_1 e^{-2t}+C_2 e^{-t}\right)\varepsilon(t)$$

再对 $y_{zs1}(t)$ 求微分，得到

$$\begin{aligned} y_{zs1}{}'(t) &= \left(C_1 e^{-2t}+C_2 e^{-t}\right)\delta(t)+(-2C_1 e^{-2t}-C_2 e^{-t})\varepsilon(t) \\ &= (C_1+C_2)\delta(t)+(-2C_1 e^{-2t}-C_2 e^{-t})\varepsilon(t) \end{aligned}$$

$$y_{zs1}{}''(t)=(C_1+C_2)\delta'(t)+(4C_1 e^{-2t}+C_2 e^{-t})\varepsilon(t)+(-2C_1-C_2)\delta(t)$$

将 $y_{zs1}(t)$、$y_{zs1}{}'(t)$、$y_{zs1}{}''(t)$ 代入方程 1 中，可得

$$\left(C_1+C_2\right)\delta'(t)+\left(C_1+2C_2\right)\delta(t)=2\delta(t)$$

要让方程恒成立，则

$$\begin{cases} C_1+C_2=0 \\ C_1+2C_2=2 \end{cases}$$

求得系数为

$$\begin{cases} C_1=-2 \\ C_2=2 \end{cases}$$

即

$$y_{zs1}(t)=\left(-2e^{-2t}+2e^{-t}\right)\varepsilon(t)$$

对于方程 2，不含有 $\delta(t)$ 及其各阶导数，用经典解法即可求出。

设方程 2 的特解为 B，代入方程，则 $2B=6$，即 $B=3$。

所以方程 2 的解为 $y_{zs2}(t)=C_1 e^{-2t}+C_2 e^{-t}+3$。

根据初始条件 $y_{zs2}(0_+)=y_{zs2}(0_-)=0$，$y_{zs2}{}'(0_+)=y_{zs2}{}'(0_-)=0$，可得

$$\begin{cases} C_1+C_2+3=0 \\ -2C_1-C_2=0 \end{cases}$$

求得系数为

$$\begin{cases} C_1=3 \\ C_2=-6 \end{cases}$$

即

$$y_{zs2}(t)=3e^{-2t}-6e^{-t}+3, \quad t\geqslant 0_+$$

所以系统的零状态响应为 $y_{zs}(t)=y_{zs1}(t)+y_{zs2}(t)=e^{-2t}-4e^{-t}+3$，$t\geqslant 0_+$。

（3）求完全响应。

完全响应为 $y(t)=y_{zi}(t)+y_{zs}(t)=-2e^{-2t}+4e^{-t}+e^{-2t}-4e^{-t}+3=-e^{-2t}+3$，$t\geqslant 0_+$。

【例 2-9】对于某 LTI 因果连续系统，当起始状态为 1，输入因果信号 $x_1(t)$ 时，全响应为

$y_1(t) = \mathrm{e}^{-t} + \cos(\pi t)$，$t > 0$，当起始状态为 2，输入因果信号 $x_2(t)=3x_1(t)$ 时，全响应为 $y_2(t) = -2\mathrm{e}^{-t} + 3\cos(\pi t)$，$t > 0$，求输入为 $x_3(t)=\dfrac{\mathrm{d}x_1(t)}{\mathrm{d}t}$ 时的零状态响应。

解：此题并不是传统的求解微分方程，而应该利用线性时不变系统的零状态响应和零输入响应，也符合线性时不变这一性质。

设起始状态为 1，当输入因果信号 $x_1(t)$ 时，系统的零输入响应为 $y_{zi1}(t)$，零状态响应为 $y_{zs1}(t)$，所以根据题意有

$$\begin{cases} y_1(t) = y_{zi1}(t) + y_{zs1}(t) = \mathrm{e}^{-t} + \cos(\pi t) \\ y_2(t) = 2y_{zi1}(t) + 3y_{zs1}(t) = -2\mathrm{e}^{-t} + 3\cos(\pi t) \end{cases}$$

由上述方程组可以求出

$$y_{zs1}(t) = -4\mathrm{e}^{-t} + \cos(\pi t)$$

因为 $y_{zs1}(t)$ 是输入为因果信号 $x_1(t)$ 时的零状态响应，所以

$$y_{zs1}(t) = -4\mathrm{e}^{-t} + \cos(\pi t), \quad t \geqslant 0_+$$

当输入为 $x_3(t)=\dfrac{\mathrm{d}x_1(t)}{\mathrm{d}t}$ 时，零状态响应为

$$y_{zs3}(t) = \frac{\mathrm{d}y_{zs1}(t)}{\mathrm{d}t} = \frac{\mathrm{d}\left[-4\mathrm{e}^{-t} + \cos(\pi t)\right]}{\mathrm{d}t} = 4\mathrm{e}^{-t} - \pi\sin(\pi t), \quad t \geqslant 0_+$$

MATLAB 提供了专门用于求 LTI 系统的零状态响应的函数 lsim，其调用形式为

```
lsim(sys,x,t)
```

其中，"t" 表示计算系统响应的时间点向量，"x" 是系统输入信号向量，"sys" 是 LTI 系统模型。在求解微分方程时，微分方程的 LTI 系统模型 sys 要借助 tf 函数获得，其调用方式为

```
sys=tf(b,a)
```

其中，"a" 和 "b" 表示系统方程中由 a_i、b_j 组成的向量。

MATLAB 没有提供专门的求零输入响应的函数，因此在求解零输入响应时，可以用以下方法。

当微分方程的根为单根时，$y_{zi}(t) = \displaystyle\sum_{k=1}^{n} C_{zik}\mathrm{e}^{\lambda_k t}$，则

$$\begin{cases} C_{zi1} + C_{zi2} + \cdots + C_{zin} = y_{zi}(0_-) \\ \lambda_1 C_{zi1} + \lambda_2 C_{zi2} + \cdots + \lambda_n C_{zin} = y'_{zi}(0_-) \\ \qquad\qquad\vdots \\ \lambda_1^{n-1} C_{zi1} + \lambda_2^{n-1} C_{zi2} + \cdots + \lambda_n^{n-1} C_{zin} = y_{zi}^{(n-1)}(0_-) \end{cases}$$

可以用矩阵来表示

$$\boldsymbol{V} \cdot \boldsymbol{C} = \boldsymbol{y}_0$$

式中，

$$V = \begin{bmatrix} 1 & 1 & \cdots & 1 \\ \lambda_1 & \lambda_2 & \cdots & \lambda_n \\ \vdots & \vdots & & \vdots \\ \lambda_1^{n-1} & \lambda_2^{n-1} & \cdots & \lambda_n^{n-1} \end{bmatrix}, \quad C = \begin{bmatrix} c_{zi1} \\ c_{zi2} \\ \vdots \\ c_{zin} \end{bmatrix}, \quad y_0 = \begin{bmatrix} y_{zi}(0_-) \\ y'_{zi}(0_-) \\ \vdots \\ y_{zi}^{(n-1)}(0_-) \end{bmatrix}$$

C 可以由矩阵计算获得

$$C = V^{-1} \cdot y_0$$

式中，V 是范德蒙矩阵，可由 MATLAB 的函数 vander 生成。

【例 2-10】 系统的微分方程为 $y''(t) + 3y'(t) + 2y(t) = 2x'(t) + 6x(t)$，已知 $y(0_-) = 2$，$y'(0_-) = 0$，系统的激励为 $x(t) = \varepsilon(t)$，用 MATLAB 求该系统的零输入响应、零状态响应和完全响应。

解： MATLAB 程序如下

```
ts=0;te=5;dt=0.01;t=ts:dt:te;
a=[1,3,2];b=[2,6];p=roots(a);              %求出特征根
V=rot90(vander(p));y0=[2,0];
C=V\y0';
for  k=1:length(p)
    y_ji(k,:)=exp(p(k)*t);
end
yzit=C.'*y_ji;
figure
subplot(311)
plot(t,yzit)
xlabel('t/s');ylabel('yzi(t)');title('零输入响应');
sys=tf(b,a);
x=ones(1,length(t));                       %x(t)=ε(t)
yzst=lsim(sys,x,t);
subplot(312)
plot(t,yzst)
xlabel('t/s');ylabel('yzs(t)');title('零状态响应');
yt=yzit+yzst';
subplot(313)
plot(t,yt)
xlabel('t/s');ylabel('y(t)');title('完全响应');
```

MATLAB 求解如图 2-24 所示，和例 2-8 的结果一致。

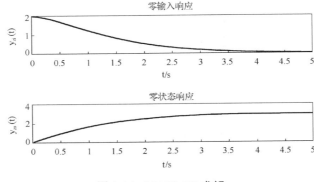

图 2-24　MATLAB 求解

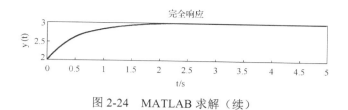

图 2-24　MATLAB 求解（续）

2.5　单位冲激响应和单位阶跃响应

2.5.1　单位冲激响应

单位冲激响应为输入为单位冲激信号 $\delta(t)$ 时系统的零状态响应，记为 $h(t)$ 。

N 阶连续时间 LTI 系统的单位冲激响应 $h(t)$ 满足

$$h^{(n)}(t)+a_{n-1}h^{(n-1)}(t)+\cdots+a_1 h'(t)+a_0 h(t)=b_m\delta^{(m)}(t)+b_{m-1}\delta^{(m-1)}(t)+\cdots+b_1\delta'(t)+b_0\delta(t) \qquad （2-27）$$

根据单位冲激信号的性质， $\delta^{(j)}(t)=0,\ t\geq 0_+ (j=0,1,\cdots,m)$ ，式（2-27）可转化为

$$\begin{cases} h^{(n)}(t)+a_{n-1}h^{(n-1)}(t)+\cdots+a_1 h'(t)+a_0 h(t)=0,\quad t\geq 0_+ \\ h^{(j)}(0_-)=0 \end{cases} \qquad （2-28）$$

式（2-28）为常系数齐次微分方程，所以单位冲激响应 $h(t)$ 具有齐次解的表达形式。此方程与式（2-24）表示的方程类似，其解如式（2-25）或式（2-26）所示，此处不再赘述。

【例 2-11】　已知某线性时不变系统的微分方程为

$$\frac{\mathrm{d}y(t)}{\mathrm{d}t}+5y(t)=2x(t),\quad t\geq 0$$

求系统的单位冲激响应。

解： 当激励为 $\delta(t)$ 时，响应为 $h(t)$ ，则微分方程变为

$$\frac{\mathrm{d}h(t)}{\mathrm{d}t}+5h(t)=2\delta(t),\quad t\geq 0$$

求得系统的特征根为 $\lambda=-5$ ，且 $n>m$ ，所以 $h(t)=Ce^{-5t}\varepsilon(t)$ ，代入微分方程中，得

$$\frac{\mathrm{d}}{\mathrm{d}t}[Ce^{-5t}\varepsilon(t)]+5Ce^{-5t}\varepsilon(t)=2\delta(t)$$

解得

$$C=2$$

因为该系统的单位冲激响应为

$$h(t)=2e^{-5t}\varepsilon(t)$$

【例 2-12】 已知某线性时不变系统的微分方程为

$$y''(t) + 3y'(t) + 2y(t) = 2x'(t) + 6x(t), \quad t \geq 0$$

试求系统的单位冲激响应。

解： 当激励为 $\delta(t)$ 时，响应为 $h(t)$，即

$$h''(t) + 3h'(t) + 2h(t) = 2\delta'(t) + 6\delta(t)$$

求得系统的特征根为 $\lambda_1 = -2$，$\lambda_2 = -1$，且 $n > m$，所以

$$h(t) = Ae^{-2t}\varepsilon(t) + Be^{-t}\varepsilon(t)$$

$$h'(t) = (Ae^{-2t} + Be^{-t})\delta(t) + (-2Ae^{-2t} - Be^{-t})\varepsilon(t) = (A+B)\delta(t) + (-2Ae^{-2t} - Be^{-t})\varepsilon(t)$$

$$h''(t) = (A+B)\delta'(t) + (-2A-B)\delta(t) + (4Ae^{-2t} + Be^{-t})\varepsilon(t)$$

代入方程中，得

$$(A+B)\delta'(t) + (A+2B)\delta(t) = 2\delta'(t) + 6\delta(t)$$

解得

$$A = -2, \quad B = 4$$

因此该系统的单位冲激响应为

$$h(t) = (-2e^{-2t} + 4e^{-t})\varepsilon(t)$$

2.5.2 单位阶跃响应

对于线性时不变系统，当输入为单位阶跃信号 $\varepsilon(t)$ 时，系统的零状态响应定义为单位阶跃响应，记为 $g(t)$。

N 阶连续时间 LTI 系统的单位阶跃响应 $g(t)$ 满足

$$g^{(n)}(t) + a_{n-1}g^{(n-1)}(t) + \cdots + a_1 g'(t) + a_0 g(t)$$
$$= b_m \varepsilon^{(m)}(t) + b_{m-1}\varepsilon^{(m-1)}(t) + \cdots + b_1 \varepsilon'(t) + b_0 \varepsilon(t) \tag{2-29}$$

由于 $\varepsilon^{(j)}(t) = \delta^{(j-1)}(t) = 0$，$t \geq 0_+ (j = 1, 2, \cdots, m)$，所以式（2-29）可转化为

$$\begin{cases} g^{(n)}(t) + a_{n-1}g^{(n-1)}(t) + \cdots + a_1 g'(t) + a_0 g(t) = b_0 \varepsilon(t), & t \geq 0_+ \\ g^{(i)}(0_-) = 0 \end{cases} \tag{2-30}$$

式（2-30）为非齐次方程，所以单位阶跃响应由齐次解和特解组成。

由于单位冲激信号 $\delta(t)$ 和单位阶跃信号 $\varepsilon(t)$ 存在微分和积分的关系，对于线性时不变系统，$h(t)$ 和 $g(t)$ 也存在微分和积分的关系，即

$$\begin{cases} h(t) = \dfrac{\mathrm{d}g(t)}{\mathrm{d}t} \\ g(t) = \displaystyle\int_{-\infty}^{t} h(\tau)\mathrm{d}\tau \end{cases} \tag{2-31}$$

【例 2-13】 已知某线性时不变系统的微分方程为

$$\frac{\mathrm{d}y(t)}{\mathrm{d}t} + 5y(t) = 2x(t), \quad t \geqslant 0$$

试求系统的单位阶跃响应。

解：当激励为 $\varepsilon(t)$ 时，响应为 $g(t)$，即

$$\frac{\mathrm{d}g(t)}{\mathrm{d}t} + 5g(t) = 2\varepsilon(t), \quad t \geqslant 0_+$$

系统的特征根为 $\lambda = -5$，所以齐次解为

$$g_{\mathrm{h}}(t) = Ce^{-5t}\varepsilon(t)$$

当 $t > 0$ 时，方程右边为常数 2，所以方程的特解为 $g_{\mathrm{p}}(t) = D\varepsilon(t)$。

则方程的全解为

$$g(t) = Ce^{-5t}\varepsilon(t) + D\varepsilon(t)$$

将全解代入方程

$$\frac{\mathrm{d}}{\mathrm{d}t}[Ce^{-5t}\varepsilon(t) + D\varepsilon(t)] + 5[Ce^{-5t}\varepsilon(t) + D\varepsilon(t)] = 2\varepsilon(t)$$

解得 $C = -\dfrac{2}{5}$，$D = \dfrac{2}{5}$。

因此该系统的单位阶跃响应为

$$g(t) = -\frac{2}{5}e^{-5t}\varepsilon(t) + \frac{2}{5}\varepsilon(t)$$

在例 2-11 中，已得 $h(t) = 2e^{-5t}\varepsilon(t)$，利用单位冲激响应与单位阶跃响应的关系，可得 $g(t) = \int_{-\infty}^{t} h(\tau)\mathrm{d}\tau = \int_{-\infty}^{t} 2e^{-5\tau}\varepsilon(\tau)\mathrm{d}\tau = -\dfrac{2}{5}e^{-5t}\varepsilon(t) + \dfrac{2}{5}\varepsilon(t)$，此结果与例 2-13 求出的结果一致。

MATLAB 提供了专门用于求解 LTI 系统单位冲激响应和单位阶跃响应的函数。如果系统的微分方程为

$$\sum_{i=0}^{n} a_i y^{(i)}(t) = \sum_{j=0}^{m} b_j x^{(j)}(t)$$

impulse(b,a)用于绘制向量 a 和 b 定义的 LTI 系统的单位冲激响应，step(b,a)用于绘制向量 a 和 b 定义的 LTI 系统的单位阶跃响应。

【例2-14】 用 MATLAB 求以下系统的单位冲激响应和单位阶跃响应

$$y''(t) + 3y'(t) + 2y(t) = 2x'(t) + 6x(t)$$

解：MATLAB 程序如下

```
%cp2liti14.m
a=[1,3,2];
b=[2,6];
subplot(211);impulse(b,a);
subplot(212);step(b,a)
```

单位冲激响应和单位阶跃响应如图 2-25 所示。

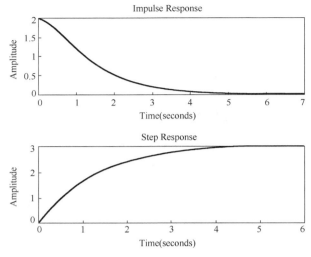

图 2-25　单位冲激响应和单位阶跃响应

2.6　卷积积分及其性质

卷积积分是时域分析的基本方法，为加深对时域分析的理解，有必要进一步讨论卷积积分。

2.6.1　卷积积分的定义

设 $x_1(t)$ 和 $x_2(t)$ 是定义在 $(-\infty, \infty)$ 区间上的两个连续时间函数，将积分

$$\int_{-\infty}^{\infty} x_1(\tau)x_2(t-\tau)\mathrm{d}\tau$$

定义为 $x_1(t)$ 和 $x_2(t)$ 的卷积积分，简称卷积，简记为 $x_1(t) * x_2(t)$，即

$$x_1(t) * x_2(t) = \int_{-\infty}^{\infty} x_1(\tau)x_2(t-\tau)\mathrm{d}\tau \tag{2-32}$$

用图形方式描述卷积运算过程有助于理解卷积概念和卷积的图解法计算过程。根据式（2-32），信号 $x_1(t)$ 和 $x_2(t)$ 的卷积运算可通过以下几个步骤来完成。

第一步，画出 $x_1(t)$ 和 $x_2(t)$ 的波形图，将波形图中的 t 轴换成 τ 轴，分别得到 $x_1(\tau)$ 和 $x_2(\tau)$ 的波形。

第二步，将 $x_2(\tau)$ 波形以纵轴为中心轴翻转 $180°$，得到 $x_2(-\tau)$ 的波形。

第三步，给定一个 t 值，将 $x_2(-\tau)$ 波形沿 τ 轴平移 $|t|$。当 $t<0$ 时，波形往左移；当 $t>0$ 时，波形往右移。这样就得到了 $x_2(t-\tau)$ 的波形。

第四步，将 $x_1(\tau)$ 和 $x_2(t-\tau)$ 相乘，得到卷积积分式中的被积函数 $x_1(\tau)x_2(t-\tau)$。计算 $\int_{-\infty}^{\infty} x_1(\tau)x_2(t-\tau)\mathrm{d}\tau$，得到 t 时刻的卷积值。

第五步，令变量 t 在 $(-\infty, \infty)$ 的范围内变化，重复第三步和第四步操作，最终得到卷积信号，它是时间变量 t 的函数。

【例 2-15】　求信号 $x_1(t) = \varepsilon(t) - \varepsilon(t-1)$ 及 $x_2(t) = \varepsilon(t) - \varepsilon(t-2)$ 的卷积。

解：用图形方式进行求解。

$x_1(t)$ 和 $x_2(t)$ 的波形如图 2-26 所示。

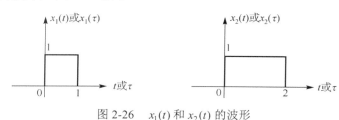

图 2-26　$x_1(t)$ 和 $x_2(t)$ 的波形

将 $x_2(\tau)$ 反折并进行时移，得到 $x_2(t-\tau)$ 的波形，如图 2-27 所示。

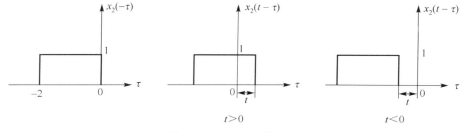

图 2-27　$x_2(t-\tau)$ 的波形

将 $x_1(\tau)$ 和 $x_2(t-\tau)$ 的重叠部分相乘并积分。

当 $t \leqslant 0$ 时，如图 2-28(a) 所示。$x_1(\tau)$ 和 $x_2(t-\tau)$ 无重叠部分，$x_1(\tau)x_2(t-\tau)=0$，所以

$$x_1(t) * x_2(t) = 0$$

当 $0 < t \leqslant 1$ 时，$x_1(t) * x_2(t) = \int_0^t \mathrm{d}\tau = t$，如图 2-28(b) 所示。

当 $1 < t \leqslant 2$ 时，$x_1(t) * x_2(t) = \int_0^1 \mathrm{d}\tau = 1$，如图 2-28(c) 所示。

当 $2 < t \leqslant 3$ 时，$x_1(t) * x_2(t) = \int_{t-2}^1 \mathrm{d}\tau = 3 - t$，如图 2-28(d) 所示。

当 $t > 3$ 时，$x_1(\tau)$ 和 $x_2(t-\tau)$ 无重叠部分，$x_1(\tau)x_2(t-\tau)=0$，所以 $x_1(t) * x_2(t)=0$，如图 2-28(e) 所示。

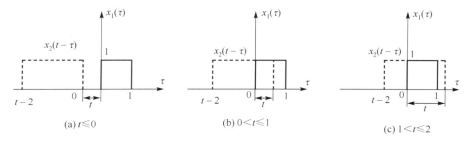

图 2-28　卷积的图示求解过程

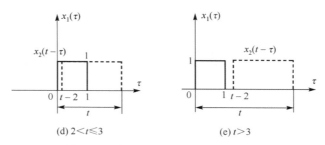

(d) $2<t\leqslant 3$ 　　　　　　(e) $t>3$

图 2-28 　卷积的图示求解过程（续）

卷积结果如图 2-29 所示。

利用 MATLAB 可以实现卷积，代码见本书配套教学资料中的 ch2liti215.m。

2.6.2 卷积积分的性质

（1）卷积代数。

卷积运算满足三个基本代数运算律。

交换律： $$x_1(t)*x_2(t)=x_2(t)*x_1(t)$$

结合律： $$x_1(t)*\big[x_2(t)*x_3(t)\big]=\big[x_1(t)*x_2(t)\big]*x_3(t)$$

分配律： $$x_1(t)*\big[x_2(t)+x_3(t)\big]=x_1(t)*x_2(t)+x_1(t)*x_3(t)$$

（2）卷积的微分和积分。

设 $y(t)=x_1(t)*x_2(t)$ ，则有如下结论。

微分： $$y^{(1)}(t)=x_1^{(1)}(t)*x_2(t)=x_1(t)*x_2^{(1)}(t) \tag{2-33}$$

积分： $$y^{(-1)}(t)=x_1^{(-1)}(t)*x_2(t)=x_1(t)*x_2^{(-1)}(t) \tag{2-34}$$

微积分： $$y(t)=x_1(t)*x_2(t)=x_1^{(1)}(t)*x_2^{(-1)}(t) \tag{2-35}$$

在式（2-33）、式（2-34）、式（2-35）中， $x_1^{(1)}(t)=x_1'(t)$ ， $x_1^{(-1)}(t)=\displaystyle\int_{-\infty}^{t}x_1(t)\mathrm{d}t$ ，以此类推。

根据卷积的定义很容易证明微分和积分特性，但需要注意以下问题，因为

$$\int_{-\infty}^{t}\left[\frac{\mathrm{d}x_1(\xi)}{\mathrm{d}\xi}\right]\mathrm{d}\xi=x_1(t)-x_1(-\infty)$$

所以

$$x_1(t)=\int_{-\infty}^{t}\left[\frac{\mathrm{d}x_1(\xi)}{\mathrm{d}\xi}\right]\mathrm{d}\xi+x_1(-\infty)$$

利用卷积运算的分配律和卷积的积分性质，可以将 $x_1(t)*x_2(t)$ 表示为

$$x_1(t)*x_2(t)=\left\{\int_{-\infty}^{t}\left[\frac{\mathrm{d}x_1(\xi)}{\mathrm{d}\xi}\right]\mathrm{d}\xi+x_1(-\infty)\right\}*x_2(t)=\left[\frac{\mathrm{d}x_1(t)}{\mathrm{d}t}\right]*\int_{-\infty}^{t}x_2(\xi)\mathrm{d}\xi+x_1(-\infty)*x_2(t)$$

$$=x_1^{(1)}(t)*x_2^{(-1)}(t)+x_1(-\infty)\int_{-\infty}^{\infty}x_2(t)\mathrm{d}t \tag{2-36}$$

同理

$$x_1(t) * x_2(t) = x_1^{(-1)}(t) * x_2^{(1)}(t) + x_2(-\infty) \int_{-\infty}^{\infty} x_1(t)\mathrm{d}t \qquad （2\text{-}37）$$

由式（2-36）和式（2-37）可知，当 $x_1(t)$ 和 $x_2(t)$ 满足 $x_1(-\infty)\int_{\infty}^{\infty} x_2(t)\mathrm{d}t = x_2(-\infty)\int_{-\infty}^{\infty} x_1(t)\mathrm{d}t = 0$ 时，式（2-35）成立。

由此可见，使用卷积的微积分性质是有条件的，式（2-37）要求：被求导的函数（ $x_1(t)$ 或 $x_2(t)$ ）在 $t=-\infty$ 处为零值，或者被积分的函数（ $x_1(t)$ 或 $x_2(t)$ ）在 $(-\infty, \infty)$ 区间上的积分值（函数波形的净面积）为零。而且，这里的两个条件是"或"的关系，只要满足其中一个条件，式（2-35）就成立。

卷积的微积分特性也可推广用于卷积的高阶导数或多重积分的运算。

$$y^{(i)}(t) = x_1^{(j)}(t) * x_2^{(i-j)}(t)$$

（3） $x(t)$ 与单位冲激函数或单位阶跃函数的卷积。

信号 $x(t)$ 与冲激信号 $\delta(t)$ 的卷积等于 $x(t)$ 本身，即 $x(t) * \delta(t) = x(t)$ 。

进一步有

$$x(t) * \delta(t-t_0) = x(t-t_0)$$

利用卷积的微分、积分特性，可得

$$x(t) * \delta'(t) = x'(t)$$

信号 $x(t)$ 与单位阶跃信号 $\varepsilon(t)$ 的卷积为

$$x(t) * \varepsilon(t) = \int_{-\infty}^{t} x(\tau)\mathrm{d}\tau$$

【例 2-16】 $x(t)$ 、 $h(t)$ 的图形如图 2-30 所示，利用微积分性质求 $y(t) = x(t) * h(t)$ 。

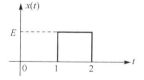 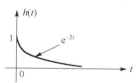

图 2-30 $x(t)$ 和 $h(t)$ 的图形

解： 从图 2-30 中可以看出， $x(t) = E\varepsilon(t-1) - E\varepsilon(t-2)$ ，则 $x'(t) = E[\delta(t-1) - \delta(t-2)]$ ，如图 2-31(a)所示； $g(t) = \int_{-\infty}^{t} h(\tau)\mathrm{d}\tau = \int_{-\infty}^{t} \mathrm{e}^{-2\tau}\varepsilon(\tau)\mathrm{d}\tau = \frac{1}{2}(1-\mathrm{e}^{-2t})\varepsilon(t)$ ，如图 2-31(b) 所示。

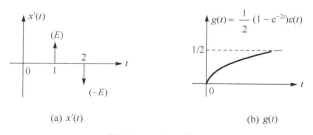

(a) $x'(t)$ (b) $g(t)$

图 2-31 $x'(t)$ 和 $g(t)$

$$y(t) = x(t) * h(t) = x'(t) * g(t) = E\left[\delta(t-1) - \delta(t-2)\right] * \frac{1}{2}(1 - e^{-2t})\varepsilon(t)$$

$$= \frac{E}{2}[1 - e^{-2(t-1)}]\varepsilon(t-1) - \frac{E}{2}[1 - e^{-2(t-2)}]\varepsilon(t-2)$$

（4）卷积时移。

设 $y(t) = x_1(t) * x_2(t)$，则 $y(t-t_0) = x_1(t) * x_2(t-t_0) = x_1(t-t_0) * x_2(t)$， t_0 为实常数。

由卷积的时移性质可进一步得到如下结论：

$$y(t - t_1 - t_2) = x_1(t - t_1) * x_2(t - t_2) \tag{2-38}$$

【例 2-17】　利用卷积的时移性质及 $\varepsilon(t) * \varepsilon(t) = r(t)$，计算 $y(t) = x(t) * h(t)$，其中，$h(t)$、$x(t)$、$y(t)$ 的图形如图 2-32 所示。

解：

$$y(t) = x(t) * h(t) = [\varepsilon(t) - \varepsilon(t-1)] * [\varepsilon(t) - \varepsilon(t-2)]$$

$$= \varepsilon(t) * \varepsilon(t) - \varepsilon(t-1) * \varepsilon(t) - \varepsilon(t) * \varepsilon(t-2) + \varepsilon(t-1) * \varepsilon(t-2)$$

$$= r(t) - r(t-1) - r(t-2) + r(t-3)$$

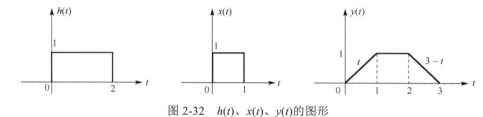

图 2-32　$h(t)$、$x(t)$、$y(t)$ 的图形

表 2-2 所示为常用信号的卷积公式。

表 2-2　常用信号的卷积公式

序号	$x_1(t)$	$x_2(t)$	$x_1(t) * x_2(t)$
1	K（常数）	$x(t)$	$K\int_{-\infty}^{\infty} x(t)\mathrm{d}t$
2	$x(t)$	$\delta'(t)$	$x'(t)$
3	$x(t)$	$\delta(t)$	$x(t)$
4	$x(t)$	$\varepsilon(t)$	$\int_{-\infty}^{t} x(\tau)\mathrm{d}\tau$
5	$\varepsilon(t)$	$\varepsilon(t)$	$t\varepsilon(t)$
6	$e^{-at}\varepsilon(t)$	$e^{-at}\varepsilon(t)$	$te^{-at}\varepsilon(t)$
7	$\varepsilon(t)$	$t\varepsilon(t)$	$\frac{1}{2}t^2\varepsilon(t)$
8	$e^{-at}\varepsilon(t)$	$te^{-at}\varepsilon(t)$	$\frac{1}{2}t^2 e^{-at}\varepsilon(t)$
9	$e^{-a_1 t}\varepsilon(t)$	$e^{-a_2 t}\varepsilon(t)$	$\frac{1}{a_2 - a_1}(e^{-a_1 t} - e^{-a_2 t})\varepsilon(t), \quad (a_1 \neq a_2)$
10	$x(t)$	$\delta_T(t)$	$\sum_{m=-\infty}^{\infty} x(t - mT)$

2.6.3　零状态响应的卷积解法

任意连续时间信号可分解为单位冲激信号的叠加，即 $x(t)=\int_{-\infty}^{\infty}x(\tau)\delta(t-\tau)\mathrm{d}\tau$ 。

连续时间线性时不变系统的单位冲激响应 $h(t)$ 是激励为 $\delta(t)$ 时的零状态响应，即

$$h(t)=T\big[\delta(t)\big]$$

因此当系统的激励为 $x(t)$ 时，系统的零状态响应可表示为

$$y_{\mathrm{zs}}(t)=T\big[x(t)\big]=T\left[\int_{-\infty}^{\infty}x(\tau)\delta(t-\tau)\mathrm{d}\tau\right]=\int_{-\infty}^{\infty}x(\tau)T\big[\delta(t-\tau)\big]\mathrm{d}\tau$$

$$=\int_{-\infty}^{\infty}x(\tau)h(t-\tau)\mathrm{d}\tau=x(t)*h(t)$$

（2-39）

即连续时间线性时不变系统的零状态响应为激励信号与系统单位冲激响应的卷积。式（2-39）为系统零状态响应的卷积解法求表达式。从式（2-39）中可以看出，连续时间线性时不变系统的特性完全可以由 $h(t)$ 来表征。

【例 2-18】　已知某 LTI 系统的微分方程为 $y''(t)+3y'(t)+2y(t)=2x'(t)+6x(t)$，系统的单位冲激响应为 $h(t)=(-2\mathrm{e}^{-2t}+4\mathrm{e}^{-t})\varepsilon(t)$，$x(t)=\varepsilon(t)$，试求系统的零状态响应 $y_{\mathrm{zs}}(t)$。

解：

$$y_{\mathrm{zs}}(t)=x(t)*h(t)=\int_{-\infty}^{+\infty}h(\tau)\cdot x(t-\tau)\mathrm{d}\tau=\int_{-\infty}^{+\infty}(-2\mathrm{e}^{-2\tau}+4\mathrm{e}^{-\tau})\varepsilon(\tau)\cdot\varepsilon(t-\tau)\mathrm{d}\tau$$

$$=\begin{cases}\int_0^t(-2\mathrm{e}^{-2\tau}+4\mathrm{e}^{-\tau})\mathrm{d}\tau,&t\geq0\\0,&t<0\end{cases}=\begin{cases}\mathrm{e}^{-2t}-4\mathrm{e}^{-t}+3,&t\geq0\\0,&t<0\end{cases}=(\mathrm{e}^{-2t}-4\mathrm{e}^{-t}+3)\varepsilon(t)$$

2.7　用单位冲激响应表征的线性时不变系统的特性

线性时不变系统的稳定性、因果性、互联性等都可以由其单位冲激响应来表征。

（1）稳定性。

在有界输入、有界输出稳定性的定义下，线性时不变系统稳定的充分必要条件是其单位冲激响应绝对可积，即

$$\int_{-\infty}^{\infty}|h(t)|\mathrm{d}t<\infty$$

（2-40）

证明：　① 充分性。

设输入 $x(t)$ 有界，其界为 B_x，对于所有 t，有 $|x(t)|\leq B_x$，则

$$|y_{\mathrm{zs}}(t)|=\left|\int_{-\infty}^{\infty}h(\tau)x(t-\tau)\mathrm{d}\tau\right|\leq\int_{-\infty}^{\infty}|h(\tau)||x(t-\tau)|\mathrm{d}\tau\leq B_x\int_{-\infty}^{\infty}|h(\tau)|\mathrm{d}\tau$$

可见，为了保证 $|y_{\mathrm{zs}}(t)|$ 有界，只需要 $\int_{-\infty}^{\infty}|h(\tau)|\mathrm{d}\tau<\infty$。

② 必要性。

当 $\int_{-\infty}^{\infty}|h(\tau)|\mathrm{d}\tau<\infty$ 不成立时，只要能找到一个有界输入使系统产生无界输出，就表明系

统不稳定。现假设系统稳定，但有 $\int_{-\infty}^{\infty}|h(\tau)|\mathrm{d}\tau=\infty$，这时可以定义找到了一个有界输入：

$$x(t)=\mathrm{sgn}[h(-t)]=\frac{h(-t)}{|h(-t)|}=\begin{cases}1, & h(-t)>0\\0, & h(-t)=0\\-1, & h(-t)<0\end{cases}$$

对应的系统输出在 $t=0$ 时的值为

$$y_{\mathrm{zs}}(0)=\int_{-\infty}^{\infty}h(\tau)x(0-\tau)\mathrm{d}\tau=\int_{-\infty}^{\infty}|h(\tau)|\mathrm{d}\tau=\infty$$

即此时系统的有界输入产生了无界输出，这与系统稳定的假设相矛盾，所以若系统稳定，必有 $\int_{-\infty}^{\infty}|h(t)|\mathrm{d}t<\infty$ 成立。

（2）因果性。

一个线性时不变系统具有因果性的充分必要条件是

$$h(t)=0,\quad t<0 \tag{2-41}$$

证明： ① 充分性。

设 $h(t)=0$，$t<0$ 成立，则当 $\tau>t_0$ 时，有 $h(t_0-\tau)=0$，因此，系统在任意时刻 $t=t_0$ 的输出为

$$y_{\mathrm{zs}}(t_0)=\int_{-\infty}^{\infty}x(\tau)h(t_0-\tau)\mathrm{d}\tau=\int_{-\infty}^{t_0}x(\tau)h(t_0-\tau)\mathrm{d}\tau+\int_{t_0}^{\infty}x(\tau)h(t_0-\tau)\mathrm{d}\tau$$

$$=\int_{-\infty}^{t_0}x(\tau)h(t_0-\tau)\mathrm{d}\tau$$

此式说明输出 $y_{\mathrm{zs}}(t)$ 在任意时刻 $t=t_0$ 的值与输入 $x(t)$ 在 $t>t_0$ 时的值无关，因此系统是因果系统。

② 必要性。

系统在任意时刻 $t=t_0$ 的输出可以表示为

$$y_{\mathrm{zs}}(t_0)=\int_{-\infty}^{\infty}x(\tau)h(t_0-\tau)\mathrm{d}\tau=\int_{-\infty}^{t_0}x(\tau)h(t_0-\tau)\mathrm{d}\tau+\int_{t_0}^{\infty}x(\tau)h(t_0-\tau)\mathrm{d}\tau \tag{2-42}$$

若 $h(t)\neq0$，$t<0$，则可以得到，当 $\tau>t_0$ 时，$h(t_0-\tau)\neq0$，则式（2-42）中第二个积分项不一定为 0，所以系统输出 $y_{\mathrm{zs}}(t)$ 在任意时刻 $t=t_0$ 的值与输入 $x(t)$ 在 $t>t_0$ 时的值有关，即系统不是因果系统。因此要保证系统是因果系统，必须有 $h(t)=0$，$t<0$。

【例 2-19】 已知一因果 LTI 系统的单位冲激响应为 $h(t)=\mathrm{e}^{at}\varepsilon(t)$，判断该系统是否稳定。

解： 由于 $\int_{-\infty}^{\infty}|h(\tau)|\mathrm{d}\tau=\int_{0}^{\infty}\mathrm{e}^{a\tau}\mathrm{d}\tau=\frac{1}{a}\mathrm{e}^{a\tau}\Big|_{0}^{\infty}$，当 $a<0$ 时，$\int_{-\infty}^{\infty}|h(\tau)|\mathrm{d}\tau=-\frac{1}{a}$，系统稳定；当 $a\geqslant0$ 时，$\int_{-\infty}^{\infty}|h(\tau)|\mathrm{d}\tau\to\infty$，系统不稳定。

（3）互联性。

实际系统基本的连接方式一般有两种：并联与级联。

① 并联。

根据卷积的分配律和交换律可知

$$y_{zs}(t) = x(t) * h_1(t) + x(t) * h_2(t) = x(t) * \left[h_1(t) + h_2(t)\right] = x(t) * h(t)$$

即图 2-33(a) 所示的两个系统是等效的。同理，这一结论可以推广到任意多个线性时不变系统并联的情况。

② 级联。

根据卷积的结合律和交换律可知

$$y_{zs}(t) = x(t) * h_1(t) * h_2(t) = x(t) * \left[h_1(t) * h_2(t)\right] = x(t) * \left[h_2(t) * h_1(t)\right]$$

可以看出，对于一个级联的线性时不变系统而言，其单位冲激响应与子系统的级联顺序无关，如图 2-33(b) 所示。这一结论可以推广到任意多个线性时不变系统级联的情况。

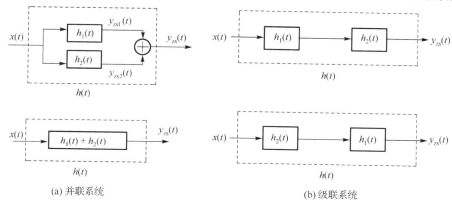

(a) 并联系统　　　　　　　　　　　　(b) 级联系统

图 2-33　两个线性时不变系统的并联与级联

应当强调的是，若不是线性时不变系统，则上述各种特性的表达式可能不成立。

【例 2-20】　求如图 2-34 所示的线性时不变系统的单位冲激响应。其中，$h_1(t) = e^{-3t}\varepsilon(t)$，$h_2(t) = \delta(t-1)$，$h_3(t) = \varepsilon(t)$。

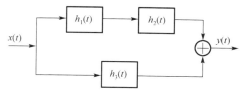

图 2-34　线性时不变系统

解： 子系统 $h_1(t)$ 与 $h_2(t)$ 级联，$h_3(t)$ 支路与 $h_1(t)$、$h_2(t)$ 级联支路并联，所以

$$h(t) = h_1(t) * h_2(t) + h_3(t) = e^{-3t}\varepsilon(t) * \delta(t-1) + \varepsilon(t) = e^{-3(t-1)}\varepsilon(t-1) + \varepsilon(t)$$

2.8　小结

在现实生活中，存在各种消息，消息以一定形式的信号进行传递，大多数信号都比较复杂，但对信号进行处理可使信号成为容易分析与识别的较规律或典型的信号。如大型重工业企业因节能减排的原因使用大量电子器件，虽然可以起到很好的节能效果，但可能会降低供电系统的电能质量，会对其他用电企业或个人用电用户带来用电安全等问题。所以需要对表

征电能质量的电信号进行分析，计算电信号的电能质量特征参量，从本质上（如滤波）解决用电安全问题。

本章的主要内容为：

（1）典型信号及其特性，特别是4个奇异信号的关系和性质。

$$r(t) \overset{微分}{\underset{积分}{\longleftrightarrow}} \varepsilon(t) \overset{微分}{\underset{积分}{\longleftrightarrow}} \delta(t) \overset{微分}{\underset{积分}{\longleftrightarrow}} \delta'(t)$$

（2）信号的运算：时移，将信号 $x(t)$ 的自变量 t 用 $t-t_0$ 替换；反折，将自变量 t 用 $-t$ 代替；尺度变换，将自变量 t 用 at 代替；微积分运算，微分运算起锐化作用，可突出信号的变化部分，积分运算可使信号突出变化部分变得平滑，起到模糊作用。

（3）线性常系数微分方程的求解：经典解、零输入响应和零状态响应。求解零状态响应也分为经典解法和卷积解法两种方法。在使用经典解、零输入响应和零状态响应求微分方程的解时需要特别注意不同情况下使用的初始条件。

（4）求解卷积的方法：利用定义式直接进行积分；图解法，特别适用于求某时刻点上的卷积值；利用性质求解。零状态响应可以用卷积法进行求解，即 $y_{zs}(t) = x(t) * h(t)$。

习　题　2

2.1　已知信号 $x(t)$ 的波形如题图 2.1 所示，试绘出下列信号的波形图：$\dfrac{\mathrm{d}}{\mathrm{d}t}[x(5-2t)]$。

2.2　利用单位冲激信号的取样特性，求下列各式的值。

（1）$x(t) = \displaystyle\int_{-\infty}^{\infty} \delta(t-2)\sin(3t)\mathrm{d}t$

（2）$x(t) = \displaystyle\int_{0}^{\infty} (t^3 + 3t + 2)\delta(2+t)\mathrm{d}t$

（3）$x(t) = \displaystyle\int_{-\infty}^{\infty} \dfrac{\sin(2t)}{t}\delta(t)\mathrm{d}t$

（4）$x(t) = \displaystyle\int_{-\infty}^{\infty} \delta(t-t_0)\varepsilon(t-2t_0)\mathrm{d}t, \quad t_0 > 0$

（5）$(2t^2 + 5)\delta\left(\dfrac{t}{2}\right)$

（6）$\displaystyle\int_{-\infty}^{t} \delta(2\tau - 3)\mathrm{d}\tau$

（7）$e^{-3t}\delta(5-2t)$

（8）$\displaystyle\int_{-3}^{8} (4 - 2t + t^2)\delta'(t-4)\mathrm{d}t$

（9）$\displaystyle\int_{-1}^{1} 2\tau\delta(\tau - t)\mathrm{d}\tau$

（10）$\displaystyle\int_{-1}^{t} (\tau - 1)^2\delta(\tau)\mathrm{d}\tau$

2.3　已知信号波形如题图 2.3 所示，试画出 $x(t)$、$\dfrac{\mathrm{d}x(t)}{\mathrm{d}t}$、$\dfrac{\mathrm{d}^2 x(t)}{\mathrm{d}t^2}$ 的波形。

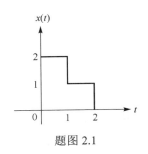

题图 2.1

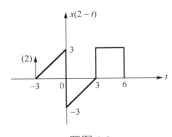

题图 2.3

2.4 已知线性时不变系统方程为 $\dfrac{\mathrm{d}^2 y(t)}{\mathrm{d}t^2} + 4\dfrac{\mathrm{d}y(t)}{\mathrm{d}t} + 3y(t) = x(t)$，初始条件为 $y(0) = 1$，$y'(0) = 3$，当激励 $x(t)$ 取如下两种形式时，求系统的完全响应 $y(t)$。

（1）$x(t) = \varepsilon(t)$　　　　　　　　（2）$x(t) = \mathrm{e}^{-t}$

2.5 已知线性时不变系统微分方程相应的齐次方程为

$$\frac{\mathrm{d}^2}{\mathrm{d}t^2}y(t) + 5\frac{\mathrm{d}}{\mathrm{d}t}y(t) + 6y(t) = 0$$

对应的 0_- 状态条件为 $y(0_-) = 1$，$y'(0_-) = -1$，求系统的零输入响应。

2.6 已知线性时不变系统微分方程 $\dfrac{\mathrm{d}^2}{\mathrm{d}t^2}y(t) + 5\dfrac{\mathrm{d}}{\mathrm{d}t}y(t) + 6y(t) = 2\dfrac{\mathrm{d}}{\mathrm{d}t}x(t) + 3x(t)$，若激励信号与系统初始状态为 $x(t) = \varepsilon(t)$，$y(0_-) = 2$，$y'(0_-) = 1$，试求系统的完全响应，并指出其零输入响应、零状态响应、自由响应、强迫响应等分量。

2.7 一个线性时不变系统在相同的初始条件下，当激励为 $f(t)$（当 $t < 0$ 时，$f(t)=0$）时，其完全响应为 $y_1(t) = 2\mathrm{e}^{-t} + \cos 2t$，$t > 0$，当激励为 $2f(t)$ 时，其完全响应 $y_2(t) = \mathrm{e}^{-t} + 2\cos 2t$，$t > 0$。试求在同样的初始条件下，当激励为 $4f(t)$ 时系统的完全响应。

2.8 求下列微分方程描述的系统的单位冲激响应 $h(t)$ 和单位阶跃响应 $g(t)$。

（1）$\dfrac{\mathrm{d}}{\mathrm{d}t}y(t) + 2y(t) = 3\dfrac{\mathrm{d}}{\mathrm{d}t}x(t)$

（2）$\dfrac{\mathrm{d}^2}{\mathrm{d}t^2}y(t) + 2\dfrac{\mathrm{d}}{\mathrm{d}t}y(t) + 2y(t) = \dfrac{\mathrm{d}}{\mathrm{d}t}x(t) + 2x(t)$

（3）$\dfrac{\mathrm{d}}{\mathrm{d}t}y(t) + 3y(t) = \dfrac{\mathrm{d}^2}{\mathrm{d}t^2}x(t) + \dfrac{\mathrm{d}}{\mathrm{d}t}x(t) + 2x(t)$

2.9 信号 $x_1(t)$、$x_2(t)$ 的波形如题图 2.9 所示，完成下列信号的卷积运算，并画出卷积后的波形图。

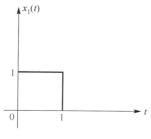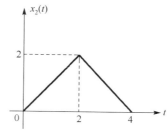

题图 2.9

（1）$x_1(t) * x_2(t)$　　　　　　　（2）$x_1(t-2) * x_2(t)$

2.10 求下列各函数 $x_1(t)$ 与 $x_2(t)$ 的卷积 $x_1(t) * x_2(t)$。

（1）$x_1(t) = \varepsilon(t-1)$，$x_2(t) = \mathrm{e}^{-at}\varepsilon(t)$

（2）$x_1(t) = (1+t)\big[\varepsilon(t) - \varepsilon(t-1)\big]$，$x_2(t) = \varepsilon(t-1) - \varepsilon(t-2)$

（3）$x_1(t) = \sin(\omega t)$，$x_2(t) = \delta(t+2)$

（4）$x_1(t) = \mathrm{e}^{-t}\varepsilon(t)$，$x_2(t) = \varepsilon(t-1) - \delta(t-2)$

2.11　某个 LTI 系统的框图如题图 2.11 所示，其中，$h_1(t)=h_2(t)=\varepsilon(t)$，$h_3(t)=\delta'(t)$，$h_4(t)=\varepsilon(t-1)$，$h_5(t)=\delta(t-1)$，$h_6(t)=-\delta(t)$，分别求系统的单位冲激响应 $h(t)$。

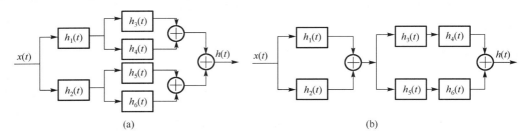

题图 2.11

2.12　已知线性时不变系统的单位阶跃响应为 $g(t)=(1-\mathrm{e}^{-2t})\varepsilon(t)$，当初始状态 $y(0_-)=2$，激励 $x_1(t)=\mathrm{e}^{-t}\varepsilon(t)$ 时，其完全响应为 $y_1(t)=2\mathrm{e}^{-t}\varepsilon(t)$，试求当初始状态 $y(0_-)=4$，激励 $x_2(t)=\delta'(t)$ 时的完全响应 $y_2(t)$。

2.13　已知线性时不变系统的微分方程为 $y''(t)+3y'(t)+2y(t)=x'(t)+4x(t)$，$x(t)=\mathrm{e}^{-3t}\varepsilon(t)$，完全响应为 $y(t)=\left(2\mathrm{e}^{-t}-\dfrac{1}{2}\mathrm{e}^{-2t}+\dfrac{1}{2}\mathrm{e}^{-3t}\right)\varepsilon(t)$，求系统的单位冲激响应、零输入响应、零状态响应、自由响应和强迫响应。

MATLAB 习题 2

M2.1　绘出下列信号的波形。

（1）$x(t)=3-2\mathrm{e}^{-t}$，$t>0$　　　　　　（2）$x(t)=3\mathrm{e}^{-t}+5\mathrm{e}^{-2t}$，$t>0$

（3）$x(t)=\dfrac{\sin at}{at}$，a 为非零常数　　（4）$x(t)=\mathrm{e}^{-t}\sin 5\pi t$，$2<t<4$

（5）$x(t)=[1+\sin(\omega t)]\sin(8\omega t)$，$t>0$

M2.2　绘制宽度为 2 的矩形脉冲和 $x(t)=\begin{cases}1-|t|, & |t|\leqslant 1\\ 0, & \text{其他}\end{cases}$ 的三角波图形。

M2.3　用 MATLAB 求以下线性时不变系统的单位冲激响应和单位阶跃响应：

$$7y''(t)+4y'(t)+6y(t)=x'(t)+x(t)$$

M2.4　线性时不变系统的微分方程为 $y''(t)+2y'(t)+77y(t)=x(t)$，用 MATLAB 求系统在输入为 $x(t)=10\sin 2\pi t$ 时的零状态响应。

M2.5　已知 $x(t)=\mathrm{e}^{-t}\varepsilon(t)$，用 MATLAB 绘制 $y(t)=x(t)*x(t)$ 的波形图。

第3章　连续时间信号与系统的频域分析

3.1　引言

连续时间信号的频域分析是利用傅里叶变换将连续时间信号表示为不同频率的正弦信号或虚指数信号之和（对于周期信号）或积分（对于非周期信号），从而建立信号频谱的概念。信号的傅里叶表示揭示了信号时域与频域之间的内在联系，为对信号和系统的分析提供了一种新的方法和途径。本章通过对典型信号的频谱分析及对傅里叶变换性质的研究，可使读者掌握对信号进行频域分析的基本方法。系统的频域分析是分析信号通过线性时不变系统的响应，从而在频域揭示信号作用于系统的机理，建立连续时间系统频率响应的概念。本章还介绍了无失真传输系统、理想低通滤波器的基本理论，并介绍了利用 MATLAB 进行系统频域分析的基本方法。

3.2　连续时间周期信号的频域分析

3.2.1　三角函数形式的傅里叶级数

三角函数集 $\{\cos(i\omega t), \sin(j\omega t)\}$ $(i, j = 0, 1, 2, \cdots)$ 在区间 $(t_0, t_0 + T)$ 内有

$$\int_{t_0}^{t_0+T} \cos(i\omega t)\cos(j\omega t)\mathrm{d}t = \begin{cases} 0, & i \neq j \\ \dfrac{T}{2}, & i = j \neq 0 \\ T, & i = j = 0 \end{cases} \tag{3-1}$$

$$\int_{t_0}^{t_0+T} \sin(i\omega t)\sin(j\omega t)\mathrm{d}t = \begin{cases} 0, & i \neq j \\ \dfrac{T}{2}, & i = j \neq 0 \\ 0, & i = j = 0 \end{cases} \tag{3-2}$$

$$\int_{t_0}^{t_0+T} \sin(i\omega t)\cos(j\omega t)\mathrm{d}t = 0 \tag{3-3}$$

式中，$T = \dfrac{2\pi}{\omega}$。

可见，在区间 $(t_0, t_0 + T)$ 内，周期为 T 的三角函数集 $\{\cos(i\omega t), \sin(j\omega t)\}$ $(i, j = 0, 1, 2, \cdots)$ 满足正交特性，是正交函数集，并可进一步证明其为完备的正交函数集。因此，可将周期为 T 的

周期信号表示为这个正交函数集中各函数分量的线性组合。

连续时间周期信号是在 $(-\infty, \infty)$ 区间内，每隔一定的时间 T，按相同规律重复变化的信号。即对 $\forall t \in R$，存在一个大于零的 T，使得

$$x(t+T) = x(t), \quad \forall t \in R \tag{3-4}$$

满足上述条件的最小的 T 称为周期信号 $x(t)$ 的基波周期，$\omega_0 = \dfrac{2\pi}{T}$ 称为周期信号 $x(t)$ 的基波角频率（rad/s），$f_0 = \dfrac{1}{T}$ 称为周期信号 $x(t)$ 的基波频率（Hz）。

按照傅里叶级数理论，如果周期信号 $x(t)$ 满足狄里赫利（Dirichlet）条件：

（1）在一个周期内，若有间断点存在，则间断点的数目应是有限个；

（2）在一个周期内，极大值和极小值的数目应该是有限个；

（3）在一个周期内，信号是绝对可积的，即

$$\int_{t_0}^{t_0+T} |x(t)| \mathrm{d}t < \infty$$

那么该周期信号可由三角函数的线性组合来表示：

$$
\begin{aligned}
x(t) &= a_0 + a_1 \cos(\omega_0 t) + b_1 \sin(\omega_0 t) + a_2 \cos(2\omega_0 t) + b_2 \sin(2\omega_0 t) + \cdots \\
&= a_0 + \sum_{k=1}^{\infty} [a_k \cos(k\omega_0 t) + b_k \sin(k\omega_0 t)]
\end{aligned}
\tag{3-5}
$$

式（3-5）称为周期信号 $x(t)$ 的三角函数形式的傅里叶级数展开式。a_k、b_k 为傅里叶级数系数。根据三角函数集的正交性，由式（3-1）、式（3-2）和式（3-3）可得

$$a_0 = \frac{1}{T} \int_{t_0}^{t_0+T} x(t) \mathrm{d}t \tag{3-6}$$

$$a_k = \frac{2}{T} \int_{t_0}^{t_0+T} x(t) \cos(k\omega_0 t) \mathrm{d}t, \quad k=1,2,\cdots \tag{3-7}$$

$$b_k = \frac{2}{T} \int_{t_0}^{t_0+T} x(t) \sin(k\omega_0 t) \mathrm{d}t, \quad k=1,2,\cdots \tag{3-8}$$

将式（3-5）中的同频率项合并，可得

$$x(t) = A_0 + \sum_{k=1}^{\infty} A_k \cos(k\omega_0 t + \varphi_k) \tag{3-9}$$

式（3-9）表明，周期信号 $x(t)$ 可以用直流分量、基波分量和一系列谐波分量之和来表示，计算公式如下：

$$A_0 = a_0 \tag{3-10}$$

$$A_k = \sqrt{a_k^2 + b_k^2}, \quad k=1,2,\cdots \tag{3-11}$$

$$\varphi_k = \begin{cases} \arctan\left(-\dfrac{b_k}{a_k}\right), & k=1,2,3,\cdots, \quad a_k \geqslant 0 \\[3mm] \pi + \arctan\left(-\dfrac{b_k}{a_k}\right), & k=1,2,3,\cdots, \quad a_k < 0 \end{cases} \tag{3-12}$$

式中，k 为正整数，A_0 为直流分量，A_k 为 k 次谐波分量的振幅，φ_k 为 k 次谐波分量的相位。

3.2.2 指数形式的傅里叶级数

虚指数函数集 $\left\{\mathrm{e}^{jk\omega_0 t}\right\}$（$k = 0, \pm1, \pm2, \cdots$）在区间 $\left(t_0, t_0 + T\right)$ $\left(T = \dfrac{2\pi}{\omega_0}\right)$ 内有

$$\int_{t_0}^{t_0+T} \mathrm{e}^{jn\omega_0 t} (\mathrm{e}^{jm\omega_0 t})^* \mathrm{d}t = \begin{cases} T, & n = m \\ 0, & n \neq m \end{cases}$$

满足正交特性，也具有完备性，所以虚指数函数集 $\left\{\mathrm{e}^{jk\omega_0 t}\right\}$（$k = 0, \pm1, \pm2, \cdots$）是完备的正交函数集。根据傅里叶级数理论，满足狄里赫利条件的周期信号也可表示为虚指数函数集的线性组合。

根据欧拉公式

$$\cos(k\omega_0 t) = \frac{1}{2}(\mathrm{e}^{jk\omega_0 t} + \mathrm{e}^{-jk\omega_0 t}) \tag{3-13}$$

$$\sin(k\omega_0 t) = \frac{1}{2j}(\mathrm{e}^{jk\omega_0 t} - \mathrm{e}^{-jk\omega_0 t})$$

代入式（3-5），得到

$$x(t) = a_0 + \sum_{k=1}^{\infty} \left(\frac{a_k - jb_k}{2} \mathrm{e}^{jk\omega_0 t} + \frac{a_k + jb_k}{2} \mathrm{e}^{-jk\omega_0 t} \right) \tag{3-14}$$

令

$$X(k\omega_0) = \frac{1}{2}(a_k - jb_k), \quad k = 1, 2, \cdots \tag{3-15}$$

因为 a_k 是 k 的偶函数，b_k 是 k 的奇函数，由式（3-15）可知

$$X(-k\omega_0) = \frac{1}{2}(a_k + jb_k) \tag{3-16}$$

将式（3-15）、式（3-16）代入式（3-14），得到

$$x(t) = a_0 + \sum_{k=1}^{\infty} [X(k\omega_0)\mathrm{e}^{jk\omega_0 t} + X(-k\omega_0)\mathrm{e}^{-jk\omega_0 t}] \tag{3-17}$$

令 $X(0) = a_0$，考虑

$$\sum_{k=1}^{\infty} [X(-k\omega_0)\mathrm{e}^{-jk\omega_0 t}] = \sum_{k=-\infty}^{-1} [X(k\omega_0)\mathrm{e}^{jk\omega_0 t}] \tag{3-18}$$

得到 $x(t)$ 的指数形式的傅里叶级数

$$x(t) = \sum_{k=-\infty}^{\infty} X(k\omega_0)\mathrm{e}^{jk\omega_0 t} \tag{3-19}$$

式中，$X(k\omega_0)$（以下简写为 X_k）为指数形式的傅里叶级数系数。将式（3-7）、式（3-8）代入式（3-15）可得

$$X_k = \frac{1}{T} \int_{t_0}^{t_0+T} x(t) \mathrm{e}^{-jk\omega_0 t} \mathrm{d}t \qquad (3\text{-}20)$$

式中，k 为 $-\infty$ 到 ∞ 的整数。$k=0$ 这一项是一个常数，表示信号的直流分量。$k=+1$ 和 $k=-1$ 这两项的频率都为 ω_0，将两项合在一起为信号的基波分量。$k=+2$ 和 $k=-2$ 这两项的频率都为 $2\omega_0$，将两项合在一起为信号的 2 次谐波分量。一般 $k=+K$ 和 $k=-K$ 这两项的和称为信号的 K 次谐波分量。负频率的出现完全是数学运算的结果，并没有任何物理意义，只有把负频率项与相应的正频率项合并起来，才是实际的频率。

从式（3-15）、式（3-16）可以看出，X_k 与其他系数有如下关系

$$X_0 = a_0 = A_0 \qquad (3\text{-}21)$$

$$X_k = |X_k| \mathrm{e}^{j\varphi_k} = \frac{1}{2}(a_k - jb_k) \qquad (3\text{-}22)$$

$$X_{-k} = |X_{-k}| \mathrm{e}^{-j\varphi_k} = \frac{1}{2}(a_k + jb_k) \qquad (3\text{-}23)$$

$$|X_k| = |X_{-k}| = \frac{1}{2}A_k = \frac{1}{2}\sqrt{a_k^2 + b_k^2} \qquad (3\text{-}24)$$

$$\varphi_k = \begin{cases} \arctan\left(-\dfrac{b_k}{a_k}\right), & k = 1,2,3,\cdots, \ a_k \geqslant 0 \\[3mm] \pi + \arctan\left(-\dfrac{b_k}{a_k}\right), & k = 1,2,3,\cdots, \ a_k < 0 \end{cases} \qquad (3\text{-}25)$$

周期信号可以表示为三角函数形式的傅里叶级数，也可以表示为指数形式的傅里叶级数，这两者的本质是相同的，都是将周期信号表示为直流分量、基波分量和各次谐波分量之和。三角函数形式的傅里叶级数的特点是傅里叶级数系数 a_k 和 b_k 是实函数，通过物理概念容易解释。指数形式的傅里叶级数系数 X_k 是复函数，表示形式简洁。

3.2.3　周期信号的对称性与傅里叶级数的特性

周期信号的对称性将会影响到傅里叶级数的特性。周期信号的对称性有两类：一类是对整个周期对称，如偶对称信号和奇对称信号，这种对称性决定了傅里叶级数中是否含有正弦项或余弦项；另一类是对半周期对称，如奇谐信号，这种对称性决定了傅里叶级数中是否含有偶次谐波或奇次谐波。

（1）偶对称信号。

若周期信号的波形是关于纵轴对称的，即满足

$$x(t) = x(-t) \qquad (3\text{-}26)$$

则表示周期信号 $x(t)$ 是偶对称信号。

如果 $x(t)$ 是偶对称信号，由于 $\cos(k\omega_0 t)$ 是 t 的偶函数，$\sin(k\omega_0 t)$ 是 t 的奇函数，则式（3-7）和式（3-8）可简化为

$$a_k = \frac{4}{T}\int_0^{\frac{T}{2}} x(t)\cos(k\omega_0 t)\mathrm{d}t, \quad k=1,2,\cdots \tag{3-27}$$

$$b_k = 0, \quad k=1,2,\cdots \tag{3-28}$$

$$X_0 = a_0, \quad X_k = X_{-k} = \frac{1}{2}a_k \tag{3-29}$$

可见对于偶对称信号，X_k 是实数，而且傅里叶级数中没有正弦项，只可能含有直流项和余弦项。

【例 3-1】　求如图 3-1 所示的周期矩形脉冲信号的傅里叶级数表达式。

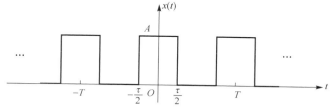

图 3-1　周期矩形脉冲信号

解：根据信号波形，周期矩形脉冲信号在一个周期内的定义为

$$x(t) = \begin{cases} A, & |t| < \dfrac{\tau}{2} \\[2mm] 0, & \dfrac{T}{2} > |t| > \dfrac{\tau}{2} \end{cases}$$

由于 $x(t)$ 为偶函数，$b_k = 0$，因此有

$$a_k = \frac{4}{T}\int_0^{\frac{T}{2}} x(t)\cos k\omega_0 t\mathrm{d}t = \frac{4A}{T}\int_0^{\frac{\tau}{2}}\cos k\omega_0 t\mathrm{d}t = \frac{4A}{T}\frac{1}{k\omega_0}\sin\left(\frac{k\omega_0\tau}{2}\right) = \frac{2A\tau}{T}\mathrm{Sa}\left(\frac{k\omega_0\tau}{2}\right)$$

$$a_0 = \frac{2}{T}\int_0^{\frac{T}{2}} x(t)\mathrm{d}t = \frac{A\tau}{T}$$

三角函数形式的傅里叶级数展开式为

$$x(t) = \frac{A\tau}{T} + \sum_{k=1}^{\infty}\frac{2A\tau}{T}\mathrm{Sa}\left(\frac{k\omega_0\tau}{2}\right)\cos(k\omega_0 t)$$

指数形式的傅里叶级数系数 X_k 为

$$X_k = \frac{1}{T}\int_{-\frac{T}{2}}^{\frac{T}{2}} x(t)\mathrm{e}^{-jk\omega_0 t}\mathrm{d}t = \frac{1}{T}\int_{-\frac{\tau}{2}}^{\frac{\tau}{2}} A\mathrm{e}^{-jk\omega_0 t}\mathrm{d}t = \tau\frac{A\sin(k\omega_0\tau/2)}{Tk\omega_0\tau/2} = \frac{\tau A}{T}\mathrm{Sa}(\frac{k\omega_0\tau}{2})$$

指数形式的傅里叶级数表达式为

$$x(t) = \sum_{k=-\infty}^{\infty}\frac{A\tau}{T}\mathrm{Sa}(\frac{k\omega_0\tau}{2})\mathrm{e}^{jk\omega_0 t}$$

（2）奇对称信号。

若周期信号波形是关于原点对称的，即满足

$$x(t) = -x(-t) \tag{3-30}$$

则表示周期信号 $x(t)$ 是奇对称信号。

如果 $x(t)$ 是奇对称信号，则式（3-7）和式（3-8）可以简化为

$$a_0 = 0, \quad a_k = 0, \quad k = 1, 2, \cdots \tag{3-31}$$

$$b_k = \frac{4}{T} \int_0^{\frac{T}{2}} x(t) \sin(k\omega_0 t) \mathrm{d}t, \quad k = 1, 2, \cdots \tag{3-32}$$

$$X_0 = a_0, X_k = -\mathrm{j}\frac{1}{2}b_k, X_{-k} = \mathrm{j}\frac{1}{2}b_k \tag{3-33}$$

因此，X_k 是纯虚数。奇对称信号的傅里叶级数中不会含有余弦项，只可能含有正弦项。

【例 3-2】求如图 3-2 所示的周期锯齿信号的三角函数形式的傅里叶级数表达式。

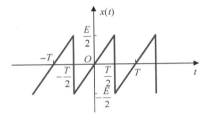

图 3-2　周期锯齿信号 $-\dfrac{T}{2}$

解： 根据信号波形，信号在一个周期内的定义为

$$x(t) = \frac{E}{T}t, \quad -\frac{T}{2} < t < \frac{T}{2}$$

由于 $x(t)$ 为奇对称信号，有

$$a_0 = 0, \quad a_k = 0, \quad k = 1, 2, \cdots$$

$$b_k = \frac{4}{T} \int_0^{\frac{T}{2}} x(t) \sin(k\omega_0 t) \mathrm{d}t = \frac{4}{T} \int_0^{\frac{T}{2}} \frac{E}{T} t \sin(k\omega_0 t) \mathrm{d}t = \frac{E}{\pi k}(-1)^{k+1}$$

三角函数形式的傅里叶级数可表示为

$$x(t) = \frac{E}{\pi} \sum_{k=1}^{\infty} \frac{(-1)^{k+1}}{k} \sin(k\omega_0 t) = \frac{E}{\pi} \left[\sin(\omega_0 t) - \frac{1}{2}\sin(2\omega_0 t) + \frac{1}{3}\sin(3\omega_0 t) - \frac{1}{4}\sin(4\omega_0 t) + \cdots \right]$$

（3）半波重叠信号（偶谐信号）。

若周期信号波形沿时间轴平移半个周期后，与原波形完全重合，即满足

$$x(t) = x\left(t \pm \frac{T}{2}\right) \tag{3-34}$$

则表示周期信号 $x(t)$ 是半波重叠信号。其傅里叶级数系数为

$$
\begin{cases}
a_k = 0, \quad b_k = 0, \quad k\text{为奇数} \\
a_k = \dfrac{4}{T}\displaystyle\int_0^{\frac{T}{2}} x(t)\cos(k\omega_0 t)\mathrm{d}t, \quad k\text{为偶数} \\
b_k = \dfrac{4}{T}\displaystyle\int_0^{\frac{T}{2}} x(t)\sin(k\omega_0 t)\mathrm{d}t, \quad k\text{为偶数}
\end{cases}
\tag{3-35}
$$

半波重叠信号 $x(t)$ 的傅里叶级数表达式中没有奇次谐波分量。

【例 3-3】求如图 3-3 所示的全波整流信号的傅里叶级数表达式。

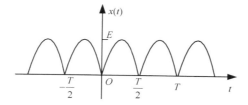

图 3-3 全波整流信号

解：如图 3-3 所示的全波整流信号可表示为

$$
x(t) = E\left|\sin(\omega_0 t)\right| = E\left|\sin(\frac{2\pi}{T}t)\right|
$$

由于 $x(t)$ 为偶函数，有

$$
b_k = 0
$$

$$
a_k = \frac{4}{T}\int_0^{\frac{T}{2}} x(t)\cos(k\omega_0 t)\mathrm{d}t = \frac{4E}{T}\int_0^{\frac{T}{2}} \sin(\omega_0 t)\cos(k\omega_0 t)\mathrm{d}t = -\frac{2E}{\pi}\frac{1+\cos(k\pi)}{k^2-1}, \quad k=0,1,2\cdots
$$

三角函数形式的傅里叶级数可表示为

$$
x(t) = -\frac{2E}{\pi}\left[1 - \frac{2}{3}\cos(2\omega_0 t) - \frac{2}{15}\cos(4\omega_0 t) - \cdots\right]
$$

该全波整流信号除直流外，仅含有偶次谐波。

（4）半波镜像信号（奇谐信号）。

若周期信号波形沿时间轴平移半个周期后，与原波形呈现上下镜像对称，即满足

$$
x(t) = -x(t \pm \frac{T}{2})
\tag{3-36}
$$

则表示周期信号 $x(t)$ 是半波镜像信号或奇谐信号。图 3-4 所示为半波镜像周期信号。

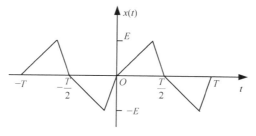

图 3-4 半波镜像周期信号

上述信号的傅里叶级数系数为

$$
\begin{cases}
a_0 = 0 \\
a_k = 0, \quad b_k = 0, \quad k\text{为偶数} \\
a_k = \dfrac{4}{T}\displaystyle\int_0^{\frac{T}{2}} x(t)\cos(k\omega_0 t)\mathrm{d}t, \quad k\text{为奇数} \\
b_k = \dfrac{4}{T}\displaystyle\int_0^{\frac{T}{2}} x(t)\sin(k\omega_0 t)\mathrm{d}t, \quad k\text{为奇数}
\end{cases}
\tag{3-37}
$$

半波重叠信号 $x(t)$ 的傅里叶级数表达式中只有奇次谐波分量，无直流分量和偶次谐波分量。

3.2.4 周期信号的频谱

周期信号 $x(t)$ 可以表示为三角函数形式的傅里叶级数或指数形式的傅里叶级数，即

$$
x(t) = A_0 + \sum_{k=1}^{\infty} A_k \cos(k\omega_0 t + \varphi_k) = \sum_{k=-\infty}^{\infty} X_k \mathrm{e}^{jk\omega_0 t}
\tag{3-38}
$$

式中，$X_k = |X_k|\mathrm{e}^{j\varphi_k} = \dfrac{1}{2}A_k\mathrm{e}^{j\varphi_k}$ 为复振幅。A_k 和 φ_k 都是 k 的函数，它们分别表示组成周期信号 $x(t)$ 的第 k 次谐波分量的振幅与初相位。对于不同的周期信号，其傅里叶级数的形式相同，不同的只是周期信号的傅里叶级数系数 X_k，即振幅 A_k 和相位 φ_k 不同。傅里叶级数系数 X_k 反映了信号中各次谐波的振幅值和相位值，因此称周期信号的傅里叶级数系数 X_k 为信号的频谱。

$|X_k|$（或 A_k）随频率变化的特性称为信号的振幅频谱，简称振幅谱，φ_k 随频率变化的特性称为信号的相位频谱，简称相位谱。

【例 3-4】 画出周期信号 $x(t) = 3 + 2\cos\left(\pi t - \dfrac{\pi}{2}\right) + 1\cos\left(2\pi t + \dfrac{\pi}{3}\right) + 0.5\cos\left(4\pi t + \dfrac{\pi}{6}\right)$ 的频谱。

解： 可将 $x(t)$ 的表达式视为三角函数形式的傅里叶级数展开式

$$
x(t) = A_0 + \sum_{k=1}^{\infty} A_k \cos(k\omega_0 t + \varphi_k)
$$

$x(t)$ 的基波频率 $\omega_0 = \pi\mathrm{rad/s}$，基波周期 $T = 2\mathrm{s}$，所以

$$A_0 = 3$$

$$A_1 = 2, \quad \varphi_1 = -\dfrac{\pi}{2}$$

$$A_2 = 1, \quad \varphi_3 = \dfrac{\pi}{3}$$

$$A_4 = 0.5, \quad \varphi_4 = \dfrac{\pi}{6}$$

其余项，$A_k = 0$，$\varphi_k = 0$。

按上述数据即可画出其振幅谱和相位谱，如图 3-5 所示。

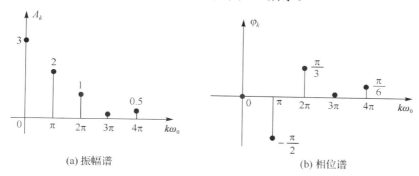

(a) 振幅谱   (b) 相位谱

图 3-5 例 3-4 信号的频谱图 1

信号 $x(t)$ 的频谱清晰地描述了信号中的频率成分，即构成信号的各频率分量的振幅和相位。图 3-5 是根据周期信号的三角函数形式的傅里叶级数系数 A_k 与变量 $k\omega_0$ 的关系而得到的。其中，k 只能取正整数，因此得到的频谱图总是在 $k\omega_0 \geqslant 0$ 的右半平面，称其为单边频谱。

根据欧拉公式，将信号 $x(t)$ 展开成指数形式的傅里叶级数

$$x(t) = 3 + (\mathrm{e}^{-\mathrm{j}\pi/2}\mathrm{e}^{\mathrm{j}\pi t} + \mathrm{e}^{\mathrm{j}\pi/2}\mathrm{e}^{-\mathrm{j}\pi t}) + \frac{1}{2}(\mathrm{e}^{\mathrm{j}\pi/3}\mathrm{e}^{\mathrm{j}2\pi t} + \mathrm{e}^{-\mathrm{j}\pi/3}\mathrm{e}^{-\mathrm{j}2\pi t}) + \frac{1}{4}(\mathrm{e}^{\mathrm{j}\pi/6}\mathrm{e}^{\mathrm{j}4\pi t} + \mathrm{e}^{-\mathrm{j}\pi/6}\mathrm{e}^{-\mathrm{j}4\pi t})$$

式中，

$$X_0 = A_0 = 3$$

$$X_1 = \mathrm{e}^{-\mathrm{j}\pi/2}, \quad |X_1| = 1, \quad \varphi_1 = -\frac{\pi}{2}$$

$$X_{-1} = \mathrm{e}^{\mathrm{j}\pi/2}, \quad |X_{-1}| = 1, \quad \varphi_{-1} = \frac{\pi}{2}$$

$$X_2 = \frac{1}{2}\mathrm{e}^{\mathrm{j}\pi/3}, \quad |X_2| = 0.5, \quad \varphi_2 = \frac{\pi}{3}$$

$$X_{-2} = \frac{1}{2}\mathrm{e}^{-\mathrm{j}\pi/3}, \quad |X_{-2}| = 0.5, \quad \varphi_{-2} = -\frac{\pi}{3}$$

$$X_4 = \frac{1}{4}\mathrm{e}^{\mathrm{j}\pi/6}, \quad |X_4| = 0.25, \quad \varphi_4 = \frac{\pi}{6}$$

$$X_{-4} = \frac{1}{4}\mathrm{e}^{-\mathrm{j}\pi/6}, \quad |X_{-4}| = 0.25, \quad \varphi_{-4} = -\frac{\pi}{6}$$

其余项，$X_k = 0$，$\varphi_k = 0$。

按上述数据即可画出 X_k 随 $k\omega_0$ 变化的频谱，此时 k 为从 $-\infty$ 到 ∞ 的整数，因此得到的频谱图称为双边频谱，如图 3-6 所示。

由频率的定义可知，频率是单位时间内信号波形重复的次数，所以频率一定是正数。而图 3-6 中却出现了负频率。由欧拉公式可知，一个角频率为 $k\omega_0$ 的正弦信号可用虚指数信号 $\mathrm{e}^{\mathrm{j}k\omega_0 t}$ 和 $\mathrm{e}^{-\mathrm{j}k\omega_0 t}$ 的线性组合来表示。$\omega = -k\omega_0$ 处的频谱只表示在信号的傅里叶级数表达式中存

在 $e^{-jk\omega_0 t}$ 项。

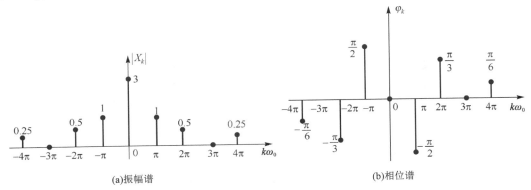

(a)振幅谱　　　　　　　　　　　　(b)相位谱

图 3-6　例 3-4 信号的频谱图 2

若 $x(t)$ 为实信号，则

$$|X_k| = |X_{-k}|, \quad k = 1, 2, \cdots$$

$$\varphi_k = -\varphi_{-k}, \quad k = 1, 2, \cdots$$

即实信号 $x(t)$ 的振幅谱为偶对称，相位谱为奇对称。

【例 3-5】　画出如图 3-1 所示的周期矩形脉冲信号的频谱。

解：由例 3-1 可知，周期矩形脉冲信号的傅里叶级数系数为

$$X_k = \frac{\tau A}{T} \mathrm{Sa}\left(\frac{k\omega_0\tau}{2}\right), \quad k = 0, \pm 1, \pm 2, \cdots$$

周期矩形脉冲信号的频谱图 1 如图 3-7 所示。

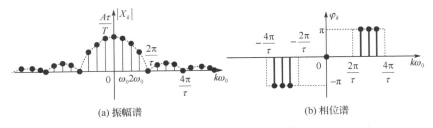

(a) 振幅谱　　　　　　　　　　　　(b) 相位谱

图 3-7　周期矩形脉冲信号的频谱图 1

由于该周期矩形脉冲信号的傅里叶级数系数 X_k 为实数，因此其谐波分量的相位或为零（X_k 为正），或为 $\pm\pi$（X_k 为负），因此不需要分别画出振幅谱与相位谱，就可以直接画出傅里叶级数系数 X_k 的分布图。根据抽样函数的曲线便可画出周期矩形脉冲信号的频谱图 2，如图 3-8 所示。

所有周期信号的频谱都是由间隔为 ω_0 的谱线组成的，不同的周期信号，其频谱分布的形状不同，但都是以基频 ω_0 为间隔分布的离散频谱。由于谱线的间隔为 $\omega_0 = 2\pi/T$，因此信号的周期决定其离散频谱的谱线间隔大小。信号的周期 T 越大，其基频 ω_0 就越小，则谱线越密。反之，T 越小，ω_0 越大，则谱线越稀。对于功率有限的周期信号，随着谐波 $k\omega_0$ 增大，其振幅频谱不断衰减，并最终趋于零。

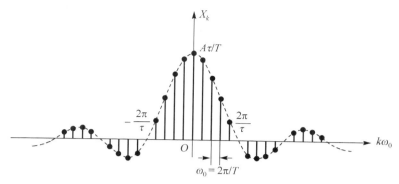

图 3-8　周期性矩形脉冲信号的频谱图 2

3.2.5　周期信号的功率谱

周期信号属于功率信号，周期信号 $x(t)$ 在 1Ω 电阻上消耗的平均功率为

$$P = \frac{1}{T}\int_{-T/2}^{T/2}|x(t)|^2 \mathrm{d}t \tag{3-39}$$

式中，T 为周期信号的周期。

由于周期信号 $x(t)$ 的指数形式的傅里叶级数为

$$x(t) = \sum_{k=-\infty}^{\infty} X_k \mathrm{e}^{jk\omega_0 t}$$

将此式代入式（3-39），则有

$$P = \frac{1}{T}\int_{-T/2}^{T/2}|x(t)|^2 \mathrm{d}t = \frac{1}{T}\int_{-T/2}^{T/2}x(t)x^*(t)\mathrm{d}t = \frac{1}{T}\int_{-T/2}^{T/2}x^*(t)\Big(\sum_{k=-\infty}^{\infty}X_k\mathrm{e}^{jk\omega_0 t}\Big)\mathrm{d}t$$

将此式中的求和与积分的次序交换，得

$$
\begin{aligned}
P &= \sum_{k=-\infty}^{\infty} X_k \frac{1}{T}\int_{-T/2}^{T/2}x^*(t)\mathrm{e}^{jk\omega_0 t}\mathrm{d}t = \sum_{k=-\infty}^{\infty} X_k\left[\frac{1}{T}\int_{-T/2}^{T/2}x(t)\,\mathrm{e}^{-jk\omega_0 t}\mathrm{d}t\right]^* \\
&= \sum_{k=-\infty}^{\infty} X_k X_k^* \quad = \sum_{k=-\infty}^{\infty}|X_k|^2
\end{aligned}
\tag{3-40}
$$

式（3-40）表明周期信号的平均功率完全可以在频域中用傅里叶级数系数 X_k 确定。

对实信号，有 $|X_k| = |X_{-k}| = A_k / 2$，所以

$$P = \sum_{k=-\infty}^{\infty}|X_k|^2 = X_0^2 + 2\sum_{k=1}^{\infty}|X_k|^2 = X_0^2 + \sum_{k=1}^{\infty}\left|\frac{A_k}{\sqrt{2}}\right|^2 \tag{3-41}$$

可见任意周期信号的平均功率等于信号所包含的直流、基波及各次谐波的平均功率之和。$|X_k|^2$ 随 ω 分布的特性称为周期信号的功率频谱，简称功率谱。

【**例 3-6**】　试画出如图 3-1 所示的周期矩形脉冲信号的功率谱。并计算频率在 $0 \sim \dfrac{2\pi}{\tau}$ 范围内的频谱分量所具有的平均功率占整个信号平均功率的百分比。其中，$A=1$，$T=1/2$，$\tau = 1/10$。

　解：由例 3-1 可知，该周期矩形脉冲信号的傅里叶级数系数为

$$X_k = \frac{\tau A}{T} \mathrm{Sa}\left(\frac{k\omega_0 \tau}{2}\right), \quad k = 0, \pm1, \pm2, \cdots$$

取 $A=1$，$T=1/2$，$\tau=1/10$，则 $\omega_0 = 4\pi$，

$$X_k = 0.2\mathrm{Sa}(k\pi/5), \quad k = 0, \pm1, \pm2, \cdots$$

$$|X_k|^2 = 0.04\mathrm{Sa}^2(k\pi/5), \quad k = 0, \pm1, \pm2, \cdots$$

画出 $|X_k|^2$ 随 $k\omega_0$ 变化的图形，即周期矩形脉冲信号的功率谱，如图 3-9 所示。从图 3-9 中可以看出，在 $0 \sim \frac{2\pi}{\tau}$ 范围内包含一个直流分量和五个频谱分量。包含在 $0 \sim \frac{2\pi}{\tau}$ 范围内的各频谱分量的平均功率之和为

$$P_1 = \sum_{k=-5}^{5} |X_k|^2 = X_0^2 + 2\sum_{k=1}^{5} |X_k|^2 = 0.1806$$

信号的平均功率为

$$P = \frac{1}{T}\int_{-T/2}^{T/2} x^2(t)\mathrm{d}t = 0.2$$

$$\frac{P_1}{P} = \frac{0.1806}{0.2} \times 100\% \approx 90\%$$

周期矩形脉冲信号包含在 $0 \sim \frac{2\pi}{\tau}$ 范围内的频谱分量的平均功率之和占整个信号平均功率的 90%。通常将包含频谱分量 $0 \sim \frac{2\pi}{\tau}$ 的频率范围称为周期矩形脉冲信号的有效频带宽度，简称有效带宽，即

$$\omega_B = \frac{2\pi}{\tau}, \quad f_B = \frac{1}{\tau} \tag{3-42}$$

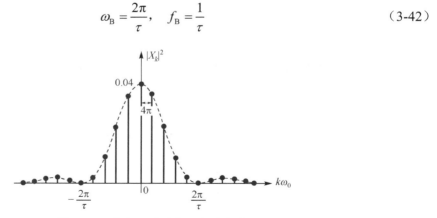

图 3-9　周期矩形脉冲信号的功率谱

周期矩形脉冲信号的有效带宽与信号时域的持续时间 τ 成反比，即 τ 越大，其 ω_B 越小；τ 越小，其 ω_B 越大。

有效带宽是信号频域特性中的重要指标，在信号分析和处理中具有重要的工程实际应用价值。在信号的有效带宽内，集中了信号的绝大部分谐波分量，若信号丢失有效带宽以外的谐波成分，不会对信号产生重大影响。

【**例 3-7**】　求如图 3-10 所示的周期矩形脉冲信号的傅里叶级数表达式。并用 MATLAB 画出由前 N 次谐波合成的近似周期矩形脉冲波形。

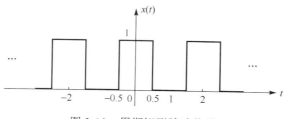

图 3-10　周期矩形脉冲信号

解：由例 3-1 可知，周期矩形脉冲的傅里叶级数系数为

$$X_k = \frac{\tau A}{T} \mathrm{Sa}\left(\frac{k\omega_0\tau}{2}\right), \quad k = 0, \pm 1, \pm 2, \cdots$$

取 $A = 1$，$T = 2$，$\tau = 1$，则 $\omega_0 = \pi$，

$$X_k = 0.5\mathrm{Sa}(k\pi/2), \quad k = 0, \pm 1, \pm 2, \cdots$$

该周期矩形脉冲信号可表示为

$$x(t) = \sum_{k=-\infty}^{\infty} 0.5\mathrm{Sa}(k\pi/2)\mathrm{e}^{jk\pi t} = 0.5 + \sum_{k=1}^{\infty} \mathrm{Sa}(k\pi/2)\cos(k\pi t)$$

由前 N 次谐波合成的近似周期矩形脉冲波形如图 3-11 所示，其 MATLAB 代码见本书配套教学资料中的 cp3liti7.m。从图 3-11 中可以看出，用有限次谐波合成原信号，在不连续点出现过冲，过冲峰值不随谐波分量的增加而减小，且约为跳变值的 9%。这种特性首先被 Josiah Willard Gibbs（1839—1903）发现，因此把这种现象称为 Gibbs 现象。Gibbs 现象产生的原因是时间信号存在跳变，破坏了信号的收敛性，使得傅里叶级数在间断点出现非一致收敛。

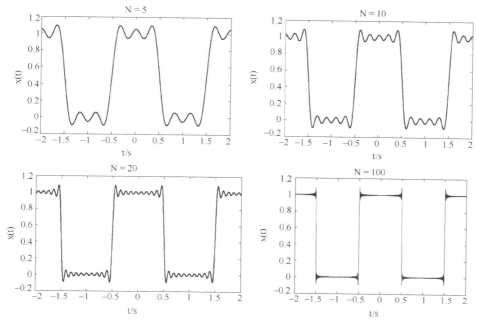

图 3-11　由前 N 次谐波合成的近似周期矩形脉冲波形

3.3　连续时间非周期信号的频域分析

当周期矩形脉冲的周期 T 趋于无限大时，就转化为非周期的单脉冲信号。所以可以把非周期信号看成周期趋于无限大的周期信号。当周期信号的周期 T 趋于无限大时，其对应频谱的谱线间隔 $\omega_0 = 2\pi / T$ 趋于无穷小，这样，离散频谱就变成连续频谱。同时，当周期 T 趋于无限大时，构成信号的各正弦分量的振幅也趋于零。由此可见，对于非周期信号，采用傅里叶级数的复振幅来表示频谱是不可行的。从物理概念上考虑，既然成为一个信号，必然含有一定的能量，无论信号怎样分解，其所含的能量是不变的。组成非周期信号的各正弦分量的振幅虽然趋于无穷小，但各频率分量的能量仍按一定的比例分布。为了表述非周期信号的频谱分布，必须引入一个新的量——频谱密度函数。下面由周期信号的傅里叶级数推导出傅里叶变换，并说明频谱密度函数的意义。

3.3.1　傅里叶变换

设有一周期信号 $x(t)$，将其展开成指数形式的傅里叶级数，即

$$x(t) = \sum_{k=-\infty}^{\infty} X_k \mathrm{e}^{jk\omega_0 t} \tag{3-43}$$

其傅里叶级数系数 X_k 为

$$X_k = \frac{1}{T} \int_{-\frac{T}{2}}^{\frac{T}{2}} x(t) \mathrm{e}^{-jk\omega_0 t} \mathrm{d}t \tag{3-44}$$

将公式两边乘 T，得到

$$X_k T = \frac{2\pi X_k}{\omega_0} = \int_{-\frac{T}{2}}^{\frac{T}{2}} x(t) \mathrm{e}^{-jk\omega_0 t} \mathrm{d}t \tag{3-45}$$

对于非周期信号，周期 $T \to \infty$，频率间隔 $\omega_0 \to \mathrm{d}\omega$，而离散频率 $k\omega_0$ 变成连续频率 ω。在这种极限情况下，$X_k \to 0$，但 TX_k 不趋于零，而趋于有限值，且为一个连续函数，通常记为 $X(\omega)$ 或 $X(j\omega)$，即

$$X(j\omega) = \lim_{\omega_0 \to 0} \frac{2\pi X_k}{\omega_0} = \lim_{T \to \infty} TX_k \tag{3-46}$$

式中，$\dfrac{X_k}{\omega_0}$ 表示单位频带的频谱值——频谱密度。因此 $X(j\omega)$ 称为信号 $x(t)$ 的频谱密度函数，或简称为频谱函数。这样，式（3-45）在非周期信号的情况下将变成：

$$X(j\omega) = \lim_{T \to \infty} \int_{-\frac{T}{2}}^{\frac{T}{2}} x(t) \mathrm{e}^{-jk\omega_0 t} \mathrm{d}t$$

即

$$X(j\omega) = \int_{-\infty}^{\infty} x(t) \mathrm{e}^{-j\omega t} \mathrm{d}t \tag{3-47}$$

同样，傅里叶级数为

$$x(t) = \sum_{k=-\infty}^{\infty} X_k \mathrm{e}^{\mathrm{j}k\omega_0 t}$$

考虑谱线间隔 $\Delta(k\omega_0) = \omega_0$，上式可改写为

$$x(t) = \sum_{k\omega_0=-\infty}^{\infty} \frac{X_k}{\omega_0} \mathrm{e}^{\mathrm{j}k\omega_0 t} \Delta(k\omega_0)$$

当 $T \to \infty$ 时，可对上式中的各项进行如下改变：

$$k\omega_0 \to \omega, \quad \Delta(k\omega_0) \to \mathrm{d}\omega, \quad \frac{X_k}{\omega_0} = \frac{X(\mathrm{j}\omega)}{2\pi}, \quad \sum_{k\omega_0=-\infty}^{\infty} \to \int_{-\infty}^{\infty}$$

于是，傅里叶级数变成积分形式

$$x(t) = \frac{1}{2\pi} \int_{-\infty}^{\infty} X(\mathrm{j}\omega) \mathrm{e}^{\mathrm{j}\omega t} \mathrm{d}\omega \tag{3-48}$$

通常式（3-47）称为傅里叶变换，式（3-48）称为傅里叶反变换。

傅里叶变换

$$X(\mathrm{j}\omega) = \mathcal{F}\big[x(t)\big] = \int_{-\infty}^{\infty} x(t) \mathrm{e}^{-\mathrm{j}\omega t} \mathrm{d}t$$

傅里叶反变换

$$x(t) = \mathcal{F}^{-1}\big[X(\mathrm{j}\omega)\big] = \frac{1}{2\pi} \int_{-\infty}^{\infty} X(\mathrm{j}\omega) \mathrm{e}^{\mathrm{j}\omega t} \mathrm{d}\omega$$

$X(\mathrm{j}\omega)$ 是 $x(t)$ 的频谱函数，它一般是复函数，可以写为

$$X(\mathrm{j}\omega) = \big|X(\mathrm{j}\omega)\big| \mathrm{e}^{\mathrm{j}\varphi(\omega)} \tag{3-49}$$

式中，$\big|X(\mathrm{j}\omega)\big|$ 为 $X(\mathrm{j}\omega)$ 的模，代表信号 $x(t)$ 中各频率分量的相对大小；$\varphi(\omega)$ 为 $X(\mathrm{j}\omega)$ 的相位，代表各频率分量的初相位。与周期信号的频谱相对应，习惯上将 $\big|X(\mathrm{j}\omega)\big|$-$\omega$ 曲线称为非周期信号的振幅谱，而将 $\varphi(\omega)$-ω 曲线称为相位谱，它们都是频率 ω 的连续函数。

若 $x(t)$ 是实函数，则式（3-47）可以写成

$$X(\mathrm{j}\omega) = \int_{-\infty}^{\infty} x(t)\cos\omega t \mathrm{d}t - \mathrm{j}\int_{-\infty}^{\infty} x(t)\sin\omega t \mathrm{d}t$$

令

$$R(\omega) = \int_{-\infty}^{\infty} x(t)\cos\omega t \mathrm{d}t$$

$$I(\omega) = -\int_{-\infty}^{\infty} x(t)\sin\omega t \mathrm{d}t$$

则 $X(\mathrm{j}\omega)$ 的直角坐标表达式为

$$X(\mathrm{j}\omega) = R(\omega) + \mathrm{j}I(\omega) \tag{3-50}$$

从而有

$$\big|X(\mathrm{j}\omega)\big| = \sqrt{R^2(\omega) + I^2(\omega)} \tag{3-51}$$

$$\varphi(\omega) = \arctan\left[\frac{I(\omega)}{R(\omega)}\right] \tag{3-52}$$

由式（3-51）、式（3-52）可知，$|X(\mathrm{j}\omega)|$ 是频率 ω 的偶函数，$\varphi(\omega)$ 是频率 ω 的奇函数。

由上述关系式还可以得到以下重要结论。

（1）如果信号 $x(t)$ 为 t 的偶函数，$x(t) = x(-t)$，则 $X(\mathrm{j}\omega)$ 可表示为

$$X(\mathrm{j}\omega) = 2\int_0^\infty x(t)\cos\omega t\,\mathrm{d}t \tag{3-53}$$

因此，偶函数 $x(t)$ 的傅里叶变换 $X(\mathrm{j}\omega)$ 是 ω 的实函数。

（2）如果信号 $x(t)$ 为 t 的奇函数，$x(t) = -x(-t)$，则 $X(\mathrm{j}\omega)$ 可表示为

$$X(\mathrm{j}\omega) = -\mathrm{j}2\int_0^\infty x(t)\sin\omega t\,\mathrm{d}t \tag{3-54}$$

因此，奇函数 $x(t)$ 的傅里叶变换 $X(\mathrm{j}\omega)$ 是 ω 的虚函数。

从理论上讲，$x(t)$ 应满足一定的条件，才存在傅里叶变换。一般来说，傅里叶变换存在的充分条件为 $x(t)$ 满足绝对可积，即要求

$$\int_{-\infty}^\infty |x(t)|\mathrm{d}t < \infty \tag{3-55}$$

但是，借助奇异函数，可使许多不满足绝对可积条件的信号（如周期信号、阶跃信号、符号函数信号等）也存在傅里叶变换。

【例 3-8】 试求图 3-12(a)所示的非周期矩形脉冲信号 $x(t)$ 的频谱。

解：非周期矩形脉冲信号 $x(t)$ 的时域表达式为

$$x(t) = \begin{cases} A, & |t| \leqslant \tau/2 \\ 0, & |t| > \tau/2 \end{cases}$$

由傅里叶变换的定义式可得

$$X(\mathrm{j}\omega) = \int_{-\infty}^\infty x(t)\mathrm{e}^{-\mathrm{j}\omega t}\mathrm{d}t = \int_{-\frac{\tau}{2}}^{\frac{\tau}{2}} A\cdot\mathrm{e}^{-\mathrm{j}\omega t}\mathrm{d}t = A\tau\cdot\mathrm{Sa}\left(\frac{\omega\tau}{2}\right)$$

非周期矩形脉冲信号 $x(t)$ 的频谱如图 3-12(b)所示，分析图 3-12(b)可得如下结论。

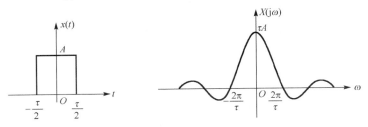

(a) 非周期矩形脉冲信号$x(t)$　　　(b) 非周期矩形脉冲信号$x(t)$的频谱

图 3-12　非周期矩形脉冲信号 $x(t)$ 及其频谱

（1）非周期矩形脉冲信号的频谱是连续频谱，其形状与周期矩形脉冲信号的离散频谱的包络线相同，周期信号的离散频谱可以通过对非周期信号的连续频谱等间隔取样求得，

$$X_k = \frac{X(\mathrm{j}\omega)}{T}\bigg|_{\omega=k\omega_0}。$$

（2）若信号在时域有限，则在频域可能无限延续。

（3）信号的频谱分量主要集中在零频到第一个过零点 $\frac{2\pi}{\tau}$ 之间，工程中将此宽度作为有效带宽。脉冲宽度 τ 越窄，有限带宽越宽，高频分量越多。

【例 3-9】利用 MATLAB 计算并画出衰减正弦信号 $x(t)=\mathrm{e}^{-2t}\sin(2\pi t)\varepsilon(t)$ 的频谱。

MATLAB 符号工具箱提供了求解傅里叶变换的函数 fourier( )和求解傅里叶反变换的函数 ifourier( )。

X=fourier(x)：对默认独立变量为 t 的符号表达式 x(t)求傅里叶变换，X 默认为角频率 w 的函数，该语句函数相当于执行语句 X(w)=int(x*exp(-i*w*t),t,-inf,inf)。

x=ifourier(X)：对默认独立变量为 w 的符号表达式 X(w)求傅里叶反变换，该语句函数相当于执行语句 x(t)=1/(2*pi)*int(X*exp(i*w*t),w,-inf,inf)。

由于函数 fourier( )和 ifourier( )得到的返回函数为符号表达式，因此对返回函数作图需要用到 ezplot( )命令。

$x(t)=\mathrm{e}^{-2t}\sin(2\pi t)\varepsilon(t)$ 信号波形及频谱如图 3-13 所示。MATLAB 代码见本书配套教学资料中的 cp3liti9.m。

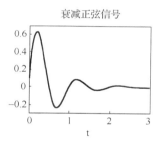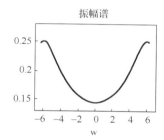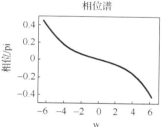

图 3-13　$x(t)=\mathrm{e}^{-2t}\sin(2\pi t)\varepsilon(t)$ 信号的波形及频谱

3.3.2　典型非周期信号的傅里叶变换

（1）单边指数信号 $x(t)=\mathrm{e}^{-\alpha t}\varepsilon(t),\ \alpha>0$ 。

$$X(\mathrm{j}\omega)=\int_{-\infty}^{\infty}x(t)\mathrm{e}^{-\mathrm{j}\omega t}\mathrm{d}t=\int_{0}^{\infty}\mathrm{e}^{-\alpha t}\mathrm{e}^{-\mathrm{j}\omega t}\mathrm{d}t=\frac{\mathrm{e}^{-(\alpha+\mathrm{j}\omega)t}}{-(\alpha+\mathrm{j}\omega)}\bigg|_{0}^{\infty}=\frac{1}{\alpha+\mathrm{j}\omega}$$

振幅谱为

$$X|(\mathrm{j}\omega)|=\frac{1}{\sqrt{\alpha^2+\omega^2}}$$

相位谱为

$$\varphi(\omega)=-\arctan\left(\frac{\omega}{\alpha}\right)$$

图 3-14 所示为单边指数信号的振幅谱和相位谱。

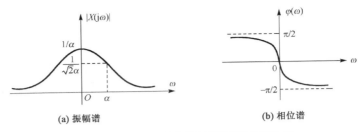

图 3-14　单边指数信号的振幅谱和相位谱

（2）双边指数信号 $x(t) = \mathrm{e}^{-\alpha|t|}$，$\alpha > 0$。

$$X(\mathrm{j}\omega) = \int_{-\infty}^{0} \mathrm{e}^{\alpha t}\mathrm{e}^{-\mathrm{j}\omega t}\mathrm{d}t + \int_{0}^{\infty} \mathrm{e}^{-\alpha t}\mathrm{e}^{-\mathrm{j}\omega t}\mathrm{d}t = \frac{1}{\alpha - \mathrm{j}\omega} + \frac{1}{\alpha + \mathrm{j}\omega} = \frac{2\alpha}{\alpha^2 + \omega^2}$$

图 3-15 所示为 $x(t) = \mathrm{e}^{-\alpha|t|}$ 的信号波形和频谱波形。由于 $x(t)$ 是 t 的偶函数，所以 $X(\mathrm{j}\omega)$ 为 ω 的实函数，且为 ω 的偶函数。

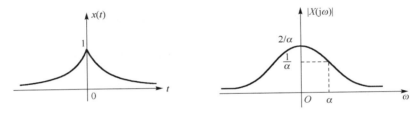

图 3-15　$x(t) = \mathrm{e}^{-\alpha|t|}$ 的信号波形和频谱波形

（3）单位冲激信号 $\delta(t)$。

$$\mathcal{F}[\delta(t)] = \int_{-\infty}^{\infty} \delta(t)\mathrm{e}^{-\mathrm{j}\omega t}\mathrm{d}t = 1$$

可见，单位冲激信号 $\delta(t)$ 的频谱是常数 1。也就是说，$\delta(t)$ 包含所有的频率分量，而各频率分量的频谱密度相等。单位冲激信号及其频谱如图 3-16 所示。

图 3-16　单位冲激信号及其频谱

单位冲激信号 $\delta(t)$ 在时域的持续时间趋于零，而其频谱函数在频域的有效带宽趋于无穷大。

（4）直流信号 $x(t) = 1$，$-\infty < t < \infty$。

按照傅里叶变换定义，直流信号的频谱为 $\mathcal{F}[x(t)] = \int_{-\infty}^{\infty} \mathrm{e}^{-\mathrm{j}\omega t}\mathrm{d}t$，用常规函数的积分方法无法求出此积分。利用 $\delta(t)$ 的频谱及傅里叶反变换公式可得

$$\delta(t) = \frac{1}{2\pi}\int_{-\infty}^{\infty} \mathrm{e}^{\mathrm{j}\omega t}\mathrm{d}\omega$$

由于 $\delta(t)$ 是 t 的偶函数,所以此式可等价为

$$\delta(t) = \frac{1}{2\pi}\int_{-\infty}^{\infty}\mathrm{e}^{-\mathrm{j}\omega t}\mathrm{d}\omega$$

将变量 t 与 ω 互换,有

$$\mathcal{F}[1] = \int_{-\infty}^{\infty}\mathrm{e}^{-\mathrm{j}\omega t}\mathrm{d}t = 2\pi\delta(\omega)$$

直流信号及其频谱图如图 3-17 所示。由图 3-17 可知,直流信号的频谱只在 $\omega = 0$ 处有冲激。直流信号在时域的持续时间趋于无穷大,其在频域的有效带宽趋于零。

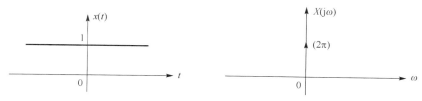

图 3-17 直流信号及其频谱图

(5)符号函数信号。

符号函数可定义为

$$\mathrm{sgn}(t) = \begin{cases} -1, & t < 0 \\ 0, & t = 0 \\ 1, & t > 0 \end{cases}$$

虽然符号函数不满足绝对可积条件,但其傅里叶变换存在。可以借助符号函数与双边指数衰减函数相乘,先得乘积信号的频谱,然后取极限,从而得到符号函数信号的频谱。其求解过程为

$$\mathcal{F}[\mathrm{sgn}(t)\mathrm{e}^{-\sigma|t|}] = \int_{-\infty}^{0}(-1)\,\mathrm{e}^{\sigma t}\mathrm{e}^{-\mathrm{j}\omega t}\mathrm{d}t + \int_{0}^{\infty}\mathrm{e}^{-\sigma t}\mathrm{e}^{-\mathrm{j}\omega t}\mathrm{d}t, \qquad \sigma > 0$$

$$= -\frac{\mathrm{e}^{(\sigma-\mathrm{j}\omega)t}}{\sigma-\mathrm{j}\omega}\bigg|_{t=-\infty}^{0} - \frac{\mathrm{e}^{-(\sigma+\mathrm{j}\omega)t}}{\sigma+\mathrm{j}\omega}\bigg|_{t=0}^{\infty} = \frac{-1}{\sigma-\mathrm{j}\omega} + \frac{1}{\sigma+\mathrm{j}\omega}$$

$$\mathcal{F}[\mathrm{sgn}(t)] = \lim_{\sigma\to 0}\left\{\mathcal{F}[\mathrm{sgn}(t)\mathrm{e}^{-\sigma|t|}]\right\} = \frac{2}{\mathrm{j}\omega}$$

振幅谱为

$$|X(\mathrm{j}\omega)| = \frac{2}{|\omega|}$$

相位谱为

$$\varphi(\omega) = \begin{cases} \pi/2, & \omega < 0 \\ -\pi/2, & \omega > 0 \end{cases}$$

符号函数的振幅谱和相位谱如图 3-18 所示。由于 $x(t)$ 是 t 的奇函数,所以 $X(\mathrm{j}\omega)$ 是 ω 的虚奇函数。

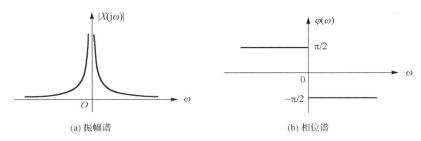

(a) 振幅谱   (b) 相位谱

图 3-18   符号函数的振幅谱和相位谱

（6）单位阶跃信号 $\varepsilon(t)$。

单位阶跃信号 $\varepsilon(t)$ 不满足绝对可积条件，但其傅里叶变换同样存在。可以利用符号函数和直流信号的频谱来求单位阶跃信号的频谱。

$$\varepsilon(t) = \frac{1}{2} + \frac{1}{2}\mathrm{sgn}(t)$$

因此，单位阶跃信号的频谱为

$$\mathcal{F}[\varepsilon(t)] = \pi\delta(\omega) + \frac{1}{\mathrm{j}\omega}$$

单位阶跃信号的振幅谱和相位谱如图 3-19 所示。

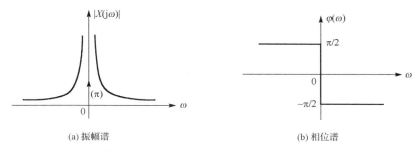

(a) 振幅谱   (b) 相位谱

图 3-19   单位阶跃信号的振幅谱和相位谱

3.3.3 傅里叶变换的性质

傅里叶变换建立了时间函数 $x(t)$ 与其频谱函数 $X(\mathrm{j}\omega)$ 之间的一一对应关系。傅里叶变换存在许多重要的性质，这些性质揭示了连续信号时域与频域之间的内在联系。利用傅里叶变换的基本性质，可以使信号的频谱计算过程更简单，并使物理概念更清楚。

（1）线性特性。

傅里叶变换是一种线性运算。

若 $x_1(t) \xleftrightarrow{\ F\ } X_1(\mathrm{j}\omega)$，$x_2(t) \xleftrightarrow{\ F\ } X_2(\mathrm{j}\omega)$，则

$$ax_1(t) + bx_2(t) \xleftrightarrow{\ F\ } aX_1(\mathrm{j}\omega) + bX_2(\mathrm{j}\omega) \tag{3-56}$$

式中，a 和 b 为任意非零常数。

证明：

$$\int_{-\infty}^{\infty}\left[ax_1(t) + bx_2(t)\right]\mathrm{e}^{-\mathrm{j}\omega t}\mathrm{d}t = a\int_{-\infty}^{\infty}x_1(t)\mathrm{e}^{-\mathrm{j}\omega t}\mathrm{d}t + b\int_{-\infty}^{\infty}x_2(t)\mathrm{e}^{-\mathrm{j}\omega t}\mathrm{d}t = aX_1(\mathrm{j}\omega) + bX_2(\mathrm{j}\omega)$$

（2）时移特性。

若 $x(t) \xleftarrow{\;\;F\;\;} X(\mathrm{j}\omega)$，则

$$x(t \pm t_0) \xleftarrow{\;\;F\;\;} X(\mathrm{j}\omega) \cdot \mathrm{e}^{\pm \mathrm{j}\omega t_0} \tag{3-57}$$

式中，t_0 为任意实数。

证明：
$$\mathcal{F}[x(t - t_0)] = \int_{-\infty}^{\infty} x(t - t_0)\mathrm{e}^{-\mathrm{j}\omega t}\mathrm{d}t$$

令 $u = t - t_0$，则 $\mathrm{d}u = \mathrm{d}t$，代入上式可得

$$\mathcal{F}[x(t - t_0)] = \int_{-\infty}^{\infty} x(u)\mathrm{e}^{-\mathrm{j}\omega(t_0 + u)}\mathrm{d}u = X(\mathrm{j}\omega) \cdot \mathrm{e}^{-\mathrm{j}\omega t_0}$$

同理，$\mathcal{F}[x(t + t_0)] = X(\mathrm{j}\omega) \cdot \mathrm{e}^{\mathrm{j}\omega t_0}$。

信号在时域中的时移，对应频谱函数在频域中产生附加的相移，而振幅谱保持不变。

【**例 3-10**】 试求如图 3-20(a)所示的延时矩形脉冲 $x_1(t)$ 的频谱函数 $X_1(\mathrm{j}\omega)$。

解：由例 3-8 已知，如图 3-20(b)所示的矩形脉冲 $x(t)$ 的频谱为

$$X(\mathrm{j}\omega) = A\tau \cdot \mathrm{Sa}\left(\frac{\omega\tau}{2}\right)$$

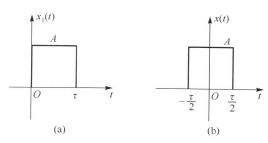

图 3-20 延时矩形脉冲 $x_1(t)$ 和矩形脉冲 $x(t)$

因为 $x_1(t) = x\left(t - \dfrac{\tau}{2}\right)$，由时移特性可得

$$X_1(\mathrm{j}\omega) = X(\mathrm{j}\omega)\mathrm{e}^{-\mathrm{j}\omega\frac{\tau}{2}} = A\tau \cdot \mathrm{Sa}\left(\frac{\omega\tau}{2}\right)\mathrm{e}^{-\mathrm{j}\omega\frac{\tau}{2}}$$

延时矩形脉冲 $x_1(t)$ 的振幅谱和矩形脉冲 $x(t)$ 的振幅谱完全一样，只是相位谱延迟了 $\dfrac{\tau}{2}\omega$，如图 3-21 所示。

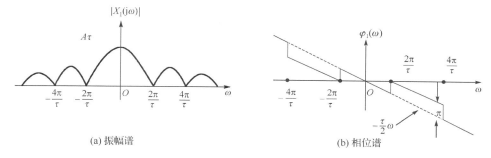

图 3-21 延时矩形脉冲 $x_1(t)$ 的频谱

（3）频移特性。

若 $x(t) \overset{F}{\longleftrightarrow} X(\mathrm{j}\omega)$，则

$$x(t)\mathrm{e}^{\mathrm{j}\omega_0 t} \overset{F}{\longleftrightarrow} X[\mathrm{j}(\omega-\omega_0)] \tag{3-58}$$

式中，ω_0 为任意实数。

证明： $\quad \mathscr{F}[x(t)\cdot\mathrm{e}^{\mathrm{j}\omega_0 t}] = \int_{-\infty}^{\infty} x(t)\mathrm{e}^{\mathrm{j}\omega_0 t}\mathrm{e}^{-\mathrm{j}\omega t}\mathrm{d}t = \int_{-\infty}^{\infty} x(t)\mathrm{e}^{-\mathrm{j}(\omega-\omega_0)t}\mathrm{d}t = X[\mathrm{j}(\omega-\omega_0)]$

可见信号在时域乘以 $\mathrm{e}^{\mathrm{j}\omega_0 t}$，对应频谱函数在频域的频移。

频移特性在实际中有着广泛的应用，特别是在无线电领域，诸如调制、解调等都需要进行频移。频移的原理是将信号 $x(t)$ 乘载频信号 $\cos(\omega_0 t)$ 或 $\sin(\omega_0 t)$。

$$\mathscr{F}[x(t)\cos\omega_0 t] = \frac{1}{2}\mathscr{F}[x(t)\mathrm{e}^{\mathrm{j}\omega_0 t}] + \frac{1}{2}\mathscr{F}[x(t)\mathrm{e}^{-\mathrm{j}\omega_0 t}] = \frac{1}{2}X[\mathrm{j}(\omega-\omega_0)] + \frac{1}{2}X[\mathrm{j}(\omega+\omega_0)] \tag{3-59}$$

信号 $x(t)$ 与余弦信号 $\cos(\omega_0 t)$ 相乘后，其频谱是将原来信号的频谱向左和右搬移 ω_0，振幅减半。同理

$$\mathscr{F}[x(t)\sin\omega_0 t] = \frac{1}{2\mathrm{j}}\mathscr{F}[x(t)\mathrm{e}^{\mathrm{j}\omega_0 t}] - \frac{1}{2\mathrm{j}}\mathscr{F}[x(t)\mathrm{e}^{-\mathrm{j}\omega_0 t}] = \frac{\mathrm{j}}{2}X[\mathrm{j}(\omega+\omega_0)] - \frac{\mathrm{j}}{2}X[\mathrm{j}(\omega-\omega_0)] \tag{3-60}$$

【例 3-11】 试求矩形脉冲信号 $x(t)$ 与余弦信号 $\cos(\omega_0 t)$ 相乘后信号的频谱。

解： 已知宽度为 τ 的矩形脉冲信号对应的频谱为

$$X(\mathrm{j}\omega) = A\tau \cdot \mathrm{Sa}\left(\frac{\omega\tau}{2}\right)$$

应用频移特性可得

$$\mathscr{F}[x(t)\cos(\omega_0 t)] = \frac{1}{2}X[\mathrm{j}(\omega-\omega_0)] + \frac{1}{2}X[\mathrm{j}(\omega+\omega_0)] = \frac{1}{2}\left\{A\tau\cdot\mathrm{Sa}\left[\frac{(\omega-\omega_0)\tau}{2}\right] + A\tau\cdot\mathrm{Sa}\left[\frac{(\omega+\omega_0)\tau}{2}\right]\right\}$$

矩形脉冲信号 $x(t)$ 与余弦信号 $\cos(\omega_0 t)$ 相乘后，$x(t)\cos(\omega_0 t)$ 信号的波形和频谱如图 3-22 所示。

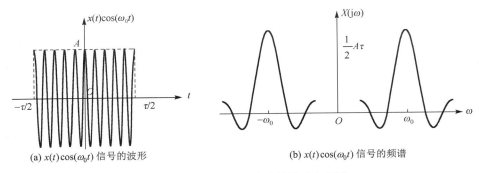

(a) $x(t)\cos(\omega_0 t)$ 信号的波形　　　　(b) $x(t)\cos(\omega_0 t)$ 信号的频谱

图 3-22　$x(t)\cos(\omega_0 t)$ 信号的波形和频谱

（4）尺度变换特性。

若 $x(t) \overset{F}{\longleftrightarrow} X(\mathrm{j}\omega)$，则

$$x(at) \overset{F}{\longleftrightarrow} \frac{1}{|a|}X\left(\mathrm{j}\frac{\omega}{a}\right) \tag{3-61}$$

式中，a 为非零常数。

证明：$\mathcal{F}[x(at)] = \displaystyle\int_{-\infty}^{\infty} x(at)\mathrm{e}^{-\mathrm{j}\omega t}\mathrm{d}t$ 。

令 $u = at$ ，则 $\mathrm{d}u = a\mathrm{d}t$ 。

当 $a > 0$ 时，

$$\mathcal{F}[x(at)] = \frac{1}{a}\int_{-\infty}^{\infty} x(u)\mathrm{e}^{-\mathrm{j}\omega\frac{u}{a}}\mathrm{d}u = \frac{1}{a}X\left(\mathrm{j}\frac{\omega}{a}\right)$$

当 $a < 0$ 时，

$$\mathcal{F}[x(at)] = \frac{1}{a}\int_{\infty}^{-\infty} x(u)\mathrm{e}^{-\mathrm{j}\omega\frac{u}{a}}\mathrm{d}u = -\frac{1}{a}\int_{-\infty}^{\infty} x(u)\mathrm{e}^{-\mathrm{j}\omega\frac{u}{a}}\mathrm{d}u = -\frac{1}{a}X\left(\mathrm{j}\frac{\omega}{a}\right)$$

综合上述两种情况，便可得到尺度变换特性的表达式为

$$\mathcal{F}[x(at)] = \frac{1}{|a|}X\left(\mathrm{j}\frac{\omega}{a}\right)$$

对于 $a = -1$ 这种特殊情况，$\mathcal{F}[x(-t)] = X(-\mathrm{j}\omega)$ 。

式（3-61）表明：时域波形的压缩（$|a| > 1$）对应其频谱的扩展；反之，时域波形的扩展（$|a| < 1$）对应其频谱的压缩。由此可见，信号在时域的持续时间与其有效带宽成反比。在通信系统中，为了快速传输信号，对信号进行时域压缩，将以扩展频带为代价，因此在实际应用中要权衡考虑。图 3-23 所示为不同宽度的矩形脉冲信号对应的频谱。

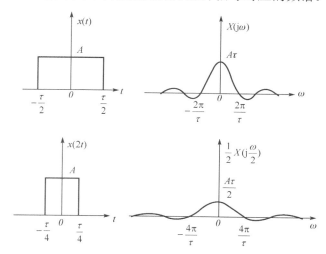

图 3-23　不同宽度的矩形脉冲信号对应的频谱

（5）互易对称特性。

若 $x(t) \overset{F}{\longleftrightarrow} X(\mathrm{j}\omega)$ ，则

$$X(\mathrm{j}t) \overset{F}{\longleftrightarrow} 2\pi x(-\omega) \tag{3-62}$$

证明：

由于

$$x(t) = \frac{1}{2\pi} \int_{-\infty}^{\infty} X(j\omega) e^{j\omega t} d\omega$$

显然

$$x(-t) = \frac{1}{2\pi} \int_{-\infty}^{\infty} X(j\omega) e^{-j\omega t} d\omega$$

将变量 t 与 ω 互换，可以得到

$$2\pi x(-\omega) = \int_{-\infty}^{\infty} X(jt) e^{-j\omega t} dt$$

所以

$$X(jt) \xleftrightarrow{F} 2\pi x(-\omega)$$

若 $x(t)$ 是偶函数，则

$$X(jt) \xleftrightarrow{F} 2\pi x(\omega) \qquad (3\text{-}63)$$

【例 3-12】 求抽样函数信号 $x(t) = \mathrm{Sa}(\omega_0 t)$ 的傅里叶变换。

解： 由例 3-8 可知，当 $A=1$，$\tau=1$ 时，单位矩形脉冲信号 $p_1(t)$ 的傅里叶变换为

$$p_1(t) \xleftrightarrow{F} \mathrm{Sa}\left(\frac{\omega}{2}\right)$$

由互易对称特性可得

$$\mathrm{Sa}\left(\frac{t}{2}\right) \xleftrightarrow{F} 2\pi p_1(-\omega) = 2\pi p_1(\omega)$$

再由尺度变换特性可得

$$\mathrm{Sa}(\omega_0 t) = \mathrm{Sa}\left(2\omega_0 \frac{t}{2}\right) \xleftrightarrow{F} \frac{2\pi}{2\omega_0} p_1\left(\frac{\omega}{2\omega_0}\right) = \frac{\pi}{\omega_0} p_{2\omega_0}(\omega) \qquad (3\text{-}64)$$

式中，$p_{2\omega_0}(\omega)$ 表示振幅为 1、宽度为 $2\omega_0$ 的矩形脉冲。抽样函数信号 $\mathrm{Sa}(\omega_0 t)$ 及其频谱如图 3-24 所示。

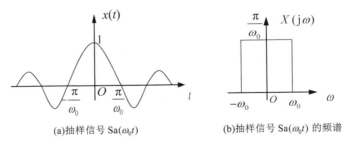

(a)抽样信号 $\mathrm{Sa}(\omega_0 t)$ (b)抽样信号 $\mathrm{Sa}(\omega_0 t)$ 的频谱

图 3-24   抽样函数信号 $\mathrm{Sa}(\omega_0 t)$ 及其频谱

（6）时域卷积特性。

若 $x_1(t) \xleftrightarrow{F} X_1(j\omega)$，$x_2(t) \xleftrightarrow{F} X_2(j\omega)$，则

$$x_1(t) * x_2(t) \xleftrightarrow{F} X_1(j\omega) \cdot X_2(j\omega) \qquad (3\text{-}65)$$

证明：

$$\mathcal{F}[x_1(t) * x_2(t)] = \int_{-\infty}^{\infty} \left[\int_{-\infty}^{\infty} x_1(\tau) x_2(t-\tau) \mathrm{d}\tau \right] \mathrm{e}^{-\mathrm{j}\omega t} \mathrm{d}t$$

交换积分次序可得

$$\mathcal{F}[x_1(t) * x_2(t)] = \int_{-\infty}^{\infty} x_1(\tau) \left[\int_{-\infty}^{\infty} x_2(t-\tau) \mathrm{e}^{-\mathrm{j}\omega t} \mathrm{d}t \right] \mathrm{d}\tau$$

由傅里叶变换的时移特性得

$$\mathcal{F}[x_1(t) * x_2(t)] = \int_{-\infty}^{\infty} x_1(\tau) X_2(\mathrm{j}\omega) \mathrm{e}^{-\mathrm{j}\omega \tau} \mathrm{d}\tau = X_1(\mathrm{j}\omega) \cdot X_2(\mathrm{j}\omega)$$

傅里叶变换可以将时域的卷积运算转换成频域中的乘法运算。在时域分析中，求线性时不变系统的零状态响应时，若已知外加信号 $x(t)$ 及系统的单位冲激响应 $h(t)$，则有

$$y_{\mathrm{zs}}(t) = x(t) * h(t)$$

在频域分析中，若已知 $X(\mathrm{j}\omega) = \mathcal{F}[x(t)]$，$H(\mathrm{j}\omega) = \mathcal{F}[h(t)]$，则根据卷积性质可知

$$\mathcal{F}[y_{\mathrm{zs}}(t)] = H(\mathrm{j}\omega) X(\mathrm{j}\omega)$$

将上式进行傅里叶反变换即可得到系统的零状态响应 $y_{\mathrm{zs}}(t)$。

（7）频域卷积特性。

若 $x_1(t) \overset{F}{\longleftrightarrow} X_1(\mathrm{j}\omega)$，$x_2(t) \overset{F}{\longleftrightarrow} X_2(\mathrm{j}\omega)$，则

$$x_1(t) x_2(t) \overset{F}{\longleftrightarrow} \frac{1}{2\pi} [X_1(\mathrm{j}\omega) * X_2(\mathrm{j}\omega)] \tag{3-66}$$

证明：

$$\mathcal{F}[x_1(t) \cdot x_2(t)] = \int_{-\infty}^{\infty} [x_1(t) \cdot x_2(t)] \mathrm{e}^{-\mathrm{j}\omega t} \mathrm{d}t = \int_{-\infty}^{\infty} x_2(t) \mathrm{e}^{-\mathrm{j}\omega t} \left[\frac{1}{2\pi} \int_{-\infty}^{\infty} X_1(\mathrm{j}\Omega) \mathrm{e}^{\mathrm{j}\Omega t} \mathrm{d}\Omega \right] \mathrm{d}t$$

$$= \frac{1}{2\pi} \int_{-\infty}^{\infty} X_1(\mathrm{j}\Omega) \mathrm{d}\Omega \cdot \left[\int_{-\infty}^{\infty} x_2(t) \mathrm{e}^{-\mathrm{j}(\omega-\Omega)t} \mathrm{d}t \right] = \frac{1}{2\pi} \int_{-\infty}^{\infty} X_1(\mathrm{j}\Omega) X_2[\mathrm{j}(\omega-\Omega)] \mathrm{d}\Omega$$

$$= \frac{1}{2\pi} [X_1(\mathrm{j}\omega) * X_2(\mathrm{j}\omega)]$$

（8）时域微分特性。

若 $x(t) \overset{F}{\longleftrightarrow} X(\mathrm{j}\omega)$，则

$$\frac{\mathrm{d}x(t)}{\mathrm{d}t} \overset{F}{\longleftrightarrow} (\mathrm{j}\omega) \cdot X(\mathrm{j}\omega), \quad \frac{\mathrm{d}^n x(t)}{\mathrm{d}t^n} \overset{F}{\longleftrightarrow} (\mathrm{j}\omega)^n \cdot X(\mathrm{j}\omega) \tag{3-67}$$

证明：

$$x(t) = \frac{1}{2\pi} \int_{-\infty}^{\infty} X(\mathrm{j}\omega) \mathrm{e}^{\mathrm{j}\omega t} \mathrm{d}\omega$$

上式两端对 t 求微分，从而得

$$\frac{\mathrm{d}x(t)}{\mathrm{d}t} = \frac{\mathrm{d}}{\mathrm{d}t} \left[\frac{1}{2\pi} \int_{-\infty}^{\infty} X(\mathrm{j}\omega) \mathrm{e}^{\mathrm{j}\omega t} \mathrm{d}\omega \right] = \frac{1}{2\pi} \int_{-\infty}^{\infty} X(\mathrm{j}\omega) \left[\frac{\mathrm{d}(\mathrm{e}^{\mathrm{j}\omega t})}{\mathrm{d}t} \right] \mathrm{d}\omega = \frac{1}{2\pi} \int_{-\infty}^{\infty} \mathrm{j}\omega X(\mathrm{j}\omega) \mathrm{e}^{\mathrm{j}\omega t} \mathrm{d}\omega$$

因此有

$$\frac{\mathrm{d}x(t)}{\mathrm{d}t} \xleftrightarrow{F} (\mathrm{j}\omega) \cdot X(\mathrm{j}\omega)$$

反复利用此特性，可得

$$\frac{\mathrm{d}^n x(t)}{\mathrm{d}t^n} \xleftrightarrow{F} (\mathrm{j}\omega)^n \cdot X(\mathrm{j}\omega)$$

【例 3-13】　试利用微分特性求如图 3-25(a) 所示的矩形脉冲信号 $x(t)$ 的频谱函数。

解：对 $x(t)$ 求导，得到 $x'(t)$

$$x'(t) = A\delta\left(t + \frac{\tau}{2}\right) - A\delta\left(t - \frac{\tau}{2}\right)$$

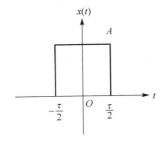
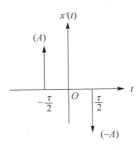

(a) 矩形脉冲信号 $x(t)$　　　　　　　　(b) 矩形脉冲信号的导数 $x'(t)$

图 3-25　矩形脉冲信号及其导数

对 $x'(t)$ 求傅里叶变换

$$\mathcal{F}[x'(t)] = A\mathrm{e}^{\mathrm{j}\omega\frac{\tau}{2}} - A\mathrm{e}^{-\mathrm{j}\omega\frac{\tau}{2}} = A \cdot 2\mathrm{j}\sin\left(\omega\frac{\tau}{2}\right)$$

应用时域微分特性 $\mathcal{F}[x'(t)] = (\mathrm{j}\omega)X(\mathrm{j}\omega)$，则有

$$X(\mathrm{j}\omega) = \frac{2A}{\omega}\sin\left(\omega\frac{\tau}{2}\right) = A\tau\mathrm{Sa}\left(\frac{\omega\tau}{2}\right)$$

（9）时域积分特性。

若 $x(t) \xleftrightarrow{F} X(\mathrm{j}\omega)$，则

$$\int_{-\infty}^{t} x(\tau)\mathrm{d}\tau \xleftrightarrow{F} \frac{1}{\mathrm{j}\omega}X(\mathrm{j}\omega) + \pi X(0)\delta(\omega) \tag{3-66}$$

若信号不存在直流分量，即 $X(0)=0$，则

$$\int_{-\infty}^{t} x(\tau)\mathrm{d}\tau \xleftrightarrow{F} \frac{1}{\mathrm{j}\omega}X(\mathrm{j}\omega)$$

证明：由于

$$x(t) * \varepsilon(t) = \int_{-\infty}^{\infty} x(\tau)\varepsilon(t-\tau)\mathrm{d}\tau = \int_{-\infty}^{t} x(\tau)\mathrm{d}\tau$$

因此应用时域卷积特性，有

$$\mathcal{F}\left[\int_{-\infty}^{t} x(\tau)\mathrm{d}\tau\right] = \mathcal{F}[x(t)*\varepsilon(t)] = \mathcal{F}[x(t)]\cdot\mathcal{F}[\varepsilon(t)] = X(\mathrm{j}\omega)\left[\frac{1}{\mathrm{j}\omega}+\pi\delta(\omega)\right]$$

$$= \frac{1}{\mathrm{j}\omega}X(\mathrm{j}\omega)+\pi X(0)\delta(\omega)$$

（10）频域微分特性。

若 $x(t)\xleftrightarrow{\ F\ }X(\mathrm{j}\omega)$，则

$$t\cdot x(t)\xleftrightarrow{\ F\ }\mathrm{j}\cdot\frac{\mathrm{d}X(\mathrm{j}\omega)}{\mathrm{d}\omega} \tag{3-69}$$

证明：

$$X(\mathrm{j}\omega) = \int_{-\infty}^{\infty} x(t)\mathrm{e}^{-\mathrm{j}\omega t}\mathrm{d}t$$

$$\frac{\mathrm{d}X(\mathrm{j}\omega)}{\mathrm{d}\omega} = \int_{-\infty}^{\infty} x(t)\left[\frac{\mathrm{d}}{\mathrm{d}\omega}\mathrm{e}^{-\mathrm{j}\omega t}\right]\mathrm{d}t = \int_{-\infty}^{\infty}[(-\mathrm{j}t)x(t)]\mathrm{e}^{-\mathrm{j}\omega t}\mathrm{d}t$$

将上式两边同时乘 j，得

$$\mathrm{j}\frac{\mathrm{d}X(\mathrm{j}\omega)}{\mathrm{d}\omega} = \int_{-\infty}^{\infty}[tx(t)]\cdot\mathrm{e}^{-\mathrm{j}\omega t}\mathrm{d}t = \mathcal{F}[tx(t)]$$

【例 3-14】 试求单位斜坡信号 $t\varepsilon(t)$ 的傅里叶变换。

解：已知单位阶跃信号的傅里叶变换为

$$\mathcal{F}[\varepsilon(t)] = \pi\delta(\omega)+\frac{1}{\mathrm{j}\omega}$$

利用频域微分特性可得 $t\varepsilon(t)$ 的傅里叶变换为

$$\mathcal{F}[t\varepsilon(t)] = \mathrm{j}\frac{\mathrm{d}}{\mathrm{d}\omega}\left[\pi\delta(\omega)+\frac{1}{\mathrm{j}\omega}\right] = \mathrm{j}\pi\delta'(\omega)-\frac{1}{\omega^2}$$

【例 3-15】 试求 $t\mathrm{e}^{-\alpha t}\varepsilon(t)$ （$\alpha>0$）的傅里叶变换。

解：已知 $\mathrm{e}^{-\alpha t}\varepsilon(t)$ （$\alpha>0$）的傅里叶变换为

$$\mathcal{F}[\mathrm{e}^{-\alpha t}\varepsilon(t)] = \frac{1}{\alpha+\mathrm{j}\omega}$$

利用频域微分特性可得

$$\mathcal{F}[t\mathrm{e}^{-\alpha t}\varepsilon(t)] = \mathrm{j}\frac{\mathrm{d}}{\mathrm{d}\omega}\frac{1}{\alpha+\mathrm{j}\omega} = \left(\frac{1}{\alpha+\mathrm{j}\omega}\right)^2$$

（11）共轭对称特性。

若 $x(t)\xleftrightarrow{\ F\ }X(\mathrm{j}\omega)$，则

$$x^*(t)\xleftrightarrow{\ F\ }X^*(-\mathrm{j}\omega) \tag{3-70}$$

$$x^*(-t)\xleftrightarrow{\ F\ }X^*(\mathrm{j}\omega) \tag{3-71}$$

当 $x(t)$ 为实信号时，有

$$|X(\mathrm{j}\omega)| = |X(-\mathrm{j}\omega)|, \quad \varphi(\omega) = -\varphi(-\omega) \tag{3-72}$$

证明：

$$\mathcal{F}[x^*(t)] = \int_{-\infty}^{\infty} x^*(t)\mathrm{e}^{-\mathrm{j}\omega t}\mathrm{d}t = \left[\int_{-\infty}^{\infty} x(t)\mathrm{e}^{\mathrm{j}\omega t}\mathrm{d}t\right]^* = X^*(-\mathrm{j}\omega)$$

$$\mathcal{F}[x^*(-t)] = \int_{-\infty}^{\infty} x^*(-t)\mathrm{e}^{-\mathrm{j}\omega t}\mathrm{d}t = -\int_{\infty}^{-\infty} x^*(t)\mathrm{e}^{\mathrm{j}\omega t}\mathrm{d}t$$

$$= \int_{-\infty}^{\infty} x^*(t)\mathrm{e}^{\mathrm{j}\omega t}\mathrm{d}t = \left[\int_{-\infty}^{\infty} x(t)\mathrm{e}^{-\mathrm{j}\omega t}\mathrm{d}t\right]^* = X^*(\mathrm{j}\omega)$$

一般情况下，信号的频谱 $X(\mathrm{j}\omega)$ 为复函数，可表示为

$$X(\mathrm{j}\omega) = |X(\mathrm{j}\omega)|\mathrm{e}^{\mathrm{j}\varphi(\omega)}$$

当 $x(t)$ 为实信号时，由式（3-70）可得

$$X(\mathrm{j}\omega) = X^*(-\mathrm{j}\omega)$$

因此可得

$$|X(\mathrm{j}\omega)|\mathrm{e}^{\mathrm{j}\varphi(\omega)} = |X(-\mathrm{j}\omega)|\mathrm{e}^{-\mathrm{j}\varphi(-\omega)}$$

即

$$|X(\mathrm{j}\omega)| = |X(-\mathrm{j}\omega)|, \quad \varphi(\omega) = -\varphi(-\omega)$$

因此，实信号 $x(t)$ 的振幅谱 $|X(\mathrm{j}\omega)|$ 为偶对称，相位谱 $\varphi(\omega)$ 为奇对称。

（12）帕塞瓦尔能量守恒定理。

若 $x(t) \xleftrightarrow{F} X(\mathrm{j}\omega)$，则

$$E = \int_{-\infty}^{\infty} |x(t)|^2 \mathrm{d}t = \frac{1}{2\pi}\int_{-\infty}^{\infty} |X(\mathrm{j}\omega)|^2 \mathrm{d}\omega \tag{3-73}$$

证明：

$$E = \int_{-\infty}^{\infty} x^2(t)\mathrm{d}t = \int_{-\infty}^{\infty} x(t)x^*(t)\mathrm{d}t = \int_{-\infty}^{\infty} x^*(t)\left[\frac{1}{2\pi}\int_{-\infty}^{\infty} X(\mathrm{j}\omega)\mathrm{e}^{\mathrm{j}\omega t}\mathrm{d}\omega\right]\mathrm{d}t$$

$$= \frac{1}{2\pi}\int_{-\infty}^{\infty} X(\mathrm{j}\omega)\left[\int_{-\infty}^{\infty} x(t)\mathrm{e}^{-\mathrm{j}\omega t}\mathrm{d}t\right]^* \mathrm{d}\omega = \frac{1}{2\pi}\int_{-\infty}^{\infty} X(\mathrm{j}\omega)X^*(\mathrm{j}\omega)\mathrm{d}\omega$$

$$= \frac{1}{2\pi}\int_{-\infty}^{\infty} |X(\mathrm{j}\omega)|^2 \mathrm{d}\omega$$

式（3-73）说明，非周期能量信号的能量不但可以由信号的时域 $x(t)$ 计算，也可以由信号的频域计算，这体现了非周期能量信号的能量在时域和频域保持守恒，称为帕塞瓦尔能量守恒定理。

3.3.4 周期信号的傅里叶变换

虽然周期信号不满足绝对可积条件，但借助冲激信号，周期信号的傅里叶变换是存在并

可以求得的。通过傅里叶变换，将周期信号与非周期信号的频域分析统一，有利于信号与系统的频域分析。

（1）虚指数信号 $e^{j\omega_0 t}(-\infty < t < \infty)$。

由

$$\int_{-\infty}^{\infty} 1 \cdot e^{-j\omega t} dt = 2\pi\delta(\omega)$$

可得

$$\mathcal{F}[e^{j\omega_0 t}] = \int_{-\infty}^{\infty} e^{-j(\omega-\omega_0)t} dt = 2\pi\delta(\omega-\omega_0) \tag{3-74}$$

图 3-26 所示为虚指数信号的频谱。由图 3-26 可知，虚指数信号的频谱只在 $\omega = \omega_0$ 处有冲激，当 ω 为其他值时，虚指数信号的频谱均为零。

（2）正弦信号与余弦信号。

利用欧拉公式，可得正弦信号、余弦信号的频谱为

$$\sin \omega_0 t = \frac{1}{2j}(e^{j\omega_0 t} - e^{-j\omega_0 t}) \xleftarrow{F} -j\pi[\delta(\omega-\omega_0) - \delta(\omega+\omega_0)] \tag{3-75}$$

$$\cos \omega_0 t = \frac{1}{2}(e^{j\omega_0 t} + e^{-j\omega_0 t}) \xleftarrow{F} \pi[\delta(\omega-\omega_0) + \delta(\omega+\omega_0)] \tag{3-76}$$

余弦信号及其频谱如图 3-27 所示。

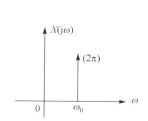

图 3-26 虚指数信号的频谱

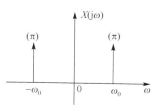

图 3-27 余弦信号及其频谱

（3）一般周期信号。

周期为 T 的周期信号 $x_T(t)$ 可用傅里叶级数表示为

$$x_T(t) = \sum_{k=-\infty}^{\infty} X_k e^{jk\omega_0 t}, \qquad \omega_0 = \frac{2\pi}{T} \tag{3-77}$$

两边同取傅里叶变换

$$\mathcal{F}[x_T(t)] = \mathcal{F}\left[\sum_{k=-\infty}^{\infty} X_k e^{jk\omega_0 t}\right] = \sum_{k=-\infty}^{\infty} X_k \cdot \mathcal{F}[e^{jk\omega_0 t}]$$

由式（3-74）可得

$$\mathcal{F}[x_T(t)] = 2\pi \sum_{k=-\infty}^{\infty} X_k \delta(\omega-k\omega_0) \tag{3-78}$$

式中，X_k 是 $x_T(t)$ 的傅里叶级数系数

$$X_k = \frac{1}{T} \int_{-\frac{T}{2}}^{\frac{T}{2}} x(t) \mathrm{e}^{-jk\omega_0 t} \mathrm{d}t \tag{3-79}$$

式（3-78）表明：周期信号 $x_T(t)$ 的傅里叶变换是由冲激函数组成的，这些冲激位于信号的谐频 $k\omega_0$（$k = 0, \pm 1, \pm 2, \cdots$）处，每个冲激信号的强度等于 $x_T(t)$ 的傅里叶级数系数 X_k 的 2π 倍。

显然，周期信号的频谱是离散的，这一点与 3.2 节的结论一致。然而，由于傅里叶变换是反映频谱密度的概念的，因此周期信号的傅里叶变换不同于傅里叶级数，它不是有限值，而是冲激函数，它表明在无穷小的频带范围内（谐频点）取得了无限大的频谱值。

（4）周期单位冲激序列。

用 $\delta_T(t)$ 表示周期单位冲激序列，周期为 T，即

$$\delta_T(t) = \sum_{n=-\infty}^{\infty} \delta(t - nT) \tag{3-80}$$

周期单位冲激序列的波形如图 3-28(a)所示。因为 $\delta_T(t)$ 是周期信号，先将其展开为指数形式的傅里叶级数

$$\delta_T(t) = \sum_{k=-\infty}^{\infty} X_k \mathrm{e}^{jk\omega_0 t}, \qquad \omega_0 = \frac{2\pi}{T}$$

$$X_k = \frac{1}{T} \int_{-\frac{T}{2}}^{\frac{T}{2}} \delta_T(t) \mathrm{e}^{-jk\omega_0 t} \mathrm{d}t = \frac{1}{T} \int_{-\frac{T}{2}}^{\frac{T}{2}} \delta(t) \mathrm{e}^{-jk\omega_0 t} \mathrm{d}t = \frac{1}{T} \tag{3-81}$$

因此

$$\delta_T(t) = \frac{1}{T} \sum_{k=-\infty}^{\infty} \mathrm{e}^{jk\omega_0 t} \tag{3-82}$$

可见，周期单位冲激序列的傅里叶级数只包含位于 $\omega = 0, \pm\omega_0, \pm 2\omega_0, \cdots, \pm k\omega_0, \cdots$ 的频率分量，每个频率分量的大小是相等的，均等于 $\frac{1}{T}$。

对式（3-82）两边进行傅里叶变换，并利用式（3-74）可得

$$X(\mathrm{j}\omega) = \frac{1}{T} \sum_{k=-\infty}^{\infty} 2\pi \delta(\omega - k\omega_0) = \omega_0 \sum_{k=-\infty}^{\infty} \delta(\omega - k\omega_0) \tag{3-83}$$

周期单位冲激序列的频谱如图 3-28(b)所示，也是一个周期冲激序列，其周期是 ω_0，冲激强度也是 ω_0。

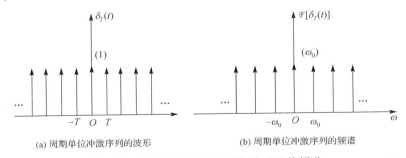

(a) 周期单位冲激序列的波形　　　　　　(b) 周期单位冲激序列的频谱

图 3-28　周期单位冲激序列的波形及其频谱

3.4　抽样定理

由于数字信号在传输和处理等方面具有诸多的优越性，在通信、控制和信号处理等领域得到了广泛的应用。但实际工程的信号通常是连续时间信号，为了用数字化方法进行分析和处理，首先需要对连续时间信号进行抽样，转换为离散时间信号。抽样后的离散时间信号能否包含原连续信号的全部信息，即通过离散时间信号能否恢复原来的连续时间信号，抽样定理给出了抽样后的信号包含原连续时间信号的全部信息的条件。

3.4.1　信号的时域抽样

信号的抽样原理可用图 3-29 表述。抽样器相当于一个定时开关，它每隔 T_s 闭合一次，每次闭合的时间为 τ，从而得到抽样信号 $x_s(t)$。

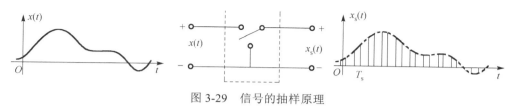

图 3-29　信号的抽样原理

由图 3-29 可知，抽样信号 $x_s(t)$ 是一个脉冲序列，其脉冲幅度为此时刻 $x(t)$ 的值。每隔 T_s 抽样一次的抽样方式称为均匀抽样，T_s 称为抽样周期，$f_s = \dfrac{1}{T_s}$ 称为抽样频率，$\omega_s = 2\pi f_s$ 称为抽样角频率。

从理论上分析，如图 3-29 所示的信号的抽样原理可表述为 $x(t)$ 与抽样脉冲序列 $P(t)$ 的乘积，即

$$x_s(t) = x(t)P(t) \tag{3-84}$$

抽样脉冲序列 $P(t)$ 如图 3-30 所示。

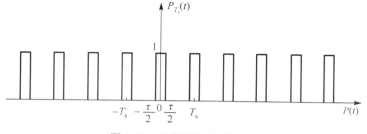

图 3-30　抽样脉冲序列 $P(t)$

如果抽样脉冲序列是周期单位冲激序列 $\delta_{T_s}(t)$，如图 3-31(a)所示，则抽样得到的抽样信号就是冲激函数序列，其各个冲激函数的冲激强度为该时刻 $x(t)$ 的瞬时值，如图 3-31(b)所示，这种抽样称为理想抽样。

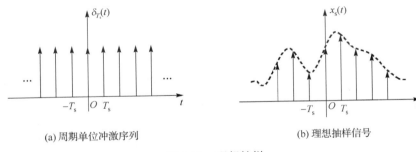

(a) 周期单位冲激序列　　　　(b) 理想抽样信号

图 3-31　理想抽样

为了分析抽样过程，将理想抽样后的离散时间抽样信号表示为

$$x_s(t) = x(t)\delta_{T_s}(t) = \sum_{n=-\infty}^{\infty} x(nT_s)\delta(t - nT_s) \tag{3-85}$$

已知周期单位冲激序列 $\delta_{T_s}(t)$ 的傅里叶变换为

$$\mathcal{F}\left[\delta_{T_s}(t)\right] = \omega_s \sum_{k=-\infty}^{\infty} \delta(\omega - k\omega_s) \tag{3-86}$$

由傅里叶变换的频域卷积特性可知，抽样信号 $x_s(t)$ 的频谱 $X_s(j\omega)$ 为

$$X_s(j\omega) = \mathcal{F}\left[x(t)\delta_{T_s}(t)\right] = \frac{1}{2\pi} X(j\omega) * \omega_s \sum_{k=-\infty}^{\infty} \delta(\omega - k\omega_s)$$

由冲激函数的卷积特性可得

$$X_s(j\omega) = \frac{1}{T_s} \sum_{k=-\infty}^{\infty} X[j(\omega - k\omega_s)] \tag{3-87}$$

式（3-87）表示了连续信号频谱和其理想抽样信号频谱之间的关系。由式（3-87）可知，理想抽样信号的频谱是周期性的，其周期为 ω_s。理想抽样信号的频谱是由原连续时间信号的频谱以 ω_s 为周期进行周期扩展得到的。

设信号 $x(t)$ 是带限的，即在 $|\omega| > \omega_m$ 时信号的频谱为零，如图 3-32(a)所示，称 ω_m 为信号最高角频率。为了叙述方便，记 $X_k(j\omega) = X[j(\omega - k\omega_s)]$ 为第 k 段频谱。随着抽样角频率 ω_s 降低，相邻 $X_k(j\omega)$ 之间的间隔将会减小，这就使得相邻 $X_k(j\omega)$ 的非零值部分有可能发生混叠，导致抽样信号的频谱失真，这意味着抽样信号 $x_s(t)$ 丢失了原信号 $x(t)$ 中的部分信息，这时不可能由抽样信号恢复原信号。图 3-32 给出了当抽样角频率 $\omega_s = 2.5\omega_m$、$\omega_s = 2\omega_m$ 和 $\omega_s = 1.5\omega_m$ 时抽样信号的频谱。从图 3-32 中可以看出，只要 $\omega_s \geqslant 2\omega_m$，$X_k(j\omega)$ 的非零值部分就不会重叠，抽样信号频谱在 $[-\omega_m, \omega_m]$ 范围内和原信号的频谱只差一个比例因子，这意味着抽样信号 $x_s(t)$ 包含原信号 $x(t)$ 中的全部信息，可以由抽样信号完全恢复原信号。

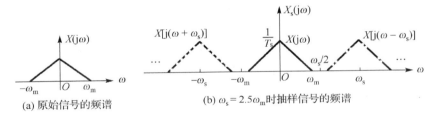

(a) 原始信号的频谱　　　　(b) $\omega_s = 2.5\omega_m$ 时抽样信号的频谱

图 3-32　抽样信号的频谱

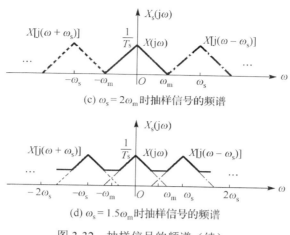

(c) $\omega_s = 2\omega_m$ 时抽样信号的频谱

(d) $\omega_s = 1.5\omega_m$ 时抽样信号的频谱

图 3-32 抽样信号的频谱（续）

3.4.2 时域抽样定理

若带限信号 $x(t)$ 的最高角频率为 ω_m，信号 $x(t)$ 等间隔的抽样值用 $x_s(t)$ 表示。为了从抽样信号 $x_s(t)$ 中恢复原信号 $x(t)$，需满足两个条件：

（1）$x(t)$ 是带限信号，即其频谱函数在 $|\omega| > \omega_m$ 时为零；

（2）抽样频率不能过低，即要求 $f_s \geqslant 2f_m$（或 $\omega_s \geqslant 2\omega_m$），或者说抽样间隔不能过大，即要求 $T_s \leqslant 1/(2f_m)$。其中，$f_s = 2f_m$ 是使抽样信号频谱不混叠可取的最小抽样频率，称为奈奎斯特频率，$T_s = 1/(2f_m)$ 是使抽样信号频谱不混叠可取的最大抽样间隔，称为奈奎斯特间隔。

从图 3-32 中可以看出，要从抽样信号 $x_s(t)$ 中恢复原信号 $x(t)$，可用一个理想低通滤波器对 $x_s(t)$ 进行滤波，如图 3-33 所示。理想低通滤波器的截止频率为 ω_c（$\omega_m < \omega_c \leqslant \omega_s/2$），理想低通滤波器的振幅响应在通带内为常数。

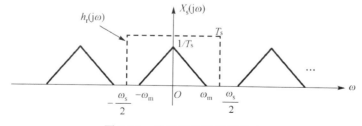

图 3-33 抽样信号的理想重建

在工程实际中，许多信号不满足带限信号的条件，如图3-34(a)所示。如果对这类信号直接进行抽样，将产生频谱混叠现象，造成混叠误差。因此，对非带限信号进行低通抗混叠滤波后，再对低通滤波后的信号进行抽样，从而可以减少混叠误差，如图3-34(b)所示。虽然连续时间信号经过低通滤波后，会损失一些高频分量，产生截断误差。但在多数场合下，截断误差远小于混叠误差。

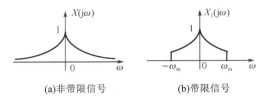

(a)非带限信号   (b)带限信号

图 3-34 连续时间信号抽样前的抗混叠滤波

【例 3-16】 已知实信号 $x(t)$ 的最高频率为 f_m （Hz），试计算对各信号 $x(2t)$、$x(t) * x(2t)$、$x(t) \cdot x(2t)$ 抽样不混叠的最小抽样频率。

解：设 $x(t)$ 的频谱为 $X(j\omega)$，由尺度变换特性可得 $x(2t)$ 的频谱为 $\dfrac{1}{2} X\left(j\dfrac{\omega}{2}\right)$，因此可知信号 $x(2t)$ 的最高频率为 $2f_m$ （Hz），由抽样定理可得：对信号 $x(2t)$ 抽样时，奈奎斯特频率为 $4f_m$ （Hz）。

由时域卷积特性可知，信号 $x(t) * x(2t)$ 的频谱为 $\dfrac{1}{2} X(j\omega) X\left(j\dfrac{\omega}{2}\right)$。因此可知信号 $x(t) * x(2t)$ 的最高频率为 f_m （Hz），由抽样定理可得：对信号 $x(t) * x(2t)$ 抽样时，奈奎斯特频率为 $2f_m$ （Hz）。

由频域卷积特性可知，信号 $x(t) \cdot x(2t)$ 的频谱为 $\dfrac{1}{2} \times \dfrac{1}{2\pi} \times X(j\omega) * X\left(j\dfrac{\omega}{2}\right)$。因此可知信号 $x(t) \cdot x(2t)$ 的最高频率为 $3f_m$ （Hz），由抽样定理可得：对信号 $x(t) \cdot x(2t)$ 抽样时，奈奎斯特频率为 $6f_m$ （Hz）。

3.5 连续时间 LTI 系统的频域分析

分析连续时间 LTI 系统的一个基本任务是求解系统对任意激励信号的响应，基本方法是将信号分解为基本信号的线性组合。连续时间 LTI 系统的频域分析将正弦信号作为基本信号，任意信号可以由不同频率的正弦信号表示，如果已知连续时间 LTI 系统对正弦信号的响应，利用连续时间 LTI 系统的线性与时不变性就可以得到任意信号的响应。通过从频域分析连续时间 LTI 系统的响应，引入系统频率响应的概念，从而给出连续时间 LTI 系统的频域描述。

3.5.1 连续时间 LTI 系统的频率响应

由系统的时域分析可知，若连续时间 LTI 系统的单位冲激响应为 $h(t)$，当外加激励信号 $x(t)$ 时，系统的零状态响应为

$$y_{zs}(t) = x(t) * h(t) = \int_{-\infty}^{\infty} x(\tau) h(t-\tau) \mathrm{d}\tau = \int_{-\infty}^{\infty} x(t-\tau) h(\tau) \mathrm{d}\tau \qquad (3-88)$$

这里假设单位冲激响应 $h(t)$ 是绝对可积的，即

$$\int_{-\infty}^{\infty} |h(t)| \mathrm{d}t < \infty \qquad (3-89)$$

本节所涉及的一些结论只有在满足式（3-89）时才成立。

当系统激励是角频率为 ω 的虚指数信号 $x(t)=\mathrm{e}^{\mathrm{j}\omega t}(-\infty<t<\infty)$ 时，系统的零状态响应为

$$y_{zs}(t)=\mathrm{e}^{\mathrm{j}\omega t}*h(t)=\int_{-\infty}^{\infty}\mathrm{e}^{\mathrm{j}\omega(t-\tau)}h(\tau)\mathrm{d}\tau=\mathrm{e}^{\mathrm{j}\omega t}\int_{-\infty}^{\infty}h(\tau)\mathrm{e}^{-\mathrm{j}\omega\tau}\mathrm{d}\tau \tag{3-90}$$

定义

$$H(\mathrm{j}\omega)=\int_{-\infty}^{\infty}h(\tau)\mathrm{e}^{-\mathrm{j}\omega\tau}\mathrm{d}\tau \tag{3-91}$$

$H(\mathrm{j}\omega)$ 为系统的频率响应。由式（3-91）可知，系统的频率响应 $H(\mathrm{j}\omega)$ 等于系统单位冲激响应 $h(t)$ 的傅里叶变换。

根据系统的频率响应 $H(\mathrm{j}\omega)$，式（3-90）可写为

$$y_{zs}(t)=\mathrm{e}^{\mathrm{j}\omega t}H(\mathrm{j}\omega) \tag{3-92}$$

式（3-92）说明，当虚指数信号 $\mathrm{e}^{\mathrm{j}\omega t}(-\infty<t<\infty)$ 作用于线性时不变系统时，系统的零状态响应仍为同频率的虚指数信号，虚指数信号的振幅和相位由系统的频率响应 $H(\mathrm{j}\omega)$ 确定，所以 $H(\mathrm{j}\omega)$ 反映了连续时间 LTI 系统对不同频率信号的响应特性。

在一般情况下，系统的频率响应 $H(\mathrm{j}\omega)$ 是复函数，可用振幅和相位表示：

$$H(\mathrm{j}\omega)=\left|H(\mathrm{j}\omega)\right|\mathrm{e}^{\mathrm{j}\varphi(\omega)} \tag{3-93}$$

称 $\left|H(\mathrm{j}\omega)\right|$ 为系统的振幅响应，$\varphi(\omega)$ 为系统的相位响应。系统的频率响应 $H(\mathrm{j}\omega)$ 反映系统自身的特性，由系统结构及参数决定，与系统的外加激励及系统的初始状态无关。

若信号 $x(t)$ 的傅里叶变换存在，则 $x(t)$ 可由虚指数信号 $\mathrm{e}^{\mathrm{j}\omega t}(-\infty<t<\infty)$ 的线性组合表示，即

$$x(t)=\frac{1}{2\pi}\int_{-\infty}^{\infty}X(\mathrm{j}\omega)\mathrm{e}^{\mathrm{j}\omega t}\mathrm{d}\omega \tag{3-94}$$

由系统的线性时不变特性，可推出信号 $x(t)$ 作用于系统的零状态响应 $y_{zs}(t)$ 为

$$\begin{aligned}y_{zs}(t)&=T\left[x(t)\right]=T\left[\frac{1}{2\pi}\int_{-\infty}^{\infty}X(\mathrm{j}\omega)\mathrm{e}^{\mathrm{j}\omega t}\mathrm{d}\omega\right]\\&=\frac{1}{2\pi}\int_{-\infty}^{\infty}X(\mathrm{j}\omega)T[\mathrm{e}^{\mathrm{j}\omega t}]\mathrm{d}\omega=\frac{1}{2\pi}\int_{-\infty}^{\infty}X(\mathrm{j}\omega)H(\mathrm{j}\omega)\mathrm{e}^{\mathrm{j}\omega t}\mathrm{d}\omega\end{aligned} \tag{3-95}$$

若 $Y_{zs}(\mathrm{j}\omega)$ 表示系统响应 $y_{zs}(t)$ 的频谱函数，根据傅里叶反变换的定义，则有

$$Y_{zs}(\mathrm{j}\omega)=X(\mathrm{j}\omega)H(\mathrm{j}\omega) \tag{3-96}$$

即信号 $x(t)$ 作用于系统的零状态响应的频谱等于激励信号的频谱乘系统的频率响应。因此系统的频率响应 $H(\mathrm{j}\omega)$ 也可以表示为

$$H(\mathrm{j}\omega)=\frac{Y_{zs}(\mathrm{j}\omega)}{X(\mathrm{j}\omega)} \tag{3-97}$$

尽管 $H(\mathrm{j}\omega)$ 可以通过系统输入/输出的频谱函数来计算，但是与系统的输入/输出无关，而只与系统本身的特性有关。

【例 3-17】 已知某连续时间 LTI 系统的单位冲激响应 $h(t)$ 为

$$h(t)=(\mathrm{e}^{-2t}-\mathrm{e}^{-3t})\varepsilon(t)$$

求该系统的频率响应 $H(j\omega)$。

　　解： 对 $h(t)$ 取傅里叶变换可得

$$H(j\omega) = \mathcal{F}[h(t)] = \frac{1}{j\omega+2} - \frac{1}{j\omega+3} = \frac{1}{(j\omega)^2 + 5(j\omega) + 6}$$

　　对于连续时间 LTI 系统，无论系统是否稳定，都存在单位冲激响应 $h(t)$。对于稳定的连续时间 LTI 系统，一定存在频率响应 $H(j\omega)$，并可以由 $h(t)$ 经过傅里叶变换计算得到 $H(j\omega)$。但是对于不稳定的连续时间 LTI 系统，一般不存在频率响应。

3.5.2　连续时间 LTI 系统响应的频域分析

　　连续时间 LTI 系统的数学模型可以用 n 阶常系数线性微分方程来描述：

$$a_n y^{(n)}(t) + a_{n-1} y^{(n-1)}(t) + \cdots + a_1 y'(t) + a_0 y(t) = b_m x^{(m)}(t) + b_{m-1} x^{(m-1)}(t) + \cdots + b_1 x'(t) + b_0 x(t) \quad （3\text{-}98）$$

式中，$x(t)$ 为系统的输入激励，$y(t)$ 为系统的输出响应。

　　对方程两边进行傅里叶变换，并利用傅里叶变换的时域微分特性，可得

$$\begin{aligned}
& [a_n(j\omega)^n + a_{n-1}(j\omega)^{n-1} + \cdots + a_1(j\omega) + a_0] \cdot Y_{zs}(j\omega) \\
& = [b_m(j\omega)^m + b_{m-1}(j\omega)^{m-1} + \cdots + b_1(j\omega) + b_0] \cdot X(j\omega)
\end{aligned} \quad （3\text{-}99）$$

　　系统的频率响应为

$$H(j\omega) = \frac{Y_{zs}(j\omega)}{X(j\omega)} = \frac{b_m(j\omega)^m + b_{m-1}(j\omega)^{m-1} + \cdots + b_1(j\omega) + b_0}{a_n(j\omega)^n + a_{n-1}(j\omega)^{n-1} + \cdots + a_1(j\omega) + a_0} \quad （3\text{-}100）$$

　　系统的零状态响应的傅里叶变换为

$$Y_{zs}(j\omega) = X(j\omega)H(j\omega) = \frac{b_m(j\omega)^m + b_{m-1}(j\omega)^{m-1} + \cdots + b_1(j\omega) + b_0}{a_n(j\omega)^n + a_{n-1}(j\omega)^{n-1} + \cdots + a_1(j\omega) + a_0} X(j\omega) \quad （3\text{-}101）$$

　　对 $Y_{zs}(j\omega)$ 求傅里叶反变换可得系统的零状态响应 $y_{zs}(t)$。

　　可见傅里叶变换可以将时域描述的连续时间线性时不变系统的微分方程变换为频域描述的代数方程，这将简化对系统的分析和求解过程。

　　【例 3-18】 已知某连续时间 LTI 系统的微分方程为

$$y''(t) + 5y'(t) + 6y(t) = 3x'(t) + 4x(t)$$

系统的激励为 $x(t) = e^{-t}\varepsilon(t)$，求系统的零状态响应 $y_{zs}(t)$。

　　解： 由系统的微分方程可得系统的频率响应为

$$H(j\omega) = \frac{3(j\omega) + 4}{(j\omega)^2 + 5(j\omega) + 6}$$

对激励信号 $x(t)$ 求傅里叶变换

$$X(j\omega) = \frac{1}{j\omega+1}$$

因此系统的零状态响应 $y_{zs}(t)$ 的频谱函数 $Y_{zs}(j\omega)$ 为

$$Y_{zs}(j\omega) = H(j\omega)X(j\omega) = \frac{3(j\omega)+4}{(j\omega)^2+5(j\omega)+6}\frac{1}{j\omega+1}$$

对 $Y_{zs}(j\omega)$ 用部分分式展开：

$$Y_{zs}(j\omega) = \frac{1/2}{j\omega+1} + \frac{2}{j\omega+2} + \frac{-5/2}{j\omega+3}$$

系统的零状态响应 $y_{zs}(t)$ 为

$$y_{zs}(t) = \left[\frac{1}{2}e^{-t} + 2e^{-2t} - \frac{5}{2}e^{-3t}\right]\varepsilon(t)$$

【例 3-19】 在如图 3-35 所示的一阶 RC 电路中，激励电压源为 $x(t)$，输出电压 $y(t)$ 为电容两端的电压 $V_C(t)$，电路的初始状态为零。求系统的频率响应 $H(j\omega)$ 和单位冲激响应 $h(t)$。

解： 由基尔霍夫电压定律可得

$$Ri_C(t) + y(t) = x(t)$$

由于 $i_C(t) = C\dfrac{dV_C(t)}{dt} = C\dfrac{dy(t)}{dt}$，代入上式可得

$$RC\frac{dy(t)}{dt} + y(t) = x(t)$$

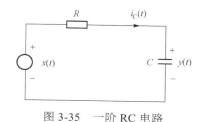

图 3-35　一阶 RC 电路

对方程两边进行傅里叶变换

$$RCj\omega Y_{zs}(j\omega) + Y_{zs}(j\omega) = X(j\omega)$$

可得系统的频率响应

$$H(j\omega) = \frac{Y_{zs}(j\omega)}{X(j\omega)} = \frac{1}{j\omega(RC)+1} = \frac{1/RC}{j\omega+1/RC}$$

由傅里叶反变换可得，系统的单位冲激响应 $h(t)$ 为

$$h(t) = \frac{1}{RC}e^{-(1/RC)t}\varepsilon(t)$$

图 3-36 所示为图 3-35 中的 RC 电路系统的振幅响应曲线。从图 3-36 中可以看出，由于 $|H(j\omega)|\big|_{\omega=0} = 1$，所以直流分量可以无衰减地通过该系统。随着频率增大，系统的振幅响应不断减少，说明信号的频率越高，信号通过该系统的衰减就越大，所以该系统也称为低通滤波器。由于 $|H(j\omega)|\big|_{\omega=\frac{1}{RC}} = 0.707 = -3\text{dB}$，所以把 $\omega = 1/RC$ 称为该系统的 3dB 截止频率。

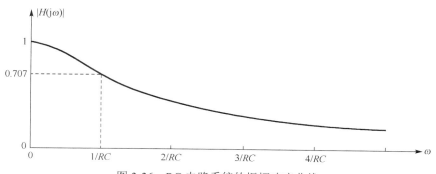

图 3-36　RC 电路系统的振幅响应曲线

【例 3-20】 三阶归一化的 Butterworth 低通滤波器的系统函数为

$$H(\mathrm{j}\omega) = \frac{1}{(\mathrm{j}\omega)^3 + 2(\mathrm{j}\omega)^2 + 2(\mathrm{j}\omega) + 1}$$

试画出系统的振幅响应 $|H(\mathrm{j}\omega)|$ 和相位响应 $\varphi(\omega)$ 。

当连续时间 LTI 系统的频率响应 $H(\mathrm{j}\omega)$ 为 $\mathrm{j}\omega$ 的有理多项式时：

$$H(\mathrm{j}\omega) = \frac{Y_{zs}(\mathrm{j}\omega)}{X(\mathrm{j}\omega)} = \frac{b_m(\mathrm{j}\omega)^m + b_{m-1}(\mathrm{j}\omega)^{m-1} + \cdots + b_1(\mathrm{j}\omega) + b_0}{a_n(\mathrm{j}\omega)^n + a_{n-1}(\mathrm{j}\omega)^{n-1} + \cdots + a_1(\mathrm{j}\omega) + a_0}$$

MATLAB 信号处理工具箱提供的 freqs 函数可以直接计算系统的频率响应。freqs 函数的调用形式为 H=freqs(b,a,ω)，其中，b 是分子多项式系数向量，a 是分母多项式系数向量，ω 是需计算的 H(jω) 的抽样点（数组 ω 最少需包含两个 ω 的抽样点）。三阶归一化的 Butterworth 低通滤波器的振幅响应和相位响应如图 3-37 所示。MATLAB 代码见本书配套教学资料中的 cp3liti20.m。

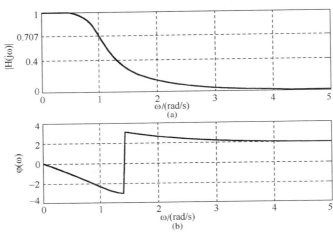

图 3-37　三阶归一化的 Butterworth 低通滤波器的振幅响应和相位响应

3.5.3　正弦信号通过连续时间 LTI 系统的响应

设连续时间 LTI 系统的激励信号为

$$x(t) = \cos(\omega_0 t + \theta), \quad -\infty < t < \infty$$

由欧拉公式可得

$$x(t) = \frac{1}{2}[\mathrm{e}^{\mathrm{j}(\omega_0 t + \theta)} + \mathrm{e}^{-\mathrm{j}(\omega_0 t + \theta)}] \tag{3-102}$$

由式（3-92）及系统的线性特性可得，系统的响应为

$$y(t) = \frac{1}{2}[H(\mathrm{j}\omega_0)\mathrm{e}^{\mathrm{j}(\omega_0 t + \theta)} + H(-\mathrm{j}\omega_0)\mathrm{e}^{-\mathrm{j}(\omega_0 t + \theta)}]$$

$$= \frac{1}{2}[|H(\mathrm{j}\omega_0)|\mathrm{e}^{\mathrm{j}\varphi(\omega_0)}\mathrm{e}^{\mathrm{j}(\omega_0 t + \theta)} + |H(-\mathrm{j}\omega_0)|\mathrm{e}^{\mathrm{j}\varphi(-\omega_0)}\mathrm{e}^{-\mathrm{j}(\omega_0 t + \theta)}] \tag{3-103}$$

当 $h(t)$ 为实数时，$|H(\mathrm{j}\omega_0)| = |H(-\mathrm{j}\omega_0)|$，$\varphi(\omega_0) = -\varphi(-\omega_0)$，代入式（3-103）可得

$$y(t) = \frac{1}{2}|H(\mathrm{j}\omega_0)|[\mathrm{e}^{\mathrm{j}\varphi(\omega_0)}\mathrm{e}^{\mathrm{j}(\omega_0 t + \theta)} + \mathrm{e}^{-\mathrm{j}\varphi(\omega_0)}\mathrm{e}^{-\mathrm{j}(\omega_0 t + \theta)}]$$

$$= |H(\mathrm{j}\omega_0)|\cos[\omega_0 t + \theta + \varphi(\omega_0)]$$

（3-104）

同理可得，当激励信号为

$$x(t) = \sin(\omega_0 t + \theta), \quad -\infty < t < \infty$$

时，系统的响应为

$$y(t) = |H(\mathrm{j}\omega_0)|\sin(\omega_0 t + \theta + \varphi(\omega_0))$$

（3-105）

由式（3-104）和式（3-105）可知，当连续时间 LTI 系统的激励是正弦信号或余弦信号时，系统响应 $y(t)$ 仍为同频率的正弦信号或余弦信号，$y(t)$ 的振幅由系统的振幅响应 $|H(\mathrm{j}\omega_0)|$ 确定，$y(t)$ 的相位相对于输入信号偏移了 $\varphi(\omega_0)$。

【例 3-21】 计算信号 $x(t) = \cos(100t) + \cos(3000t)$ （$-\infty < t < -\infty$）通过图 3-35 所示的系统后的响应 $y(t)$，设 $RC = 0.001$。

解： 图 3-35 中的系统的频率响应为

$$H(\mathrm{j}\omega) = \frac{1/RC}{\mathrm{j}\omega + 1/RC}$$

系统的输出响应为

$$y(t) = |H(\mathrm{j}100)|\cos[100t + \varphi(100)] + |H(\mathrm{j}3000)|\cos[3000t + \varphi(3000)]$$

$$|H(\mathrm{j}100)| = 0.995, \quad \varphi(100) = -5.7°$$

$$|H(\mathrm{j}3000)| = 0.316, \quad \varphi(3000) = -71.56°$$

所以

$$y(t) = 0.995\cos(100t - 5.7°) + 0.316\cos(3000t - 71.56°)$$

RC 电路的输入和输出信号如图 3-38 所示。从图 3-38 中可以看出，频率为 100rad/s 的低频信号输入和输出的振幅几乎相同，而频率为 3000rad/s 的高频信号衰减很多。

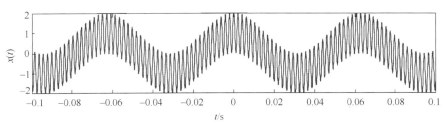

图 3-38　RC 电路的输入和输出信号

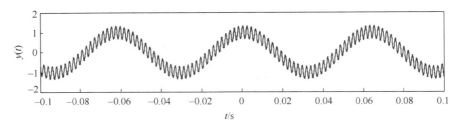

图 3-38　RC 电路的输入和输出信号（续）

3.5.4　无失真传输系统

无失真传输是指输出信号与输入信号相比，输出信号只在信号的振幅和出现时间上与输入信号有差别，而波形的形状不变。若输入信号为 $x(t)$，则无失真传输系统的输出信号 $y(t)$ 为

$$y(t) = K \cdot x(t - t_\mathrm{d}) \tag{3-106}$$

式中，K 和 t_d 是常数。对式（3-106）进行傅里叶变换，并根据傅里叶变换的时移特性，可得

$$Y(\mathrm{j}\omega) = KX(\mathrm{j}\omega)\mathrm{e}^{-\mathrm{j}\omega t_\mathrm{d}}$$

因此无失真传输系统的频率响应为

$$H(\mathrm{j}\omega) = \frac{Y(\mathrm{j}\omega)}{X(\mathrm{j}\omega)} = K\mathrm{e}^{-\mathrm{j}\omega t_\mathrm{d}} \tag{3-107}$$

其振幅响应和相位响应分别为

$$|H(\mathrm{j}\omega)| = |K|, \quad \varphi(\omega) = -\omega t_\mathrm{d} \tag{3-108}$$

对式（3-107）进行傅里叶反变换，可得无失真传输系统的单位冲激响应：

$$h(t) = K\delta(t - t_\mathrm{d}) \tag{3-109}$$

无失真传输系统的单位冲激响应也应该是时间延迟 t_d 的冲激信号。

因此无失真传输系统应满足两个条件：

（1）系统的振幅响应 $|H(\mathrm{j}\omega)|$ 在整个频率范围内应为常数 $|K|$，即系统的带宽为无穷大；

（2）系统的相位响应 $\varphi(\omega)$ 在整个频率范围内应与 ω 成正比，如图 3-39 所示。

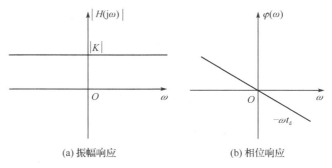

(a) 振幅响应　　　　　　　(b) 相位响应

图 3-39　无失真传输系统的振幅响应和相位响应

然而实际物理系统的振幅响应 $|H(\mathrm{j}\omega)|$ 一般不可能在整个频率范围内为常数，系统的相

位响应 $\varphi(\omega)$ 也不一定是 ω 的线性函数。如果系统的振幅响应 $|H(j\omega)|$ 不为常数,那么信号通过时就会产生失真,称为振幅失真;如果系统的相位响应 $\varphi(\omega)$ 不是 ω 的线性函数,信号通过时也会产生失真,称为相位失真。

无失真传输系统只是理论上的定义,在实际中是很难实现的。在实际应用中,如果系统在信号带宽范围内具有较平坦的振幅响应和基本为线性的相位响应,则可将系统近似视为无失真传输系统。

【例 3-22】 已知一线性时不变系统的频率响应为

$$H(j\omega) = \frac{1 - j\omega}{1 + j\omega}$$

(1)求系统的振幅响应 $|H(j\omega)|$ 和相位响应 $\varphi(\omega)$,并判断系统是否为无失真传输系统;

(2)当输入为 $x(t) = \sin t + \sin 3t + \sin 5t$ $(-\infty < t < \infty)$ 时,求系统的稳态响应。

解:(1)系统的振幅响应和相位响应分别为

$$|H(j\omega)| = 1, \qquad \varphi(\omega) = -2\arctan(\omega)$$

系统的振幅响应 $|H(j\omega)|$ 为常数,但相位响应 $\varphi(\omega)$ 不是 ω 的线性函数,所以该系统不是无失真传输系统。

(2)由式(3-105)可得

$$\begin{aligned} y(t) &= |H(j1)|\sin(t + \varphi(1)) + |H(j3)|\sin(3t + \varphi(3)) + |H(j5)|\sin(5t + \varphi(5)) \\ &= \sin(t - 90°) + \sin(3t - 143.13°) + \sin(5t - 157.38°) \end{aligned}$$

在图 3-40 中,实线表示输入信号 $x(t)$,虚线表示输出信号 $y(t)$。由图 3-40 可知,输出信号相对于输入信号产生了失真。输出信号的失真是由系统的非线性相位引起的。

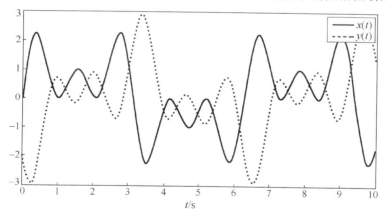

图 3-40 输入信号和输出信号

3.5.5 理想低通滤波器

可以将任何一个系统视为一个滤波器。滤波器可以使信号中的一部分频率分量通过,而阻止另一部分频率分量通过。在实际应用中,按照允许通过的频率的不同,滤波器可分为低通、高通、带通和带阻等。这里只讨论理想低通滤波器。

理想低通滤波器将低于某一频率 ω_c 的信号无失真传输，将高于频率 ω_c 的信号完全衰减，ω_c 称为理想低通滤波器的截止角频率，如图 3-41 所示。振幅响应 $|H(j\omega)|$ 在通带 $0 \sim \omega_c$ 内恒为 1，在通带 $0 \sim \omega_c$ 之外为 0；相位响应 $\varphi(\omega)$ 在通带 $0 \sim \omega_c$ 内与 ω 成线性关系。

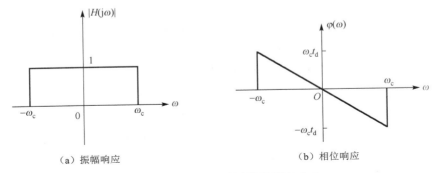

（a）振幅响应　　　　　　　　　　　　（b）相位响应

图 3-41　理想低通滤波器的频率响应

理想低通滤波器的频率响应可表示为

$$H(j\omega) = \begin{cases} e^{-j\omega t_d}, & |\omega| \leqslant \omega_c \\ 0, & |\omega| > \omega_c \end{cases} \tag{3-110}$$

理想低通滤波器的振幅响应 $|H(j\omega)|$ 和相位响应 $\varphi(\omega)$ 为

$$|H(j\omega)| = \begin{cases} 1, & |\omega| \leqslant \omega_c \\ 0, & |\omega| > \omega_c \end{cases}, \quad \varphi(\omega) = \begin{cases} -t_d\omega, & |\omega| \leqslant \omega_c \\ 0, & |\omega| > \omega_c \end{cases} \tag{3-111}$$

理想低通滤波器的单位冲激响应 $h(t)$ 是输入信号为单位冲激信号 $\delta(t)$ 时的零状态响应。已知理想低通滤波器的频率响应为 $H(j\omega)$，对其求傅里叶反变换可得其单位冲激响应 $h(t)$ 为

$$\begin{aligned} h(t) &= \frac{1}{2\pi} \int_{-\infty}^{\infty} H(j\omega) e^{j\omega t} d\omega = \frac{1}{2\pi} \int_{-\omega_c}^{\omega_c} e^{-j\omega t_d} e^{j\omega t} d\omega \\ &= \frac{1}{2\pi} \frac{e^{j\omega(t-t_d)}}{j(t-t_d)} \bigg|_{-\omega_c}^{\omega_c} = \frac{\omega_c}{\pi} \frac{\sin[\omega_c(t-t_d)]}{\omega_c(t-t_d)} = \frac{\omega_c}{\pi} \mathrm{Sa}[\omega_c(t-t_d)] \end{aligned} \tag{3-112}$$

理想低通滤波器的单位冲激响应的波形如图 3-42 所示。由图 3-42 可见，单位冲激响应的波形是一个抽样函数，与其输入相比，产生了很大失真。这是因为理想低通滤波器是一个带限系统，而输入信号 $\delta(t)$ 的频谱函数为常数 1，其频带宽度为无穷大。理想低通滤波器的截止频率 ω_c 越大，单位冲激响应的主瓣宽度 $\dfrac{2\pi}{\omega_c}$ 越小，失真越小。当 $\omega_c \to \infty$ 时，理想低通滤波器变为无失真传输系统，$h(t)$ 也变为冲激函数。此外，单位冲激响应 $h(t)$ 的主峰出现在时刻 $t = t_d$，比输入信号 $\delta(t)$ 的作用时刻延迟了一段时间 t_d，t_d 是理想低通滤波器相位特性的斜率。$h(t)$ 在 $t < 0$ 的区间内也存在输出，表明是一个非因果系统，因此理想低通滤波器是物理上不可实现的系统。尽管理想低通滤波器无法在实际电路中实现，但是有关理想低通滤波器的研究仍然对实际滤波器的分析和设计具有重要的理论指导作用。

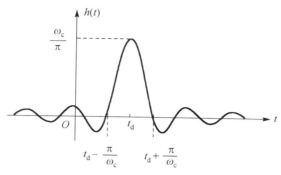

图 3-42   理想低通滤波器的单位冲激响应的波形

【例 3-23】   已知理想低通滤波器的频率响应为

$$H(\mathrm{j}\omega) = \begin{cases} \mathrm{e}^{-\mathrm{j}2\omega}, & |\omega| \leqslant 2\pi \\ 0, & |\omega| > 2\pi \end{cases}$$

（1）求该滤波器的单位冲激响应 $h(t)$ ；

（2）输入信号 $x_1(t) = \mathrm{Sa}(\pi t)$ ，$-\infty < t < \infty$ ，求滤波器的输出 $y_1(t)$ ；

（3）输入信号 $x_2(t) = \mathrm{Sa}(3\pi t)$ ，$-\infty < t < \infty$ ，求滤波器的输出 $y_2(t)$ 。

解：（1）已知该滤波器的截止频率 $\omega_\mathrm{c} = 2\pi$ ，$t_\mathrm{d} = 2$ ，由式（3-112）可得

$$h(t) = 2\mathrm{Sa}[2\pi(t-2)]$$

$h(t)$ 的波形如图 3-43 所示。

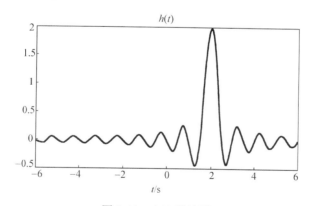

图 3-43 $h(t)$ 的波形

（2）信号 $x_1(t) = \mathrm{Sa}(\pi t)$ 的傅里叶变换为

$$X_1(\mathrm{j}\omega) = p_{2\pi}(\omega)$$

式中，$p_{2\pi}(\omega)$ 表示振幅为 1、宽度为 2π 的矩形脉冲。$x_1(t)$ 的波形和频谱如图 3-44 所示。

输出信号 $y_1(t)$ 的傅里叶变换为

$$Y_1(\mathrm{j}\omega) = H(\mathrm{j}\omega)X_1(\mathrm{j}\omega) = p_{2\pi}(\omega)\mathrm{e}^{-\mathrm{j}2\omega}$$

所以

$$y_1(t) = \mathrm{Sa}[\pi(t-2)]$$

$y_1(t)$ 的波形如图 3-45 所示。

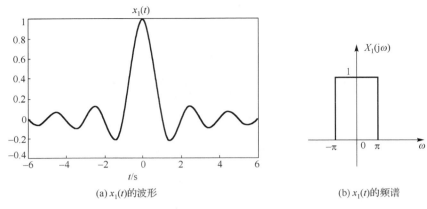

(a) $x_1(t)$ 的波形   (b) $x_1(t)$ 的频谱

图 3-44 $x_1(t)$ 的波形和频谱

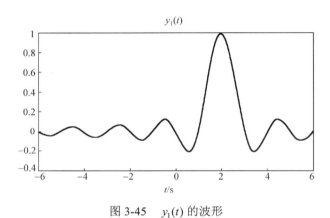

图 3-45 $y_1(t)$ 的波形

（3）信号 $x_2(t) = \mathrm{Sa}(3\pi t)$ 的傅里叶变换为

$$X_2(\mathrm{j}\omega) = \frac{1}{3} p_{6\pi}(\omega)$$

$x_2(t)$ 的波形和频谱如图 3-46 所示。

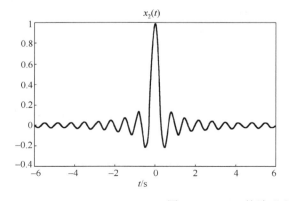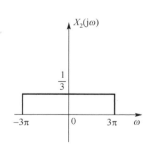

图 3-46 $x_2(t)$ 的波形和频谱

输出信号 $y_2(t)$ 的傅里叶变换为

$$Y_2(\mathrm{j}\omega) = H(\mathrm{j}\omega)X_2(\mathrm{j}\omega) = \frac{1}{3}p_{4\pi}(\omega)\mathrm{e}^{-\mathrm{j}2\omega}$$

所以

$$y_2(t) = \frac{2}{3}\mathrm{Sa}[2\pi(t-2)]$$

$y_2(t)$ 的波形如图 3-47 所示。

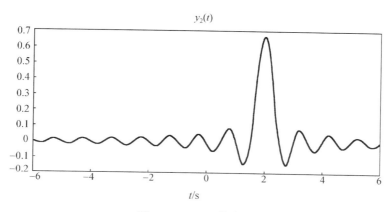

图 3-47　$y_2(t)$ 的波形

3.6　小结

1822 年，法国数学家傅里叶（J.Fourier，1768—1830）在研究热传导理论时发表了"热的分析理论"，提出并证明了将周期函数展开为三角函数级数的原理，奠定了傅里叶级数的理论基础。在电力工程中，伴随着交流电的产生与传输等实际问题的需要，三角函数、指数函数和傅里叶分析等数学工具得到了广泛的应用。20 世纪以后，对谐振电路、滤波器、正弦振荡器等具体问题的研究为三角函数与傅里叶分析的进一步应用开辟了广阔的前景。傅里叶分析并不是信息科学与技术领域唯一的变换域方法，但它始终有着极其广泛的应用，是研究其他变换方法的基础。本章通过傅里叶级数和傅里叶变换建立了信号频谱的概念，并利用信号的频域分析理论阐述了信号的时域抽样定理。

系统的时域分析难以有效地分析信号的传输、信号的去噪等问题，如在电力系统中，为保障电能质量，需要分析电网电压或电流的谐波分量，以便采用合适的手段滤除，因此需要从频域分析系统特性。本章通过从频域分析连续时间 LTI 系统的响应，引入系统频率响应的概念，从而给出连续时间 LTI 系统的频域描述。利用 $H(\mathrm{j}\omega)$ 建立信号通过系统传输的重要概念，从而可以分析无失真传输条件、理想低通滤波器等。

习 题 3

3.1 求题图 3.1 所示的周期信号的频谱，并画出频谱图。

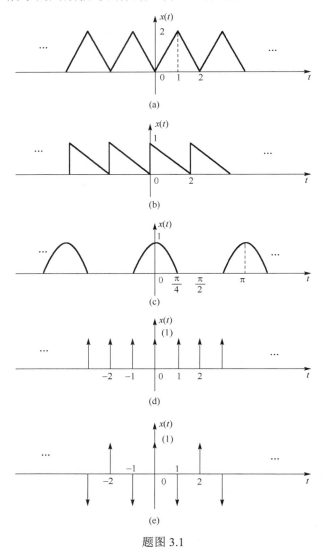

题图 3.1

3.2 求下列信号的指数形式的傅里叶级数系数。

（1） $x(t) = \sin(2\omega_0 t) + \cos(4\omega_0 t)$　　　　　　（2） $x(t) = \sin^2(\omega_0 t)$

（3） $x(t) = \cos\left(2t + \dfrac{\pi}{3}\right)$　　　　　　　　（4） $x(t) = \sin 2t + \cos 4t + \sin 6t$

3.3 已知连续周期信号的频谱 X_k 如题图 3.3 所示，$\omega_0 = 2$。试写出其对应的实数形式的连续周期信号 $x(t)$。

3.4 已知连续周期信号 $x(t)$ 为 $x(t) = 2\cos(2\pi t - 4) + \sin(4\pi t)$，试求 $x(t)$ 的频谱和功率谱。

3.5 求题图 3.5 所示的半波余弦脉冲的傅里叶变换，并画出频谱图。

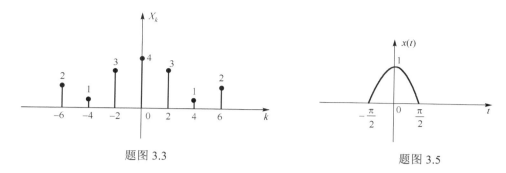

题图 3.3　　　　　　　　　　　题图 3.5

3.6　求题图 3.6 所示的非周期信号的傅里叶变换。

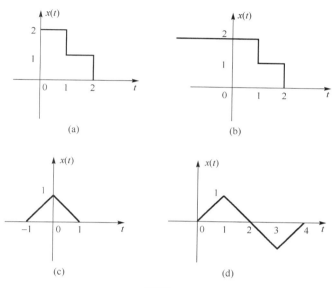

题图 3.6

3.7　已知信号的频谱如题图 3.7 所示，求信号 $x(t)$ 。

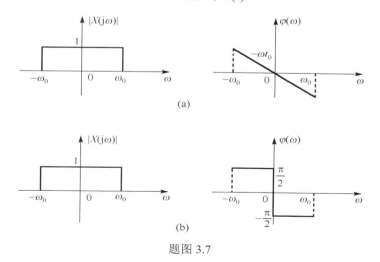

题图 3.7

3.8　求下列信号的傅里叶变换。

（1） $x(t) = e^{-2|t|} \cos(10t)\varepsilon(t)$ （2） $x(t) = \sin^2(\pi t)\varepsilon(t)$

（3） $x(t) = \dfrac{d}{dt}\left[te^{-2t} \sin t\varepsilon(t) \right]$ （4） $x(t) = \displaystyle\int_{-\infty}^{t} \dfrac{\sin(\pi u)}{\pi u} du$

（5） $x(t) = \dfrac{\sin \pi t}{t}$ （6） $x(t) = \dfrac{2a}{a^2 + t^2}$, a 为正实数

（7） $x(t) = \dfrac{1}{a + jt}$ （8） $x(t) = \dfrac{\sin 2\pi t}{t} \cdot \dfrac{\sin \pi t}{2t}$

3.9 已知 $x(t) \xleftrightarrow{F} X(j\omega)$，利用傅里叶变换的性质计算下列信号的频谱。

（1） $(t-5)x(t)$ （2） $e^{j2t} x(5t)$

（3） $x(t)\delta(t-2)$ （4） $t\dfrac{d}{dt}x(t)$

（5） $x(2-2t)$ （6） $(1-t)x(1-t)$

3.10 求下列信号频谱函数所对应的信号 $x(t)$。

（1） $X(j\omega) = \dfrac{2}{j\omega + 3} + \dfrac{4}{j\omega - 3}$ （2） $X(j\omega) = \dfrac{1}{j(\omega+3)+4} + \dfrac{1}{j(\omega-3)+4}$

（3） $X(j\omega) = \mathrm{Sa}(\omega)$ （4） $X(j\omega) = \delta(\omega - 5)$

（5） $X(j\omega) = -\dfrac{2}{\omega^2}$ （6） $X(j\omega) = \dfrac{j\omega}{(j\omega + 2)^2}$

（7） $X(j\omega) = \dfrac{4\sin^2 \omega}{\omega^2}$ （8） $X(j\omega) = \dfrac{2\sin \omega}{\omega(j\omega + 1)}$

3.11 利用能量公式，求下列积分值。

（1） $E = \displaystyle\int_{-\infty}^{\infty} \mathrm{Sa}^2(t) dt$ （2） $E = \displaystyle\int_{-\infty}^{\infty} \dfrac{1}{(1+t^2)^2} dt$

3.12 确定下列信号的最低抽样频率与奈奎斯特间隔。

（1） $\mathrm{Sa}(100t)$ （2） $\mathrm{Sa}^2(100t)$

（3） $\mathrm{Sa}(100t) + \mathrm{Sa}(50t)$ （4） $\mathrm{Sa}(100t) + \mathrm{Sa}^2(60t)$

3.13 已知信号 $x(t) = \dfrac{\sin 4\pi t}{\pi t}$，$-\infty < t < \infty$。当对该信号抽样时，求能够恢复原信号的最大抽样周期。

3.14 对信号 $x_1(t) = \cos(100\pi t)$ 和 $x_2(t) = \cos(800\pi t)$ 以 $f_s = 400\mathrm{Hz}$ 的频率抽样，哪个抽样信号会发生频谱混叠？分别画出其抽样信号的频谱。

3.15 求题图 3.15 所示的电路系统的频率特性 $H(j\omega)$。设激励为 $u_1(t)$，响应为 $u_2(t)$。

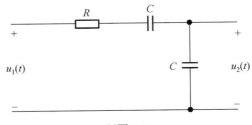

题图 3.15

3.16　已知如下系统的频率特性。试求：（a）单位阶跃响应；（b）激励 $x(t) = e^{-2t}\varepsilon(t)$ 的零状态响应。

（1）$H(j\omega) = \dfrac{1-j\omega}{1+j\omega}$　　　　　　　　（2）$H(j\omega) = \dfrac{-\omega^2 + j4\omega + 5}{-\omega^2 + j3\omega + 2}$

3.17　写出下列系统的频率特性 $H(j\omega)$ 及单位冲激响应 $h(t)$。

（1）$y(t) = x(t - t_0)$

（2）$y(t) = \displaystyle\int_{-\infty}^{t} x(\tau)\mathrm{d}\tau$

（3）$y''(t) + 4y'(t) + 3y(t) = x'(t) + 2x(t)$

3.18　将如题图 3.18 所示的周期信号 $x(t)$ 加到 RC 低通滤波电路中。已知 $x(t)$ 的周期 $T = 0.001\mathrm{s}$，电压幅值 $A = 1\mathrm{V}$，$R = 1\mathrm{k}\Omega$，$C = 0.1\mathrm{\mu F}$。分别求：

（1）稳态时电容两端的电压直流分量、基波分量和 5 次谐波分量的振幅；

（2）求（1）中各分量与 $x(t)$ 相应分量的比值，讨论此电路对不同频率分量响应的特点。

题图 3.18

3.19　某理想低通滤波器的频率特性函数为

$$H(j\omega) = \begin{cases} e^{-j\omega}, & -2 < \omega < 2 \\ 0, & \text{其他} \end{cases}$$

对下列不同的输入 $x(t)$，计算理想低通滤波器的不同输出 $y(t)$，并考虑传输是否失真。

（1）$x_1(t) = 5\mathrm{Sa}\left(\dfrac{3t}{2\pi}\right)$

（2）$x_2(t) = 5\mathrm{Sa}(t)\cos 2t$

3.20　在如题图 3.20 所示的电路系统中，以 $u_1(t)$ 为激励、以 $u_2(t)$ 为响应的系统频率特性为 $H(j\omega) = \dfrac{U_2(j\omega)}{U_1(j\omega)}$，为得到无失真传输，元件参数 R_1、R_2、C_1、C_2 应满足什么关系？

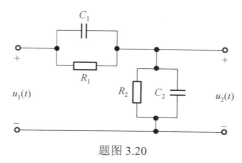

题图 3.20

3.21　一个因果 LTI 系统的输出 $y(t)$ 与输入 $x(t)$ 的关系由下列方程建立

$$\frac{\mathrm{d}y(t)}{\mathrm{d}t}+10y(t)=\int_{-\infty}^{\infty}x(\tau)z(t-\tau)\mathrm{d}\tau-x(t)$$

式中，$z(t)=\mathrm{e}^{-t}\varepsilon(t)+\delta(t)$，求该系统的频率特性。

3.22　当给定输入 $x(t)$ 时，求下列频率特性为 $H(\mathrm{j}\omega)$ 的 LTI 系统的输出 $y(t)$。

（1）$H(\mathrm{j}\omega)=\begin{cases}1-\dfrac{|\omega|}{3}, & |\omega|\leqslant 3\mathrm{rad/s}\\[2mm]0, & |\omega|>3\mathrm{rad/s}\end{cases}$，$x(t)=3\displaystyle\sum_{n=-\infty}^{\infty}\mathrm{e}^{\mathrm{j}n\left(\Omega t+\frac{\pi}{2}\right)}$，$\Omega=1\mathrm{rad/s}$

（2）$H(\mathrm{j}\omega)=\varepsilon(\omega+120)-\varepsilon(\omega-120)$，$x(t)=20\cos(100t)\cos^2(10^4 t)$

3.23　系统框图如题图 3.23 所示，设输入信号 $x(t)=\displaystyle\sum_{n=-\infty}^{\infty}\mathrm{e}^{\mathrm{j}nt}$，载波信号 $s(t)=\cos t$，系统

频率特性为 $H(\mathrm{j}\omega)=\begin{cases}\mathrm{e}^{-\mathrm{j}\frac{\pi}{3}\omega}, & |\omega|\leqslant 1.5\\[2mm]0, & |\omega|>1.5\end{cases}$，求系统输出 $y(t)$。

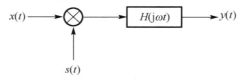

题图 3.23

3.24　一理想带通滤波器的振幅特性与相位特性如题图 3.24 所示。求系统的单位冲激响应 $h(t)$，说明此系统是否是物理可实现的。若系统输入为 $x(t)=\mathrm{Sa}(2\omega_c t)\cos\omega_0 t$，求该滤波器的输出 $y(t)$。

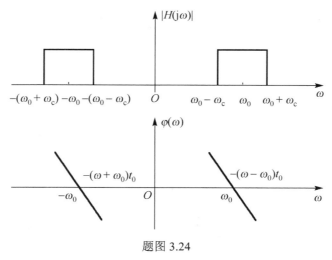

题图 3.24

MATLAB 习题 3

M3.1 （1）计算如 M 图 3.1 所示的周期三角波信号的频谱。

（2）取 $A=1$，$T=1$，画出信号的频谱。

（3）计算信号的有效带宽，画出有效带宽内有限项谐波合成的波形和原始信号波形。

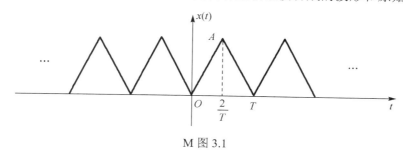

M 图 3.1

M3.2 分别取 $T=2\tau$、$T=4\tau$ 和 $T=8\tau$，画出如 M 图 3.2 所示的周期方波信号的频谱。讨论周期与频谱的关系。

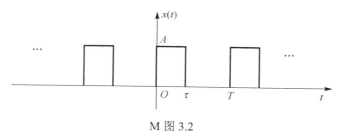

M 图 3.2

M3.3 计算如 M 图 3.3 所示的三角波信号的频谱，并画出频谱图。计算信号在 $0 \sim f_{\mathrm{m}}$ 范围内的能量。取 $f_{\mathrm{m}} = 0.1 \sim 10\mathrm{Hz}$。

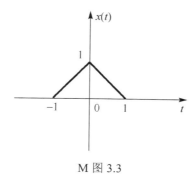

M 图 3.3

M3.4 利用 MATLAB 函数计算下列信号的频谱，并画出频谱图。

（1）$x(t) = 2\mathrm{e}^{-4t}\cos(10t)\varepsilon(t)$　　　　（2）$x(t) = 2\mathrm{e}^{-4t}\sin(10t)\varepsilon(t)$

（3）$x(t) = 2t\mathrm{e}^{-2t}\varepsilon(t)$　　　　　　　　（4）$x(t) = \mathrm{e}^{-t}(\sin 5t + \sin 30t)\varepsilon(t)$

M3.5 50Hz 的交流信号经过全波整流后，可表示为

$$x(t) = 10\left|\sin(100\pi t)\right|$$

（1）画出 $x(t)$ 的时域波形和频域波形；

（2）一 RC 电路如 M 图 3.5 所示，根据不同的 RC 值，画出电路的频率响应特性；

（3）对于不同的 RC 值，计算并画出 $x(t)$ 通过该电路的响应 $y(t)$；

（4）计算 $x(t)$ 和 $y(t)$ 的直流分量。

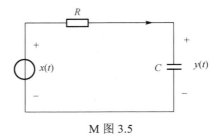

M 图 3.5

M3.6 已知系统的频率响应为

$$H(j\omega) = \frac{10}{j\omega + 10}$$

（1）计算系统的单位冲激响应 $h(t)$，并画出波形；

（2）画出系统的幅频特性曲线和相频特性曲线；

（3）计算当输入为 $x(t) = 2 + 2\cos\left(50t + \dfrac{\pi}{2}\right)$ 时系统的输出响应，并画出波形；

（4）计算当输入为 $x(t) = 2e^{-2t}\cos(4t)\varepsilon(t) + e^{-2t}\cos(20t)\varepsilon(t)$ 时系统的输出响应，并画出波形。

第4章　连续时间信号与系统的复频域分析

4.1　引言

连续时间信号与系统的频域分析，就是选择虚指数信号作为基本单元信号，将傅里叶变换作为工具，实现对信号的频谱分析及对系统的频率特性分析，这些在工程实际方面具有清晰的物理意义和广泛的应用场合。信号的频谱分析从频谱构成这个侧面观察和分析信号的特性，在信号的谐波分析、信号的滤波、信号的采样与重构、信号的检测与辨识、探测勘探、无损检测、生物识别等方面应该考虑由信号的频谱结构带来的问题。而系统的频率特性分析，同样使我们在进行系统分析时，应该考虑由系统的频率特性带来的问题，从而更容易理解信号的调制、信号的解调、信号的无失真传输、频分复用、故障定位、状态检修、无线通信等问题。连续时间信号与系统的频域分析，在信号与系统的分析、处理及设计等方面具有重要的工程实际意义，是被广泛采用的、不可或缺的重要工具。

然而，傅里叶变换式是一个积分式，傅里叶变换式要存在，必须要求被变换的信号是可积的。虽然在工程上大多数信号能满足可积条件，但是，也有许多信号是不满足可积条件的。例如，常数信号（相当于直流信号）$x(t)=C$，周期信号，随时间发散的信号，如 $x(t)=At$、$x(t) = \mathrm{e}^{at}\varepsilon(t)(a>0)$、$x(t) = \mathrm{e}^{at} \cdot \mathrm{e}^{\mathrm{j}\omega_0 t}\varepsilon(t)$（$a>0$）等，其傅里叶变换即使存在也不可能由变换式求得。在系统分析方面，对于非零初始状态的系统，不能直接利用傅里叶分析方法求解出完全响应，频域分析也无法进行系统的稳定性、因果性的分析及系统模拟。这些都是频域分析的局限性。

为了解决频域分析的局限性，本章引入了复频域分析法。复频域分析法是在频域分析法的基础上，通过引入衰减因子 $\mathrm{e}^{\sigma t}$ 实现的。对于不收敛的信号，由于其不满足可积条件，通过引入衰减因子，可达到使其满足可积条件的目的。例如，前面讲述的常数信号及许多随时间发散的信号，这些在工程上常见的、简单的信号，可以在复频域分析法里实现可积。因此，复频域分析的基本单元信号可视为 $\mathrm{e}^{\sigma t} \cdot \mathrm{e}^{\mathrm{j}\omega t} = \mathrm{e}^{(\sigma+\mathrm{j}\omega)t}$，定义 $s = \sigma + \mathrm{j}\omega$，复频域分析的基本单元信号为复指数信号 e^{st}，因为这里的 s 是复变量，所以称为复频域分析。由此可见，复频域分析是对频域分析的推广，频域分析是复频域分析的特例。

复频域分析的基本工具是拉普拉斯变换，本章将讨论拉普拉斯变换的定义、拉普拉斯变换的收敛域、拉普拉斯变换的性质、拉普拉斯反变换、常见信号的拉普拉斯变换分析、连续时间系统零状态响应的复频域求解、连续时间系统微分方程的复频域求解、系统函数、系统函数的零/极点及系统函数的应用等。

4.2　连续时间信号的复频域分析

4.2.1　从傅里叶变换到拉普拉斯变换

傅里叶变换的定义式为 $\mathcal{F}[x(t)] = X(\mathrm{e}^{\mathrm{j}\omega}) = \int_{-\infty}^{\infty} x(t)\mathrm{e}^{-\mathrm{j}\omega t}\mathrm{d}t$，对 $x(t)$ 引入衰减因子 $\mathrm{e}^{-\sigma t}$，则

$$\mathcal{F}[x(t)\mathrm{e}^{-\sigma t}] = \int_{-\infty}^{\infty} x(t)\mathrm{e}^{-\sigma t}\mathrm{e}^{-\mathrm{j}\omega t}\mathrm{d}t = \int_{-\infty}^{\infty} x(t)\mathrm{e}^{-(\sigma+\mathrm{j}\omega)t}\mathrm{d}t$$

令

$$s = \sigma + \mathrm{j}\omega \tag{4-1}$$

则有

$$\mathcal{F}[x(t)\mathrm{e}^{-\sigma t}] = \int_{-\infty}^{\infty} x(t)\mathrm{e}^{-st}\mathrm{d}t$$

式中，积分后的变量不再是 ω，而是变为 s，因此命名其为 $X(s)$，即有

$$X(s) = \int_{-\infty}^{\infty} x(t)\mathrm{e}^{-st}\mathrm{d}t \tag{4-2}$$

同理，傅里叶变换的反变换为 $\mathcal{F}^{-1}[X(\mathrm{e}^{\mathrm{j}\omega})] = x(t) = \dfrac{1}{2\pi}\int_{-\infty}^{\infty} X(\mathrm{e}^{\mathrm{j}\omega})\mathrm{e}^{\mathrm{j}\omega t}\mathrm{d}\omega$，可得 $x(t)\mathrm{e}^{-\sigma t}$ 对应的傅里叶反变换为

$$x(t)\mathrm{e}^{-\sigma t} = \frac{1}{2\pi}\int_{-\infty}^{\infty} X(s)\mathrm{e}^{\mathrm{j}\omega t}\mathrm{d}\omega$$

将上式两端乘 $\mathrm{e}^{\sigma t}$，有 $x(t) = \dfrac{1}{2\pi}\int_{-\infty}^{\infty} X(s)\mathrm{e}^{\sigma t}\mathrm{e}^{\mathrm{j}\omega t}\mathrm{d}\omega$，利用 $s = \sigma + \mathrm{j}\omega$，有

$$x(t) = \frac{1}{2\pi\mathrm{j}}\int_{\sigma-\mathrm{j}\infty}^{\sigma+\mathrm{j}\infty} X(s)\mathrm{e}^{st}\mathrm{d}s \tag{4-3}$$

式（4-2）称为双边拉普拉斯正变换式，记为 $X(s) = \mathcal{L}[x(t)]$；式（4-3）称为双边拉普拉斯反变换式，记为 $x(t) = \mathcal{L}^{-1}[X(s)]$。

实际工程中的信号一般为因果信号，其 t 的取值区间不是 $(-\infty, \infty)$，而是 $(0, \infty)$，因此，就有了单边拉普拉斯变换，其定义式为

$$X(s) = \int_{0_-}^{\infty} x(t)\mathrm{e}^{-st}\mathrm{d}t \tag{4-4}$$

式中，积分下限取 0_- 是为了有效地处理出现在 0 时刻的冲激。

事实上，$X(s) = \int_{0_-}^{\infty} x(t)\mathrm{e}^{-st}\mathrm{d}t = \int_{0_-}^{0_+} x(t)\mathrm{e}^{-st}\mathrm{d}t + \int_{0_+}^{\infty} x(t)\mathrm{e}^{-st}\mathrm{d}t$，若 $\int_{0_-}^{0_+} x(t)\mathrm{e}^{-st}\mathrm{d}t = 0$，即在 0 时刻不包含冲激信号及冲激信号的各阶导数，则有 $\int_{0_-}^{\infty} x(t)\mathrm{e}^{-st}\mathrm{d}t = \int_{0_+}^{\infty} x(t)\mathrm{e}^{-st}\mathrm{d}t$，此时，单边拉普拉斯变换定义式的积分下限取 0 即可。

单边拉普拉斯变换的反变换仍为式（4-3），只是要求 $t \geqslant 0$。因此，从实质上讲，单边拉普拉斯变换只是双边拉普拉斯变换的一个特例。

在拉普拉斯变换中，由于 $s = \sigma + j\omega$，因此，当 $\sigma = 0$ 时，$s = j\omega$，即当 $X(s)$ 在 $s = j\omega$ 上存在时，$x(t)$ 在 $s = j\omega$ 上的拉普拉斯变换 $X(s)$ 就是其傅里叶变换 $X(e^{j\omega})$。

4.2.2 拉普拉斯变换的收敛域

由双边拉普拉斯变换的定义式（4-2）可知，信号 $x(t)$ 的双边拉普拉斯变换其实就是信号 $x(t)e^{-\sigma t}$ 的傅里叶变换。因此，想要 $x(t)$ 的双边拉普拉斯变换存在，必须要求 $x(t)e^{-\sigma t}$ 绝对可积，即要求

$$\int_{-\infty}^{\infty} \left| x(t) \right| e^{-\sigma t} dt < \infty \tag{4-5}$$

同样，$x(t)$ 的单边拉普拉斯变换存在的条件是

$$\int_{0_-}^{\infty} \left| x(t) \right| e^{-\sigma t} dt < \infty \tag{4-6}$$

由式（4-5）、式（4-6）可知，这两个式子是否成立，与 σ 的取值有关。定义使信号 $x(t)$ 的拉普拉斯变换存在的 σ 的取值范围就是拉普拉斯变换的收敛域（Region Of Convergence，ROC）。$s = \sigma + j\omega$，s 平面为一复平面，其横轴为 σ，由于 σ 为实数，因此横轴也称为实轴，其纵轴为 $j\omega$，也称为虚轴。$\sigma = \text{Re}[s]$，σ 取某值，对应 s 复平面上垂直于横轴的直线，称为收敛坐标。可见，拉普拉斯变换的收敛域对应于 s 复平面上以垂直于实轴的直线为边界的区域。

【例 4-1】 求信号 $x(t) = e^{\alpha t} \varepsilon(t)$ 的拉普拉斯变换及其收敛域。

解： 由定义式有

$$X(s) = \int_{-\infty}^{\infty} x(t) e^{-st} dt = \int_{0}^{\infty} e^{\alpha t} e^{-st} dt = \int_{0}^{\infty} e^{(\alpha - s)t} dt$$

$$= \frac{1}{\alpha - s} e^{(\alpha - s)t} \Big|_{0}^{\infty} = \frac{1}{\alpha - s} e^{(\alpha - \sigma)t} e^{-j\omega t} \Big|_{0}^{\infty} = \frac{1}{\alpha - s} [\lim_{t \to \infty} e^{(\alpha - \sigma)t} e^{-j\omega t} - 1]$$

当 $\alpha - \sigma < 0$ 时，$e^{(\alpha - \sigma)t}$ 收敛，从而有 $X(s) = \dfrac{-1}{\alpha - s} = \dfrac{1}{s - \alpha}$。

当 $\alpha - \sigma \geqslant 0$ 时，$e^{(\alpha - \sigma)t}$ 不收敛，$X(s)$ 不存在。

因此，该信号的收敛域为 $\sigma > \alpha$，如图 4-1(a)所示。

由该例可见，当 $x(t)$ 是右边信号时，其收敛域为收敛坐标的右边区域。

由于 $X(s) = \dfrac{1}{s - \alpha}$，令其分母等于零，得根为 $s_p = \alpha$，根 s_p 可称为 $X(s)$ 函数的极点。与其收敛域表达式 $\sigma > \alpha$ 比较，可见根 s_p 的实部 $\text{Re}[s_p]$ 正是收敛边界 α。

【例 4-2】 求信号 $x(t) = e^{\beta t} \varepsilon(-t)$ 的拉普拉斯变换及其收敛域。

解： 由定义式有

$$X(s) = \int_{-\infty}^{\infty} x(t) e^{-st} dt = \int_{-\infty}^{0} e^{\beta t} e^{-st} dt = \int_{-\infty}^{0} e^{(\beta - s)t} dt$$

$$= \frac{1}{\beta - s} e^{(\beta - s)t} \Big|_{-\infty}^{0} = \frac{1}{\beta - s} e^{(\beta - \sigma)t} e^{-j\omega t} \Big|_{-\infty}^{0} = \frac{1}{\beta - s} [1 - \lim_{t \to -\infty} e^{(\beta - \sigma)t} e^{-j\omega t}]$$

当 $\beta - \sigma > 0$ 时，$e^{(\beta - \sigma)t}$ 收敛，从而有 $X(s) = \dfrac{1}{\beta - s}$。

当 $\beta - \sigma \leqslant 0$ 时，$e^{(\beta-\sigma)t}$ 不收敛，$X(s)$ 不存在。

因此，该信号的收敛域为 $\sigma < \beta$，如图 4-1(b)所示。

由该例可见，当 $x(t)$ 是左边信号时，其收敛域为收敛坐标的左边区域。

【例 4-3】 求信号 $x(t) = e^{\alpha t}\varepsilon(t) + e^{\beta t}\varepsilon(-t)$ 的拉普拉斯变换及其收敛域。

解： 由定义式有

$$X(s) = \int_{-\infty}^{\infty} x(t)e^{-st}dt = \int_{0}^{\infty} e^{\alpha t}e^{-st}dt + \int_{-\infty}^{0} e^{\beta t}e^{-st}dt$$

对于第一项，由例 4-1 可知，当满足条件 $\sigma > \alpha$ 时，其拉普拉斯变换为 $\dfrac{1}{s-\alpha}$；同理，对于第二项，由例 4-2 可知，当满足条件 $\sigma < \beta$ 时，其拉普拉斯变换为 $\dfrac{1}{\beta-s}$。

因此，要使 $X(s)$ 存在，则要求上述两个条件都成立，即当 $\sigma > \alpha$ 且 $\sigma < \beta$ 时，$X(s)$ 存在。

当 $\beta > \alpha$，即 $\alpha < \sigma < \beta$ 时，有 $X(s) = \dfrac{1}{s-\alpha} + \dfrac{1}{\beta-s}$。

由该例可见，当 $x(t)$ 是双边信号时，其收敛域为左右两个收敛坐标之间的区域，如图 4-1(c) 所示。

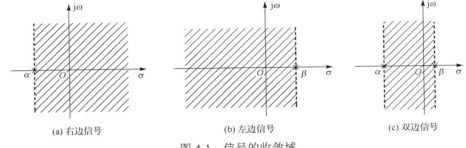

(a) 右边信号　　　　　　　(b) 左边信号　　　　　　　(c) 双边信号

图 4-1 信号的收敛域

总结上述 3 例，可得拉普拉斯变换收敛域的特点。对于双边拉普拉斯变换，若信号为因果信号，则其收敛域为收敛坐标的右边区域 $\sigma > \sigma_1$；若信号为非因果信号，则其收敛域为收敛坐标的左边区域 $\sigma < \sigma_2$；若信号为双边信号，则其收敛域为收敛坐标的中间区域 $\sigma_1 < \sigma < \sigma_2$。其中，$\sigma_1$ 可小到 $-\infty$，σ_2 可大到 $+\infty$，这与 $x(t)$ 的形式有关。对于单边拉普拉斯变换，其收敛域与因果信号的双边拉普拉斯变换的收敛域相同，也为收敛坐标的右边区域 $\sigma > \sigma_1$。

【例 4-4】 求下列信号的拉普拉斯变换。

（1） $x_1(t) = (e^{-5t} - e^{-3t})\varepsilon(-t)$

（2） $x_2(t) = -e^{-5t}\varepsilon(t) - e^{-3t}\varepsilon(-t)$

（3） $x_3(t) = -e^{-5t}\varepsilon(t) + e^{-3t}\varepsilon(t)$

解：（1） $X_1(s) = \int_{-\infty}^{\infty} x(t)e^{-st}dt = \int_{-\infty}^{0} (e^{-5t} - e^{-3t})e^{-st}dt = \int_{-\infty}^{0} e^{-(s+5)t}dt - \int_{-\infty}^{0} e^{-(s+3)t}dt$

$= \dfrac{-1}{s+5}\int_{-\infty}^{0} de^{-(s+5)t} - \dfrac{-1}{s+3}\int_{-\infty}^{0} de^{-(s+3)t} = \dfrac{-1}{s+5}e^{-(s+5)t}\Big|_{-\infty}^{0} - \dfrac{-1}{s+3}e^{-(s+3)t}\Big|_{-\infty}^{0}$

对于第一项，当 $\sigma < -5$ 时存在；对于第二项，当 $\sigma < -3$ 时存在；因此其交集为 $\sigma < -5$。

$$X_1(s) = \dfrac{-1}{s+5} + \dfrac{1}{s+3} = \dfrac{2}{(s+3)(s+5)}$$

（2） $X_2(s) = \int_{-\infty}^{\infty} x(t)e^{-st}dt = \int_{0}^{\infty} (-e^{-5t})e^{-st}dt + \int_{-\infty}^{0} (-e^{-3t})e^{-st}dt = -\int_{0}^{\infty} e^{-(s+5)t}dt - \int_{-\infty}^{0} e^{-(s+3)t}dt$

$\qquad = \dfrac{1}{s+5}\int_{0}^{\infty} de^{-(s+5)t} + \dfrac{1}{s+3}\int_{-\infty}^{0} de^{-(s+3)t} = \dfrac{1}{s+5}e^{-(s+5)t}\Big|_{0}^{\infty} + \dfrac{1}{s+3}e^{-(s+3)t}\Big|_{-\infty}^{0}$

对于第一项，当 $\sigma > -5$ 时存在；对于第二项，当 $\sigma < -3$ 时存在；因此其交集为 $-5 < \sigma < -3$。

$$X_2(s) = \dfrac{-1}{s+5} + \dfrac{1}{s+3} = \dfrac{2}{(s+3)(s+5)}$$

（3） $X_3(s) = \int_{-\infty}^{\infty} x(t)e^{-st}dt = \int_{0}^{\infty} (-e^{-5t})e^{-st}dt + \int_{0}^{\infty} e^{-3t}e^{-st}dt = -\int_{0}^{\infty} e^{-(s+5)t}dt + \int_{0}^{\infty} e^{-(s+3)t}dt$

$\qquad = \dfrac{1}{s+5}\int_{0}^{\infty} de^{-(s+5)t} + \dfrac{-1}{s+3}\int_{0}^{\infty} de^{-(s+3)t} = \dfrac{1}{s+5}e^{-(s+5)t}\Big|_{0}^{\infty} - \dfrac{1}{s+3}e^{-(s+3)t}\Big|_{0}^{\infty}$

对于第一项，当 $\sigma > -5$ 时存在；对于第二项，当 $\sigma > -3$ 时存在；因此其交集为 $\sigma > -3$。

$$X_3(s) = \dfrac{-1}{s+5} + \dfrac{1}{s+3} = \dfrac{2}{(s+3)(s+5)}$$

从这个例子可以看出，对于 3 个不同的连续时间信号，其拉普拉斯变换具有相同的表达式，当然，它们的收敛域不同。可见，对于双边拉普拉斯变换，其时域函数与其拉普拉斯变换函数不是一一对应的关系，拉普拉斯变换只有和其收敛域一起，才能确定唯一的时域函数。因此可见收敛域对拉普拉斯变换的重要性。

对于单边拉普拉斯变换，$x(t)$ 与 $X(s)$ 是一一对应的，其收敛域总为收敛边界的右边区域，$\text{Re}[s] = \sigma > \sigma_1$。

4.2.3 常见信号的单边拉普拉斯变换

由于工程中的信号一般为因果信号，即起点在 $t = 0$ 的右边信号，因此本节讨论常见信号的单边拉普拉斯变换。

（1）实指数信号 $e^{\alpha t}$。

$$\mathcal{L}\left[e^{\alpha t}\right] = \int_{0}^{\infty} e^{\alpha t}e^{-st}dt = \dfrac{1}{s-\alpha}, \quad \text{ROC：} \ \text{Re}[s] = \sigma > \alpha \tag{4-7}$$

该积分存在的条件是 $\alpha - \text{Re}[s] < 0$，因此其收敛域 ROC 为 $\sigma > \alpha$。

利用 MATLAB 的 laplace( ) 函数，可以实现单边拉普拉斯变换的计算，代码为

```
X=laplace(x)
```

其中，"x"是默认自变量为 t 的函数表达式 $x(t)$，"X"是默认自变量为 s 的函数 $X(s)$，$X(s)$ 是函数 $x(t)$ 的单边拉普拉斯变换。式（4-7）的 MATLAB 实现代码如下

```
syms a;                    %定义符号变量
xt=exp(a*t);
Xs=laplace(xt);            %拉普拉斯变换函数
```

运行结果为

```
Xs=1/(s-a)
```

（2）复指数信号 $\mathrm{e}^{s_0 t}$，$s_0 = \sigma_0 + \mathrm{j}\omega_0$。

$$\mathcal{L}\left[\mathrm{e}^{s_0 t}\right] = \int_0^\infty \mathrm{e}^{(s_0-s)t}\mathrm{d}t = \frac{1}{s-s_0}，\quad \text{ROC：} \ \mathrm{Re}[s] = \sigma > \sigma_0 \tag{4-8}$$

该积分存在的条件是 $\mathrm{Re}[s_0] - \mathrm{Re}[s] < 0$，因此其收敛域 ROC 为 $\sigma > \sigma_0$。

在式（4-8）中，令 $\sigma_0 = 0$ 或 $s_0 = \pm\mathrm{j}\omega_0$，则有

$$\mathcal{L}\left[\mathrm{e}^{\pm\mathrm{j}\omega_0 t}\right] = \frac{1}{s \mp \mathrm{j}\omega_0}，\quad \text{ROC：} \ \sigma > 0 \tag{4-9}$$

（3）正弦信号 $\sin(\omega_0 t)$ 和余弦信号 $\cos(\omega_0 t)$。

$$\mathcal{L}\left[\sin(\omega_0 t)\right] = \mathcal{L}\left[\frac{\mathrm{e}^{\mathrm{j}\omega_0 t} - \mathrm{e}^{-\mathrm{j}\omega_0 t}}{2\mathrm{j}}\right]$$

由式（4-9）有

$$\begin{aligned}
\mathcal{L}\left[\sin(\omega_0 t)\right] &= \frac{1}{2\mathrm{j}}\left\{\mathcal{L}\left[\mathrm{e}^{\mathrm{j}\omega_0 t}\right] - \mathcal{L}\left[\mathrm{e}^{-\mathrm{j}\omega_0 t}\right]\right\} \\
&= \frac{1}{2\mathrm{j}}\left(\frac{1}{s-\mathrm{j}\omega_0} - \frac{1}{s+\mathrm{j}\omega_0}\right) = \frac{\omega_0}{s^2 + \omega_0^2}，\quad \text{ROC：} \ \sigma > 0
\end{aligned} \tag{4-10}$$

同理

$$\mathcal{L}\left[\cos(\omega_0 t)\right] = \frac{s}{s^2 + \omega_0^2}，\quad \text{ROC：} \ \sigma > 0 \tag{4-11}$$

（4）单位阶跃信号 $\varepsilon(t)$。

$$\mathcal{L}\left[\varepsilon(t)\right] = \int_0^\infty \mathrm{e}^{-st}\mathrm{d}t = \frac{1}{s}，\quad \text{ROC：} \ \sigma > 0 \tag{4-12}$$

该积分只有在 $\mathrm{Re}[s] > 0$ 时存在，因此其收敛域 ROC 为 $\sigma > 0$。

在 MATLAB 中，可以用 heaviside( )函数产生符号形式的单位阶跃信号，代码为

```
xt=heaviside(t)
```

其中，"t"为符号表达式。对"t"小于 0 的数，函数返回 0；对"t"大于 0 的数，函数返回 1；对于"t"等于 0 的数，函数返回 0.5。式（4-12）的 MATLAB 实现代码如下

```
xt=heaviside(t);    %单位阶跃函数
Xs=laplace(xt);
```

运行结果为

```
Xs= 1/s
```

（5）单位冲激信号 $\delta(t)$。

$$\mathcal{L}\left[\delta(t)\right] = \int_{0_-}^\infty \delta(t)\mathrm{e}^{-st}\mathrm{d}t = \int_{0_-}^\infty \delta(t)\mathrm{d}t = 1，\quad \text{ROC：} \ \sigma \geqslant -\infty \tag{4-13}$$

可见，单位冲激信号 $\delta(t)$ 的拉普拉斯变换对任意 s 均存在，其收敛域为整个 s 平面。

在 MATLAB 中，可以用 dirac( )函数产生符号形式的单位冲激信号，语法为

```
xt=dirac(t)
```

其中，"t"为符号表达式。式（4-13）的 MATLAB 实现代码如下

```
xt=dirac(t);     %单位冲激函数
Xs=laplace(xt);
```

运行结果为

```
Xs= 1
```

同理

$$\mathcal{L}\big[\delta(t-t_0)\big] = \int_{0_-}^{\infty} \delta(t-t_0)\mathrm{e}^{-st}\mathrm{d}t = \mathrm{e}^{-st_0}，\ \text{ROC：} \sigma \geqslant -\infty \qquad （4-14）$$

式（4-14）的 MATLAB 实现代码如下

```
syms t0 positive
xt=dirac(t-t0);     %单位冲激函数
Xs=laplace(xt);
```

运行结果为

```
Xs= exp(-s*t0)
```

进一步可得

$$\mathcal{L}\big[\delta'(t)\big] = \int_{0_-}^{\infty} \delta'(t)\mathrm{e}^{-st}\mathrm{d}t = -\frac{\mathrm{d}}{\mathrm{d}t}(\mathrm{e}^{-st})\bigg|_{t=0} = s，\ \text{ROC：} \sigma \geqslant -\infty \qquad （4-15）$$

式（4-15）的 MATLAB 实现代码如下

```
xt=dirac(t);
n=1;
dnxt=diff(xt,t,n);   %xt 的 n 阶微分
Xs=laplace(dnxt);
```

运行结果为

```
Xs= s
```

同理
$$\mathcal{L}\big[\delta''(t)\big] = s^2，\ \text{ROC：} \sigma \geqslant -\infty \qquad （4-16）$$

$$\mathcal{L}\big[\delta^{(n)}(t)\big] = s^n，\ \text{ROC：} \sigma \geqslant -\infty \qquad （4-17）$$

（6）单位斜变信号 $x(t)=t$。

$$\mathcal{L}[t] = \int_{0}^{\infty} t\mathrm{e}^{-st}\mathrm{d}t = -\frac{1}{s}\int_{0}^{\infty} t\mathrm{d}\mathrm{e}^{-st} = -\frac{1}{s}\bigg[t\mathrm{e}^{-st}\bigg|_{0}^{\infty} - \int_{0}^{\infty} \mathrm{e}^{-st}\mathrm{d}t \bigg]$$

当 $\sigma > 0$ 时，有

$$\mathcal{L}[t]=\frac{1}{s}\int_0^\infty e^{-st}dt=\frac{-1}{s^2}e^{-st}\Big|_0^\infty=\frac{1}{s^2}，\text{ROC：}\sigma>0 \tag{4-18}$$

类似地，进一步可得

$$\mathcal{L}\left[t^2\right]=\frac{2}{s^3}，\text{ROC：}\sigma>0 \tag{4-19}$$

$$\mathcal{L}\left[t^n\right]=\frac{n!}{s^{n+1}}，\text{ROC：}\sigma>0 \tag{4-20}$$

常见信号的单边拉普拉斯变换如表4-1所示。

表4-1　常见信号的单边拉普拉斯变换

序号	$x(t)$	$X(s)$	ROC
1	$e^{\alpha t}$	$\frac{1}{s-\alpha}$	$\sigma>\alpha$
2	$e^{s_0 t}$	$\frac{1}{s-s_0}$	$\sigma>\sigma_0$
3	$\sin(\omega_0 t)$	$\frac{\omega_0}{s^2+\omega_0^2}$	$\sigma>0$
4	$\cos(\omega_0 t)$	$\frac{s}{s^2+\omega_0^2}$	$\sigma>0$
5	$\varepsilon(t)$	$\frac{1}{s}$	$\sigma>0$
6	$\delta(t)$	1	$\sigma\geqslant-\infty$
7	$\delta'(t)$	s	$\sigma\geqslant-\infty$
8	$\delta''(t)$	s^2	$\sigma\geqslant-\infty$
9	$\delta^{(n)}(t)$	s^n	$\sigma\geqslant-\infty$
10	t	$\frac{1}{s^2}$	$\sigma>0$
11	t^2	$\frac{2}{s^3}$	$\sigma>0$
12	t^n	$\frac{n!}{s^{n+1}}$	$\sigma>0$

4.3　单边拉普拉斯变换的性质

拉普拉斯变换可视为频域的傅里叶变换在复频域中的推广，因此，两种变换的性质存在许多相似之处。拉普拉斯变换建立了信号的时域描述与其复频域描述之间的对应关系，信号在一个域变化，必然在另一个域有相应的体现。拉普拉斯变换的性质反映了不同形式的信号与其拉普拉斯变换函数的对应规律，这些性质是求取拉普拉斯变换的重要方法，也是线性时不变系统的复频域分析的重要基础。

拉普拉斯变换有双边变换和单边变换之分，因此也有双边拉普拉斯变换的性质和单边拉普拉斯变换的性质之分。两者的性质基本相同，由于工程上常处理因果信号与系统，因此本节讨论单边拉普拉斯变换的性质。

4.3.1 线性特性

若 $x_1(t) \leftrightarrow X_1(s)$，$\sigma > \sigma_1$，$x_2(t) \leftrightarrow X_2(s)$，$\sigma > \sigma_2$，则

$$\alpha x_1(t) + \beta x_2(t) \leftrightarrow \alpha X_1(s) + \beta X_2(s)，\quad \sigma > \max[\sigma_1, \sigma_2] \tag{4-21}$$

证明：$\mathcal{L}[\alpha x_1(t) + \beta x_2(t)] = \displaystyle\int_{0_-}^{\infty} [\alpha x_1(t) + \beta x_2(t)] \mathrm{e}^{-st}\mathrm{d}t = \int_{0_-}^{\infty} \alpha x_1(t)\mathrm{e}^{-st}\mathrm{d}t + \int_{0_-}^{\infty} \beta x_2(t)\mathrm{e}^{-st}\mathrm{d}t$

$$= \alpha \int_{0_-}^{\infty} x_1(t)\mathrm{e}^{-st}\mathrm{d}t + \beta \int_{0_-}^{\infty} x_2(t)\mathrm{e}^{-st}\mathrm{d}t = \alpha X_1(s) + \beta X_2(s)$$

由拉普拉斯变换的定义式不难证明线性特性。线性组合后的信号 $\alpha x_1(t) + \beta x_2(t)$，其拉普拉斯变换的收敛域为原两信号的收敛域的交集，即 $\sigma > \max[\sigma_1, \sigma_2]$。

线性特性可推广至 N 个函数的组合。

【例 4-5】 已知 $x_1(t) = \mathrm{e}^{-2t}\varepsilon(t)$，$x_2(t) = \mathrm{e}^{-5t}\varepsilon(t)$，求 $x(t) = 2x_1(t) + 5x_2(t)$ 的单边拉普拉斯变换。

解：由定义式，有 $X_1(s) = \dfrac{1}{s+2}$，ROC：$\sigma_1 > -2$，$X_2(s) = \dfrac{1}{s+5}$，ROC：$\sigma_2 > -5$，则

$$x(t) = 2x_1(t) + 5x_2(t) \leftrightarrow X(s) = \frac{2}{s+2} + \frac{5}{s+5}，\quad \text{ROC：} \sigma > \max[-2, -5] = -2$$

对于单边拉普拉斯变换，若 $X_1(s)$ 的收敛域为 $\sigma > \sigma_1$，$X_2(s)$ 的收敛域为 $\sigma > \sigma_2$，则两个信号的线性组合信号的拉普拉斯变换 $\alpha X_1(s) + \beta X_2(s)$ 的收敛域为原两信号的收敛域的交集，即 $\sigma > \max[\sigma_1, \sigma_2]$。

对于双边拉普拉斯变换，若 $X_1(s)$ 的收敛域为 $\sigma_{11} < \sigma < \sigma_{12}$，$X_2(s)$ 的收敛域为 $\sigma_{21} < \sigma < \sigma_{22}$，则两个信号的线性组合信号的拉普拉斯变换 $\alpha X_1(s) + \beta X_2(s)$ 的收敛域为原两信号的收敛域的交集，即 $\max[\sigma_{11}, \sigma_{21}] < \sigma < \min[\sigma_{12}, \sigma_{22}]$。

单边拉普拉斯变换的其他特性的收敛域考虑方式与此相同，都考虑交集。当然，如果组合后出现分母因式与分子因式（零、极点）抵消，收敛域有可能扩大。因此后面如无特别需要，均省略对收敛域的讨论。

4.3.2 时移特性

若 $x(t)\varepsilon(t) \leftrightarrow X(s)$，则

$$x(t - t_0)\varepsilon(t - t_0) \leftrightarrow \mathrm{e}^{-st_0}X(s)，\quad t_0 \geqslant 0 \tag{4-22}$$

证明：$\mathcal{L}\left[x(t - t_0)\varepsilon(t - t_0)\right] = \displaystyle\int_{0_-}^{\infty} [x(t - t_0)\varepsilon(t - t_0)]\mathrm{e}^{-st}\mathrm{d}t \overset{t - t_0 = \tau}{=\!=\!=} \int_{-t_0}^{\infty} [x(\tau)\varepsilon(\tau)]\mathrm{e}^{-s\tau}\mathrm{e}^{-st_0}\mathrm{d}\tau$

$$= \mathrm{e}^{-st_0} \int_{-t_0}^{\infty} [x(\tau)\varepsilon(\tau)]\mathrm{e}^{-s\tau}\mathrm{d}\tau = \mathrm{e}^{-st_0} \int_{0_-}^{\infty} x(\tau)\mathrm{e}^{-s\tau}\mathrm{d}\tau = \mathrm{e}^{-st_0}X(s)$$

单边拉普拉斯变换的时移特性要求 $t_0 \geqslant 0$，因为当 $x(t)$ 为如图 4-2(a)所示的因果信号时，若 $t_0 \geqslant 0$，则 $x(t - t_0)$ 右移，单边拉普拉斯变换的积分下限为 0_-，$x(t - t_0)$ 能够全部包含在积分区间中，如图 4-2(b)所示。当 $t_0 < 0$ 时，$x(t - t_0)$ 左移，其在 $t < 0$ 的部分将无法包含在积分区间中，如图 4-2(c)所示，此时单边拉普拉斯变换的时移特性将不成立。

时移特性说明，信号的时移对应于拉普拉斯变换函数乘 e^{-st_0}，称 e^{-st_0} 为时移因子。

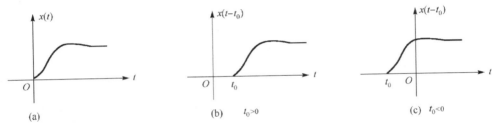

图 4-2　单边拉普拉斯变换的时移

【例 4-6】　求 $\delta(t-kT)$（$T>0$，$k \geqslant 0$）的单边拉普拉斯变换。

解： 已知 $\delta(t) \leftrightarrow 1$，由时移特性可知，$\delta(t-kT) \leftrightarrow \mathrm{e}^{-skT}$。

对于一般的因果单边周期信号 $x_T(t)$，设主值周期 $x_1(t)$ 为

$$x_1(t) = \begin{cases} x(t), & 0 \leqslant t \leqslant T \\ 0, & \text{其他} \end{cases}$$

再设 $x_T(t)$ 为主值周期信号 $x_1(t)$ 以 T 为周期进行周期扩展而组成的因果单边周期信号，即

$$x_T(t) = \sum_{k=0}^{\infty} x_1(t-kT)$$

若 $x_1(t)$ 的单边拉普拉斯变换为 $X_1(s)$，由时移特性可知，有

$$\mathcal{L}\big[x_1(t-kT)\big] = \mathrm{e}^{-skT} X_1(s)$$

再由线性特性可知，有

$$X_T(s) = \mathcal{L}[x_T(t)] = \mathcal{L}\left[\sum_{k=0}^{\infty} x_1(t-kT)\right] = X_1(s)\sum_{k=0}^{\infty} \mathrm{e}^{-skT}$$

这是对公比为 e^{-sT} 的等比数列进行求和，当 $\mathrm{Re}[s]=\sigma>0$ 时，有

$$X_T(s) = \frac{X_1(s)}{1-\mathrm{e}^{-sT}}，\quad \sigma>0 \tag{4-23}$$

可见，因果周期信号的单边拉普拉斯变换可由其主值周期信号的单边拉普拉斯变换乘 $\dfrac{1}{1-\mathrm{e}^{-sT}}$ 得到，称 $\dfrac{1}{1-\mathrm{e}^{-sT}}$ 为周期因子，T 为周期。

【例 4-7】　求 $\displaystyle\sum_{k=0}^{\infty} \delta(t-kT)$（$T>0$）的单边拉普拉斯变换。

解： 已知 $\delta(t) \leftrightarrow 1$，则

$$\sum_{k=0}^{\infty} \delta(t-kT) \leftrightarrow \frac{1}{1-\mathrm{e}^{-sT}}，\quad \sigma>0$$

4.3.3　复频移特性

若 $x(t) \leftrightarrow X(s)$，$\sigma>\sigma_1$，则

$$\mathrm{e}^{s_0 t} x(t) \leftrightarrow X(s-s_0)，\quad \sigma>\sigma_1+\sigma_0 \tag{4-24}$$

式中，s_0 为复常数，且 $\sigma_0=\mathrm{Re}[s_0]$。

证明：
$$\mathcal{L}\left[e^{s_0 t} x(t)\right] = \int_{0_-}^{\infty} e^{s_0 t} x(t) e^{-st} dt = \int_{0_-}^{\infty} x(t) e^{-(s-s_0)t} dt = X(s-s_0)$$

复频移特性表明，拉普拉斯变换函数复频移 s_0 后，对应于其时域信号乘 $e^{s_0 t}$，称为复频移因子。

【例 4-8】 求 $x(t) = \cos(\omega_0 t)\varepsilon(t)$ 的单边拉普拉斯变换。

解： 利用欧拉公式有

$$x(t) = \cos(\omega_0 t)\varepsilon(t) = \frac{1}{2}(e^{j\omega_0 t} + e^{-j\omega_0 t})\varepsilon(t)$$

已知 $\varepsilon(t) \leftrightarrow \dfrac{1}{s}$，$\sigma > 0$，利用复频移特性，有

$$x(t) \leftrightarrow \frac{1}{2}\left(\frac{1}{s-j\omega_0} + \frac{1}{s+j\omega_0}\right) = \frac{s}{s^2 + \omega_0^2}, \quad \sigma > 0$$

4.3.4 尺度变换特性

若 $x(t) \leftrightarrow X(s)$，$\sigma > \sigma_0$，则

$$x(at) \leftrightarrow \frac{1}{a} X\left(\frac{s}{a}\right), \quad a > 0, \quad \sigma > a\sigma_0 \tag{4-25}$$

证明：
$$\mathcal{L}[x(at)] = \int_{0_-}^{\infty} x(at) e^{-st} dt \xlongequal{at=\tau} \frac{1}{a}\int_{0_-}^{\infty} x(\tau) e^{-\frac{s}{a}\tau} d\tau = \frac{1}{a} X\left(\frac{s}{a}\right), \quad \sigma > a\sigma_0$$

注意，在单边拉普拉斯变换的尺度变换特性中，尺度参数 a 不能取负数。

【例 4-9】 求 $x(t) = \sin(a\omega_0 t)$ （$a > 0$）的单边拉普拉斯变换。

解： 已知 $\sin(\omega_0 t) \leftrightarrow \dfrac{\omega_0}{s^2 + \omega_0^2}$ （$\sigma > 0$），利用尺度变换特性，有

$$x(t) = \sin(a\omega_0 t) \leftrightarrow \frac{1}{a} \frac{\omega_0}{\left(\dfrac{s}{a}\right)^2 + \omega_0^2} = \frac{a\omega_0}{s^2 + a^2\omega_0^2}, \quad \sigma > 0$$

4.3.5 时域卷积特性

若有因果信号的单边拉普拉斯变换 $x_1(t) \leftrightarrow X_1(s)$，$x_2(t) \leftrightarrow X_2(s)$，则

$$x_1(t) * x_2(t) \leftrightarrow X_1(s) \cdot X_2(s) \tag{4-26}$$

证明：

$$\mathcal{L}[x_1(t) * x_2(t)] = \int_{0_-}^{\infty} [x_1(t) * x_2(t)] e^{-st} dt = \int_{0_-}^{\infty}\left[\int_{0_-}^{\infty} x_1(\tau) x_2(t-\tau) d\tau\right] e^{-st} dt$$

$$= \int_{0_-}^{\infty} x_1(\tau)\left[\int_{0_-}^{\infty} x_2(t-\tau) e^{-st} dt\right] d\tau = \int_{0_-}^{\infty} x_1(\tau)\left[\int_{0_-}^{\infty} x_2(t-\tau) e^{-s(t-\tau)} dt\right] e^{-s\tau} d\tau$$

$$\xlongequal{t-\tau=\xi} \int_{0_-}^{\infty} x_1(\tau)\left[\int_{0_-\tau}^{\infty} x_2(\xi) e^{-s\xi} d\xi\right] e^{-s\tau} d\tau = \int_{0_-}^{\infty} x_1(\tau) X_2(s) e^{-s\tau} d\tau$$

$$= X_2(s)\int_{0_-}^{\infty} x_1(\tau) e^{-s\tau} d\tau = X_1(s) \cdot X_2(s)$$

式（4-26）仅对因果信号的单边拉普拉斯变换成立。时域卷积特性表明，两个信号时域的卷积，对应于其复频域函数的乘积。利用这一特性，可以将时域的卷积运算变换为复频域的乘积运算。因此，在利用卷积法求取 LTI 系统的零状态响应时，可将时域变换到复频域求解。

4.3.6　复频域卷积特性

类似时域卷积特性，也有复频域卷积特性。

若 $x_1(t) \leftrightarrow X_1(s)$，$x_2(t) \leftrightarrow X_2(s)$，则

$$x_1(t) \cdot x_2(t) \leftrightarrow \frac{1}{2\pi j} X_1(s) * X_2(s) \qquad （4\text{-}27）$$

证明：$\mathcal{L}[x_1(t)x_2(t)] = \int_{0_-}^{\infty} x_1(t)\left[\frac{1}{2\pi j}\int_{\sigma-j\infty}^{\sigma+j\infty} X_2(r)e^{rt}dr\right]e^{-st}dt$　（方括号中暂时以 r 代替 s）

$$= \frac{1}{2\pi j}\int_{\sigma-j\infty}^{\sigma+j\infty} X_2(r)\left\{\int_{0_-}^{\infty}\left[x_1(t)e^{rt}\right]e^{-st}dt\right\}dr = \frac{1}{2\pi j}\int_{\sigma-j\infty}^{\sigma+j\infty} X_2(r)X_1(s-r)dr$$

$$= \frac{1}{2\pi j} X_2(s) * X_1(s)$$

式中，花括号内是 $x_1(t)e^{rt}$ 的拉普拉斯变换，利用复频移特性可知，其为 $X_1(s-r)$。

复频域卷积特性表明，两个信号的时域函数的乘积为其复频域函数的卷积乘 $\dfrac{1}{2\pi j}$。

4.3.7　时域微分特性

若有单边拉普拉斯变换 $y(t) \leftrightarrow Y(s)$，$\mathrm{Re}[s] > \sigma_0$，则

$$\frac{\mathrm{d}}{\mathrm{d}t} y(t) \leftrightarrow sY(s) - y(0_-) \qquad （4\text{-}28）$$

证明：　　　　　$\mathcal{L}\left[\dfrac{\mathrm{d}}{\mathrm{d}t} y(t)\right] = \int_{0_-}^{\infty} \dfrac{\mathrm{d}y(t)}{\mathrm{d}t} e^{-st}dt = \int_{0_-}^{\infty} e^{-st}\mathrm{d}y(t)$

利用分部积分法，有

$$\int_{0_-}^{\infty} e^{-st}\mathrm{d}y(t) = e^{-st}y(t)\Big|_{0_-}^{\infty} - (-s)\int_{0_-}^{\infty} y(t)e^{-st}dt$$

当 $\mathrm{Re}[s] > \sigma_0$，即 e^{-st} 的衰减速度大于 $y(t)$ 的增长速度时，$\lim\limits_{t\to\infty} e^{-st}y(t) = 0$，则上式右端为

$$-y(0_-) + s\int_{0_-}^{\infty} y(t)e^{-st}dt = sY(s) - y(0_-)$$

式（4-28）得证。反复利用式（4-28），可得

$$\frac{\mathrm{d}^2}{\mathrm{d}t^2} y(t) \leftrightarrow s^2 Y(s) - sy(0_-) - y'(0_-) \qquad （4\text{-}29）$$

$$\frac{\mathrm{d}^n}{\mathrm{d}t^n} y(t) \leftrightarrow s^n Y(s) - \sum_{k=0}^{n-1} s^{n-1-k} y^{(k)}(0_-) \qquad （4\text{-}30）$$

使用式（4-29）及式（4-30）时，必须注意，函数 $y(t)$ 在 $t = 0_-$ 时的各阶导数必须存在。

【例4-10】　求 $x(t) = \mathrm{e}^{-\alpha t}$ 的一阶导数及二阶导数的单边拉普拉斯变换。

解：
$$\frac{\mathrm{d}}{\mathrm{d}t}x(t) = \frac{\mathrm{d}}{\mathrm{d}t}\mathrm{e}^{-\alpha t} = -\alpha \mathrm{e}^{-\alpha t}$$

且有 $x(0_-)=1$，代入式（4-28），有

$$\mathcal{L}\left[\frac{\mathrm{d}}{\mathrm{d}t}\mathrm{e}^{-\alpha t}\right] = sX(s) - x(0_-) = \frac{s}{s+\alpha} - 1 = \frac{-\alpha}{s+\alpha}$$

又因 $\dfrac{\mathrm{d}^2}{\mathrm{d}t^2}x(t) = \alpha^2 \mathrm{e}^{-\alpha t}$，且有 $x'(0_-) = -\alpha$，代入式（4-29），有

$$\mathcal{L}\left[\frac{\mathrm{d}^2}{\mathrm{d}t^2}x(t)\right] = s^2 X(s) - sx(0_-) - x'(0_-) = \frac{s^2}{s+\alpha} - s + \alpha = \frac{\alpha^2}{s+\alpha}$$

　　应用时域微分特性，对系统微分方程两端同时取单边拉普拉斯变换，可以将微分方程变换为代数方程，而且，在系统微分方程中，响应项 $y(t)$ 的单边拉普拉斯变换过程在数学上已经包含了初始条件 $y(0_-), y'(0_-), y''(0_-), \cdots$，这是复频域分析的全响应求解的重要基础。

4.3.8　时域积分特性

　　若 $x(t) \leftrightarrow X(s)$，则

$$\int_{0_-}^{t} x(\tau)\mathrm{d}\tau \leftrightarrow \frac{X(s)}{s} \tag{4-31}$$

证明：由

$$x(t) * \varepsilon(t) = \int_{-\infty}^{\infty} x(\tau)\varepsilon(t-\tau)\mathrm{d}\tau = \int_{-\infty}^{t} x(\tau)\mathrm{d}\tau$$

有

$$\int_{-\infty}^{t} x(\tau)\mathrm{d}\tau \cdot \varepsilon(\tau) = \int_{0_-}^{t} x(\tau)\varepsilon(\tau)\mathrm{d}\tau$$

因此，$x(t)\varepsilon(t) * \varepsilon(t) = \int_{0_-}^{t} x(\tau)\mathrm{d}\tau$，$x(t)\varepsilon(t)$ 表明取 $x(t)$ 为因果信号。

　　对上式两边取拉普拉斯变换，并利用时域卷积特性，有

$$\mathcal{L}\left[\int_{0_-}^{t} x(\tau)\mathrm{d}\tau\right] = \mathcal{L}[x(t)\varepsilon(t) * \varepsilon(t)] = \mathcal{L}[x(t)\varepsilon(t)]\mathcal{L}[\varepsilon(t)] = X(s) \cdot \frac{1}{s}$$

【例4-11】　求 $x(t) = 1 - \cos(\omega_0 t)$ 的单边拉普拉斯变换。

解：由于 $1 - \cos(\omega_0 t) = \omega_0 \int_{0}^{t} \sin(\omega_0 \tau)\mathrm{d}\tau$，因此有

$$\mathcal{L}[1 - \cos(\omega_0 t)] = \omega_0 \mathcal{L}\left[\int_{0}^{t} \sin(\omega_0 \tau)\mathrm{d}\tau\right] = \omega_0 \frac{\mathcal{L}[\sin(\omega_0 \tau)]}{s} = \frac{\omega_0^2}{s(s^2 + \omega_0^2)}$$

请与利用线性特性计算的结果比较。

　　对于 $x(t)$ 为因果信号的情况，反复利用式（4-31），可得

$$x^{(-2)}(t) \leftrightarrow \frac{X(s)}{s^2} \tag{4-32}$$

$$x^{(-n)}(t) \leftrightarrow \frac{X(s)}{s^n} \tag{4-33}$$

4.3.9　复频域微分特性

若 $x(t) \leftrightarrow X(s)$，则

$$(-t)x(t) \leftrightarrow \frac{\mathrm{d}}{\mathrm{d}s}X(s) \tag{4-34}$$

证明：根据定义

$$X(s) = \int_{0_-}^{\infty} x(t)\mathrm{e}^{-st}\mathrm{d}t$$

两边取微分，有

$$\frac{\mathrm{d}X(s)}{\mathrm{d}s} = \int_{0_-}^{\infty}\left[(-t)x(t)\right]\mathrm{e}^{-st}\mathrm{d}t = \mathcal{L}\left[(-t)x(t)\right]$$

【例 4-12】　求 $t\sin(\omega_0 t)$ 的单边拉普拉斯变换。

解：根据式（4-34），有

$$\mathcal{L}\left[t\sin(\omega_0 t)\right] = -\frac{\mathrm{d}}{\mathrm{d}s}\mathcal{L}\left[\sin(\omega_0 t)\right] = -\frac{\mathrm{d}}{\mathrm{d}s}\frac{\omega_0}{s^2 + \omega_0^2} = \frac{2s\omega_0}{(s^2 + \omega_0^2)^2}$$

反复利用式（4-34），可得

$$(-t)^2 x(t) \leftrightarrow \frac{\mathrm{d}^2}{\mathrm{d}s^2}X(s) \tag{4-35}$$

$$(-t)^n x(t) \leftrightarrow \frac{\mathrm{d}^n}{\mathrm{d}s^n}X(s) \tag{4-36}$$

4.3.10　复频域积分特性

若 $x(t) \leftrightarrow X(s)$，则

$$\frac{x(t)}{t} \leftrightarrow \int_s^{\infty} X(r)\mathrm{d}r \tag{4-37}$$

证明：根据定义

$$X(s) = \int_{0_-}^{\infty} x(t)\mathrm{e}^{-st}\mathrm{d}t$$

将变量 s 改为 r，两边对 r 取从 s 到∞的积分，有

$$\int_s^{\infty} X(r)\mathrm{d}r = \int_s^{\infty}\left[\int_{0_-}^{\infty} x(t)\mathrm{e}^{-rt}\mathrm{d}t\right]\mathrm{d}r = \int_{0_-}^{\infty} x(t)\left[\int_s^{\infty}\mathrm{e}^{-rt}\mathrm{d}r\right]\mathrm{d}t = \int_{0_-}^{\infty} x(t)\left[\frac{\mathrm{e}^{-rt}}{-t}\Big|_s^{\infty}\right]\mathrm{d}t$$

当 $\mathrm{Re}[r] > 0$，即 $\mathrm{Re}[s] > 0$ 时，上式括号中可写为 $\dfrac{\mathrm{e}^{-st}}{t}$，代入得

$$\int_s^{\infty} X(r)\mathrm{d}r = \int_{0_-}^{\infty} x(t)\frac{\mathrm{e}^{-st}}{t}\mathrm{d}t = \mathcal{L}\left[\frac{x(t)}{t}\right]$$

【例 4-13】　求 $x(t) = \dfrac{\sin(t)}{t}$ 的单边拉普拉斯变换。

解： 由 $\mathcal{L}\left[\sin(t)\right]=\dfrac{1}{1+s^2}$ ，得

$$L\left[\frac{\sin(t)}{t}\right]=\int_s^\infty\frac{1}{1+\lambda^2}\mathrm{d}\lambda=\arctan(\lambda)\Big|_s^\infty=\frac{\pi}{2}-\arctan(s)=\operatorname{arccot}(s)=\arctan\left(\frac{1}{s}\right)$$

4.3.11　初值定理

若 $x(t)\leftrightarrow X(s)$ ，且 $x'(t)$ 的拉普拉斯变换存在，当 $x(t)$ 在 $t=0$ 处不包含冲激信号及冲激信号的各阶导数时，则

$$x(0_+)=\lim_{t\to 0_+}x(t)=\lim_{s\to\infty}sX(s) \tag{4-38}$$

证明： 根据时域微分特性，有

$$sX(s)-x(0_-)=\int_{0_-}^\infty x'(t)\mathrm{e}^{-st}\mathrm{d}t=\int_{0_-}^{0_+}x'(t)\mathrm{e}^{-st}\mathrm{d}t+\int_{0_+}^\infty x'(t)\mathrm{e}^{-st}\mathrm{d}t$$

$$=x(t)\mathrm{e}^{-st}\Big|_{0_-}^{0_+}+s\int_{0_-}^{0_+}x(t)\mathrm{e}^{-st}\mathrm{d}t+\int_{0_+}^\infty x'(t)\mathrm{e}^{-st}\mathrm{d}t$$

$$=x(0_+)-x(0_-)+s\int_{0_-}^{0_+}x(t)\mathrm{e}^{-st}\mathrm{d}t+\int_{0_+}^\infty x'(t)\mathrm{e}^{-st}\mathrm{d}t$$

即

$$sX(s)=x(0_+)+s\int_{0_-}^{0_+}x(t)\mathrm{e}^{-st}\mathrm{d}t+\int_{0_+}^\infty x'(t)\mathrm{e}^{-st}\mathrm{d}t \tag{4-39}$$

讨论：（1）当 $x(t)$ 在 $t=0$ 处连续时，有 $x(0_+)=x(0_-)$ ， $s\int_{0_-}^{0_+}x(t)\mathrm{e}^{-st}\mathrm{d}t=0$ ，因此，式（4-39）为

$$sX(s)=x(0_+)+\int_{0_+}^\infty x'(t)\mathrm{e}^{-st}\mathrm{d}t$$

对该式两边取 $s\to\infty$ 的极限，得

$$\lim_{s\to\infty}\left[sX(s)\right]=x(0_+)+\lim_{s\to\infty}\left[\int_{0_+}^\infty x'(t)\mathrm{e}^{-st}\mathrm{d}t\right]$$

$$=x(0_+)+\int_{0_+}^\infty x'(t)\lim_{s\to\infty}\left[\mathrm{e}^{-st}\right]\mathrm{d}t=x(0_+)$$

因此

$$x(0_+)=\lim_{s\to\infty}\left[sX(s)\right]$$

（2）当 $x(t)$ 在 $t=0$ 处有阶跃时，如 $x(t)=A\varepsilon(t)$ ， A 为常数，在式（4-39）中， $s\int_{0_-}^{0_+}x(t)\mathrm{e}^{-st}\mathrm{d}t=s\int_{0_-}^{0_+}x(t)\mathrm{d}t=0$ ，与讨论（1）类似，有

$$x(0_+)=\lim_{s\to\infty}\left[sX(s)\right]$$

（3）当 $x(t)$ 在 $t=0$ 处有冲激时，如 $x(t)=A\delta(t)$ ， A 为常数，在式（4-39）中，有

$$s\int_{0_-}^{0_+}x(t)\mathrm{e}^{-st}\mathrm{d}t=s\int_{0_-}^{0_+}A\delta(t)\mathrm{d}t=As$$

当 $x(t)$ 在 $t=0$ 处有冲激信号的一阶导数时， $x(t)=A\delta'(t)$ ， $s\int_{0_-}^{0_+}x(t)\mathrm{e}^{-st}\mathrm{d}t=As^2$ 。

同理，当 $x(t)$ 在 $t=0$ 处有冲激信号的二阶导数时，如 $x(t)=A\delta''(t)$ ， $s\int_{0_-}^{0_+}x(t)\mathrm{e}^{-st}\mathrm{d}t=As^3$ 。

当 $x(t)$ 在 $t=0$ 处有冲激信号的 n 阶导数时，如 $x(t)=A\delta^{(n)}(t)$，$s\int_{0_-}^{0_+}x(t)\mathrm{e}^{-st}\mathrm{d}t=As^{n+1}$。

此时，式（4-38）应修正为

$$x(0_+)=\lim_{s\to\infty}\left[sX(s)-As^{n+1}\right] \qquad (4\text{-}40)$$

式中，A 为冲激信号的强度，n 为冲激信号导数的阶数。

判断 $x(t)$ 在 $t=0$ 处是否包含冲激信号及其各阶导数的方法是，若 $X(s)$ 为有理多项式，当分子的幂次 m 不小于分母的幂次 n 时，即当 $m\geqslant n$ 时，$x(t)$ 必包含冲激信号及其各阶导数。

初值定理说明，当已知信号 $x(t)$ 的拉普拉斯变换 $X(s)$ 时，可以直接由 $X(s)$ 求取信号的初值 $x(0_+)$，而不必先由 $X(s)$ 求反变换 $x(t)$。

【例 4-14】 已知 $X(s)=\dfrac{A}{s[s(s+1)(s+2)+1.06]}$，求 $x(0_+)$。

解：$X(s)$ 为真分式，因此，根据式（4-38），有

$$x(0_+)=\lim_{s\to\infty}sX(s)=\lim_{s\to\infty}s\frac{A}{s[s(s+1)(s+2)+1.06]}=0$$

【例 4-15】 利用初值定理求下列信号的初值。

（1）$x(t)=\mathrm{e}^{-2t}\varepsilon(t)$ 　　　　（2）$\varepsilon(t)$ 　　　　（3）$x(t)=\sin(5\pi t)\varepsilon(t)$

（4）$x(t)=\cos(5\pi t)\varepsilon(t)$ 　　　（5）$\delta(t)$

解：（1）由于

$$x(t)=\mathrm{e}^{-2t}\varepsilon(t)\leftrightarrow X(s)=\frac{1}{s+2}$$

则

$$x(0_+)=\lim_{s\to\infty}[sX(s)]=\lim_{s\to\infty}\left[s\cdot\frac{1}{s+2}\right]=1$$

（2）由于

$$\varepsilon(t)\leftrightarrow X(s)=\frac{1}{s}$$

则

$$\varepsilon(0_+)=\lim_{s\to\infty}[sX(s)]=\lim_{s\to\infty}\left[s\cdot\frac{1}{s}\right]=1$$

（3）由于

$$x(t)=\sin(5\pi t)\varepsilon(t)\leftrightarrow X(s)=\frac{5\pi}{s^2+25\pi^2}$$

则

$$x(0_+)=\lim_{s\to\infty}[sX(s)]=\lim_{s\to\infty}\left[s\cdot\frac{5\pi}{s^2+25\pi^2}\right]=0$$

（4）由于

$$x(t)=\cos(5\pi t)\varepsilon(t)\leftrightarrow X(s)=\frac{s}{s^2+25\pi^2}$$

则

$$x(0_+) = \lim_{s \to \infty}[sX(s)] = \lim_{s \to \infty}\left[s \cdot \frac{s}{s^2 + 25\pi^2}\right] = 1$$

（5）由于 $\delta(t) \leftrightarrow X(s) = 1$，根据式（4-38），有

$$\delta(0_+) = \lim_{s \to \infty}[sX(s)] = \lim_{s \to \infty}[s] = \infty$$

根据式（4-40），有

$$\delta(0_+) = \lim_{s \to \infty}[sX(s) - s] = \lim_{s \to \infty}[s - s] = 0$$

可见，用初值定理式（4-38）求出的实指数信号、单位阶跃信号、正弦信号、余弦信号的初值是正确的。对于单位冲激信号，用初值定理式（4-38）求出的初值是不正确的，只有用式（4-40）求出的初值才是正确的。

【例 4-16】 已知 $X(s) = \dfrac{s(s+3)(s+4)(s+5)}{(s+1)(s+2)}$，求 $x(0_+)$。

解：将 $X(s)$ 因式分解：

$$X(s) = s^2 + 9s + 18 - 6\frac{2s - 9}{(s+1)(s+2)}$$

令

$$X_1(s) = s^2 + 9s + 18, \quad X_2(s) = -6\frac{2s - 9}{(s+1)(s+2)}$$

有

$$X(s) = X_1(s) + X_2(s)$$

$X_1(s)$ 的表达式说明，$x(t)$ 在 $t = 0$ 处包含冲激信号及其各阶导数，因此必须用式（4-40）求初值。

式（4-40）说明，这时求取 $X(s)$ 的初值，必须取 $X(s)$ 的真分式，即

$$x(0_+) = \lim_{s \to \infty}\{s[X(s) - X_1(s)]\} = \lim_{s \to \infty}[sX_2(s)] = -6\lim_{s \to \infty}\left[s \cdot \frac{2s - 9}{(s+1)(s+2)}\right]$$

$$= -6\lim_{s \to \infty}\left(2 - \frac{15s + 4}{s^2 + 3s + 2}\right) = -6 \times 2 = -12$$

4.3.12　终值定理

若 $x(t) \leftrightarrow X(s)$，且 $x'(t)$ 的拉普拉斯变换存在，当 $x(\infty)$ 存在时，则

$$x(\infty) = \lim_{t \to \infty} x(t) = \lim_{s \to 0} sX(s) \qquad （4-41）$$

证明：对式（4-39）两边取 $s \to 0$ 的极限，得

$$\lim_{s \to 0}[sX(s)] = x(0_+) + \lim_{s \to 0}\left[s\int_{0_-}^{0_+} x(t)\mathrm{e}^{-st}\mathrm{d}t\right] + \lim_{s \to 0}\left[\int_{0_+}^{\infty} x'(t)\mathrm{e}^{-st}\mathrm{d}t\right]$$

同样，当 $x(t)$ 在 $t = 0$ 处有冲激信号及其各阶导数 $A\delta^{(n)}(t)$（$n > 0$）时，有

$$\lim_{s \to 0}\left[s\int_{0_-}^{0_+} x(t)\mathrm{e}^{-st}\mathrm{d}t\right] = \lim_{s \to 0}[As^{n+1}] = 0$$

当 $x(t)$ 在 $t = 0$ 处不含有冲激信号及其各阶导数时，亦有 $\lim_{s \to 0}\left[s\int_{0_-}^{0_+} x(t)\mathrm{e}^{-st}\mathrm{d}t\right] = 0$。因此

$$\lim_{s \to 0}\big[sX(s)\big] = x(0_+) + \int_{0_+}^{\infty} x'(t) \lim_{s \to 0}\Big[e^{-st}\Big] dt$$

$$= x(0_+) + \int_{0_+}^{\infty} x'(t)dt = x(\infty)$$

使用终值定理式（4-41）是有条件的，当 $x(\infty)$ 存在时，即 $\lim_{s \to 0}\big[sX(s)\big]$ 存在，$X(s)$ 可以有一个 $s = 0$ 的一阶极值点，收敛域包含 $\sigma = 0$，即 ROC：$\mathrm{Re}[s] \geqslant 0$。因此，当 $X(s)$ 为有理多项式，其分母多项式的根为其极值点，也叫极点，要使 $x(\infty)$ 存在，则 $X(s)$ 可以有一个 $s = 0$ 的一阶极点，其余极点必须全部位于 $\mathrm{Re}[s] < 0$ 的区间内。

终值定理说明，当已知信号 $x(t)$ 的拉普拉斯变换 $X(s)$ 时，可以直接由 $X(s)$ 求取信号的终值 $x(\infty)$，而不必先由 $X(s)$ 求反变换 $x(t)$。

【例 4-17】 某变量的拉普拉斯函数为 $X(s) = \dfrac{A}{s[s(s+1)(s+2)+1.06]}$，若要其终值为 $x(\infty)=1$，试确定 A 值。

解： 由 $X(s)$ 可知，除一阶极点 $s = 0$ 外，其余三个极点均位于 s 平面 $\mathrm{Re}[s] < 0$ 的区间内，因此其 $x(\infty)$ 是存在的。则

$$x(\infty) = \lim_{s \to 0} sX(s) = \lim_{s \to 0} s \cdot \frac{A}{s[s(s+1)(s+2)+1.06]} = \frac{A}{1.06}$$

若要 $x(\infty)=1$，则 $A=1.06$。

【例 4-18】 利用终值定理求下列信号的终值。

（1）$x(t) = e^{-2t}\varepsilon(t)$　　　　　　（2）$\varepsilon(t)$

（3）$\delta(t)$　　　　　　　　　　　　（4）$x(t) = \sin(5\pi t)\varepsilon(t)$

解：（1）由于 $x(t) = e^{-2t}\varepsilon(t) \leftrightarrow X(s) = \dfrac{1}{s+2}$，ROC：$\mathrm{Re}[s] > -2$，其收敛域包含 $\sigma = 0$，因此：

$$x(\infty) = \lim_{t \to \infty} x(t) = \lim_{s \to 0} sX(s) = \lim_{s \to 0}[s \cdot \frac{1}{s+2}] = 0$$

（2）由于 $\varepsilon(t) \leftrightarrow X(s) = \dfrac{1}{s}$，ROC：$\mathrm{Re}[s] > 0$，收敛域不包含 $\sigma = 0$，但在 $s = 0$ 处只有一个一阶极点，因此：

$$\varepsilon(\infty) = \lim_{t \to \infty} \varepsilon(t) = \lim_{s \to 0}[s \cdot \frac{1}{s}] = 1$$

（3）由于 $\delta(t) \leftrightarrow X(s) = 1$，收敛域为整个 s 平面，包含 $\sigma = 0$，无极点，因此：

$$\delta(\infty) = \lim_{t \to \infty} \delta(t) = \lim_{s \to 0}[s \cdot 1] = 0$$

（4）由于 $x(t) = \sin(5\pi t)\varepsilon(t) \leftrightarrow X(s) = \dfrac{5\pi}{s^2 + 25\pi^2}$，ROC：$\mathrm{Re}[s] > 0$，收敛域不包含 $\sigma = 0$，其有一对共轭极点 $s = 0 \pm j5\pi$，不满足终值定理的使用条件，因此 $x(\infty)$ 不存在。

可见，用终值定理求出的实指数信号、单位阶跃信号及冲激信号的终值是正确的，而正弦信号由于不满足终值定理的使用条件，因此不能求出终值。单边拉普拉斯变换的性质如表 4-2 所示。

表 4-2 单边拉普拉斯变换的性质

序 号	名 称	关 系 式	说 明
0	定义	$x(t) = \frac{1}{2\pi j}\int_{\sigma-j\infty}^{\sigma+j\infty} X(s)e^{st}ds$ $X(s) = \int_0^\infty x(t)e^{-st}dt$	
1	线性	$\alpha x_1(t) + \beta x_2(t) \leftrightarrow \alpha X_1(s) + \beta X_2(s)$	
2	时移	$x(t-t_0)\varepsilon(t-t_0) \leftrightarrow e^{-st_0}X(s)$	$t_0 \geqslant 0$
3	复频移	$e^{s_0 t}x(t) \leftrightarrow X(s-s_0)$	
4	尺度变换	$x(at) \leftrightarrow \frac{1}{a}X\left(\frac{s}{a}\right)$	$a > 0$
5	时域卷积	$x_1(t) * x_2(t) \leftrightarrow X_1(s) \cdot X_2(s)$	
6	复频域卷积	$x_1(t) \cdot x_2(t) \leftrightarrow \frac{1}{2\pi j}X_1(s) * X_2(s)$	
7	时域微分	$\frac{d}{dt}x(t) \leftrightarrow sX(s) - x(0_-)$	$\mathrm{Re}[s] > \sigma_0$
8	时域积分	$\int_{0_-}^t x(\tau)d\tau \leftrightarrow \frac{X(s)}{s}$	
9	复频域微分	$(-t)x(t) \leftrightarrow \frac{d}{ds}X(s)$	
10	复频域积分	$\frac{x(t)}{t} \leftrightarrow \int_s^\infty X(r)dr$	$\mathrm{Re}[s] > 0$
11	初值定理	$x(0^+) = \lim_{t\to 0_-} x(t) = \lim_{s\to\infty} sX(s)$	$x(t)$在 $t = 0$ 处不包含冲激信号及其各阶导数
12	终值定理	$x(\infty) = \lim_{t\to\infty} x(t) = \lim_{s\to 0} sX(s)$	当 $x(\infty)$ 存在时

4.4 拉普拉斯反变换的计算

拉普拉斯反变换的定义式如式（4-3）所示，即 $x(t) = \frac{1}{2\pi j}\int_{\sigma-j\infty}^{\sigma+j\infty} X(s)e^{st}ds$ 。这是一个复函数的积分，其求解过程往往比较困难。

在实际问题中，$X(s)$ 一般为 s 的有理多项式，对这种形式的函数求拉普拉斯反变换，最简单的方法是部分分式展开法。

4.4.1 单边拉普拉斯反变换的计算

设 $X(s)$ 为 s 的有理多项式

$$X(s) = \frac{N(s)}{D(s)} = \frac{b_m s^m + b_{m-1}s^{m-1} + \cdots + b_1 s + b_0}{a_n s^n + a_{n-1}s^{n-1} + \cdots + a_1 s + a_0} \tag{4-42}$$

式中，$N(s)$ 为分子多项式，$D(s)$ 为分母多项式。将 $N(s)$ 和 $D(s)$ 表示成一阶因式的乘积，有

$$X(s) = \frac{N(s)}{D(s)} = A\frac{\prod_{j=0}^m (s-z_j)}{\prod_{i=0}^n (s-p_i)} \tag{4-43}$$

式中，z_j 是分子多项式 $N(s) = 0$ 的根，对任意 z_j，当 $s = z_j$ 时，$X(s) = 0$。同理，p_i 是分母多项式 $D(s) = 0$ 的根，对任意 p_i，当 $s = p_i$ 时，$X(s) = \infty$。

进一步将式（4-43）表示成一阶因式的和的形式

当 $n > m$ 时，$X(s)$ 为真分式，$X(s) = \sum_{i=1}^{n} \dfrac{A_i}{s - p_i}$，令

$$X_i(s) = \frac{A_i}{s - p_i} \tag{4-44}$$

有

$$X(s) = \sum_{i=1}^{n} \frac{A_i}{s - p_i} = \sum_{i=1}^{n} X_i(s) \tag{4-45}$$

当 $n \leqslant m$ 时，有

$$X(s) = B_0 + B_1 s + B_2 s^2 + \cdots + B_{m-n} s^{m-n} + \sum_{i=1}^{n} \frac{A_i}{s - p_i}$$

令

$$X_j(s) = B_j s^j \tag{4-46}$$

则

$$X(s) = \sum_{j=0}^{m-n} B_j s^j + \sum_{i=1}^{n} \frac{A_i}{s - p_i} = \sum_{j=0}^{m-n} X_j(s) + \sum_{i=1}^{n} X_i(s) \tag{4-47}$$

在对式（4-45）求拉普拉斯反变换时，根据拉普拉斯变换的线性特性，只要求出 $X_i(s)$ 的反变换 $x_i(t)$，即可求出 $X(s)$ 的反变换 $x(t) = \sum_{i=1}^{n} x_i(t)$。下面根据极点 p_i 的特点，分三种情况求 $X_i(s)$ 的反变换 $x_i(t)$。

（1）对于 p_i 为只有单根的情况。

此时，$X_i(s) = \dfrac{A_i}{s - p_i}$，由于 $\mathcal{L}[\varepsilon(t)] = \dfrac{1}{s}$，利用复频移特性，有 $\mathcal{L}[\mathrm{e}^{p_i t} \varepsilon(t)] = \dfrac{1}{s - p_i}$，因此

$$X_i(s) = \frac{A_i}{s - p_i} \leftrightarrow A_i \mathrm{e}^{p_i t} \varepsilon(t) = x_i(t) \tag{4-48}$$

（2）对于 p_i 为含有 k 重根 p_1 的情况。

此时，$X(s) = \dfrac{N(s)}{D(s)} = \dfrac{B(s)}{A(s)(s - p_1)^k}$，其中，$A(s)$ 只有单根。则 $X(s)$ 的展开式的结构应为

$$X(s) = \frac{N(s)}{A(s)(s - p_1)^k} = \frac{K_{11}}{(s - p_1)} + \frac{K_{12}}{(s - p_1)^2} + \cdots + \frac{K_{1k}}{(s - p_1)^k} + \frac{B(s)}{A(s)} = \sum_{r=1}^{k} \frac{K_{1r}}{(s - p_1)^r} + \frac{B(s)}{A(s)}$$

令

$$X_1(s) = \sum_{r=1}^{k} \frac{K_{1r}}{(s - p_1)^r} = \sum_{r=1}^{k} X_{1r}(s)$$

对于 $X_{1r}(s) = \dfrac{K_{1r}}{(s-p_1)^r}$ 项，由于 $\mathcal{L}[e^{p_1 t}\varepsilon(t)] = \dfrac{1}{s-p_1}$，利用单位斜变信号拉普拉斯变换式（4-20），

有 $\mathcal{L}[t^k\varepsilon(t)] = \dfrac{k!}{s^{k+1}}$， $\mathcal{L}[t^{r-1}e^{p_1 t}\varepsilon(t)] = \dfrac{(r-1)!}{(s-p_1)^r}$， 因此：

$$X_1(s) = \sum_{r=1}^{k} \frac{K_{1r}}{(s-p_1)^r} \leftrightarrow \sum_{r=1}^{k} K_{1r} \frac{t^{r-1}}{(r-1)!} e^{p_1 t}\varepsilon(t) = \sum_{r=1}^{k} x_{1r}(t) = x_1(t) \tag{4-49}$$

（3）对于 p_i 为共轭复根的情况。

此时，将一对共轭复根视为两个复数单根，可以用（1）的单根方法得到。

【例 4-19】 已知 $X(s) = \dfrac{1}{s^2+8s+15}$，求单边拉普拉斯反变换 $x(t)$。

解：

$$X(s) = \frac{1}{(s+3)(s+5)} = \frac{1}{2}\left(\frac{1}{s+3} + \frac{-1}{s+5}\right) \tag{4-50}$$

根据式（4-48），有

$$x(t) = \frac{1}{2}(e^{-3t} - e^{-5t})\varepsilon(t) \tag{4-51}$$

利用 MATLAB 的[r,p,k]=residue(num,den)函数，可以计算两个多项式之比 $N(s)/D(s)$ 的部分分式展开式中各项的系数，当无重根时，函数的返回值如下

$$\frac{N(s)}{D(s)} = \frac{r_1}{s-p_1} + \frac{r_2}{s-p_2} + \cdots + \frac{r_n}{s-p_n} + k_{m-n}s^{m-n} + \cdots + k_2 s^2 + k_1 s + k_0 \tag{4-52}$$

当 p_1 为 m 重根时，函数的返回值如下

$$\frac{r_{11}}{s-p_1} + \frac{r_{12}}{(s-p_1)^2} + \cdots + \frac{r_{1m}}{(s-p_1)^m} \tag{4-53}$$

MATLAB 代码如下

```
%cp4liti19.m
num=[1];              %分子系数，按降幂排列
den=[1 8 15];         %分母系数，按降幂排列
[r,p,k]=residue(num,den)
```

运行结果为

```
r = [-0.5000  0.5000]
p = [-5  -3]
k = [ ]
```

这里得到 "[r,p,k]"，即将 $X(s)$ 分解为一阶因式的和的形式，如式（4-50）所示，由此可得到其对应的单边拉普拉斯反变换 $x(t)$，如式（4-51）所示。

利用 MATLAB 的 ilaplace( )函数，可以计算单边拉普拉斯反变换，代码为

```
x=ilaplace(X)
```

其中，"X"是默认自变量为 s 的函数表达式 $X(s)$，"x"是默认自变量为 t 的函数 $x(t)$，$x(t)$ 是函数 $X(s)$ 的单边拉普拉斯反变换。MATLAB 代码如下

```
syms s;
Xs=1./(s^2+8*s+15)
xt=ilaplace(Xs)        %拉普拉斯反变换
```

运行结果为

```
xt = exp(-3*t)/2- exp(-5*t)/2
```

【例 4-20】 求下列函数的单边拉普拉斯反变换。

（1） $X(s)=\dfrac{1}{(s+5)^3}$ 　　（2） $X(s)=\dfrac{1}{(s+3)(s+5)^3}$

解：（1）设 $X_1(s)=\dfrac{1}{s+5}$，有 $x_1(t)=\mathrm{e}^{-5t}\varepsilon(t)$，根据拉普拉斯变换的复频域微分特性，有

$$\frac{1}{(s+5)^3} \leftrightarrow \frac{1}{2}t^2 x_1(t) = \frac{1}{2}t^2 \mathrm{e}^{-5t}\varepsilon(t)$$

（2）将 $X(s)$ 因式分解

$$X(s)=\frac{1}{(s+3)(s+5)^3}=\frac{-1/8}{s+5}+\frac{-1/4}{(s+5)^2}+\frac{-1/2}{(s+5)^3}+\frac{1/8}{s+3} \tag{4-54}$$

有

$$\begin{aligned}x(t)&=-\left(\frac{1}{8}+\frac{1}{4}t+\frac{1/2}{2}t^2\right)\mathrm{e}^{-5t}\varepsilon(t)+\frac{1}{8}\mathrm{e}^{-3t}\varepsilon(t)\\&=-\frac{1}{8}(1+2t+2t^2)\mathrm{e}^{-5t}\varepsilon(t)+\frac{1}{8}\mathrm{e}^{-3t}\varepsilon(t)\end{aligned} \tag{4-55}$$

MATLAB 代码见本书配套教学资料中的 cp4liti20.m，运行代码得到"[r,p,k]"，即将 $X(s)$ 分解为一阶因式的和的形式，如式（4-54）所示，由此可得到其对应的反变换 $x(t)$，如式（4-55）所示。

【例 4-21】 已知 $X(s)=\dfrac{1}{s^2-2s+5}$，求单边拉普拉斯反变换 $x(t)$。

解：

$$X(s)=\frac{1}{[s-(1+2\mathrm{j})][s-(1-2\mathrm{j})]}=\frac{1}{4}\mathrm{j}\left[\frac{-1}{s-(1+2\mathrm{j})}+\frac{1}{s-(1-2\mathrm{j})}\right]$$

由式（4-48），有

$$x(t)=\frac{\mathrm{j}}{4}[\mathrm{e}^{(1-2\mathrm{j})t}-\mathrm{e}^{(1+2\mathrm{j})t}]\varepsilon(t)=\frac{\mathrm{j}}{4}\mathrm{e}^{t}(\mathrm{e}^{-2\mathrm{j}t}-\mathrm{e}^{2\mathrm{j}t})\varepsilon(t)$$

即

$$x(t)=\frac{1}{2}\mathrm{e}^{t}\sin(2t)\varepsilon(t)$$

【例4-22】 已知连续信号的拉普拉斯变换为 $X(s) = \dfrac{2s+4}{s^3+4s}$，试用 MATLAB 求其拉普拉斯反变换 $x(t)$。

解：该题可以用函数 residue( ) 来求解。

MATLAB 方法 1 代码见本书配套教学资料中的 cp4liti20a.m，由代码运行结果可以得到

$$x(t) = (-0.5 - 0.5\mathrm{j})\mathrm{e}^{2\mathrm{j}t} + (-0.5 + 0.5\mathrm{j})\mathrm{e}^{-2\mathrm{j}t} + 1$$
$$= -0.5(\mathrm{e}^{2\mathrm{j}t} + \mathrm{e}^{-2\mathrm{j}t}) - 0.5\mathrm{j}(\mathrm{e}^{2\mathrm{j}t} - \mathrm{e}^{-2\mathrm{j}t}) + 1$$
$$= -\cos 2t + \sin 2t + 1，\quad t \geq 0$$

该题还可以用函数 ilaplace( ) 来求解。代码见本书配套教学资料中的 cp4liti22b.m。

【例4-23】 已知连续信号的拉普拉斯变换为 $X(s) = \dfrac{s-4}{s(s+1)^3}$，试用 MATLAB 求其拉普拉斯反变换 $x(t)$。

解：用函数 ilaplace( ) 求解。

MATLAB 方法 1 代码见本书配套教学资料中的 cp4liti23a.m，运行结果为

```
4*exp(-t) + 4*t*exp(-t) + (5*t^2*exp(-t))/2 - 4
```

即

$$x(t) = -4 + \left(4 + 4t + \frac{5}{2}t^2\right)\mathrm{e}^{-t}，\quad t \geq 0$$

还可以利用 conv( ) 函数，将分母转化为 s 的多项式形式。

MATLAB 方法 2 代码见本书配套教学资料中的 cp4liti23b.m，由代码运行结果可以写出 $X(s)$ 的一阶因式分解结果为

$$X(s) = \frac{4}{s+1} + \frac{4}{(s+1)^2} + \frac{5}{(s+1)^3} + \frac{-4}{s}$$

由此可得

$$x(t) = \left(4 + 4t + \frac{5}{2}t^2\right)\mathrm{e}^{-t} - 4，\quad t \geq 0$$

再来看对式（4-47）求单边拉普拉斯反变换。式（4-47）中右边第二项 $\displaystyle\sum_{i=1}^{n} \frac{A_i}{s-p_i}$ 的单边拉普拉斯反变换与前面讲述的相同，仅看右边第一项 $\displaystyle\sum_{j=0}^{m-n} B_j s^j$ 的反变换。令 $k = m - n \geq 0$，由于 $\mathcal{L}[\delta(t)] = 1$，根据时域微分特性，有 $\mathcal{L}\left[\dfrac{\mathrm{d}}{\mathrm{d}t}\delta(t)\right] = s$，以及 $\mathcal{L}\left[\dfrac{\mathrm{d}^n}{\mathrm{d}t^n}\delta(t)\right] = s^n$，因此，$\mathcal{L}^{-1}[B_0 + B_1 s + B_2 s^2 + \cdots + B_k s^k] = B_0\delta(t) + B_1\delta'(t) + B_2\delta''(t) + \cdots + B_k\delta^{(k)}(t)$，即

$$X_j(s) = \sum_{j=0}^{k} B_j s^j \leftrightarrow \sum_{j=0}^{k} B_k \delta^{(k)}(t) = x_j(t) \tag{4-56}$$

【例4-24】 已知 $X(s) = 2s^2 + 6s + 20$，求单边拉普拉斯反变换 $x(t)$。

解： 利用式（4-56），可得

$$x(t) = 2\delta''(t) + 6\delta'(t) + 20\delta(t)$$

4.4.2　双边拉普拉斯反变换的计算

利用部分分式展开法进行双边拉普拉斯反变换，其方法与单边拉普拉斯反变换的方法相同。不过，在进行双边拉普拉斯反变换时，必须根据各部分分式的收敛域确定对应的时域信号的形式。双边拉普拉斯变换的收敛域一般为带域，对于某一极点，其收敛域可能是左边区域，也可能是右边区域。根据双边拉普拉斯变换的收敛域与其时域信号的关系可知，当收敛域为左边区域时，对应于时域的左边信号；当收敛域为右边区域时，对应于时域的右边信号。

对于 $X_i(s) = \dfrac{A_i}{s - p_i}$，当收敛域为左边区域，即 $\mathrm{Re}[s] < p_i$ 时，其双边拉普拉斯反变换为

$$x_i(t) = -A_i \mathrm{e}^{p_i t} \varepsilon(-t) \tag{4-57}$$

当收敛域为右边区域，即 $\mathrm{Re}[s] > p_i$ 时，其双边拉普拉斯反变换与其单边拉普拉斯反变换相同，为

$$x_i(t) = A_i \mathrm{e}^{p_i t} \varepsilon(t) \tag{4-58}$$

【例 4-25】 已知 $X(s) = \dfrac{1}{s^2 + 8s + 15}$，试用部分分式展开法求不同收敛域的双边拉普拉斯反变换。

解： $X(s) = \dfrac{1}{(s+3)(s+5)} = \dfrac{1}{2}\left(\dfrac{1}{s+3} + \dfrac{-1}{s+5}\right)$。

$X(s)$ 有两个极点，$p_1 = -3$，$p_2 = -5$，因此其有三种可能的收敛域，即 $\mathrm{Re}[s] < -5$、$-5 < \mathrm{Re}[s] < -3$、$\mathrm{Re}[s] > -3$。

当 $\mathrm{Re}[s] < -5$ 时，其收敛域对于两个极点而言都是左边区域，因此有

$$x(t) = -\frac{1}{2}(\mathrm{e}^{-3t} - \mathrm{e}^{-5t})\varepsilon(-t)$$

当 $-5 < \mathrm{Re}[s] < -3$ 时，其收敛域对于极点 $p_2 = -5$ 而言是右边区域，而对于极点 $p_1 = -3$ 而言是左边区域，因此有

$$x(t) = -\frac{1}{2}\mathrm{e}^{-3t}\varepsilon(-t) - \frac{1}{2}\mathrm{e}^{-5t}\varepsilon(t)$$

当 $\mathrm{Re}[s] > -3$ 时，其收敛域对于两个极点而言都是右边区域，因此有

$$x(t) = \frac{1}{2}(\mathrm{e}^{-3t} - \mathrm{e}^{-5t})\varepsilon(t)$$

4.5　连续时间系统的复频域分析

4.5.1　连续时间信号的复频域分解

系统分析的一个基本任务是求取系统对任意输入激励信号的响应。为此，必须先将任意

信号表示为基本信号的线性组合。在复频域分析方法中，选用的基本信号是复指数信号 e^{st}。将任意信号分解为复指数信号的线性组合，是由拉普拉斯变换完成的。根据单边拉普拉斯反变换的定义式（4-3），有

$$x(t) = \frac{1}{2\pi j} \int_{\sigma-j\infty}^{\sigma+j\infty} X(s)e^{st} ds, \quad t \geqslant 0 \tag{4-59}$$

式中，$X(s)$ 为因果信号 $x(t)$ 的单边拉普拉斯变换。

式（4-59）表明，对于任意因果信号 $x(t)$，若其单边拉普拉斯变换 $X(s)$ 存在，则可将其分解为复指数信号 e^{st} 的线性组合，其加权系数为 $\frac{1}{2\pi j} X(s) ds$。

4.5.2　复指数信号 e^{st} 的激励下系统的零状态响应

由 LTI 系统的时域分析法可知，系统的零状态响应就是系统的激励 $x(t)$ 与系统的单位冲激响应 $h(t)$ 的卷积，有

$$y_{zs}(t) = x(t) * h(t) \tag{4-60}$$

式中，$x(t) = e^{st}$，根据卷积运算的定义，有

$$y_{zs}(t) = \int_{-\infty}^{\infty} h(\tau)x(t-\tau)d\tau = \int_{-\infty}^{\infty} h(\tau)e^{s(t-\tau)}d\tau = e^{st}\int_{-\infty}^{\infty} h(\tau)e^{-s\tau}d\tau \tag{4-61}$$

令

$$H(s) = \int_{-\infty}^{\infty} h(\tau)e^{-s\tau}d\tau \tag{4-62}$$

式（4-62）表明，$H(s)$ 是与 t 无关的以 s 为变量的复函数。将其与拉普拉斯变换的定义式对照，可见，$H(s)$ 就是 $h(t)$ 的拉普拉斯变换。因此，$H(s)$ 是由系统确定的，只与系统有关，是反映系统特性的函数。

将式（4-62）代入式（4-61），有

$$y_{zs}(t) = e^{st}H(s) \tag{4-63}$$

式（4-63）表明，LTI 系统对复指数信号 e^{st} 的零状态响应等于 e^{st} 与 $H(s)$ 的乘积，它仍然是相同频率的复指数信号，只是幅度和相位由复函数 $H(s)$ 确定。

4.5.3　任意信号激励下系统的零状态响应

对于 LTI 系统，由式（4-63）可知，系统对复指数信号的零状态响应为

$$T[e^{st}] = e^{st}H(s)$$

根据 LTI 系统的齐次性，上式两边同乘 $\frac{1}{2\pi j} X(s) ds$，有

$$T\left[\frac{1}{2\pi j} X(s)e^{st} ds\right] = \frac{1}{2\pi j} X(s)H(s)e^{st} ds$$

再根据 LTI 系统的叠加性，对上式两边同取积分，有

$$T\left[\frac{1}{2\pi j}\int_{\sigma-j\infty}^{\sigma+j\infty}X(s)e^{st}ds\right]=\frac{1}{2\pi j}\int_{\sigma-j\infty}^{\sigma+j\infty}X(s)H(s)e^{st}ds \tag{4-64}$$

由式（4-59）可知，式（4-64）左端的中括号内就是任意信号 $x(t)$ 的复频域分解表达式。式（4-64）右端表示的是 LTI 系统对 $x(t)$ 激励的响应，也就是 LTI 系统对任意激励信号 $x(t)$ 的零状态响应。因此有

$$T[x(t)]=y_{zs}(t)=\frac{1}{2\pi j}\int_{\sigma-j\infty}^{\sigma+j\infty}X(s)H(s)e^{st}ds$$

令

$$Y_{zs}(s)=X(s)H(s) \tag{4-65}$$

有

$$y_{zs}(t)=\frac{1}{2\pi j}\int_{\sigma-j\infty}^{\sigma+j\infty}Y_{zs}(s)e^{st}ds \tag{4-66}$$

将式（4-66）与拉普拉斯变换的定义式比较可知，$y_{zs}(t)$ 正好是 $Y_{zs}(s)$ 的拉普拉斯反变换。即 $y_{zs}(t)$ 与 $Y_{zs}(s)$ 正好是一对拉普拉斯变换对。

对于 LTI 系统零状态响应的求取，由式（4-65）及式（4-66）可知，可先求取任意激励信号 $x(t)$ 的拉普拉斯变换 $X(s)$ 及系统单位冲激响应 $h(t)$ 的拉普拉斯变换 $H(s)$，则系统的零状态响应的拉普拉斯变换 $Y_{zs}(s)$ 就是 $X(s)$ 与 $H(s)$ 的乘积，最后对 $Y_{zs}(s)$ 取拉普拉斯反变换，即可得到 $y_{zs}(t)$。

【例 4-26】 已知 LTI 系统的单位冲激响应为 $h(t)=e^{-5t}\varepsilon(t)$，求系统对信号 $x(t)=e^{-2t}\varepsilon(t)$ 激励的零状态响应。

解： $H(s)=\mathcal{L}[h(t)]=\dfrac{1}{s+5}$，$\text{Re}[s]>-5$，$X(s)=\mathcal{L}[x(t)]=\dfrac{1}{s+2}$，$\text{Re}[s]>-3$，则

$$Y_{zs}(s)=X(s)H(s)=\frac{1}{s+2}\cdot\frac{1}{s+5}=\frac{1}{3}\left(\frac{1}{s+2}-\frac{1}{s+5}\right),\quad \text{Re}[s]>-3$$

因此

$$y_{zs}(t)=\frac{1}{3}e^{-2t}\varepsilon(t)-\frac{1}{3}e^{-5t}\varepsilon(t)=\frac{1}{3}(e^{-2t}-e^{-5t})\varepsilon(t)$$

MATLAB 代码见本书配套教学资料中的 cp4liti26.m。

4.5.4　LTI 系统微分方程的复频域求解

4.5.3 节给出了 LTI 系统对任意激励信号响应的复频域求解的一种方法，这种方法基于将任意信号分解为以复指数信号为基本信号的线性组合的思想，具有清晰的物理意义。这种方法通过利用拉普拉斯变换，使时域卷积运算变换为复频域的代数运算，大大简化了求解系统响应的复杂度。但是，这种方法需要已知系统的单位冲激响应，而且只求出了系统的零状态响应，并未给出系统的完全响应。

实际上，在给出系统的模型时，往往是给出系统的数学模型，而不是系统的单位冲激响应，那么，当给定的是系统的微分方程时，如何采用复频域方法求解系统的完全响应呢？下

面进行讨论。

描述 LTI 系统的微分方程的一般表达式为

$$a_n y^{(n)}(t) + a_{n-1} y^{(n-1)}(t) + \cdots + a_1 y'(t) + a_0 y(t) = b_m x^{(m)}(t) + b_{m-1} x^{(m-1)}(t) + \cdots + b_1 x'(t) + b_0 x(t) \quad (4\text{-}67)$$

已知激励 $x(t)$ 为因果信号，$y(0_-), y'(0_-), y''(0_-), \cdots, y^n(0_-)$ 为系统的初始状态，对式（4-67）两边取单边拉普拉斯变换，并利用时域微分特性，有

$$a_n \left[s^n Y(s) - \sum_{k=0}^{n-1} s^{n-1-k} y^{(k)}(0_-) \right] + a_{n-1}[s^{n-1}Y(s) - \sum_{k=0}^{n-2} s^{n-2-k} y^{(k)}(0_-)] + \cdots + a_1[sY(s) - y(0_-)] + a_0 Y(s)$$

$$= b_m s^m X(s) + b_{m-1} s^{m-1} X(s) + \cdots + b_1 s X(s) + b_0 X(s)$$

整理得

$$Y(s) = \frac{b_m s^m + b_{m-1} s^{m-1} + \cdots + b_1 s + b_0}{a_n s^n + a_{n-1} s^{n-1} + \cdots + a_1 s + a_0} X(s)$$

$$+ \frac{a_n \sum_{k=0}^{n-1} s^{n-1-k} y^{(k)}(0_-) + a_{n-1} \sum_{k=0}^{n-2} s^{n-2-k} y^{(k)}(0_-) + \cdots + a_1 y(0_-)}{a_n s^n + a_{n-1} s^{n-1} + \cdots + a_1 s + a_0} \quad (4\text{-}68)$$

式（4-68）右端第一项为不计系统初始状态，仅由激励 $X(s)$ 产生的响应，称为系统的零状态响应，即

$$Y_{zs}(s) = \frac{b_m s^m + b_{m-1} s^{m-1} + \cdots + b_1 s + b_0}{a_n s^n + a_{n-1} s^{n-1} + \cdots + a_1 s + a_0} X(s) \quad (4\text{-}69)$$

式（4-68）右端第二项为不计系统激励 $X(s)$，仅由初始状态产生的响应，称为系统的零输入响应，即

$$Y_{zi}(s) = \frac{a_n \sum_{k=0}^{n-1} s^{n-1-k} y^{(k)}(0_-) + a_{n-1} \sum_{k=0}^{n-2} s^{n-2-k} y^{(k)}(0_-) + \cdots + a_1 y(0_-)}{a_n s^n + a_{n-1} s^{n-1} + \cdots + a_1 s + a_0} \quad (4\text{-}70)$$

分别对式（4-69）及式（4-70）进行单边拉普拉斯反变换，即可得到 $y_{zs}(t)$ 及 $y_{zi}(t)$，系统的完全响应为

$$y(t) = y_{zs}(t) + y_{zi}(t) \quad (4\text{-}71)$$

【例 4-27】 已知系统的微分方程为 $y''(t) + 3y'(t) + 2y(t) = 2x'(t) + 6x(t)$，初始条件为 $y(0_-)=2$，$y'(0_-)=0$，求当激励为 $x(t) = \varepsilon(t)$ 时系统的零输入响应、零状态响应及完全响应。

解： 对微分方程两边取单边拉普拉斯变换，利用时域微分特性，有

$$[s^2 Y(s) - sy(0_-) - y'(0_-)] + 3[sY(s) - y(0_-)] + 2Y(s) = 2sX(s) + 6X(s)$$

整理得 $Y(s) = \dfrac{2s+6}{s^2+3s+2} X(s) + \dfrac{sy(0_-) + y'(0_-) + 3y(0_-)}{s^2+3s+2}$，将初值代入，得

$$Y(s) = \frac{2s+6}{s^2+3s+2} X(s) + \frac{2s+6}{s^2+3s+2}$$

零输入响应为 $Y_{zi}(s) = \dfrac{2s+6}{s^2+3s+2} = \dfrac{4}{s+1} + \dfrac{-2}{s+2}$，即

$$y_{zi}(t) = 4e^{-t}\varepsilon(t) - 2e^{-2t}\varepsilon(t)$$

零状态响应为 $Y_{zs}(s) = \dfrac{2s+6}{s^2+3s+2}X(s)$，因为 $X(s) = \mathcal{L}[x(t)] = \mathcal{L}[\varepsilon(t)] = \dfrac{1}{s}$，代入上式，有

$$Y_{zs}(s) = \frac{2s+6}{s^2+3s+2}\cdot\frac{1}{s} = \frac{3}{s} + \frac{-4}{s+1} + \frac{1}{s+2}$$

即

$$y_{zs}(t) = 3\varepsilon(t) - 4e^{-t}\varepsilon(t) + e^{-2t}\varepsilon(t)$$

完全响应为

$$y(t) = y_{zs}(t) + y_{zi}(t) = (3 - e^{-2t})\varepsilon(t)$$

与例 2-9 比较，结果相同。

对零输入响应求解，可用 MATLAB 中求解常微分方程的 dsolve( )函数实现，语法为

```
r = dsolve('eq', 'cond', 'var')
```

其中，字符串 eq 为常微分方程表达式，默认自变量为 t，也可以用字符串 var 显式地指定自变量。在字符串 eq 中，用 D 表示微分，如 Dy 表示 y 的一阶微分，D2y 表示 y 的二阶微分，以此类推。字符串 cond 为初始条件，该例的 MATLAB 代码如下

```
yzi=dsolve('D2y+3*Dy+2*y=0','y(0)=2','Dy(0)=0','t')
```

运行结果为

```
yzi=4*exp(-t)-2*exp(-2*t)
```

即

$$y_{zi}(t) = 4e^{-t} - 2e^{-2t}, \quad t \geq 0$$

对于零状态响应，先用 tf( )函数求取系统函数 $H(s)$，MATLAB 代码如下

```
a=[1 3 2];    %y 的系数
b=[2 6];      %x 的系数
Hs=tf(b,a)
```

运行结果为

```
  2 s + 6
-------------
s^2 + 3 s + 2
```

得到 $H(s)$ 后，再利用 laplace( )函数由 $x(t)$ 得到 $X(s)$，将 $H(s)$ 与 $X(s)$ 相乘，进而得到 $Y_{zs}(s) = H(s)X(s)$，利用 ilaplace( )函数对 $Y_{zs}(s)$ 取反变换，得到 $y_{zs}(t)$

```
syms s t
xt=heaviside(t);
Xs=laplace(xt);
```

```
Hs=(2*s+6)/(s^2+3*s+2);
Yzs=Xs*Hs;
yzs=ilaplace(Yzs)
```

运行结果为

```
Yzs = exp(-2*t) - 4*exp(-t) + 3
```

即

$$y_{zs}(t) = 3 - 4e^{-t} + e^{-2t} , \ t \geqslant 0$$

最后，完全响应 $y(t) = y_{zi}(t) + y_{zs}(t)$ 为

```
y=yzi+yzs
```

运行结果为

```
Y = -exp(-2*t) + 3
```

即

$$y(t) = 3 - e^{-2t} , \ t \geqslant 0$$

由此可见，利用拉普拉斯变换方法求解系统微分方程，将微分运算转化为乘法运算，从而将微分方程转化为代数方程，而且，初始条件被自动包含在变换式中，不仅大大简化了求解的过程，同时获得了系统方程的零输入响应和零状态响应的解。因此，基于拉普拉斯变换的复频域分析方法是分析连续时间线性时不变系统的强有力的工具。

4.6　线性时不变系统的系统函数

4.6.1　系统函数的定义

连续时间 LTI 系统的数学模型一般为 n 阶线性常系数微分方程，其通用表达式如式（4-67）所示，即

$$\sum_{i=0}^{n} a_i y^{(i)}(t) = \sum_{j=0}^{m} b_j x^{(j)}(t) \tag{4-72}$$

式中，$x(t)$ 为系统的激励，$y(t)$ 为系统的响应。

假定系统为零初始状态，对式（4-72）两边取单边拉普拉斯变换，得

$$\sum_{i=0}^{n} a_i s^i Y_{zs}(s) = \sum_{j=0}^{m} b_j s^j X(s) \tag{4-73}$$

即

$$Y_{zs}(s) = \frac{\displaystyle\sum_{j=0}^{m} b_j s^j}{\displaystyle\sum_{i=0}^{n} a_i s^i} X(s)$$

定义

$$H(s) = \frac{Y_{zs}(s)}{X(s)} \qquad (4\text{-}74)$$

即有

$$H(s) = \frac{b_m s^m + b_{m-1} s^{m-1} + \cdots + b_1 s + b_0}{a_n s^n + a_{n-1} s^{n-1} + \cdots + a_1 s + a_0} \qquad (4\text{-}75)$$

由式（4-75）可见，$H(s)$ 是复变量 s 的多项式函数，它只与微分方程的结构和参数有关，而与系统输入 $x(t)$ 及系统响应 $y(t)$ 无关。当系统微分方程确定时，$H(s)$ 也随之确定。

我们知道，系统的单位冲激响应 $h(t)$ 是激励为单位冲激信号 $\delta(t)$ 时系统的零状态响应。由式（4-74），有

$$H(s) = \frac{Y_{zs}(s)}{X(s)} = \frac{\mathcal{L}[h(t)]}{\mathcal{L}[\delta(t)]} = \mathcal{L}[h(t)] = \int_{-\infty}^{\infty} h(t) e^{-st} dt \qquad (4\text{-}76)$$

可见，$H(s)$ 正是 LTI 系统单位冲激响应 $h(t)$ 的拉普拉斯变换。因此，$H(s)$ 也能完整地描述系统的特性，称 $H(s)$ 为 LTI 系统的系统函数。

对于 LTI 系统的系统函数 $H(s)$，可以由定义式（4-74）求取，也可以由系统微分方程通过式（4-75）求取，还可以通过系统的单位冲激响应 $h(t)$ 由式（4-76）求取。当然，也可以由系统的模型（如物理模型、运算模型、信号流图模型等）获取。

【例 4-28】 已知系统的微分方程为 $y''(t) + 3y'(t) + 2y(t) = 2x'(t) + 6x(t)$，求系统的系统函数及其单位冲激响应。

解： 对系统取零初始状态，将微分方程两边取单边拉普拉斯变换，得

$$s^2 Y_{zs}(s) + 3s Y_{zs}(s) + 2 Y_{zs}(s) = 2s X(s) + 6 X(s)$$

整理得

$$(s^2 + 3s + 2) Y_{zs}(s) = (2s + 6) X(s)$$

根据式（4-74），有 $H(s) = \dfrac{Y_{zs}(s)}{X(s)} = \dfrac{2s+6}{s^2+3s+2}$，由于系统单位冲激响应就是系统函数的拉普拉斯反变换，根据 $H(s) = \dfrac{2s+6}{s^2+3s+2} = \dfrac{4}{s+1} + \dfrac{-2}{s+2}$，有

$$h(t) = 4e^{-t} \varepsilon(t) - 2e^{-2t} \varepsilon(t)$$

利用 MATLAB 中的 tf( ) 函数可求取系统函数 $H(s)$，再利用 ilaplace( ) 函数对 $H(s)$ 取反变换，即可得到 $h(t)$。

4.6.2 系统的零、极点图

根据式（4-75），将其分子多项式和分母多项式分解为一阶因式的乘积，可得

$$H(s) = \frac{b_m s^m + b_{m-1} s^{m-1} + \cdots + b_1 s + b_0}{a_n s^n + a_{n-1} s^{n-1} + \cdots + a_1 s + a_0} = \frac{N(s)}{D(s)} = \frac{\prod\limits_{j=1}^{m}(s - z_j)}{\prod\limits_{i=1}^{n}(s - p_i)} \qquad (4\text{-}78)$$

式中，z_j 为系统函数 $H(s)$ 的零点，p_i 为系统函数 $H(s)$ 的极点。

一般，z_j 和 p_i 为复数，将 z_j 和 p_i 标注在 s 平面上，z_j 用圆 "○" 表示，p_i 用叉 "×" 表示，所得的图形称为系统的零、极点图。

【例 4-29】 已知 $H(s)=\dfrac{2s+6}{s^2+3s+2}$，画出该系统函数的零、极点图。

解：
$$H(s)=\frac{2s+6}{s^2+3s+2}=\frac{2(s+3)}{(s+1)(s+2)}$$

因此，系统有两个极点 $p_1=-1$、$p_2=-2$，一个零点 $z_1=-3$，系统函数的零、极点图如图 4-3 所示。

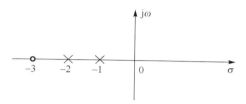

图 4-3 例 4-29 系统函数的零、极点图

在 MATLAB 中，有理多项式的系统函数的零、极点可以用 roots( ) 函数计算

```
r=roots(c)
```

该函数可以求出多项式 c 的根，要求多项式 c 的系数按降幂排列。

该例的 MATLAB 代码见本书配套教学资料中的 cp4liti29.m。

【例 4-30】 已知 $H(s)=\dfrac{2s+1}{s^3+2s^2+2s+1}$，画出该系统函数的零、极点图。

解： 对于复杂一点的多项式，可以用 MATLAB 的 pzmap(sys) 函数方便地求出连续时间 LTI 系统的零、极点或在复平面上画出零、极点图，sys 是系统函数表达式。[p,z]=pzmap(sys) 用于求出系统的零、极点，而 pzmap(sys) 用于画出零、极点图，极点为 "×"，零点为 "○"。

该例的 MATLAB 代码如下

```
%cp4liti30.m
num=[2 1]              %分子多项式系数
den=[1 2 2 1]          %分母多项式系数
sys=tf(num,den)        %求系统函数
[p,z]=pzmap(sys)       %求零、极点值
pzmap(sys)             %画零、极点图
```

运行结果为

```
sys =
          2 s + 1
   --------------------
  s^3 + 2 s^2 + 2 s + 1
p =
 -1.0000 + 0.0000i
```

```
    -0.5000 + 0.8660i
    -0.5000 - 0.8660i
 z =
    -0.5000
```

系统函数的零、极点图如图 4-4 所示。

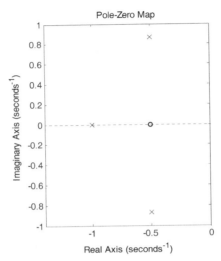

图 4-4   例 4-30 系统函数的零、极点图

可见，该系统有一个零点 $z = -0.5$ 和三个极点 $p_1 = -1, p_2 = -0.5 + 0.866i, p_3 = -0.5 - 0.866i$。

由于系统函数 $H(s)$ 能完整地描述系统的特性，因此，其零、极点图也能完整地表征系统的特性。通过系统函数的零、极点图，能直观地分析系统的特性，如系统的时域特性、频域特性、因果性、稳定性等。

4.6.3 系统函数的应用

系统的微分方程、单位冲激响应、系统函数都能完整地表达系统的特性，系统函数有许多方面的应用。

（1）可以写出系统的微分方程。

系统函数的定义式为 $H(s) = \dfrac{Y_{zs}(s)}{X(s)}$，可得 $Y_{zs}(s) = H(s)X(s)$，应用拉普拉斯变换的时域微分特性可写出系统微分方程。

【例 4-31】 已知系统函数 $H(s) = \dfrac{2s+6}{s^2 + 3s + 2}$，写出系统的微分方程。

解： 根据系统函数的定义，有 $H(s) = \dfrac{Y_{zs}(s)}{X(s)} = \dfrac{2s+6}{s^2 + 3s + 2}$，即 $(s^2 + 3s + 2)Y_{zs}(s) = (2s+6)X(s)$，应用拉普拉斯变换的时域微分特性，有 $y''(t) + 3y'(t) + 2y(t) = 2x'(t) + 6x(t)$。

（2）可以求系统的零输入响应。

根据初始值，由 $H(s)$ 的极点可以求系统的零输入响应 $y_{zi}(t)$，即 $y_{zi}(t) = \displaystyle\sum_{i=0}^{n} A_i \mathrm{e}^{p_i t}$，系数 A_i

由系统初值确定。

【例 4-32】 已知系统函数 $H(s) = \dfrac{2s+6}{s^2+3s+2}$，若系统初始条件为 $y(0_-)=2$，$y'(0_-)=0$，求系统的零输入响应 $y_{zi}(t)$。

解： 由系统函数可得其极点为 $p_1 = -1$，$p_2 = -2$，则系统零输入响应为

$$y_{zi}(t) = (A_1 e^{-t} + A_2 e^{-2t})\varepsilon(t)$$

根据系统初始条件，有 $\begin{cases} y_{zi}(0) = A_1 + A_2 = 2 \\ y'_{zi}(0) = -A_1 - 2A_2 = 0 \end{cases}$，解得 $\begin{cases} A_1 = 4 \\ A_2 = -2 \end{cases}$，因此

$$y_{zi}(t) = (4e^{-t} - 2e^{-2t})\varepsilon(t)$$

（3）可以求系统的零状态响应。

对给定激励 $x(t)$，可以求系统零状态响应 $y_{zs}(t)$，即 $y_{zs}(t) = \mathcal{L}^{-1}[H(s)X(s)]$。

【例 4-33】 已知系统函数 $H(s) = \dfrac{2s+6}{s^2+3s+2}$，若系统激励信号为 $x(t) = \varepsilon(t)$，求系统的零状态响应 $y_{zs}(t)$。

解： 由系统激励信号 $x(t) = \varepsilon(t)$ 可得 $X(s) = \dfrac{1}{s}$，因此 $Y_{zs}(s) = H(s)X(s) = \dfrac{2s+6}{s^2+3s+2} \cdot \dfrac{1}{s}$，因式分解，有 $Y_{zs}(s) = \dfrac{3}{s} + \dfrac{-4}{s+1} + \dfrac{1}{s+2}$，即 $y_{zs}(t) = (3 - 4e^{-t} + e^{-2t})\varepsilon(t)$。

（4）可以求系统的频率特性 $H(j\omega)$。

当系统的频率特性 $H(j\omega)$ 存在时，或者系统函数在 s 平面虚轴上收敛时，根据拉普拉斯变换与傅里叶变换的关系，$s=\sigma+j\omega$，令 $\sigma=0$，即有 $s=j\omega$，因此，$H(j\omega) = H(s)\big|_{s=j\omega}$，可以画出系统的幅频特性曲线 $|H(j\omega)| = \text{abs}(H(j\omega))$ 和相频特性曲线 $\varphi(\omega) = \text{angle}(H(j\omega))$。进一步还可以求系统的正弦稳态响应 $y_z(t)$。

设系统的正弦激励信号为 $x(t) = \sin(\omega_0 t + \theta)$，则系统的正弦稳态响应 $y_z(t)$ 为

$$y_z(t) = |H(j\omega_0)|\sin(\omega_0 t + \theta + \varphi(\omega_0)) \tag{4-79}$$

【例 4-34】 已知系统函数 $H(s) = \dfrac{s+4}{s^2+3s+4}$，绘制系统的幅频特性曲线和相频特性曲线。

解： 该系统收敛域包含虚轴，因此其频率特性存在。已知系统函数时，可以用 MATLAB 的 freqresp( )函数得到系统的频率响应，再用 plot 函数画出系统的幅频特性曲线和相频特性曲线，如图 4-5 所示。完整的 MATLAB 代码见本书配套教学资料中的 cp4liti34.m。

```
%cp4liti34.m
k=3;w=-k*pi:0.01:k*pi;
num=[1 4];den=[1 3 4];
H=freqresp(num,den,sqrt(-1)*w);
```

在利用 MATLAB 绘图的过程中，可以使用特殊符号，如希腊字母、数学符号等，MATLAB 给出了它们的清单列表，具体可参考 MATLAB 软件中：帮助→MATLAB→Graphics→Formatting and Annotation→Annotation→Properties→Text Properties。

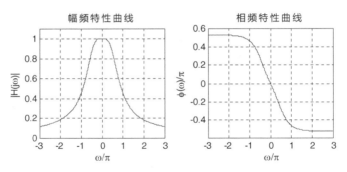

图 4-5　系统的幅频曲线和相频曲线

（5）研究 $H(s)$ 的极、零点分布对 $h(t)$ 的影响。

由于 $H(s)$ 与 $h(t)$ 是一对变换对，因此，由 $H(s)$ 可以求出 $h(t)$，即可分析系统单位冲激响应的特性，即系统时域特性。

对于式（4-78），当 $m < n$ 时，为了通过 $H(s)$ 求出 $h(t)$，将其分解为一次因式的和式，有

$$H(s) = \frac{N(s)}{D(s)} = \frac{\prod\limits_{j=1}^{m}(s - z_j)}{\prod\limits_{i=1}^{n}(s - p_i)} = \sum_{i=1}^{n} \frac{K_i}{s - p_i}$$

对第 i 个极点，令 $H_i(s) = \dfrac{K_i}{s - p_i}$，可得其对应的时域特性为 $h_i(t) = K_i \mathrm{e}^{p_i t} \varepsilon(t)$。由因式分解过程可见，$H(s)$ 的零点决定了系数 K_i，当 K_i 为实数时，零点会影响时域特性的幅值，当 K_i 为复数时，零点不仅会影响时域特性的幅值，还会影响时域特性的相位。

只有 $H(s)$ 极点决定了时域特性 $h(t)$ 的具体形式。对于第 i 个极点，由于 $h_i(t) = K_i \mathrm{e}^{p_i t} \varepsilon(t)$，可见，当极点 p_i 为正实数时，$h_i(t)$ 为增长的指数形式；当极点 p_i 为负实数时，$h_i(t)$ 为衰减的指数形式；当极点 p_i 为纯共轭虚数时，$h_i(t)$ 为等幅正弦振荡形式；当极点 p_i 为实部不为零的共轭复数时，$h_i(t)$ 为幅值呈指数变化的正弦振荡形式，其中，当实部为正数时，幅值呈指数形式增长，当实部为负数时，幅值呈指数形式衰减；当极点 p_i 为零时，$h_i(t)$ 为常数形式。

【例 4-35】 画出系统函数各极点对应的时域特性 $h(t)$ 的图形。

$$H(s) = \frac{1}{s-1} + \frac{1}{s+1} + \frac{2\pi}{s^2 + 4\pi^2} + \frac{3\pi}{(s-1)^2 + 9\pi^2} + \frac{3\pi}{(s+1)^2 + 9\pi^2} + \frac{1}{s}$$

解： 在 MATLAB 中，可利用 impulse(num,den) 函数画出 $H(s)$ 对应的 $h(t)$ 的波形图。

如对于 $H_4(s) = \dfrac{3\pi}{(s-1)^2 + 9\pi^2}$，其 MATLAB 代码为

```
%cp4liti35a.m
num4=[3*pi];
den4=[1 -2 1+9*pi*pi];
impulse(num4,den4);
```

该例系统函数的不同极点对应的时域特性 $h(t)$ 的波形如图 4-6 所示。

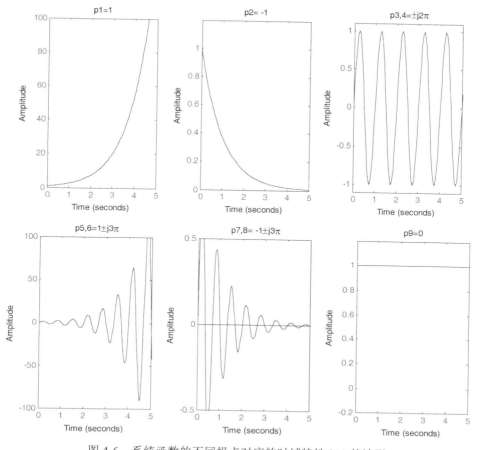

图 4-6 系统函数的不同极点对应的时域特性 $h(t)$ 的波形

例 4-35 中的各极点只是一些典型特例，对于其他任意极点，读者可以用 MATLAB 方法方便地画出。例 4-35 中的极点都是一阶的，对于二阶的极点，同样可以用 MATLAB 方法画出。

例如，对于 $1\sim4$ 阶的 $p=0$ 的极点，MATLAB 代码见本书配套教学资料中的 cp4liti35b.m，系统函数 $p=0$ 极点不同阶数对应的时域特性 $h(t)$ 的波形如图 4-7 所示。

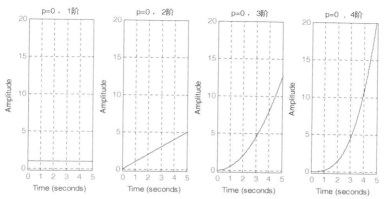

图 4-7 系统函数 $p=0$ 极点不同阶数对应的时域特性 $h(t)$ 的波形

（6）根据 $H(s)$ 极点分布判断系统的稳定性。

对于稳定系统，当输入有界时，输出必有界，第 2 章已经证明，系统稳定的充分必要条件是系统的单位冲激响应绝对可积。根据单位冲激响应与系统函数极点的关系可知，当极点位于 s 平面的左半平面内时，单位冲激响应的幅值是呈指数衰减的，因此对于 LTI 因果系统，系统稳定的充分必要条件是其极点全部位于 s 平面的左半平面内。而且，系统函数 $H(s)$ 必须是有理真分式，否则输出响应会出现冲激或冲激的导数项，即产生无界输出，系统就不是稳定的。

【例 4-36】 已知某连续系统的系统函数为 $H(s) = \dfrac{s+4}{s^3 + 3s^2 + 2s}$，试用 MATLAB 求出该系统的单位冲激响应 $h(t)$，并绘出其时域波形图，判断系统的稳定性。

解： 该题可通过调用 residue( ) 函数求解。

MATLAB 代码见本书配套教学资料中的 cp4liti36a.m，运行结果为 r = [1,-3,2]，p = [-2,-1,0]，即系统函数有三个实极点，可以直接写出系统的单位冲激响应：$h(t) = (e^{-2t} - 3e^{-t} + 2)\varepsilon(t)$。

由于系统的系统函数已知，因此可直接调用 impulse( ) 函数来绘制其单位冲激响应 $h(t)$ 的时域波形，MATLAB 代码见本书配套教学资料中的 cp4liti36b.m，单位冲激响应 $h(t)$ 的时域波形如图 4-8 所示。由 $h(t)$ 的时域波形可以看出，当时间 t 趋于无穷大时，$h(t)$ 并不趋于零，不满足绝对可积的条件，因此该系统是非稳定系统。

系统的零、极点图可用 pzmap( ) 函数实现，其 MATLAB 代码见本书配套教学资料中的 cp4liti36c.m，系统的零、极点图如图 4-9 所示。

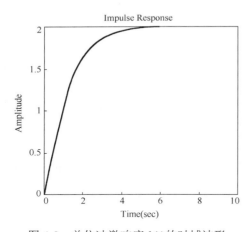

图 4-8　单位冲激响应 $h(t)$ 的时域波形

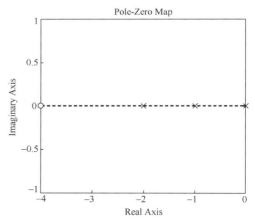

图 4-9　系统的零、极点图

由图 4-9 可知，有一个极点位于 $s=0$ 处，不满足全部极点都位于 s 平面的左半平面内的稳定条件，因此可以得出系统是非稳定系统的结论。

（7）根据 $H(s)$ 的收敛域判断系统的因果性。

因果系统的单位冲激响应必为因果信号，此结论在第 2 章中已经证明过。由双边拉普拉斯反变换可知，若 s 函数的收敛域为某极点的左边，则其对应的时域函数为非因果的，若 s 函数的收敛域为某极点的右边，则其对应的时域函数为因果的。

若系统函数的收敛域为最右边极点的右边，则对于所有极点而言，其单位冲激响应必为因果信号，因此该系统为因果系统；若系统函数的收敛域存在在某极点的左边的情况，则该极点所对应的单位冲激响应必为非因果信号，即便其他极点所对应的单位冲激响应都为因果信号，系统总的单位冲激响应也必为非因果信号，因此该系统为非因果系统。

（8）系统模拟。

由 $H(s)$ 可得

$$Y_{zs}(s) = H(s)X(s) = \frac{b_m s^m + b_{m-1}s^{m-1} + \cdots + b_1 s + b_0}{a_n s^n + a_{n-1}s^{n-1} + \cdots + a_1 s + a_0}X(s)$$

从该表达式可见，由 $X(s)$ 到 $Y_{zs}(s)$ 的过程只有三种运算，即加法、数量乘法、积分（对应于 s^{-1}）或微分（对应于 s）。因此，利用这三种运算器，就可以给出系统的运算结构图，这就是系统的运算框图或系统的信号流图。利用系统的运算框图或系统的信号流图来描述系统，就是系统模拟。这种方法无论是在理论上，还是在工程实际上，都具有重要的实用价值。

【例 4-37】 已知某连续时间 LTI 系统的系统函数为 $H(s) = \dfrac{s^2 + 2s + 4}{s^2 + 3s + 1}$，试画出系统的模拟运算框图。

解： 由于 s 对应于微分运算，s^{-1} 对应于积分运算。实际系统一般采用积分器实现，因此根据式（4-74），有

$$H(s) = \frac{Y_{zs}(s)}{X(s)} = \frac{s^2 + 2s + 4}{s^2 + 3s + 1} = \frac{1 + 2s^{-1} + 4s^{-2}}{1 + 3s^{-1} + s^{-2}}$$

即

$$(1 + 3s^{-1} + s^{-2})Y_{zs}(s) = (1 + 2s^{-1} + 4s^{-2})X(s)$$

引入中间变量 $W(s)$，上述方程可改写为

$$\begin{cases} W(s) = X(s) + 2s^{-1}X(s) + 4s^{-2}X(s) \\ Y_{zs}(s) = W(s) - 3s^{-1}Y_{zs}(s) - s^{-2}Y_{zs}(s) \end{cases}$$

依据该式可以画出系统模拟运算图 1，如图 4-10 所示。这是直接 I 型模拟图。

可将图 4-10 视为前后两个系统的级联，即

$$H(s) = \frac{Y_{zs}(s)}{X(s)} = \frac{W(s)}{X(s)} \cdot \frac{Y_{zs}(s)}{W(s)} = H_1(s) \cdot H_2(s)$$

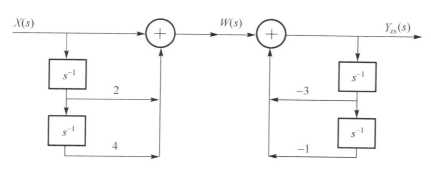

图 4-10　系统模拟运算图 1

根据线性系统的特性，交换级联系统的先后顺序，系统不变，可得系统模拟运算图 2，如图 4-11 所示。

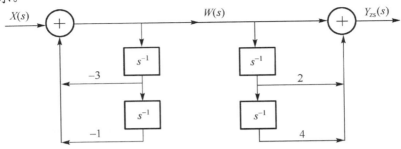

图 4-11　系统模拟运算图 2

在图 4-11 中，中间变量 $W(s)$ 使用了两条积分路径，可以合并成一条路径，得到系统模拟运算图 3，如图 4-12 所示。这是直接 II 型模拟图。

再对图 4-12 进行等价变形，可得系统模拟运算图 4，如图 4-13 所示。

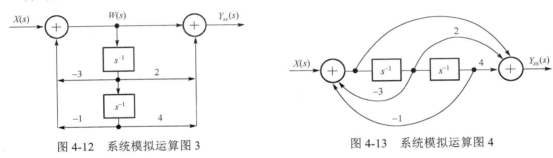

图 4-12　系统模拟运算图 3　　　　　　　　　图 4-13　系统模拟运算图 4

图 4-13 就是二阶系统的直接 II 型模拟运算图。系统的信号流图如图 4-14 所示。

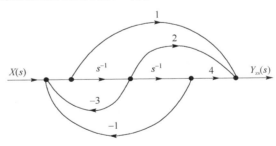

图 4-14　系统的信号流图

对于一般的 n 阶系统，也可以使用该方法得到其直接型模拟运算图或信号流图。在实际使用中，一般将 n 阶系统转化为不高于二阶的低阶系统的混合连接。

从例 4-37 中可以看出，有了系统的系统函数，或者有了系统的微分方程，就可以画出系统的模拟运算图。当然，有了系统的模拟运算图，也可以写出系统的系统函数。读者可以试着由图 4-14 写出系统函数。

对于系统函数为 $H(s) = \dfrac{b_m s^m + b_{m-1} s^{m-1} + \cdots + b_1 s + b_0}{s^n + a_{n-1} s^{n-1} + \cdots + a_1 s + a_0}$ 的系统，直接 II 型模拟运算图如图 4-15

所示。注意，式中要将 a_n 归一化，即 $a_n = 1$。

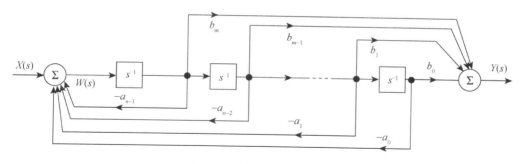

图 4-15　直接 II 型模拟运算图

4.7　【课程思政】——从赫维赛德到拉普拉斯变换

谈到拉普拉斯变换，必须先从一个人说起：奥列弗·赫维赛德（Oliver Heaviside，1850—1925），他是英国自学成才的物理学家。赫维赛德出生于伦敦卡姆登镇，家庭极度贫寒，还得过猩红热。赫维赛德的学业成绩不俗，1865 年，在五百多个学生中排名第五。16 岁辍学，从未上过大学，完全靠自学和兴趣掌握了高等科学和数学。下面简要介绍他的三大杰出成就。

（1）提出电报方程

离开学校的赫维赛德自学莫尔斯密码和电磁学，成了丹麦大北电报公司的电报员。1872 年，成为纽卡斯尔的主电报员，开始研究电学。1874 年，赫维赛德辞职，在父母家中独自研究电报传输，提出了电报方程。

1837 年，莫尔斯（Samuel Finley Breese Morse，1791—1872）发明了电报，不到 20 年的时间，电报这种新型通信方式已经在世界上流行起来。当时无线电还没有被发明，电报只能进行有线传送，由于只能在陆地上使用，因此称为陆地电报。随着资本主义的发展，英国和欧洲大陆及欧美两地之间传统的利用邮船通信的方式已经远远不能满足需要，于是制造和铺设海底电缆成了迫切需求。

1851 年，在英法之间的多佛尔海峡成功铺设了最早的海底电缆。不过，多佛尔海峡的海底电缆比较短，全长只有 30 千米。要制造和铺设几千千米长的大西洋海底电缆，工程十分艰巨，有很多理论上和技术上的问题需要解决，关键的问题是怎样接收弱电信号。那时，电子管还没有出现，没有电子放大电路，用当时通用的电报终端机不可能接收微弱的电缆终端信号。1855 年，英国格拉斯哥大学的青年教授威廉·汤姆逊（William Thomson，1824—1907）提出了海底电缆信号衰减理论，为海底电缆工程奠定了重要的理论基础。1866 年，大西洋海底电缆铺设成功，建立了全球性的远距离通信，它和电报的发明一样，是人类通信史上一座新的里程碑。威廉·汤姆逊因为在科学上的成就和对大西洋电缆工程的贡献，获英女皇授予开尔文勋爵（Lord Kelvin）衔。

1876 年，赫维赛德使用麦克斯韦方程组中的旋度方程，导出了含有自感项的经典电报方程。赫维赛德指出传输线上的信号进行无失真传输的条件是：$L/C = r/g$。（L 是单位长度传输线的自感、C 是分布电容、r 是串联电阻、g 是并联电导）。实际上，g 很小，等式右端很大，

只有加大 L，上述等式才能左右平衡。赫维赛德建议，可用串联电感（加感）的办法来解决问题。1889 年，开尔文在一次演讲中承认自己的"海底电缆方程"（不含电感项的经典电报方程）是有局限性的，并推崇了赫维赛德的方程。

（2）重新表述麦克斯韦方程组

詹姆斯·克拉克·麦克斯韦（James Clerk Maxwell，1831—1879）早在 1873 年便出版了跨时代巨著《电磁通论》，可惜的是，他英年早逝，他的方程组在生前并没有得到科学界的关注，其中一个很重要的原因是他的理论描述复杂得令人吃惊。他最初提出的电磁理论公式包含了 20 个方程，导致他的理论在首次发表后的 10 多年时间内，几乎无人问津。1880 年，赫维赛德研究电报传输上的集肤效应，将在电磁学上举足轻重的麦克斯韦方程组重新表述，将原来的 20 条方程缩减到 4 条微分方程，从而使简化后的麦克斯韦方程组呈现出无与伦比的对称性。麦克斯韦本人并没有见过这个方程组，它在一定程度上应该叫"赫维赛德方程组"。正是由于赫维赛德重新表述的麦克斯韦方程组，麦克斯韦建立的电磁学理论成为 19 世纪物理学发展的最光辉的成就，电磁理论的宏伟大厦终于建立起来，为电气时代奠定了基石。

（3）发明运算微积分

学过电磁学的人都知道，在历史上人们发现的好多定理公式都是用微积分的形式表达的。1880—1887 年间，赫维赛德在从事电磁场研究时，为求解微积分方程，他在分析计算中引入了微分算子的概念，这个方法可以将常系数微分方程转换为普通代数方程。至于算子 p 代表什么，赫维赛德也没有解释。赫维赛德的算子缺乏严密的数学论证，没有理论依据，因此受到当时的主流数学家们的攻讦。

赫维赛德的算子虽然缺乏严密的数学论证，但是往往能给出重要且正确的结果，方法确实有效，无法驳倒。于是，数学家们开始尝试对算子理论进行严格化。后来，人们在法国天文学家和数学家拉普拉斯侯爵（Pierre-Simon marquis de Laplace，1749—1827）1812 年的著作《概率分析理论》里，找到了这种算法的可靠数学依据，重新给予其严密的数学定义，并为之取名为拉普拉斯变换。通过算子符号法的概念推导出拉普拉斯变换的定义式，可参阅郑君里等编著的《信号与系统》。

拉普拉斯变换不是拉普拉斯提出的，但是不可否认的是，正是赫维赛德发明的运算微积分方法促成了拉普拉斯变换分析方法的产生和发展。拉普拉斯变换方法成为现在信号与系统经典分析和设计中的重要工具，发挥着不可或缺的重要作用。赫维赛德天才的贡献还有，他将复数引入正弦交流电路计算，他还预言了电离空气层即电离层的存在。

在科学史上，人们熟知的科学家不胜枚举，然而，奥列弗·赫维赛德确是一位在科学史上被严重忽视的巨人。深入思考他的身世、经历、研究方法和成就，现今每一位学者都能获得巨大裨益和启迪。正如拉普拉斯强调指出：认识一位巨人的研究方法，对于科学的进步……并不比发现本身更少用处。

4.8　小结

连续时间信号与系统的频域分析，在信号与系统的分析、处理及设计方面具有重要的工程实用意义，是被广泛采用的、不可或缺的重要工具。傅里叶变换公式要求被变换的信号是绝对可积的，而在实际工程中，有许多信号是不满足绝对可积条件的，为了解决频域分析的局限性，本章引入了复频域分析法。复频域分析法是在频域分析法的基础上，通过引入衰减因子 $e^{\sigma t}$ 来实现的，从而可由傅里叶变换推导出拉普拉斯变换，说明复频域分析的基本信号是复指数信号 e^{st}。可见复频域分析是频域分析的推广，频域分析是复频域分析的特例。拉普拉斯变换是复频域分析的基本工具，拉普拉斯变换有双边拉普拉斯变换和单边拉普拉斯变换，实际工程中的信号一般为因果信号，因此实际工程中一般采用单边拉普拉斯变换。

信号 $x(t)$ 与其拉普拉斯变换 $X(s)$ 之间不是一一对应的关系，$X(s)$ 与收敛域一起才能唯一确定其 $x(t)$。因此讨论信号的拉普拉斯变换，对其收敛域的讨论同样重要。拉普拉斯变换的性质反映了不同形式的信号与其拉普拉斯变换函数的对应规律，这些性质是求取拉普拉斯变换的重要方法，也是线性时不变系统复频域分析的重要数学基础。关于拉普拉斯反变换的计算，在实际工程问题中，$X(s)$ 一般为 s 的有理多项式，对这种形式的函数求拉普拉斯反变换，最简单有效的方法是部分分式展开法。

关于连续时间系统的复频域分析，系统分析的一个基本任务是求取系统对任意输入激励信号的响应。为此，必须先将任意信号表示为基本信号的线性组合。在复频域分析方法中，选用的基本信号是复指数信号 e^{st}，将任意信号分解为复指数信号的线性组合，是由拉普拉斯变换完成的。对于给定系统的单位冲激响应 $h(t)$，可求得其单边拉普拉斯变换为 $H(s)$，则在任意信号 $x(t)$ 的激励下，LTI 系统的零状态响应 $y_{zs}(t)$ 为 $T[x(t)] = y_{zs}(t) = \mathcal{L}^{-1}[X(s)H(s)]$。可见，系统响应的求解无须解微积分方程，利用拉普拉斯变换，通过代数方程即可完成。

当给定系统的数学模型或系统的微分方程时，采用复频域方法求解系统响应的方法是：对系统的微分方程两边同取单边拉普拉斯变换，即可同时求得系统的零状态响应 $Y_{zs}(s)$ 和系统的零输入响应 $Y_{zi}(s)$，则系统的完全响应为 $y(t) = y_{zs}(t) + y_{zi}(t) = \mathcal{L}^{-1}[Y_{zs}(s)] + \mathcal{L}^{-1}[Y_{zi}(s)]$。

由此可见，利用拉普拉斯变换方法求解系统微分方程，可将微分方程转化为代数方程，而且，初始条件也被自动包含在变换式中了，不仅大大简化了求解的过程，同时获得了系统的零输入响应和零状态响应的解。因此，基于拉普拉斯变换的复频域分析方法是连续时间线性时不变系统分析的强有力的工具。

系统函数是本章的又一大重点，通过对系统函数的研究，可以看到系统函数与系统的微分方程、系统的激励与响应、系统的频率响应、系统的时域特性等的密切关联。通过系统函数，还可以方便地研究系统的零/极点、稳定性、因果性、系统模拟，这些在系统分析方面和后续专业课程的系统设计方面都具有重要作用。

习　题　4

4.1　求单边拉普拉斯变换，并给出收敛域。A、a、ω_0、t_0 均为非负实常数。

（1）$x(t) = \sin\left(\dfrac{3\pi}{5}t\right)$ 　　　　　　（2）$x(t) = \cos\left(\dfrac{3\pi}{5}t\right)$

（3）$x(t) = Ae^{-at}$ 　　　　　　　　　（4）$x(t) = Ate^{-at}$

（5）$x(t) = Ae^{-at}\sin(\omega_0 t)$ 　　　　　（6）$x(t) = Ae^{-at}\cos(\omega_0 t)$

（7）$x(t) = At\sin(\omega_0 t)$ 　　　　　　（8）$x(t) = At\cos(\omega_0 t)$

（9）$x(t) = \delta(t - t_0)$　　　　　　　　　（10）$x(t) = \varepsilon(t - t_0)$

（11）$x(t) = \sin^2(\omega_0 t)$　　　　　　　（12）$x(t) = 2t^2$

4.2　利用拉普拉斯变换的性质，求下列信号的单边拉普拉斯变换。ω_0 为非负实常数。

（1）$x(t) = 3t^4 - 2t^2 + 6$　　　　　　　　（2）$x(t) = 5\sin 2t - 3\cos 2t$

（3）$x(t) = At\cos(\omega_0 t)$　　　　　　　　（4）$x(t) = \sin t \cdot \cos t$

（5）$x(t) = \varepsilon(t + 7) - \varepsilon(t - 7)$　　　　（6）$x(t) = Ae^{-at}\cos(\omega_0 t)$

4.3　求下列信号的单边拉普拉斯反变换。

（1）$X(s) = \dfrac{2}{s + 6}$　　　　　　　　　（2）$X(s) = \dfrac{s + 1}{s^2 + 2s}$

（3）$X(s) = \dfrac{2s^2 - 4}{s^3 - 4s^2 + s + 6}$　　　　（4）$X(s) = \dfrac{2s + 6}{s^2 + 2s + 5}$

（5）$X(s) = \dfrac{1}{s(s + 5)^3}$　　　　　　　（6）$X(s) = \dfrac{2s^2 + 6}{s^2 + 2s + 5}$

4.4　求双边拉普拉斯变换，并给出收敛域。

（1）$x(t) = e^{-5t}\varepsilon(t) - e^{-3t}\varepsilon(t)$　　　　（2）$x(t) = e^{-5t}\varepsilon(t) - e^{-3t}\varepsilon(-t)$

（3）$x(t) = Ae^{-at}\varepsilon(t)$　　　　　　　（4）$x(t) = Ae^{-a|t|}$

（5）$x(t) = \varepsilon(t + T) - \varepsilon(t - T)$　　　　（6）$x(t) = \delta(t - T)$

4.5　求双边拉普拉斯反变换。

（1）$X(s) = \dfrac{2}{s + 6}$　　　　　　　　　（2）$X(s) = \dfrac{s + 1}{s^2 + 2s}$

（3）$X(s) = \dfrac{4s^2 - 8s - 2}{s^3 - 2s^2 - 5s + 6}$　　　（4）$X(s) = \dfrac{2s + 6}{s^2 + 2s + 5}$

4.6　已知 LTI 因果系统的微分方程为 $y''(t) + y'(t) - 2y(t) = 4x(t) + 5x'(t)$，$t \geq 0$，求该系统的系统函数 $H(s)$ 及单位冲激响应 $h(t)$。

4.7　在如题图 4.7 所示的电路中，当 $t = t_0$ 时接入直流电源 VDC，求 $t > t_0$ 时的电容电压 $V_\mathrm{C}(t)$。

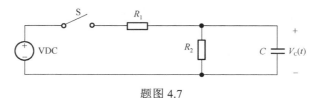

题图 4.7

4.8　已知电路如题图 4.8 所示，激励信号为 $e(t) = \varepsilon(t)$，在 $t = 0$ 和 $t = 1$ 时测得系统的输出为 $y(0) = 1$，$y(1) = e^{-0.5}$。分别求系统的零输入响应、零状态响应、完全响应。

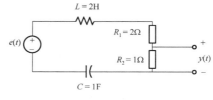

题图 4.8

4.9　已知系统函数为 $H(s)=\dfrac{3}{1+5s}$，求当激励为 $x(t)=A\sin(\omega_0 t)\varepsilon(t)$ 时系统的响应。

4.10　已知系统方程为 $y(t)=x(t-3)$，试求系统的系统函数 $H(s)$ 及单位冲激响应 $h(t)$，并说明系统的线性、时不变性、因果性和稳定性。

4.11　已知因果系统的微分方程为 $y''(t)+3y'(t)+2y(t)=4x'(t)+3x(t)$，初始条件为 $y(0_-)=-2$，$y'(0_-)=3$，求当激励为 $x(t)=\varepsilon(t)$ 时系统的零输入响应、零状态响应及完全响应。

4.12　一线性时不变连续时间因果系统的微分方程为

$$y''(t)+5y'(t)+6y(t)=2x'(t)+x(t)$$

已知 $x(t)=\mathrm{e}^{-t}\varepsilon(t)$，$y(0_-)=1$，$y'(0_-)=1$，求：

（1）零输入响应、零状态响应、完全响应；

（2）系统函数 $H(s)$、单位冲激响应 $h(t)$，并判断系统是否稳定。

4.13　说明傅里叶变换与拉普拉斯变换的联系和区别。

4.14　在研究线性时不变系统的系统特性时，为什么总是研究系统的单位冲激响应特性？

4.15　已知系统函数为 $H(s)=\dfrac{2s+6}{s^2+2s+5}$，写出系统的微分方程。

4.16　已知系统函数为 $H(s)=\dfrac{2s+6}{s^2+2s+5}$，初始条件为 $y(0_-)=2$，$y'(0_-)=0$，求系统的零输入响应。

4.17　已知系统函数为 $H(s)=\dfrac{2s+6}{s^2+2s+5}$，求当激励为 $x(t)=\varepsilon(t)$ 时系统的零状态响应。

4.18　已知因果系统的系统函数为 $H(s)=\dfrac{2s+6}{s^2+2s+5}$，求系统的频率特性。

4.19　已知系统函数为

（1）$H(s)=\dfrac{2s+6}{s^2+2s+5}$　　　　　　（2）$H(s)=\dfrac{2}{\left(s+\dfrac{1}{2}\right)(s+2)}$

分别画出上述两个系统的零、极点图，并画出各极点处系统的单位冲激响应的定性波形。

4.20　已知系统函数为 $H(s)=\dfrac{2s+6}{s^2+2s+5}$，讨论系统的稳定性及因果性。

4.21　已知系统函数为 $H(s)=\dfrac{2s+6}{s^2+2s+5}$，画出系统的模拟运算图。

4.22　已知系统的模拟运算图如题图 4.22 所示，试写出系统的系统函数。

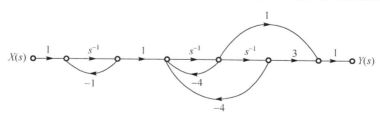

题图 4.22

MATLAB 习题 4

M4.1　利用 MATLAB 完成习题 4.1。

M4.2　利用 MATLAB 完成习题 4.2 各小题的变换。

M4.3　利用 MATLAB 完成习题 4.3。

M4.4　利用 MATLAB 完成习题 4.6。

M4.5　利用 MATLAB 完成习题 4.9。

M4.6　利用 MATLAB 完成习题 4.11。

M4.7　求函数的部分分式展开式，并根据展开式写出拉普拉斯反变换。

（1）$H(s) = \dfrac{s}{(s+4)(s+2)}$　　（2）$H(s) = \dfrac{1}{s(s-2)^2}$　　（3）$H(s) = \dfrac{3s+1}{s^2+2s+5} \cdot \dfrac{1}{s+3}$

M4.8　已知某 LTI 系统函数为 $H(s) = \dfrac{2s^2 - 12s + 16}{s^3 + 4s^2 + 6s + 3}$。

（1）求系统函数的零、极点，并画出系统的零、极点图；

（2）求出系统的单位冲激响应并绘制幅频特性曲线，判断系统的稳定性。

M4.9　对于以下 LTI 因果系统：

$$H_1(s) = \frac{s}{(s+4)(s+2)}; \quad H_2(s) = \frac{s}{(s+4)(s-2)}; \quad H_3(s) = \frac{s}{(s-4)(s-2)}$$

（1）分别画出它们的零/极点图、单位冲激响应波形，并说明系统的稳定性；

（2）分别画出它们的幅频特性曲线，比较它们的幅频特性。

M4.10　已知带通滤波器的系统函数为 $H(s) = \dfrac{2s}{(s+\sigma)^2 + \omega_0^2}$，设 $\sigma = 2$，$\omega_0 = 2000\pi$。

（1）画出系统的幅频特性曲线；

（2）当激励信号为 $x_1(t) = \cos(\omega_0 t)$ 时，画出激励信号的波形图及频谱图，并绘制系统的输出稳态响应波形；

（3）当激励信号为 $x_1(t) = \cos(\omega_0 t)\cos(\omega_c t)$ 时，画出 $\omega_c = 20000\pi$ 时激励信号的波形图及频谱图，并绘制系统的输出稳态响应波形。

（4）由上述结果可以得出什么结论？

第 5 章　离散时间信号与系统的时域分析

5.1　引言

前面章节中涉及的信号与系统均属于连续时间信号和系统，在实际生活中还存在一类用于传输和处理离散时间信号的系统，如数字计算机。离散时间系统精度高、稳定性好、可靠性强、灵活、集成度高，比连续时间系统具有更好的优越性。

离散时间信号与系统的分析在许多方面都与连续时间信号与系统相似。在信号描述方面，离散时间信号也分为离散的正弦序列、指数序列、单位样值序列、单位阶跃序列等；在系统特性描述方面，连续时间系统是采用线性常系数微分方程描述的，离散时间系统是采用线性常系数差分方程描述的；在时域分析方面，离散时间系统的分析方法分为经典法、零状态响应、零输入响应、卷积和等。可以借用连续时间信号与系统的相关方法更好地理解和掌握离散时间信号与系统。

本章讨论的是离散时间信号与系统的时域分析。

5.2　典型离散时间信号及其特性

离散时间信号，简称离散信号，它是只在一系列离散的时间点上给出函数值，而在其他时间点上没有定义的信号。如对连续时间信号 $x(t)$ 以等间隔时间 T 进行抽样，可以得到以 nT 为时间变量的离散时间序列信号，即 $x(nT)$。为了简便，可以将常数 T 省略，写为 $x(n)$，也称其为序列。另外，离散时间信号并非全由抽样得来，如果我们仅对信号值及其序号感兴趣，那么也可用序号 n 作为独立变量来表示信号，如图 5-1 所示。

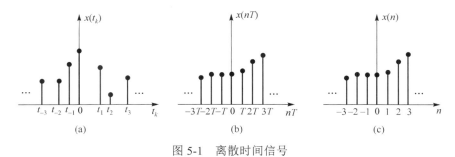

图 5-1　离散时间信号

在离散时间信号与系统分析中，常用的基本信号包括单位样值序列、单位阶跃序列、单位矩形序列、正弦序列、指数序列等。

5.2.1 单位样值序列

单位样值序列的定义为

$$\delta(n)=\begin{cases}1, & n=0\\ 0, & n\neq 0\end{cases} \tag{5-1}$$

单位样值序列的图形如图 5-2 所示。应该注意，在 $t=0$ 处，可以将单位冲激信号 $\delta(t)$ 理解成一个宽度为无穷小，幅度为无穷大，面积为 1 的窄脉冲；而单位样值序列 $\delta(n)$ 在 $n=0$ 处取有限值 1。

单位样值序列的移位序列为

$$\delta(n-m)=\begin{cases}1, & n=m\\ 0, & n\neq m\end{cases}$$

单位样值序列具有以下性质。

（1）乘积性质：

$$\begin{cases}x(n)\delta(n)=x(0)\delta(n)\\ x(n)\delta(n-m)=x(m)\delta(n-m)\end{cases}$$

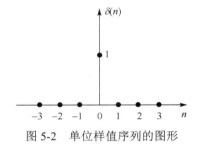

图 5-2   单位样值序列的图形

（2）抽样性质：

$$\begin{cases}\displaystyle\sum_{n=-\infty}^{\infty}x(n)\delta(n)=x(0)\\ \displaystyle\sum_{n=-\infty}^{\infty}x(n)\delta(n-m)=x(m)\end{cases}$$

（3）单位样值序列是偶函数，即

$$\delta(-n)=\delta(n)$$

由于 $\delta(n-m)$ 仅在 $n=m$ 处等于 1，所以任何序列 $x(n)$ 都可以分解为单位样值序列的移位加权和，即

$$x(n)=\sum_{m=-\infty}^{\infty}x(m)\delta(n-m) \tag{5-2}$$

利用 MATLAB 可以画出单位样值序列，其代码见本书配套教学资料中的 cp5j21.m。

5.2.2 单位阶跃序列

单位阶跃序列 $\varepsilon(n)$ 的定义为

$$\varepsilon(n)=\begin{cases}1, & n\geq 0\\ 0, & n<0\end{cases} \tag{5-3}$$

单位阶跃序列的图形如图 5-3 所示。

利用 MATLAB 可以画出单位阶跃序列，其代码见本书配套教学资料中的 cp5j22.m。

根据单位阶跃序列和单位样值序列的定义，可以得到

$$\varepsilon(n) = \sum_{m=0}^{\infty} \delta(n-m) \qquad (5\text{-}4)$$

$$\delta(n) = \varepsilon(n) - \varepsilon(n-1) \qquad (5\text{-}5)$$

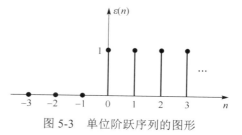

图 5-3　单位阶跃序列的图形

从式（5-4）、式（5-5）中可以看出，$\varepsilon(n)$ 是 $\delta(n)$ 在 $n \geqslant 0$ 时的累加和，反之，$\delta(n)$ 是 $\varepsilon(n)$ 的一阶后向差分。

5.2.3　单位矩形序列

单位矩形序列用符号 $R_N(n)$ 表示，其定义为

$$R_N(n) = \begin{cases} 1, & 0 \leqslant n \leqslant N-1 \\ 0, & \text{其他} \end{cases} \qquad (5\text{-}6)$$

单位矩形序列的图形如图 5-4 所示。

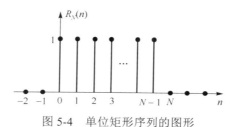

图 5-4　单位矩形序列的图形

单位矩形序列和单位样值序列、单位阶跃序列具有以下关系：

$$R_N(n) = \varepsilon(n) - \varepsilon(n-N) = \delta(n) + \delta(n-1) + \cdots + \delta[n-(N-1)] = \sum_{m=0}^{N-1} \delta(n-m) \qquad (5\text{-}7)$$

5.2.4　正弦序列

正弦序列的一般形式为

$$x(n) = A\sin(\Omega_0 n + \varphi_0)$$

式中，A、Ω_0、φ_0 分别为正弦序列的振幅、数字角频率和初相位。

与连续时间正弦序列不同，离散时间正弦序列并非一定是周期序列。这是因为离散信号的自变量 n 只能取整数，所以周期序列的周期 N 也必定是整数。然而，对于任意正弦序列，并非总能找到满足周期序列要求的正整数 N。下面讨论正弦序列为周期序列的条件。

由于

$$x(n) = A\sin(\Omega_0 n + \varphi_0) = A\sin(\Omega_0 n + 2m\pi + \varphi_0)$$
$$= A\sin\left[\Omega_0\left(n + \frac{2m\pi}{\Omega_0}\right) + \varphi_0\right] = A\sin\left[\Omega_0(n+N) + \varphi_0\right] \qquad (5\text{-}8)$$

式中，m 为整数。式（5-8）表明，只有当 $N = \dfrac{2m\pi}{\Omega_0}$ 为整数或 $\dfrac{2\pi}{\Omega_0} = \dfrac{N}{m}$ 为有理数时，正弦序列才是周期序列；否则正弦序列为非周期序列。

当正弦序列由抽取连续时间正弦信号的样本获得时，假设正弦信号 $\sin \omega_0 t$ 的周期为 T_0，取样间隔为 T_s，那么，经过抽样得到的正弦序列可表示为

$$x(n) = \sin(\omega_0 t)\big|_{t=nT_s} = \sin\left(\frac{2\pi}{T_0} n T_s\right) = \sin(\Omega_0 n)$$

式中，$\Omega_0 = \dfrac{2\pi T_s}{T_0}$，称为数字域频率或数字频率。当 $\dfrac{2\pi}{\Omega_0} = \dfrac{N}{m} = \dfrac{T_0}{T_s}$ 为有理数时，抽样后得到的序列才是周期序列，且其周期是使 $\dfrac{2\pi}{\Omega_0} m$ 取最小正整数的正整数。

数字域频率 $\Omega_0 = \dfrac{2\pi T_s}{T_0} = \dfrac{2\pi f_0}{f_s}$，可以看出数字域频率是模拟域频率对抽样频率取归一化值得到的。根据抽样定理 $f_s \geq 2f_m$，$0 \leq f_0 \leq f_m$，所以 $0 \leq \Omega_0 \leq \pi$。

【例 5-1】 判断下列离散信号是不是周期信号。

（1） $x_1(n) = \cos\left(\dfrac{n\pi}{6}\right)$　　　　　　　　　（2） $x_2(n) = \cos\left(\dfrac{n}{6}\right)$

（3）对 $x_3(t) = \cos(6\pi t)$ 以 $f_s = 8\text{Hz}$ 抽样所得的序列

解：（1）因为 $\dfrac{2\pi}{\Omega_0} = 12$，所以 $x_1(n) = \cos\left(\dfrac{n\pi}{6}\right)$ 是周期序列，其周期为 12。

（2） $\dfrac{2\pi}{\Omega_0} = 12\pi$ 不是有理数，所以 $x_2(n) = \cos\left(\dfrac{n}{6}\right)$ 不是周期序列。

（3） $x_3(n) = x_3(t)\big|_{t=\frac{1}{8}n} = \cos\left(\dfrac{6\pi n}{8}\right)$，$\dfrac{2\pi}{\Omega_0} = \dfrac{8}{3}$ 为有理数，所以抽样所得的序列是周期序列，周期为 8。

【例 5-2】 利用 MATLAB 绘制 $x(n) = \sin(\Omega n)$ 的波形，分别取不同的 Ω 值，理解正弦序列的周期性。

解： 取 $\Omega = \dfrac{\pi}{10}$，程序如下

```
w=pi/10;n=0:50;xn=sin(w.*n);
stem(n,xn,'filled');
axis([0 50 -1.2 1.2]);
grid on;title('正弦序列w=pi/10');
```

得到的波形图如图 5-5（a）所示。

改变 Ω 的值，取 $\Omega = \dfrac{1}{5}$，得到的波形图如图 5-5（b）所示。从图 5-5（a）中可以看出，当 $\Omega = \dfrac{\pi}{10}$ 时，$N = \dfrac{2\pi}{\Omega} = 20$，$N$ 为整数，所以 $x(n) = \sin(\Omega n)$ 是周期序列；当 $\Omega = \dfrac{1}{5}$ 时，$N = \dfrac{2\pi}{\Omega} = 10\pi$，$N$ 不为整数，所以图 5-5（b）中的正弦序列不是周期序列。

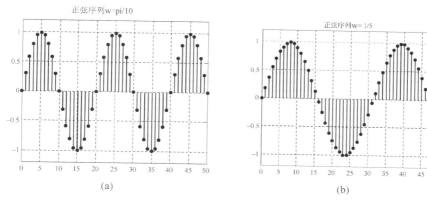

图 5-5 正弦序列波形图

5.2.5 指数序列

指数序列 $x(n)$ 的定义为

$$x(n) = Aa^{\beta n}$$

式中，a 为实常数，A 和 β 可以是实常数，也可以是复常数。根据 A、β 的不同取值，指数序列有以下几种情况。

（1）若 A 和 β 均为实数，则 $x(n) = Aa^{\beta n}$ 为实指数序列。

当 $a>1$ 时，$x(n)$ 随 n 呈单调指数增长。当 $0<a<1$ 时，$x(n)$ 随 n 呈单调指数衰减。当 $a<-1$ 时，$x(n)$ 的绝对值随 n 呈指数规律增长。当 $-1<a<0$ 时，$x(n)$ 的绝对值随 n 呈指数规律衰减，且两者的序列值符号呈现正、负交替变化。当 $a=1$ 时，$x(n)$ 为常数序列。当 $a=-1$ 时，$x(n)$ 是幅值呈现正、负交替变化的序列。实指数序列如图 5-6 所示。

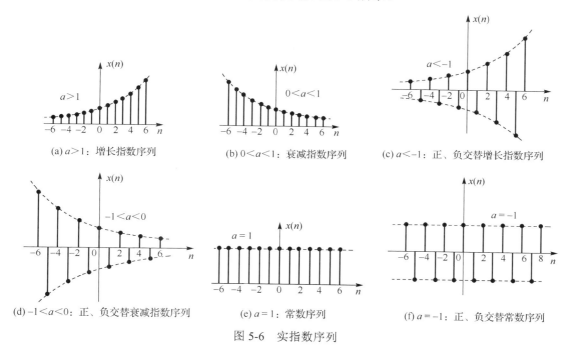

图 5-6 实指数序列

（2）若 $A=1$， $a=\mathrm{e}$， $\beta=\mathrm{j}\Omega_0$，则

$$x(n)=\mathrm{e}^{\mathrm{j}\Omega_0 n} \tag{5-9}$$

是虚指数序列。

我们已经知道，连续时间虚指数序列 $\mathrm{e}^{\mathrm{j}\omega_0 t}$ 是周期序列。然而，离散时间虚指数序列 $\mathrm{e}^{\mathrm{j}\Omega_0 n}$ 只有满足一定条件时才是周期序列，否则是非周期序列。根据欧拉公式，式（5-9）可写成

$$\mathrm{e}^{\mathrm{j}\Omega_0 n}=\cos\Omega_0 n+\mathrm{j}\sin\Omega_0 n \tag{5-10}$$

可见， $\mathrm{e}^{\mathrm{j}\Omega_0 n}$ 的实部和虚部都是同频率的正弦序列，只有其实部和虚部同时为周期序列时，才能保证 $\mathrm{e}^{\mathrm{j}\Omega_0 n}$ 是周期序列。只有满足 $\dfrac{2\pi}{\Omega_0}$ 为有理数时，虚指数序列 $\mathrm{e}^{\mathrm{j}\Omega_0 n}$ 才是周期序列，否则它是非周期序列。

（3）若 A 和 β 均为复数，且 $a=\mathrm{e}$，则 $x(n)=A\mathrm{e}^{\beta n}$ 为一般形式的复指数序列。

设复数 $A=|A|\mathrm{e}^{\mathrm{j}\varphi}$， $\beta=\rho+\mathrm{j}\Omega_0$，并记 $\mathrm{e}^{\rho}=b$，则有

$$x(n)=A\mathrm{e}^{\beta n}=|A|\mathrm{e}^{\mathrm{j}\varphi}\mathrm{e}^{(\rho+\mathrm{j}\Omega_0)n}=|A||b|^n\,\mathrm{e}^{\mathrm{j}(\varphi+\Omega_0 n)}$$

$$=|A||b|^n\,[\cos(\Omega_0 n+\varphi)+\mathrm{j}\sin(\Omega_0 n+\varphi)]$$

可见，复指数序列 $x(n)$ 的实部和虚部均为包络按指数规律变化的正弦序列。

当 $\rho=0$，即 $|b|=1$ 时， $x(n)$ 的实部和虚部均为等幅正弦序列，如图 5-7(a)所示；当 $\rho<0$，即 $|b|<1$ 时， $x(n)$ 的实部和虚部均为包络按指数衰减的正弦序列，如图 5-7(b)所示；当 $\rho>0$，即 $|b|>1$ 时， $x(n)$ 的实部和虚部均为包络按指数增长的正弦序列，如图 5-7(c)所示。

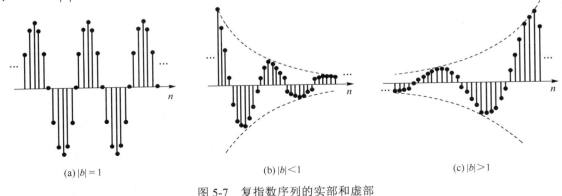

(a) $|b|=1$　　　　　　　　　　(b) $|b|<1$　　　　　　　　　　(c) $|b|>1$

图 5-7　复指数序列的实部和虚部

5.3　离散时间信号的基本运算

与连续时间信号类似，离散时间信号的基本运算包括序列的相加、相减、相乘，以及移位运算、差分运算、累加运算、反折运算及尺度变换等。

（1）序列的相加、相减、相乘。

序列的相加、相减和相乘运算如表 5-1 所示。

序列的相加、相减和相乘是指同序号的序列值对应相加、相减和相乘所得到的结果。一般要求它们不但要有相同的长度，而且要有相同的定义域。如果长度不同，可以给较短的序列补零，使其长度相同且定义域相同。

表 5-1　序列的相加、相减和相乘运算

运算	$x_1(n)$	$x_2(n)$
相加	$x(n) = x_1(n) + x_2(n)$	
相减	$x(n) = x_1(n) - x_2(n)$	
相乘	$x(n) = x_1(n) \times x_2(n)$	

（2）序列的移位运算。

序列的移位运算是指序列 $x(n)$ 逐项依次移动 m 位获得的序列 $x(n \pm m)$。序列的移位运算可以用移位算子中的滞后算子 E^{-1} 或超前算子 E 及其幂次来表示：

$$x(n \pm m) = E^{\pm m} x(n)$$

当 $m > 0$ 时，$x(n+m)$ 表示信号序列左移 m 位，$x(n-m)$ 表示信号序列右移 m 位。序列移位运算在信号处理中可以用一个时移系统实现。

（3）序列的差分运算。

序列的差分运算是指同一个序列中两个相邻序号的序列值之差。

序列 $x(n)$ 的一阶前向差分运算和一阶后向差分运算分别可以用相应的算子 Δ 和 ∇ 定义：

$$\begin{cases} \Delta x(n) = x(n+1) - x(n) \\ \nabla x(n) = x(n) - x(n-1) \end{cases} \tag{5-11}$$

从式（5-11）中可以看出，序列的差分运算类似于连续时间信号的微分运算。

若对序列 $x(n)$ 进行多次差分运算，则称为高阶差分，一般情况下：

$$\begin{cases} \Delta^k x(n) = \Delta\left[\Delta^{k-1} x(n)\right] \\ \nabla^k x(n) = \nabla\left[\nabla^{k-1} x(n)\right] \end{cases}$$

当 $k = 2$ 时，序列 $x(n)$ 的二阶前向差分和二阶后向差分为

$$\Delta^2 x(n) = \Delta\left[\Delta x(n)\right] = \Delta\left[x(n+1) - x(n)\right] = \Delta x(n+1) - \Delta x(n) = x(n+2) - 2x(n+1) + x(n)$$

$$\nabla^2 x(n) = \nabla\left[\nabla x(n)\right] = \nabla\left[x(n) - x(n-1)\right] = \nabla x(n) - \nabla x(n-1) = x(n) - 2x(n-1) + x(n-2)$$

（4）序列的累加运算。

把序列 $x(n)$ 累加所得到的累加序列 $y(n)$ 定义为

$$y(n) = \sum_{k=-\infty}^{n} x(k) = \sum_{k=-\infty}^{n-1} x(k) + x(n) = y(n-1) + x(n) \tag{5-12}$$

从式（5-12）中可以看出，序列的累加运算类似于连续时间信号的积分运算。

（5）序列的反折运算。

对序列 $x(n)$ 进行反折可表示为

$$y(n) = x(-n) \tag{5-13}$$

（6）序列的尺度变换。

若对序列 $x(n)$ 进行尺度压缩，则得到的序列 $x_{(M)}(n)$ 为

$$x_{(M)}(n) = x(Mn)，M 为正整数 \tag{5-14}$$

表示 $x_{(M)}(n)$ 是对 $x(n)$ 进行 M 倍的抽取所得到的序列。

若对序列 $x(n)$ 进行尺度扩展，则得到的序列 $x_{(L)}(n)$ 为

$$x_{(L)}(n) = \begin{cases} x\left(\dfrac{n}{L}\right), & n 为 L 的整数倍 \\ 0, & 其他 \end{cases}，L 为正整数 \tag{5-15}$$

表示 $x_{(L)}(n)$ 是对 $x(n)$ 进行 L 倍的内插所得到的序列。序列的尺度变换如图 5-8 所示。

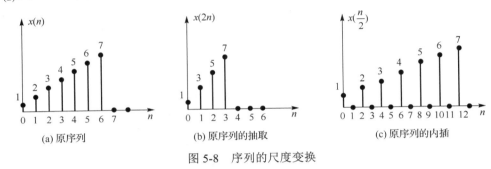

图 5-8　序列的尺度变换

从图 5-8 中可以看出，对于一个经过内插所得的序列，可以通过抽取恢复出原序列，但不能将一个经过抽取得到的序列通过内插恢复出原序列。其原因在于对序列进行抽取时，丢弃了未被抽取到的序列点上的序列值，因此经过抽取后的序列中已经不存在那些被舍弃的序列值了。这种不可逆性是连续时间信号与离散时间信号在尺度变换上的最大区别。

5.4　离散时间系统的数学模型和性质

与连续时间系统类似，离散时间系统是由线性常系数差分方程描述的，其数学模型可用 N 阶线性常系数差分方程表征，写成一般形式为

$$\sum_{i=0}^{N} a_i y(n-i) = \sum_{j=0}^{M} b_j x(n-j)，\ a_N \neq 0 \tag{5-16}$$

$$\sum_{i=0}^{N} a_i y(n+i) = \sum_{j=0}^{M} b_j x(n+j)，\ a_N \neq 0 \tag{5-17}$$

式（5-16）和式（5-17）是由序列 $x(n)$、$y(n)$ 及其移位序列线性组合而成的。式（5-16）中的输出序列 $y(n)$ 的序号 n 以递减方式出现，称为后向差分方程，多用于因果系统和数字滤波器的分析；式（5-17）中的输出序列 $y(n)$ 的序号 n 以递增方式出现，称为前向差分方程，多用于系统的状态变量分析。

与连续时间系统类似，离散时间系统具有线性、移不变性、因果性、稳定性。

（1）离散时间系统的线性。

设离散时间系统的输入/输出关系为

$$x(n) \rightarrow y(n)$$

所谓齐次性，是指对于任意非零常数 a、输入 $x(n)$ 和输出 $y(n)$，恒有 $ax(n) \rightarrow ay(n)$。

所谓叠加性，是指对于输入 $x_1(n)$、$x_2(n)$ 和输出 $y(n)$，若设 $x_1(n) \rightarrow y_1(n)$，$x_2(n) \rightarrow y_2(n)$，则恒有 $x_1(n) + x_2(n) \rightarrow y_1(n) + y_2(n)$。

齐次性和叠加性统称为线性。对于任意非零常数 a 和 b，当输入 $x_1(n)$ 和 $x_2(n)$ 共同作用时，系统的线性可表示为

$$ax_1(n) + bx_2(n) \rightarrow ay_1(n) + by_2(n) \tag{5-18}$$

它同时体现了齐次性和叠加性。

若离散时间系统的响应可分解为零输入响应和零状态响应两部分，且零输入响应与初始状态、零状态响应与当前输入信号之间分别满足齐次性和叠加性，则称该系统为离散时间线性系统，否则称为离散时间非线性系统。

（2）离散时间系统的移不变性。

设离散时间系统的输入/输出关系为 $x(n) \rightarrow y(n)$，若对于任意整数 k_0，恒有

$$x(n - k_0) \rightarrow y(n - k_0)$$

则称该系统为离散时间移不变系统，否则称为离散时间移变系统。

（3）离散时间系统的因果性、稳定性。

如果系统始终不会在输入加入之前产生响应，则这种系统称为因果系统，否则称为非因果系统。

如果一个初始松弛的离散时间系统，对于任何有界输入，其输出也是有界的，则该系统是稳定的。

【例5-3】 设某离散时间系统的输入 $x(n)$ 和输出 $y(n)$ 之间的关系为

$$y(n) = T[x(n)] = (n+1)x(n)$$

试判断该系统的线性、移不变性、因果性和稳定性。

解： 设输入为 $x_1(n)$、$x_2(n)$，其输出为 $y_1(n) = (n+1)x_1(n)$、$y_2(n) = (n+1)x_2(n)$。

以 $x(n) = ax_1(n) + bx_2(n)$ 作为输入，输出为

$$y(n) = (n+1)[ax_1(n) + bx_2(n)] = a(n+1)x_1(n) + b(n+1)x_2(n) = ay_1(n) + by_2(n)$$

所以该系统是线性的。

对于输入 $x(n-m)$，其输出为 $T[x(n-m)] = (n+1)x(n-m)$，而输出的移位信号 $y(n-m) = (n-m+1)x(n-m)$，$y(n-m) \neq T[x(n-m)]$，所以该系统是移变的。

系统的输出只取决于 $x(n)$ 而不取决于将来的输入值，因此系统是因果的。

根据 BIBO（有界输入有界输出）稳定性的定义，可任选一个有界输入函数，如 $x(n) = \varepsilon(n)$，则输出为 $y(n) = (n+1)\varepsilon(n)$，这表明，有界的输入出现了无界的输出，所以该系统是不稳定的。

构成离散时间系统的基本运算单元是延时器、乘法器、加法器，它们分别对应三种数学运算，即移位、乘系数和相加。离散时间系统的基本元件符号如图 5-9 所示。这些基本元件都是简单的离散时间系统，由它们按照一定的运算关系所构成的运算框图对应着线性移不变系统。

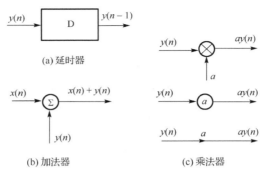

(a) 延时器

(b) 加法器　　　　　　(c) 乘法器

图 5-9　离散时间系统的基本元件符号

【例 5-4】　系统框图如图 5-10 所示，写出其差分方程。

解：围绕加法器建立差分方程

$$y(n) = ay(n-1) + x(n)$$

该离散时间系统的输入/输出关系为

$$y(n) - ay(n-1) = x(n)$$

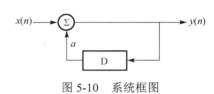

图 5-10　系统框图

$y(n)$、$y(n-1)$ 仅差一个移位序列，是常系数一阶后向差分方程。

5.5　离散时间系统的响应

5.5.1　用迭代法求离散时间系统的响应

差分方程（5-16）是一个具有递推关系的代数方程，因此，当给定初始值时，就可以利用迭代关系求得该差分方程的解，求解

$$\begin{cases} y(n) = -\sum_{i=1}^{N} a_i y(n-i) + \sum_{j=0}^{M} b_j x(n-j), & a_0 = 1 \\ x(n), y(-1), y(-2), \cdots, y(-N) \text{均已知} \end{cases} \tag{5-19}$$

【例 5-5】　一阶线性常系数差分方程为 $y(n) - 0.5y(n-1) = \varepsilon(n)$，$y(-1)=1$，用迭代法求解差分方程。

解：将差分方程写成 $y(n) = \varepsilon(n) + 0.5y(n-1)$，代入初始条件，可求得 $y(0) = \varepsilon(0) + 0.5y(-1) = 1 + 0.5 \times 1 = 1.5$，以此类推

$$y(1) = \varepsilon(1) + 0.5y(0) = 1 + 0.5 \times 1.5 = 1.75$$

$$y(2) = \varepsilon(2) + 0.5y(1) = 1 + 0.5 \times 1.75 = 1.875$$

迭代法是求解差分方程的一种直接方法，易于用计算机实现，且方法简单、概念清晰，但对于高阶系统来说比较烦琐，并且通常只能得到有限数值解而难以给出解析解，所以一般仅用于计算机求解。

【例 5-6】　有差分方程 $y(n) - 0.4y(n-1) + 0.03y(n-2) = 0.4x(n) - 2x(n-1) - x(n-2)$，

$y(-2) = 0.4$ ， $y(-1) = 0.3$ ， $x(n) = \sin n\varepsilon(n)$ ，用 MATLAB 求系统响应 $y(n)$ ， $0 \leqslant n \leqslant 10$ 。

解： 程序如下

```
n=1:13;xn=sin(n-3);xn(1)=0;xn(2)=0;
yn(1)=0.4;yn(2)=0.3;%在 MATLAB 中，变量的下标只能从 1 开始，所以此处的下标整体加 3
for k=3:13
    yn(k)=0.4*xn(k)-2*xn(k-1)-xn(k-2)+0.4*yn(k-1)-0.03*yn(k-2);
end
n1=n-3;
stem(n1,yn,'filled');xlabel('n');ylabel('y(n)');grid on
```

波形图如图 5-11 所示。

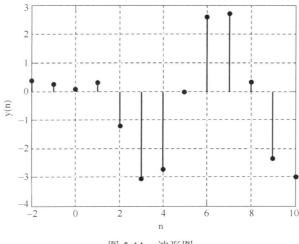

图 5-11　波形图

5.5.2　用经典法求离散时间系统的响应

常系数线性差分方程的经典解法类似于常系数线性微分方程的经典解法。

设 N 阶非齐次差分方程的完全解 $y(n)$ 可分解为齐次解 $y_h(n)$ 和特解 $y_p(n)$ ，即

$$y(n) = y_h(n) + y_p(n) \tag{5-20}$$

齐次解 $y_h(n)$ 由方程的特征根确定，特解 $y_p(n)$ 由输入信号和系统方程共同决定。$y_h(n)$ 又称为自由响应， $y_p(n)$ 又称为强迫响应。

（1）齐次解（自由响应）的形式。

式（5-16）所对应的齐次方程形式为

$$\sum_{i=0}^{N} a_i y(n-i) = 0 \tag{5-21}$$

首先来看一下式（5-21）对应的一阶齐次方程，令 $N=1$ ， $a_0 = 1$ ， $a_1 = -\lambda$ ，可得

$$y(n) - \lambda y(n-1) = 0$$

可以看出 $\dfrac{y(n)}{y(n-1)} = \lambda$ ，$y(n)$ 为一个公比等于 λ 的几何级数，λ 正好是差分方程的特征根，所以

$$y(n) = C\lambda^n \qquad\qquad (5\text{-}22)$$

式中，C 为由系统的初始条件确定的常数。

那么，对于 N 阶差分方程，可以利用齐次差分方程解的叠加原理得到 N 阶差分方程的齐次解。

不同形式的特征根将对应不同形式的齐次解。

① 当特征方程存在 N 个不同的单根时（单根中包括实根，也包含共轭复根），其解为

$$y_{\text{h}}(n) = \sum_{i=1}^{N} C_i \lambda_i^n \qquad\qquad (5\text{-}23)$$

式中，C_i 为待定常数，由系统初始条件确定。当根为共轭复根时，C_i 可能为复数。

② 当特征方程存在 1 个 r 阶重根 $\lambda_1 = \lambda_2 = \cdots = \lambda_r = \lambda$ 和 $N-r$ 个单根时，其解为

$$y_{\text{h}}(n) = \sum_{i=1}^{r} C_i n^{r-i} \lambda^n + \sum_{j=r+1}^{N} C_j \lambda_j^n \qquad\qquad (5\text{-}24)$$

（2）特解。

特解 $y_{\text{p}}(n)$ 是满足系统差分方程对给定输入的任意一个解。特解中的待定常数由系统方程的自身确定。典型激励对应的特解形式如表 5-2 所示。

表 5-2　典型激励对应的特解形式

激励 $x(n)$	特解 $y_{\text{p}}(t)$	
K 或 $\varepsilon(n)$（常数）	D（常数）	
n^m	$D_m n^m + D_{m-1} n^{m-1} + \cdots + D_1 n + D_0$	所有的特征根均不等于 1
	$n^r (D_m n^m + D_{m-1} n^{m-1} + \cdots + D_1 n + D_0)$	有 r 重等于 1 的特征根
α^n	$D\alpha^n$	α 不等于特征根
	$(D_1 n + D_0)\alpha^n$	α 等于特征单根
	$(D_r n^r + D_{r-1} n^{r-1} + \cdots + D_1 n + D_0)\alpha^n$	α 等于 r 阶重特征根
$\cos(\Omega_0 n)$ 或 $\sin(\Omega_0 n)$	$D_1 \cos(\Omega_0 n) + D_2 \sin(\Omega_0 n)$	
$\alpha^n \cos(\Omega_0 n + \varphi)$	$\alpha^n [D_1 \cos(\Omega_0 n) + D_2 \sin(\Omega_0 n)]$	

一般情况下，经典法的全解的待定系数由初始条件 $y(0), y(1), \cdots, y(N-1)$ 确定，如果方程只给出初始状态 $y(-1), y(-2), \cdots, y(-N)$ ，则需要通过迭代法求出 $y(0), y(1), \cdots, y(N-1)$ 的值来确定待定系数。

【例 5-7】 已知某二阶线性时不变离散时间系统的差分方程为

$$6y(n) - 5y(n-1) + y(n-2) = x(n)$$

初始条件为 $y(0) = 0$ ，$y(1) = -1$，输入信号 $x(n) = \varepsilon(n)$ ，求系统的完全响应 $y(n)$ 。

解：先求齐次解，特征方程为 $6\lambda^2 - 5\lambda + 1 = 0$ ，特征根为 $\lambda_1 = \dfrac{1}{2}$ ，$\lambda_2 = \dfrac{1}{3}$ ，则齐次解为

$$y_h(n) = C_1\left(\frac{1}{2}\right)^n + C_2\left(\frac{1}{3}\right)^n, \quad n \geq 0 。$$

再求特解。根据输入 $x(n) = \varepsilon(n)$ ，设方程的特解形式为 $y_p(n) = A$ ， $n \geq 0$ ，代入系统差分方程，即可求得 $A = 0.5$ 。

方程的完全解为

$$y(n) = y_h(n) + y_p(n) = C_1\left(\frac{1}{2}\right)^n + C_2\left(\frac{1}{3}\right)^n + \frac{1}{2}, \quad n \geq 0$$

将初始值代入，得

$$\begin{cases} y(0) = C_1 + C_2 + \dfrac{1}{2} = 0 \\ y(1) = \dfrac{C_1}{2} + \dfrac{C_2}{3} + \dfrac{1}{2} = -1 \end{cases}$$

解得 $C_1 = -8$ ， $C_2 = \dfrac{15}{2}$ 。

方程的完全解为

$$y(n) = -8\left(\frac{1}{2}\right)^n + \frac{15}{2}\left(\frac{1}{3}\right)^n + \frac{1}{2}, \quad n \geq 0$$

采用经典法求解的不足是：①若差分方程右边的激励项较复杂，则很难得到特解形式；②若激励信号发生变化，则需要全部重新求解；③若初始条件发生变化，则需要全部重新求解；④这种方法是一种纯数学方法，无法突出系统响应的物理概念。

5.5.3　零输入响应和零状态响应

和连续时间系统类似，离散时间系统的完全响应可以分解为仅由系统的初始状态产生的零输入响应和仅由系统的激励信号产生的零状态响应，即

$$y(n) = y_{zi}(n) + y_{zs}(n) \tag{5-25}$$

式中， $y_{zi}(n)$ 为零输入响应， $y_{zs}(n)$ 为零状态响应。

（1）零输入响应。

对于 N 阶差分方程所描述的系统，如果输入为因果信号，则零输入响应是输入为零时仅由系统的初始状态 $y(-1), y(-2), \cdots, y(-N)$ 引起的响应。因此零输入响应 $y_{zi}(n)$ 是下列齐次方程的解

$$\begin{cases} \displaystyle\sum_{i=0}^{N} a_i y_{zi}(n-i) = 0 \\ y_{zi}(-1) = y(-1), y_{zi}(-2) = y(-2), \cdots, y_{zi}(-N) = y(-N) \end{cases} \tag{5-26}$$

【例 5-8】　某离散时间系统的差分方程为 $y(n) + 4y(n-1) + 3y(n-2) = x(n)$ ，输入 $x(n) = 2^n \varepsilon(n)$ ，初始状态为 $y(-1) = -\dfrac{4}{3}$ ， $y(-2) = \dfrac{10}{9}$ ，求系统的零输入响应。

解：由原方程得出，求零输入响应的方程为

$$\begin{cases} y_{zi}(n) + 4y_{zi}(n-1) + 3y_{zi}(n-2) = 0 \\ y_{zi}(-1) = y(-1) = -\dfrac{4}{3}, \quad y_{zi}(-2) = y(-2) = \dfrac{10}{9} \end{cases}$$

其特征方程为

$$\lambda^2 + 4\lambda + 3 = 0$$

特征根为

$$\lambda_1 = -3, \quad \lambda_2 = -1$$

因此，齐次解为

$$y_{zi}(n) = C_{zi1}(-3)^n + C_{zi2}(-1)^n, \quad n \geqslant 0$$

将初始值 $y_{zi}(-1) = y(-1) = -\dfrac{4}{3}$，$y_{zi}(-2) = y(-2) = \dfrac{10}{9}$ 代入齐次解，得

$$\begin{cases} -\dfrac{4}{3} = y_{zi}(-1) = C_{zi1}(-3)^{-1} + C_{zi2}(-1)^{-1} \\ \dfrac{10}{9} = y_{zi}(-2) = C_{zi1}(-3)^{-2} + C_{zi2}(-1)^{-2} \end{cases}$$

解得

$$C_{zi1} = 1, \quad C_{zi2} = 1$$

因此，系统的零输入响应为

$$y_{zi}(n) = (-1)^n + (-3)^n, \quad n \geqslant 0$$

【例 5-9】　某离散时间系统的差分方程为 $y(n) + 5y(n-1) + 6y(n-2) = x(n)$，输入为 $x(n) = \varepsilon(n)$，初始条件为 $y(0) = -1$，$y(1) = 0$，求系统的零输入响应。

解：系统的特征方程为

$$\lambda^2 + 5\lambda + 6 = 0$$

特征根为

$$\lambda_1 = -3, \quad \lambda_2 = -2$$

因此，齐次解为

$$y_{zi}(n) = C_{zi1}(-3)^n + C_{zi2}(-2)^n, \quad n \geqslant 0$$

因为例题中只给出了初始条件 $y(0) = -1$ 和 $y(1) = 0$，所以需要通过初始条件推导出初始状态。将 $n=0$ 和 $n=1$ 代入原方程，得

$$\begin{cases} y(0) + 5y(-1) + 6y(-2) = \varepsilon(0) = 1 \\ y(1) + 5y(0) + 6y(-1) = \varepsilon(1) = 1 \end{cases}$$

可以推导出 $y_{zi}(-1) = y(-1) = 1$，$y_{zi}(-2) = y(-2) = -\dfrac{1}{2}$。将此初始状态代入齐次解，可求出 $C_{zi1} = 0$，$C_{zi2} = -2$。因此，系统的零输入响应为

$$y_{zi}(n) = -2(-2)^n, \quad n \geqslant 0$$

（2）零状态响应。

对于 N 阶差分方程所描述的系统，如果输入为因果信号，则零状态响应 $y_{zs}(n)$ 是系统在初始状态 $y_{zs}(-1) = y_{zs}(-2) = \cdots = y_{zs}(-N) = 0$ 的情况下，由输入信号作用引起的响应，所以在零状态响应 $y_{zs}(n)$ 的表达式后面要乘 $\varepsilon(n)$。

因此，系统的零状态响应 $y_{zs}(n)$ 是满足下列初始条件的非齐次差分方程的解：

$$\begin{cases} \displaystyle\sum_{i=0}^{N} a_i y_{zs}(n-i) = \sum_{j=0}^{M} b_j x(n-j) \\ y_{zs}(0), y_{zs}(1), \cdots, y_{zs}(N-1)\big|_{y_{zs}(-1)=y_{zs}(-2)=\cdots=y_{zs}(-N)=0} \end{cases} \tag{5-27}$$

由于式（5-27）方程的右边除有 $x(n)\varepsilon(n)$ 外，还包括 $x(n)\varepsilon(n)$ 的移位序列，所以先计算在单个输入 $x(n)\varepsilon(n)$ 的作用下，系统的零状态响应 $y_{zs0}(n)$，再利用线性、移不变性求出整个系统的 $y_{zs}(n)$

$$y_{zs}(n) = \sum_{j=0}^{M} b_j y_{zs0}(n-j) \tag{5-28}$$

零状态响应的时域解法也有多种，如迭代法、经典法、传输算子法、卷积和法。其中，迭代法在 5.5.1 节中已经介绍过，本书中不讲解传输算子法，卷积和法将在卷积部分介绍。本节用经典法来求解零状态响应。

【例 5-10】　一线性移不变因果离散时间系统的差分方程为

$$y(n) - 5y(n-1) + 6y(n-2) = x(n)$$

已知 $x(n) = \varepsilon(n)$，$y(-1) = 1$，$y(-2) = 1$，求系统的零状态响应。

解：系统的零状态响应方程为

$$\begin{cases} y_{zs}(n) - 5y_{zs}(n-1) + 6y_{zs}(n-2) = \varepsilon(n) \\ y_{zs}(-1) = 0, \quad y_{zs}(-2) = 0 \end{cases}$$

可以先求出齐次解。其特征方程为

$$\lambda^2 - 5\lambda + 6 = 0$$

特征根为

$$\lambda_1 = 2, \quad \lambda_2 = 3$$

所以齐次解为

$$y_{zsh}(n) = \left[C_{zs1}(2)^n + C_{zs2}(3)^n \right] \varepsilon(n)$$

再求特解，查表 5-2，特解为

$$y_{zsp}(n) = D$$

将特解代入零状态响应非齐次方程，可得 $D - 5D + 6D = 1$，求得 $D = \dfrac{1}{2}$。

因此，零状态响应为

$$y_{zs}(n) = \left[C_{zs1}(2)^n + C_{zs2}(3)^n + \frac{1}{2} \right] \varepsilon(n)$$

为求出待定常数 C_{zs1}、C_{zs2}，需根据初始状态 $y_{zs}(-1) = 0$、$y_{zs}(-2) = 0$ 求出初始条件 $y_{zs}(0)$ 和 $y_{zs}(1)$。将 $n=0$ 和 $n=1$ 代入零状态响应方程，即

$$\begin{cases} y_{zs}(0) - 5y_{zs}(0-1) + 6y_{zs}(0-2) = 1 \\ y_{zs}(1) - 5y_{zs}(0) + 6y_{zs}(-1) = 1 \end{cases}$$

求得 $y_{zs}(0) = 1$，$y_{zs}(1) = 6$。将其代入 $y_{zs}(n)$ 的表达式，可求出 $C_{zs1} = -4$，$C_{zs2} = \dfrac{9}{2}$。所以，零状态响应为

$$y_{zs}(n) = \left[-4(2)^n + \frac{9}{2}(3)^n + \frac{1}{2} \right] \varepsilon(n)$$

由例 5-10 可知，初始状态 $y(-1) = 1$ 和 $y(-2) = 1$ 对于求零状态响应是无用的条件，真正需要用到的初始状态是 $y_{zs}(-1) = 0$ 和 $y_{zs}(-2) = 0$，这里要注意区分。

MATLAB 提供了可用于求离散时间线性移不变（LSI）系统的零状态响应的函数 dlsim 或 filter。其调用形式为

```
dlsim(b,a,x)或filter(b,a,x)
```

其中，"x" 是系统输入信号向量，"a" 和 "b" 表示系统方程中由 a_i、b_j 组成的向量。filter 函数实际上是数字滤波函数，当调用形式为 "filter(b,a,x)" 时，可用于求零状态响应；当调用形式为 "filter(b,a,x,zi)" 时，求的是完全响应。

【例 5-11】 线性移不变系统的差分方程为 $y(n) - \dfrac{5}{6}y(n-1) + \dfrac{1}{6}y(n-2) = x(n) + x(n-1)$，用 MATLAB 求激励为 $x(n) = 0.5^n \varepsilon(n)$ 时的零状态响应。

解：程序如下

```
b=[1,1,0];a=[1,-5/6,1/6];N=20;
n=0:20;xn=0.5.^n;
yn1=dlsim(b,a,xn);
subplot(211),stem(n,yn1,'filled');
xlabel('n');ylabel('y(n)');title('dlsim');
yn2=filter(b,a,xn);
subplot(212),stem(n,yn2,'filled');
xlabel('n');ylabel('y(n)');title('filter');
```

波形图如图 5-12 所示。

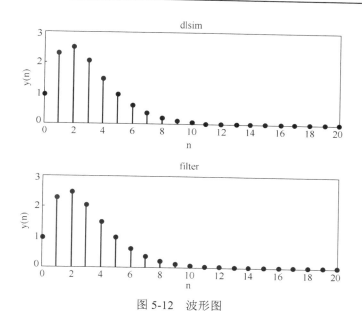

图 5-12　波形图

5.6　离散时间系统的单位样值响应和单位阶跃响应

（1）单位样值响应。

单位样值序列 $\delta(n)$ 作用于离散时间线性移不变（LSI）系统所产生的零状态响应称为单位样值响应，用符号 $h(n)$ 表示。单位样值响应的时域解法与零状态响应的时域解法一样，可采用迭代法、经典法、传输算子法、卷积和法。单位样值响应还可以在 z 域中求解，将在 z 变换的章节中介绍。利用单位样值响应还可以描述离散时间线性移不变系统的固有特性，如因果性、稳定性等。

【例 5-12】　某离散时间系统的差分方程为 $y(n)-2y(n-1)=x(n)$，利用迭代法求系统的单位样值响应 $h(n)$。

解：单位样值响应 $h(n)$ 是输入为 $\delta(n)$ 时系统的零状态响应。因此原方程可改写为

$$h(n)-2h(n-1)=\delta(n)$$

当 $n<0$ 时，有

$$h(n)=0$$

当 $n\geqslant 0$ 时，依次取值，得

$$h(0)=2h(0-1)+\delta(0)=1$$
$$h(1)=2h(1-1)+\delta(1)=2$$
$$h(2)=2h(2-1)+\delta(2)=2^2$$
$$\vdots$$

以此类推，并归纳，得 $h(n)=2^n\varepsilon(n)$。

【例 5-13】　某离散因果系统的差分方程为 $y(n)+3y(n-1)+2y(n-2)=x(n)-x(n-2)$，试

求系统的单位样值响应 $h(n)$ 。

解：单位样值响应 $h(n)$ 是输入为 $\delta(n)$ 时系统的零状态响应。因此原方程可改写为

$$h(n)+3h(n-1)+2h(n-2)=\delta(n)-\delta(n-2) \tag{5-29}$$

由于方程右边含有移位项，所以根据线性移不变特性，可将式（5-29）分解为两个式子，即

$$h_0(n)+3h_0(n-1)+2h_0(n-2)=\delta(n) \tag{5-30}$$

和

$$h_1(n)+3h_1(n-1)+2h_1(n-2)=-\delta(n-2) \tag{5-31}$$

对于式（5-30），由定义可知，应有 $h_0(-1)=0$ ， $h_0(-2)=0$ 。通过迭代法可求出 $h_0(0)=1$ ，$h_0(1)=-3$ 。

式（5-30）的特征方程为 $\lambda^2+3\lambda+2=0$ ，特征根为 $\lambda_1=-2$ ， $\lambda_2=-1$ ，因此

$$h_0(n)=C_1(-2)^n+C_2(-1)^n$$

将 $h_0(0)=1$ ， $h_0(1)=-3$ 代入，得 $C_1=2$ ， $C_2=-1$ 。因此：

$$h_0(n)=2(-2)^n\varepsilon(n)-(-1)^n\varepsilon(n)$$

根据线性移不变特性，输入变为 $-\delta(n-2)$ ，则输出为 $h_1(n)=-h_0(n-2)$ 。那么系统的单位样值响应为

$$h(n)=h_0(n)+h_1(n)=2(-2)^n\varepsilon(n)-(-1)^n\varepsilon(n)-2(-2)^{n-2}\varepsilon(n-2)+(-1)^{n-2}\varepsilon(n-2)$$

（2）单位阶跃响应。

单位阶跃序列 $\varepsilon(n)$ 作用在离散时间线性移不变系统上产生的零状态响应称为单位阶跃响应，用符号 $s(n)$ 表示。类似于连续时间系统，离散时间系统的单位样值响应 $h(n)$ 与单位阶跃响应 $s(n)$ 也存在确定的关系，即 $s(n)=\sum\limits_{m=0}^{\infty}h(n-m)$ 、 $s(n)=\sum\limits_{k=-\infty}^{n}h(k)$ 或 $h(n)=s(n)-s(n-1)$ 。

【例 5-14】 已知离散因果系统的差分方程为 $y(n)-2y(n-1)=x(n)+x(n-1)$ ，试求系统的单位样值响应 $h(n)$ 和单位阶跃响应 $s(n)$ 。

解：应用叠加原理求单位样值响应。先求系统仅在 $\delta(n)$ 的作用下的单位样值响应 $h_0(n)$ ，它满足：

$$h_0(n)-2h_0(n-1)=\delta(n) \tag{5-32}$$

根据式（5-32）可以推导出 $h_0(0)=1$ ，系统的特征方程为 $\lambda-2=0$ ，因此特征根 $\lambda=2$ ，则 $h_0(n)=C2^n\varepsilon(n)$ 。代入初始条件，可得 $h_0(n)=2^n\varepsilon(n)$ 。根据线性移不变系统的特性可知，原系统在 $\delta(n)+\delta(n-1)$ 的作用下产生的响应为

$$h(n)=h_0(n)+h_0(n-1)=2^n\varepsilon(n)+2^{n-1}\varepsilon(n-1)$$

根据单位阶跃响应与单位样值响应之间的关系可求出

$$s(n)=\sum_{m=0}^{\infty}h(n-m)=\sum_{m=0}^{\infty}[2^{n-m}\varepsilon(n-m)+2^{n-m-1}\varepsilon(n-m-1)]$$

$$=2^n\sum_{m=0}^{n}2^{-m}\varepsilon(n)+2^{n-1}\sum_{m=0}^{n-1}2^{-m}\varepsilon(n-1)=(2\cdot 2^n-1)\varepsilon(n)+(2^n-1)\varepsilon(n-1)$$

MATLAB 提供了专门用于求离散时间线性移不变系统的单位样值响应和单位阶跃响应的函数。假设系统的差分方程为

$$\sum_{i=0}^{N} a_i y(n-i) = \sum_{j=0}^{M} b_j x(n-j), \quad a_N \neq 0$$

函数 dimpulse(b,a,k)和 impz(b,a,k)用于绘制向量"a"和"b"定义的离散时间线性移不变系统在 $0 \sim k$（k 必须为整数）离散时间范围内的单位样值响应，dstep(b,a,k)和 stepz(b,a,k)用于绘制向量"a"和"b"定义的离散时间线性移不变系统在 $0 \sim k$（k 必须为整数）离散时间范围内的单位阶跃响应。其中，"a"和"b"表示系统方程中由 a_i、b_j 组成的向量，k 为时间范围。

【例 5-15】 用 MATLAB 求差分方程 $y(n) - \dfrac{5}{6}y(n-1) + \dfrac{1}{6}y(n-2) = x(n) + x(n-1)$ 的单位样值响应和单位阶跃响应。

解：程序如下

```
b=[1,1,0];a=[1,-5/6,1/6];N=20; n=0:N-1;
hn=dimpulse(b,a,N);
subplot(221),stem(n,hn,'filled');
xlabel('n');ylabel('h(n)');title('dimpulse');
subplot(222)
sn=dstep(b,a,N);stem(n,sn,'filled');
xlabel('n');ylabel('s(n)');title('dstep');
subplot(223),impz(b,a,N);
subplot(224),stepz(b,a,N);
```

单位样值响应和单位阶跃响应如图 5-13 所示。

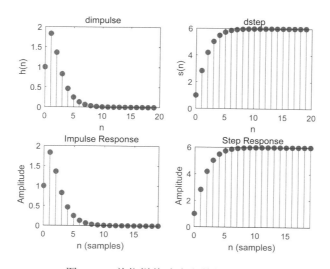

图 5-13　单位样值响应和单位阶跃响应

5.7　离散时间系统的卷积和

本节讨论离散时间系统的卷积和运算的定义、计算方法和性质。

5.7.1　卷积和的定义和计算方法

与连续时间系统中类似，卷积和的定义为

$$x(n) = x_1(n) * x_2(n) \stackrel{\text{def}}{=} \sum_{m=-\infty}^{\infty} x_1(m)x_2(n-m) \tag{5-33}$$

此为序列 $x_1(n)$ 和 $x_2(n)$ 的卷积和运算，简称卷积和。由于积分运算实际上也是一种求和运算，卷积和运算与卷积运算在运算原理上是一致的，因此卷积和运算也用符号"$*$"表示。

如果 $x_1(n)$ 和 $x_2(n)$ 均为有限长序列，那么

$$x_1(n) = \begin{cases} x_1(n), & N_1 \leqslant n \leqslant N_2 \\ 0, & \text{其他} \end{cases}, \quad x_2(n) = \begin{cases} x_2(n), & N_3 \leqslant n \leqslant N_4 \\ 0, & \text{其他} \end{cases}$$

$x_1(m)$ 的非零区间为 $N_1 \leqslant m \leqslant N_2$，其非零点的个数为 $L_1 = N_2 - N_1 + 1$；$x_2(n-m)$ 的非零区间为 $N_3 \leqslant n - m \leqslant N_4$，其非零点的个数为 $L_2 = N_4 - N_3 + 1$。这两个序列的卷积结果的非零区间为 $N_1 + N_3 \leqslant n \leqslant N_2 + N_4$，在此区间外，不是 $x_1(m)$ 为零，就是 $x_2(n-m)$ 为零，所以卷积结果的非零点的个数为 $L = L_1 + L_2 - 1$，即线性卷积的长度等于参与卷积的序列的长度之和减1。

根据卷积和的定义，如果任意一个长度为 N 的因果序列 $x(n)$ 和一个长度为 M 的因果序列 $h(n)$ 进行卷积，则卷积结果为

$$y(n) = x(n) * h(n) = \sum_{m=0}^{n} x(m)h(n-m), \ 0 \leqslant n \leqslant N + M - 2$$

卷积和的时域计算方法主要有定义法、图形计算法、序列阵列表法和对位相乘求和法。

（1）利用定义法直接计算卷积和。

在已知两个离散信号函数式的情况下，可以用定义法计算它们的卷积和。尽管采用定义法计算可以得到闭合函数解，但在计算时应特别注意运算的上下限及求和结果的非零值所在的区间。

【例 5-16】　设 $h(n) = \left(\dfrac{1}{2}\right)^n \varepsilon(n)$，$x(n) = \left(\dfrac{1}{3}\right)^n \varepsilon(n)$，求 $x(n) * h(n)$。

解： 由卷积定义式得

当 $n < 0$ 时，$x(n) * h(n) = 0$。

当 $n \geqslant 0$ 时，有

$$x(n) * h(n) = \sum_{m=0}^{n} x(m)h(n-m) = \sum_{m=0}^{n} \left(\frac{1}{3}\right)^m \times \left(\frac{1}{2}\right)^{n-m} = \left(\frac{1}{2}\right)^n \times \sum_{m=0}^{n} \left(\left(\frac{1}{3}\right) \times \left(\frac{1}{2}\right)^{-1}\right)^m$$

$$= \left(\frac{1}{2}\right)^n \times \frac{1 - \left(\dfrac{2}{3}\right)^{n+1}}{1 - \left(\dfrac{2}{3}\right)} = 3\left(\frac{1}{2}\right)^n - 2\left(\frac{1}{3}\right)^n$$

（2）利用图形计算法计算卷积和。

与卷积积分运算一样，用图形计算法求两序列的卷积和的运算也包括信号的反折、平移、相乘与求和 4 个基本步骤。

【例5-17】已知离散信号 $x(n) = R_3(n) - R_3(n-3)$，$h(n) = R_6(n)$，求卷积和 $y(n) = x(n) * h(n)$。

解：根据卷积的定义可得

$$y(n) = x(n) * h(n) = \sum_{m=-\infty}^{\infty} x(m)h(n-m)$$

下面采用图形计算法计算卷积和。

① 将 $x(n)$、$h(n)$ 中的自变量由 n 改为 m，分别如图 5-14(a)和图 5-14(b)所示；

② 把其中一个信号反折，如将 $h(m)$ 反折为 $h(-m)$，如图 5-14(c)所示；

③ 把 $h(-m)$ 平移 n，n 是参变量。若 $n>0$，则图形右移，若 $n<0$，则图形左移，如图 5-14(d)所示；

④ 将 $x(m)$ 与 $h(n-m)$ 的重叠部分相乘；

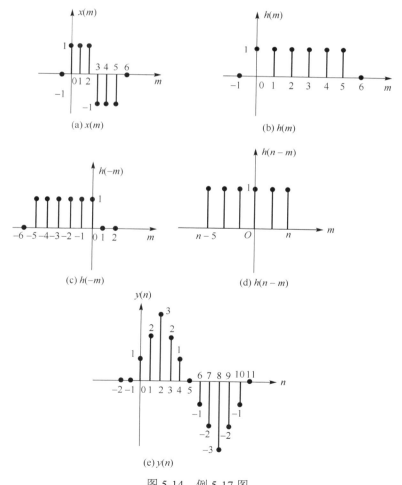

图 5-14 例 5-17 图

⑤ 对乘积后的图形求和。

当 $n<0$ 时，$x(m)$ 与 $h(n-m)$ 的非零值无重叠部分，相乘结果处处为 0，所以 $y(n)=0$。

当 $0 \leqslant n \leqslant 2$ 时，

$$y(n)=\sum_{m=0}^{n}x(m)h(n-m)=\sum_{m=0}^{n}1 \times 1=n+1$$

当 $3 \leqslant n \leqslant 5$ 时，

$$y(n)=\sum_{m=0}^{n}x(m)h(n-m)=\sum_{m=0}^{2}1 \times 1+\sum_{m=3}^{n}(-1) \times 1=5-n$$

当 $0 \leqslant n-5 \leqslant 2$，即 $5 \leqslant n \leqslant 7$ 时，

$$y(n)=\sum_{m=n-5}^{5}x(m)h(n-m)=\sum_{m=n-5}^{2}1 \times 1+\sum_{m=3}^{5}(-1) \times 1=5-n$$

当 $3 \leqslant n-5 \leqslant 5$，即 $8 \leqslant n \leqslant 10$ 时，

$$y(n)=\sum_{m=n-5}^{5}x(m)h(n-m)=\sum_{m=n-5}^{5}(-1) \times 1=n-11$$

当 $n \geqslant 11$ 时，$x(m)$ 与 $h(n-m)$ 的非零值无重叠部分，相乘结果处处为 0，所以 $y(n)=0$。

（3）利用序列阵列表法计算卷积和。

分析离散卷积和的公式可知，卷积和符号内两个相乘的序列值 $x(m)$ 和 $h(n-m)$ 的序号之和恒等于 n，将这些乘积相加便可得到序号为 n 的卷积值 $y(n)$。因此对于长度有限的序列，可采用序列阵列表法计算卷积和，如图 5-15 所示。将 $h(n)$ 的值顺序排成一行，将 $x(n)$ 的值顺序排成一列，将行与列的交叉点记入相应 $x(n)$ 与 $h(n)$ 的乘积，对角斜线上各数值的和就是 $y(n)$ 各项的值。

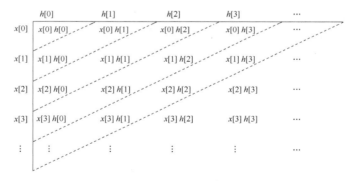

图 5-15　采用序列阵列表法求卷积和 1

【例 5-18】　计算 $x(n)=\{1,1,\overset{\downarrow}{0},0,2\}$ 与 $h(n)=\{1,\overset{\downarrow}{2},3,4\}$ 的卷积和。

解：采用序列阵列表法求卷积和，如图 5-16 所示。

求对角斜线上各数值的和可得：$y(-3)=1$，$y(-2)=2+1=3$，$y(-1)=3+2+0=5$，$y(0)=4+3+0+0=7$，$y(1)=4+0+0+2=6$，$y(2)=0+0+4=4$，$y(3)=0+6=6$，$y(4)=8$。所以，$y(n)=\{1,3,5,\overset{\downarrow}{7},6,4,6,8\}$。

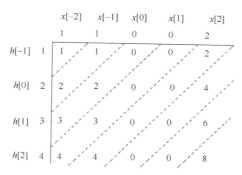

图 5-16　采用序列阵列表法求卷积和 2

（4）利用对位相乘求和法计算卷积和。

对于两个有限长序列的卷积和计算，可以按普通乘法的方法进行运算，把两个序列排成两行，按普通乘法运算进行相乘，但中间结果不进位，最后将位于同一列的中间结果相加，得到卷积和序列。

【例 5-19】　计算 $x(n) = \{1, 1, \overset{\downarrow}{0}, 0, 2\}$ 与 $h(n) = \{1, \overset{\downarrow}{2}, 3, 4\}$ 的卷积和。

解：对位相乘求和法如下

$$
\begin{array}{r}
x(n) = 1\ \ 1\ \ \overset{\downarrow}{0}\ \ 0\ \ 2 \\
h(n) = 1\ \ \overset{\downarrow}{2}\ \ 3\ \ 4 \\
\hline
1\ \ 1\ \ 0\ \ 0\ \ 2\quad\quad\quad\quad\quad \\
2\ \ 2\ \ 0\ \ 0\ \ 4\quad\quad\quad \\
3\ \ 3\ \ 0\ \ 0\ \ 6\quad \\
+\quad\quad\quad\quad\quad\quad 4\ \ 4\ \ 0\ \ 0\ \ 8 \\
\hline
1\ \ 3\ \ 5\ \ 7\ \ 6\ \ 4\ \ 6\ \ 8
\end{array}
$$

因此，$x(n) * h(n) = \{1, 3, 5, \overset{\downarrow}{7}, 6, 4, 6, 8\}$，和例 5-18 的结果一致。卷积结果的时间区间为 $-3 \leqslant n \leqslant 4$。

MATLAB 信号处理工具箱提供了一个计算两个离散序列卷积和的函数 conv，其调用方式为

```
c=conv(a,b)
```

其中，"a" 和 "b" 表示待卷积和运算的两序列的向量，"c" 为卷积结果。

【例 5-20】　$x_1(n) = \sin(n)$，$0 \leqslant n \leqslant 10$，$x_2(n) = 0.8^n$，$0 \leqslant n \leqslant 15$，用 MATLAB 计算 $x_1(n) * x_2(n)$。

解：程序如下

```
clear
n1=0:10;xn1=sin(n1);n2=0:15;xn2=0.8.^n2;
yn=conv(xn1,xn2);
subplot(311),stem(n1,xn1,'filled');xlabel('n');title('xn1');
subplot(312),stem(n2,xn2,'filled');xlabel('n');title('xn2');
n=n1(1)+n2(1):n1(end)+n2(end);
subplot(313),stem(n,yn,'filled');xlabel('n');title('yn');
```

波形图如图 5-17 所示。

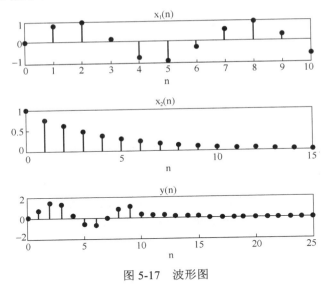

图 5-17 波形图

5.7.2 卷积和的性质

（1）卷积和的代数性质。

卷积和运算满足 3 个基本代数运算律，即

$$交换律：\quad x_1(n)*x_2(n)=x_2(n)*x_1(n)$$

$$结合律：\quad x_1(n)*[x_2(n)*x_3(n)]=[x_1(n)*x_2(n)]*x_3(n)$$

$$分配律：\quad x_1(n)*[x_2(n)+x_3(n)]=x_1(n)*x_2(n)+x_1(n)*x_3(n)$$

（2）卷积和的位移性质。

若 $y(n)=x_1(n)*x_2(n)$，则有

$$x_1(n-n_1)*x_2(n)=x_1(n)*x_2(n-n_1)=y(n-n_1)$$

$$x_1(n-n_1)*x_2(n-n_2)=x_1(n-n_2)*x_2(n-n_1)=y(n-n_1-n_2)$$

式中，n_1、n_2 均为整数。

（3）差分与求和性质。

对应连续卷积积分的微分与积分性质，离散卷积和有差分与求和性质，具体如下。

差分性质：

$$\nabla x_1(n)*x_2(n)=x_1(n)*\nabla x_2(n)=\nabla[x_1(n)*x_2(n)]$$

$$\Delta x_1(n)*x_2(n)=x_1(n)*\Delta x_2(n)=\Delta[x_1(n)*x_2(n)]$$

求和性质：

$$\sum_{k=-\infty}^{\infty}x_1(k)*x_2(n)=x_1(n)*\sum_{k=-\infty}^{\infty}x_2(k)=\sum_{k=-\infty}^{\infty}[x_1(k)*x_2(k)]$$

差分与求和的卷积和：

$$\sum_{k=-\infty}^{\infty} x_1(k) * \nabla x_2(n) = x_1(n) * x_2(n)$$

（4）与 $\delta(n)$ 和 $\varepsilon(n)$ 卷积的性质。

信号 $x(n)$ 与单位样值序列 $\delta(n)$ 的卷积等于 $x(n)$ 本身，即 $x(n) * \delta(n) = x(n)$。其移位性质也成立，即

$$x(n-n_1) * \delta(n) = x(n-n_1)$$

$$x(n-n_1) * \delta(n-n_2) = x(n-n_1-n_2)$$

对于单位阶跃序列，有

$$x(n) * \varepsilon(n) = \sum_{m=-\infty}^{n} x(m)$$

【例 5-21】 计算 $x(n) = \{1, 0, \overset{\downarrow}{2}, 4\}$ 和 $h(n) = \{1, \overset{\downarrow}{4}, 5, 3\}$ 的卷积和。

解： 可用单位样值序列的方式表示 $x(n)$：

$$x(n) = \delta(n+2) + 2\delta(n) + 4\delta(n-1)$$

利用移位特性，有

$$x(n) * h(n) = \{\delta(n+2) + 2\delta(n) + 4\delta(n-1)\} * h(n) = h(n+2) + 2h(n) + 4h(n-1)$$

因此：

$$y(n) = x(n) * h(n) = \{1, 4, 7, \overset{\downarrow}{15}, 26, 26, 12\}$$

表 5-3 所示为常用因果信号的卷积和公式。

表 5-3 常用因果信号的卷积和公式

序号	$x_1(n)$	$x_2(n)$	$x_1(n) * x_2(n)$
1	$x(n)$	$\delta(n)$	$x(n)$
2	n	$\varepsilon(n)$	$\dfrac{1}{2}n(n+1)\varepsilon(n)$
3	$x(n)$	$\varepsilon(n)$	$\displaystyle\sum_{m=-\infty}^{n} x(m)$
4	$\varepsilon(n)$	$\varepsilon(n)$	$n+1$
5	a^n	$\varepsilon(n)$	$\dfrac{1-a^{n+1}}{1-a}$，$a \neq 1$
6	a^n	a^n	$(n+1)a^n$
7	n	n	$\dfrac{1}{6}(n-1)n(n+1)$

5.7.3 零状态响应的卷积和求解

根据式（5-2），任意离散信号可分解为单位样值信号的线性组合，即

$$x(n) = \sum_{m=-\infty}^{\infty} x(m)\delta(n-m) \tag{5-34}$$

单位样值响应 $h(n)$ 是激励为 $\delta(n)$ 时的零状态响应，即

$$h(n) = T\big[\delta(n)\big] \qquad (5\text{-}35)$$

因此，当离散线性移不变系统的激励为 $x(n)$ 时，离散线性移不变系统的零状态响应可表示为

$$y_{zs}(n) = T\big[x(n)\big] = T\left[\sum_{m=-\infty}^{\infty} x(m)\delta(n-m)\right] = \sum_{m=-\infty}^{\infty} x(m)T[\delta(n-m)] \qquad (5\text{-}36)$$

$$= \sum_{m=-\infty}^{\infty} x(m)h(n-m) = x(n) * h(n)$$

即离散线性移不变系统的零状态响应为激励信号与单位样值响应的卷积。式（5-36）为离散线性移不变系统的零状态响应的卷积法求解表达式。从式（5-36）中可以看出，离散线性移不变系统的特性完全可以由 $h(n)$ 来表征。

【例 5-22】 若描述某离散时间系统的差分方程为 $y(n) + 3y(n-1) + 2y(n-2) = x(n)$，已知激励 $x(n) = 3\left(\dfrac{1}{2}\right)^n \varepsilon(n)$，$h(n) = [-(-1)^n + 2(-2)^n]\varepsilon(n)$，求系统的零状态响应 $y_{zs}(n)$。

解： 根据零状态响应的卷积法，可得

$$y_{zs}(n) = \sum_{m=-\infty}^{\infty} x(m)h(n-m) = \sum_{m=-\infty}^{\infty} 3 \times \left(\frac{1}{2}\right)^m \varepsilon(m) \cdot [-(-1)^{n-m} + 2 \times (-2)^{n-m}]\varepsilon(n-m)$$

$$= \begin{cases} -3 \times (-1)^n \displaystyle\sum_{m=0}^{n}\left(-\frac{1}{2}\right)^m + 6 \times (-2)^n \displaystyle\sum_{m=0}^{n}\left(-\frac{1}{4}\right)^m, & n \geqslant 0 \\ 0, & n < 0 \end{cases}$$

$$= \left[-2 \times (-1)^n + \frac{24}{5} \times (-2)^n + \frac{1}{5} \times \left(\frac{1}{2}\right)^n\right]\varepsilon(n)$$

5.8 用单位样值响应表征的线性移不变系统的特性

类似于连续时间系统的单位冲激响应 $h(t)$，单位样值响应 $h(n)$ 主要也有两方面的作用：用来求解线性移不变系统对任意输入的零状态响应和描述线性移不变系统的特性。线性移不变系统的稳定性、因果性、互联性都可以由其单位样值响应来表征。

（1）稳定性。

在有界输入、有界输出的稳定性的定义下，一个线性移不变系统稳定的充分必要条件是其单位样值响应绝对可和，即 $\displaystyle\sum_{n=-\infty}^{\infty} |h(n)| < \infty$。

证明： ① 充分性。

设输入 $x(n)$ 有界，其界为 B_x，即对于所有 n，都有 $|x(n)| \leqslant B_x$，则

$$|y_{zs}(n)| = \left|\sum_{m=-\infty}^{\infty} h(m)x(n-m)\right| \leqslant \sum_{m=-\infty}^{\infty} |h(m)||x(n-m)| \leqslant B_x \sum_{m=-\infty}^{\infty} |h(m)|$$

可见，为了保证 $\left|y_{\mathrm{zs}}(n)\right|$ 有界，只需要 $\displaystyle\sum_{m=-\infty}^{\infty}\left|h(m)\right|<\infty$ 。

② 必要性。

当 $\displaystyle\sum_{n=-\infty}^{\infty}\left|h(n)\right|<\infty$ 不成立时，只要能找到一个有界输入使系统产生无界输出，就表明系统

不稳定。现假设系统稳定，但有 $\displaystyle\sum_{n=-\infty}^{\infty}\left|h(n)\right|=\infty$ ，这时可以定义找到了一个有界输入信号

$$x(n)=\mathrm{sgn}[h(-n)]=\frac{h(-n)}{\left|h(-n)\right|}=\begin{cases}1, & h(-n)>0 \\ 0, & h(-n)=0 \\ -1, & h(-n)<0\end{cases}$$

对应的系统在 $n=0$ 时的输出值为

$$y_{\mathrm{zs}}(0)=\sum_{m=-\infty}^{\infty}h(m)x(0-m)=\sum_{m=-\infty}^{\infty}\frac{h^{2}(m)}{\left|h(m)\right|}=\sum_{m=-\infty}^{\infty}\left|h(m)\right|=\infty$$

即此时系统的有界输入产生了无界输出，这与系统稳定的假设矛盾，所以若系统稳定，则必

有 $\displaystyle\sum_{n=-\infty}^{\infty}\left|h(n)\right|<\infty$ 成立。

（2）因果性。

一个线性移不变系统具有因果性的充分必要条件是 $h(n)=0$ ， $n<0$ 。

证明： ① 充分性。

设 $h(n)=0$ ， $n<0$ 成立，则当 $m>n_0$ 时，有 $h(n_0-m)=0$ ，因此，系统在任意时刻 $n=n_0$ 的输出为

$$y_{\mathrm{zs}}(n_0)=\sum_{m=-\infty}^{\infty}x(m)h(n_0-m)=\sum_{m=-\infty}^{n_0}x(m)h(n_0-m)+\sum_{m=n_0+1}^{\infty}x(m)h(n_0-m)$$

$$=\sum_{m=-\infty}^{n_0}x(m)h(n_0-m)$$

此式说明输出序列 $y_{\mathrm{zs}}(n)$ 在任意点 $n=n_0$ 的值只与输入序列 $x(n)$ 在 $n\leqslant n_0$ 的值有关，因此系统是因果系统。

② 必要性。

系统在任意时刻 $n=n_0$ 的输出可以表示为

$$y_{\mathrm{zs}}(n_0)=\sum_{m=-\infty}^{\infty}x(m)h(n_0-m)=\sum_{m=-\infty}^{n_0}x(m)h(n_0-m)+\sum_{m=n_0+1}^{\infty}x(m)h(n_0-m)\qquad（5\text{-}37）$$

如果 $h(n)\neq0$ ， $n<0$ ，则可以得出，当 $m>n_0$ 时， $h(n_0-m)\neq0$ ，则式（5-37）中第二个和式项不一定为 0，所以系统输出 $y_{\mathrm{zs}}(n)$ 在任意时刻 $n=n_0$ 的值与输入序列 $x(n)$ 在 $n>n_0$ 的值有关，即系统不是因果系统。因此要保证系统是因果系统，必须有 $h(n)=0$ ， $n<0$ 。

（3）互联性。

与连续时间系统一样，实际系统基本的连接方式一般有两种：级联与并联。

① 级联。

根据卷积和的结合律和交换律可知：

$$y_{zs}(n) = x(n) * h_1(n) * h_2(n) = x(n) * [h_1(n) * h_2(n)] = x(n) * [h_2(n) * h_1(n)]$$

可以看出，对于一个级联的线性移不变系统而言，其单位样值响应与子系统的级联顺序无关。因此，图 5-18 中的 4 个系统是等效的。这一结论可以推广到任意多个线性移不变系统级联的情况。

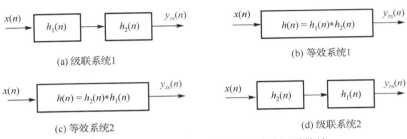

图 5-18　两个线性移不变系统的时域级联等效

② 并联。

根据卷积和的分配律和交换律可知：

$$y_{zs}(n) = x(n) * h_1(n) + x(n) * h_2(n) = x(n) * [h_1(n) + h_2(n)] = x(n) * h(n)$$

即图 5-19 中的两个系统是等效的。同理，这一结论可以推广到任意多个线性移不变系统并联的情况。

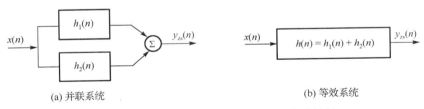

图 5-19　两个线性移不变系统的时域并联等效

应当强调的是，和连续时间系统的情况一样，用单位样值响应描述的系统只能是线性移不变系统，如果不是线性移不变系统，则上述各种特性的表达式可能不成立。

【例 5-23】　求如图 5-20 所示的系统的单位样值响应。其中，$h_1(n) = 2^n \varepsilon(n)$，$h_2(n) = \delta(n-1)$，$h_3(n) = 3^n \varepsilon(n)$，$h_4(n) = \varepsilon(n)$。

解：子系统 $h_2(n)$ 与 $h_3(n)$ 级联，$h_1(n)$ 支路、全通支路与 $h_2(n)$ 和 $h_3(n)$ 级联支路并联，再与 $h_4(n)$ 级联。全通支路满足 $x(n) * h(n) = x(n)$，所以全通离散时间系统的单位样值响应为单位样值序列 $\delta(n)$。

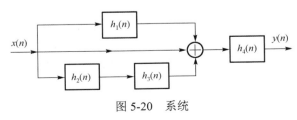

图 5-20　系统

整个系统的单位样值响应为

$$h(n) = \{h_1(n) + \delta(n) + h_2(n) * h_3(n)\} * h_4(n) = \{2^n \varepsilon(n) + \delta(n) + \delta(n-1) * 3^n \varepsilon(n)\} * \varepsilon(n)$$

$$= \sum_{m=-\infty}^{n} 2^m \varepsilon(m) + \varepsilon(n) + \sum_{m=-\infty}^{n} 3^{m-1} \varepsilon(m-1) = \sum_{m=0}^{n} 2^m + \varepsilon(n) + \sum_{m=1}^{n} 3^{m-1}$$

$$= 2 \times (2)^n \varepsilon(n) + [1.5 \times (3)^{n-1} - 0.5] \varepsilon(n-1)$$

5.9　小结

本章的主要内容如下。

（1）典型离散时间信号及其特性，特别要区分离散时间信号与连续时间信号的区别。正弦序列可以由正弦信号通过抽样获得，则数字角频率与模拟域频率之间的关系为 $\Omega_0 = \dfrac{2\pi T_s}{T_0} = \dfrac{2\pi f_0}{f_s}$。

（2）离散时间信号的基本运算：序列的差分和累加运算对应于连续时间信号中的微分和积分运算，并具有相同的功能。

（3）线性常系数差分方程的求解方法：迭代法、经典法、零输入响应和零状态响应。在使用经典法、零输入响应和零状态响应求差分方程的解时，需特别注意不同情况使用的初始条件。

（4）求解序列卷积和的方法：定义式法、图解法、序列阵列表法、对位相乘求和法。零状态响应可以用卷积和的方法进行求解，即 $y_{zs}(n) = x(n) * h(n)$。

习　题　5

5.1　试判断下列序列是否为周期序列，若是周期序列，试写出其周期。

（1）$x(n) = \cos\left(\dfrac{2\pi}{3}n\right) + \sin\left(\dfrac{3\pi}{5}n\right)$　　　　　　　（2）$x(n) = \cos\left(\dfrac{8\pi}{7}n + 2\right)$

（3）$x(n) = \sin^2\left(\dfrac{\pi}{8}n\right)$　　　　　　　　　　　（4）$x(n) = e^{j\left(\frac{n}{3} + \pi\right)}$

5.2　判断下列系统是否为线性系统、移不变系统、稳定系统、因果系统。

（1）$y(n) = 2x(n) + 3$　　　　　　　　　　（2）$y(n) = x(n)\sin\left[\dfrac{2\pi}{3}n + \dfrac{\pi}{6}\right]$

（3）$y(n) = \displaystyle\sum_{k=-\infty}^{n} x(k)$　　　　　　　　　　（4）$y(n) = \displaystyle\sum_{k=n_0}^{n} x(k)$

5.3　离散时间线性移不变系统的差分方程为 $y(n) - 5y(n-1) + 6y(n-2) = \varepsilon(n)$，系统的初始状态为 $y(-1) = 3$，$y(-2) = 2$，求解系统的零输入响应、零状态响应和完全响应。

5.4　求下列差分方程所描述的离散时间线性移不变系统的单位样值响应和单位阶跃响应。

（1）　$y(n)+2y(n-1)=x(n-1)$　　　　　（2）　$y(n)+4y(n-1)+3y(n-2)=x(n)$

5.5　已知两序列 $x(n)=\left\{\underset{\uparrow}{2},1,5,1\right\}$ 和 $h(n)=\left\{3,4,\underset{\uparrow}{1},2\right\}$，利用对位相乘求和法求卷积和 $y(n)=x(n)*h(n)$。

5.6　已知离散信号 $x_1(n)=\varepsilon(n)-\varepsilon(n-4)$，$x_2(n)=0.5^n\varepsilon(n)$，试求下列卷积和：

（1）　$x_1(n)*x_1(n)$　　　　　　　　（2）　$x_1(n)*x_2(n)$

5.7　对于离散时间线性移不变因果系统，当激励为 $\delta(n-1)$ 时，系统的零状态响应为 $\left(\dfrac{1}{2}\right)^n\varepsilon(n-1)$，求激励为 $2\delta(n)+\varepsilon(n)$ 时系统的零状态响应。

5.8　如题图 5.8 所示的离散时间线性移不变系统，已知 $h_1(n)=\varepsilon(n)$，$h_2(n)=(-1)^n\varepsilon(n)$，$h_3(n)=\delta(n-1)$。试求此系统的单位样值响应 $h(n)$，当 $x(n)=\varepsilon(n)-\varepsilon(n-2)$ 时，计算 $y(n)$。

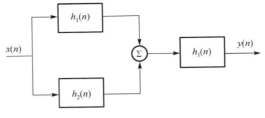

题图 5.8

5.9　对于离散时间线性移不变系统，已知当激励为 $\varepsilon(n)$ 时，零状态响应为 $\varepsilon(n)-\varepsilon(n-2)$，现将与此系统完全相同的两个系统级联，求此级联系统的单位样值响应。

5.10　周期信号 $x(t)=\mathrm{e}^{j\omega t}$，$\omega$ 为模拟角频率，周期 $T=\dfrac{2\pi}{\omega}$。若对 $x(t)$ 以间隔 T_s 均匀抽样，得到离散信号 $x(n)=x(nT_s)=\mathrm{e}^{j\omega nT_s}$。求使 $x(n)$ 为周期信号的抽样间隔 T_s。

5.11　已知差分方程为 $y(n)+3y(n-1)+2y(n-2)=x(n)$，激励 $x(n)=2^n\varepsilon(n)$，初始值 $y(0)=0$，$y(1)=2$，试用"零输入响应+零状态响应"法求完全响应 $y(n)$。

5.12　已知离散时间线性移不变系统的单位阶跃响应 $s(n)=\left[\dfrac{1}{6}-\dfrac{1}{2}(-1)^n+\dfrac{4}{3}(-2)^n\right]\varepsilon(n)$。求系统在激励 $x(n)=(-3)^n\varepsilon(n)$ 下的零状态响应 $y_{zs}(n)$，写出系统的差分方程。

5.13　已知离散时间线性移不变系统的差分方程为 $y(n+2)-\dfrac{5}{6}y(n+1)+\dfrac{1}{6}y(n)=x(n+1)-2x(n)$，初始状态为 $y_{zi}(0)=y_{zi}(1)=1$，$x(n)=\varepsilon(n)$。

（1）求零输入响应 $y_{zi}(n)$、零状态响应 $y_{zs}(n)$、完全响应 $y(n)$；

（2）判断该系统是否稳定。

MATLAB 习题 5

M5.1　已知 $x(t)=\begin{cases}1-|t|, & |t|\leqslant 1\\ 0, & \text{其他}\end{cases}$，用 MATLAB 分别画出以抽样间隔 $T_s=0.25\ \mathrm{s}$ 和 $T_s=0.5\mathrm{s}$

均匀抽样后所得的离散信号的波形。

M5.2　已知周期为 T 的正弦信号 $x(t) = \sin\dfrac{2\pi}{T}t$，用 MATLAB 分别画出以抽样间隔 $T_s \ll T$、$T_s = T$、$T_s = \dfrac{T}{2}$、$T_s < \dfrac{T}{2}$ 均匀抽样后所得的离散信号的波形。

M5.3　系统的输入/输出关系为

$$y(n) = \frac{1}{M}\sum_{m=0}^{M-1} x(n-m)$$

输入信号为 $x(n) = 2n(0.9)^n$，试用 MATLAB 求系统的零状态响应。

M5.4　某系统的差分方程为 $6y(n) - 5y(n-1) + y(n-2) = x(n)$，初始条件为 $y(0) = 0$，$y(1) = 1$，激励 $x(n) = \cos\left(\dfrac{\pi}{2}n\right)\varepsilon(n)$，用 MATLAB 求系统的零状态响应、单位样值响应和完全响应。

M5.5　设 $h(n) = (0.9)^n u(n)$，输入为 $x(n) = \varepsilon(n-2) - \varepsilon(n-10)$，求系统输出 $y(n) = x(n) * h(n)$。

M5.6　已知序列 $x_1(n) = [1,2,3,4; k = 0,1,2,3]$，$x_2(n) = [1,1,1,1,1; k = 0,1,2,3,4]$，用 MATLAB 求 $x_1(n) * x_2(n)$，并画出卷积和结果。

第6章 离散时间信号与系统的频域分析

6.1 引言

离散时间信号与系统的频域分析与连续时间信号与系统的频域分析的思路类似。本章先讨论周期序列的离散傅里叶级数（DFS），再根据 DFS 结果，对周期序列通过令周期 T 趋于无穷大的方式得到非周期序列，从而推导出非周期序列的离散时间傅里叶变换（DTFT），再将 DTFT 应用于周期序列，得到周期序列的离散时间傅里叶变换，从而得到适用于离散时间信号的离散时间傅里叶变换。

无论是连续域的傅里叶级数（FS）、傅里叶变换（FT），还是离散域的离散傅里叶级数（DFS）、离散时间傅里叶变换（DTFT），都不能直接应用计算机进行计算。为此，定义了离散傅里叶变换（DFT），它不仅使傅里叶变换能够利用计算机完成，而且，由于 DFT 具有快速算法——快速傅里叶变换（FFT），从而使 DFT 能够利用计算机强大的计算功能和智能化功能，具有非常重要的应用价值。

同样，离散傅里叶分析也可用于分析系统的零状态响应，但它主要还是用于分析信号频谱及系统的频率特性，离散时间系统的分析主要还是应用 z 变换的方法，将在第 7 章具体讨论。

6.2 周期序列的离散傅里叶级数（DFS）

分析线性时不变系统的重要任务之一就是求取系统对于任意激励信号的响应，为此，需要将任意信号表示成基本信号的线性组合。线性时不变系统对基本信号的响应一般都是非常容易求取的，表示成基本信号的线性组合后的任意信号的响应，也就非常容易得到了。

时域分析法中选用的基本信号是单位冲激信号。在频域分析法中，选用虚指数信号作为基本信号，也就是要将任意信号表示成虚指数信号的线性组合，这就是傅里叶表示。线性系统对于虚指数信号的响应仍然是相同频率的虚指数信号，只是幅度和相位会发生变化。在此基础上，无论是连续时间线性时不变系统，还是离散时间线性移不变系统，只要将任意输入信号表示成虚指数信号的线性组合，那么系统的输出响应就是相同频率的虚指数信号的线性组合。将任意信号表示成虚指数信号的线性组合是由傅里叶变换实现的。

6.2.1 DFS 变换式

对于离散时间信号 $x(n)$，如果满足 $x(n)=x(n+rN)$，其中 N 为最小正整数，r 为整数，则称 $x(n)$ 为周期信号，且其周期为 N，记为 $x_N(n)$，即

$$x_N(n) = x(n + rN) \tag{6-1}$$

由于离散时间虚指数序列 $\mathrm{e}^{\mathrm{j}\frac{2\pi}{N}n}$ 满足 $\mathrm{e}^{\mathrm{j}\frac{2\pi}{N}n} = \mathrm{e}^{\mathrm{j}\frac{2\pi}{N}(n+rN)}$，$r$ 为整数，因此虚指数序列 $\mathrm{e}^{\mathrm{j}\frac{2\pi}{N}n}$ 是周期为 N 的周期信号。其中

$$\frac{2\pi}{N} = \varOmega_0 \tag{6-2}$$

称为基波频率。

将所有周期为 N 的虚指数信号组合起来，可以构成一个信号集

$$\varPhi_k(n) = \left\{ \mathrm{e}^{\mathrm{j}k\frac{2\pi}{N}n} \right\}, \quad k = 0, \pm 1, \pm 2, \cdots \tag{6-3}$$

在该信号集中，N 是基波周期，$\dfrac{2\pi}{N}$ 是基波频率，而其他任一信号（任一 k）的频率是基波频率的整数倍（k 倍），它们之间为谐波关系。与连续时间虚指数信号集 $\phi_k(t) = \{\mathrm{e}^{\mathrm{j}k\omega_0 t}\}$ 不同的是，$\phi_k(t)$ 中有无穷多个独立信号，在 $\varPhi_k(n)$ 中，由于虚指数信号 $\mathrm{e}^{\mathrm{j}\frac{2\pi}{N}n}$ 具有周期性，只有 N 个独立信号，因此，可以用信号集 $\varPhi_k(n)$ 中的 N 个独立的虚指数信号的线性组合来表示任意周期信号，这就是离散傅里叶级数的表达式

$$x_N(n) = \sum_{k=\langle N \rangle} X_N(k)\varPhi_k(n) = \sum_{k=\langle N \rangle} X_N(k)\mathrm{e}^{\mathrm{j}k\frac{2\pi}{N}n}, \quad n = 0, \pm 1, \pm 2, \cdots$$

即

$$x_N(n) = \sum_{k=\langle N \rangle} X_N(k)\mathrm{e}^{\mathrm{j}k\frac{2\pi}{N}n}, \quad n = 0, \pm 1, \pm 2, \cdots \tag{6-4}$$

式中，$x_N(n)$ 是周期为 N 的任意序列；$\langle N \rangle$ 表示连续的 N 个取值。式（6-4）说明，任意周期为 N 的序列 $x_N(n)$ 都可以分解为虚指数序列 $\mathrm{e}^{\mathrm{j}k\frac{2\pi}{N}n}$ 的加权和，加权系数为 $X_N(k)$。

为了求取离散傅里叶级数系数 $X_N(k)$，对式（6-4）两边同乘 $\mathrm{e}^{-\mathrm{j}m\frac{2\pi}{N}n}$，并在一个周期内对 n 求和

$$\sum_{n=\langle N \rangle} x_N(n)\mathrm{e}^{-\mathrm{j}m\frac{2\pi}{N}n} = \sum_{n=\langle N \rangle}\left[\sum_{k=\langle N \rangle} X_N(k)\mathrm{e}^{\mathrm{j}k\frac{2\pi}{N}n}\right]\mathrm{e}^{-\mathrm{j}m\frac{2\pi}{N}n} = \sum_{k=\langle N \rangle} X_N(k)\left[\sum_{n=\langle N \rangle}\mathrm{e}^{\mathrm{j}(k-m)\frac{2\pi}{N}n}\right] \tag{6-5}$$

可以证明

$$\sum_{n=\langle N \rangle}\mathrm{e}^{\mathrm{j}(k-m)\frac{2\pi}{N}n} = \begin{cases} N, & m = k \\ 0, & m \neq k \end{cases} \tag{6-6}$$

因此，式（6-5）可写为

$$X_N(k) = \frac{1}{N}\sum_{n=\langle N \rangle} x_N(n)\mathrm{e}^{-\mathrm{j}k\frac{2\pi}{N}n}, \quad k = 0, \pm 1, \pm 2, \cdots \tag{6-7}$$

称式（6-7）为离散傅里叶级数正变换式（DFS），称式（6-4）为离散傅里叶级数反变换

式（IDFS）。$X_N(k)$ 为 $x_N(n)$ 的离散傅里叶级数系数，也称为 $x_N(n)$ 的频谱系数。 $X_N(k)$ 一般为复函数，则称其幅度函数 $|X_N(k)|$ 为信号的幅度频谱，称其相位函数 $\text{angle}[X_N(k)]$ 为信号的相位频谱。

【例 6-1】 求周期序列 $x_N(n) = \sin\left(\dfrac{\pi}{5}n\right)$ 的傅里叶级数系数。

解：信号 $x_N(n)$ 的周期为 $N = \dfrac{2\pi}{\pi/5} = 10$，根据 DFS 定义式（6-7），有

$$X_N(k) = \frac{1}{N}\sum_{n=<N>} x_N(n)e^{-jk\frac{2\pi}{N}n} = \frac{1}{N}\sum_{n=<N>}\sin\left(\frac{\pi}{5}n\right)e^{-jk\frac{2\pi}{N}n} = \frac{1}{10}\sum_{n=<N>}\frac{1}{2j}\left[e^{j\frac{\pi}{5}n} - e^{-j\frac{\pi}{5}n}\right]e^{-jk\frac{2\pi}{N}n}$$

$$= \frac{1}{10}\frac{1}{2j}\left[\sum_{n=<10>}e^{j(1-k)\frac{\pi}{5}n} - \sum_{n=<10>}e^{-j(1+k)\frac{\pi}{5}n}\right]$$

对于第一项的求和，有

$$\sum_{n=<10>}e^{j(1-k)\frac{\pi}{5}n} = \begin{cases} 10, & 1-k=0 \\ 0, & 1-k\neq 0 \end{cases}$$

对于第二项的求和，有

$$\sum_{n=<10>}e^{-j(1+k)\frac{\pi}{5}n} = \begin{cases} 10, & 1+k=0 \\ 0, & 1-k\neq 0 \end{cases}$$

因此：

$$X_N(k) = \begin{cases} \dfrac{1}{10}\dfrac{1}{2j}(10-0)=\dfrac{1}{2j}, & k=1 \\[2mm] \dfrac{1}{10}\dfrac{1}{2j}(0-10)=\dfrac{-1}{2j}, & k=-1 \\[2mm] 0, & k为其他 \end{cases}$$

该例的另一解法是，将正弦函数化为指数形式

$$x_N(n) = \sin\left(\frac{\pi}{5}n\right) = \frac{1}{2j}\left[e^{j\frac{\pi}{5}n} - e^{-j\frac{\pi}{5}n}\right] = \frac{1}{2j}\left[e^{j\frac{2\pi}{10}n} - e^{-j\frac{2\pi}{10}n}\right]$$

将该式与 IDFS 的定义式（6-4）比较，可得

$$X_N(1) = \frac{1}{2j}, \quad X_N(-1) = \frac{-1}{2j}, \quad X_N(k) = 0, \quad (k \neq \pm 1)$$

【例 6-2】 求周期序列 $x_N(n) = \cos\left(\dfrac{\pi}{3}n\right) + \sin\left(\dfrac{\pi}{5}n\right)$ 的傅里叶级数系数。

解：信号 $x_N(n)$ 的周期为 $N = 30$

$$x_N(n) = \cos\left(\frac{\pi}{3}n\right) + \sin\left(\frac{\pi}{5}n\right) = \frac{1}{2}\left[e^{j\frac{2\pi}{30}5n} + e^{-j\frac{2\pi}{30}5n}\right] + \frac{1}{2j}\left[e^{j\frac{2\pi}{30}3n} - e^{-j\frac{2\pi}{30}3n}\right]$$

将该式与 IDFS 的定义式（6-4）比较，可得

$$X_N(5) = X_N(-5) = \frac{1}{2}, \quad X_N(3) = \frac{1}{2j}, \quad X_N(-3) = \frac{-1}{2j}, \quad X_N(k) = 0, \quad k \neq \pm 3, \pm 5$$

【例 6-3】　求周期序列 $x_N(n) = a^n$（$0 \leqslant n \leqslant N-1$）（$a$ 为有界常数）的傅里叶级数系数。

解：根据 DFS 定义式（6-7），有

$$X_N(k) = \frac{1}{N} \sum_{n=<N>} x_N(n) e^{-jk\frac{2\pi}{N}n} = \frac{1}{N} \sum_{n=0}^{N-1} \left(a e^{-jk\frac{2\pi}{N}} \right)^n = \frac{1}{N} \frac{1-a^N}{1-ae^{-jk\frac{2\pi}{N}}}$$

```
%cp6liti3.m
%MATLAB 代码：周期序列的 DFS
a=0.7;N=10;n=0:1:N-1;x=a.^n;                %指数序列
subplot(121);stem(n,x);                     %画时域序列 x(n)
hold on;plot(n,x,'r--'); hold off;          %画时域序列 x(n) 的包络
xlabel('n');title('序列 x(n) 的主值周期');axis([0 N 0 1.1]);
%%%
n=0:1:N;k=0:1:N;WN=exp(-j*2*pi/N);nk=n'*k;
Xk=x*WN.^nk/N;                              %按定义式计算 DFS
DX=abs(Xk);                                 %幅度频谱
%%%
subplot(122);stem(k,DX,'b');                %画幅度频谱|X(k)|
xlabel('k');title('频谱|X(k)|的主值周期');
hold on;plot(k,DX,'r--'); hold off;         %画幅度频谱|X(k)|的包络
axis([0 N 0 0.42]);
```

可得该例取 a=0.7，N=10 时的运行结果，如图 6-1 所示。

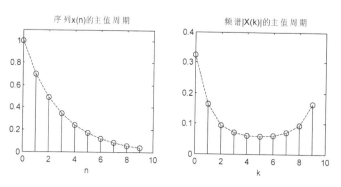

图 6-1　周期实指数序列的 DFS

【例 6-4】　$\delta_N(n)$ 是周期为 N=1 的周期单位样值序列，求其离散傅里叶级数系数。

解：根据 DFS 的定义式，有 $X_N(k) = \text{DFS}[\delta_N(n)] = \frac{1}{N} \sum_{n=<N>} \delta_N(n) e^{-jk\frac{2\pi}{N}n} = 1$。

由于 N=1，基波频率 $\Omega_0 = \frac{2\pi}{N} = 2\pi$，可见，周期单位样值序列 $\delta_N(n)$ 的 DFS 频谱是位于 $\Omega = k\Omega_0 = k2\pi$ 处的周期为 2π、强度为 1 的周期单位样值序列。

6.2.2 DFS 频谱系数的特征

由式（6-7）可知，$X_N(k)$ 是以 N 为周期的，即周期为 N 的离散时间周期信号 $x_N(n)$ 的频谱 $X_N(k)$，也是以 N 为周期的周期序列。

根据式（6-7），有

$$X_N(k+N) = \frac{1}{N} \sum_{n=<N>} x_N(n) \mathrm{e}^{-\mathrm{j}(k+N)\frac{2\pi}{N}n} = \frac{1}{N} \sum_{n=<N>} x_N(n) \mathrm{e}^{-\mathrm{j}k\frac{2\pi}{N}n} = X_N(k) \tag{6-8}$$

DFS 的系数 $X_N(k)$ 的这一特性与连续时间周期信号的傅里叶级数有着根本的不同。$X_N(k)$ 中 k 从 0 到 $N-1$ 的取值部分称为主值周期。

离散时间傅里叶级数的周期性表明，离散时间周期信号可以且只能分解为有限个虚指数序列的线性组合，因此，只要 $x_N(n)$ 是有界的，即对于所有 n，$|x_N(n)| < \infty$，其 DFS 就不存在收敛性问题。

由式（6-7）还可知，由于 k 只能取整数，因此，周期序列的频谱具有离散性和谐波性。

通常，DFS 的频谱系数 $X_N(k)$ 是一个关于 k 的复函数，当 $x_N(n)$ 为实周期序列信号时，由式（6-7）易得，其 $X_N(k)$ 满足

$$X_N{}^*(k) = X_N(-k) \tag{6-9}$$

将式（6-9）两边写成实部与虚部的形式，有

$$\left[X_{NR}(k) + \mathrm{j}X_{NI}(k) \right]^* = X_{NR}(k) - \mathrm{j}X_{NI}(k) = X_{NR}(-k) + \mathrm{j}X_{NI}(-k)$$

从而有

$$\begin{cases} X_{NR}(k) = X_{NR}(-k) \\ X_{NI}(k) = -X_{NI}(-k) \end{cases} \tag{6-10}$$

式（6-10）说明，$X_N(k)$ 的实部是 k 的偶函数，虚部是 k 的奇函数。

将式（6-9）两边写成模与幅角的形式，有

$$\left[|X_N(k)| \mathrm{e}^{\mathrm{j}\phi_N(k)} \right]^* = |X_N(k)| \mathrm{e}^{-\mathrm{j}\phi_N(k)} = |X_N(-k)| \mathrm{e}^{\mathrm{j}\phi_N(-k)}$$

从而有

$$\begin{cases} |X_N(k)| = |X_N(-k)| \\ \phi_N(k) = -\phi_N(-k) \end{cases} \tag{6-11}$$

式（6-11）说明，$X_N(k)$ 的模是 k 的偶函数，幅角是 k 的奇函数。

6.2.3 周期矩形序列的频谱

设周期矩形序列为

$$x_N(n) = \begin{cases} 1, & |n| \leq N_1 \\ 0, & N_1 < |n| \leq N/2 \end{cases} \tag{6-12}$$

式中，N_1 为半脉冲宽度，N 为周期，如图 6-2（a）所示。

根据式（6-7），有

$$X_N(k) = \frac{1}{N} \sum_{n=\langle N \rangle} x_N(n) \mathrm{e}^{-\mathrm{j}k\frac{2\pi}{N}n} = \frac{1}{N} \sum_{n=-N_1}^{N_1} \mathrm{e}^{-\mathrm{j}k\frac{2\pi}{N}n} \tag{6-13}$$

根据等比数列求和公式，有

$$\sum_{n=n_1}^{n_2} q^n = \begin{cases} \dfrac{q^{n_1} - q^{n_2+1}}{1-q} & , \quad q \neq 1 \\ n_2 - n_1 + 1 & , \quad q = 1 \end{cases} \tag{6-14}$$

令 $q = \mathrm{e}^{-\mathrm{j}k\frac{2\pi}{N}}$，将式（6-14）代入式（6-13）

对于 $q \neq 1$ 的情形，$k \neq rN$（ r 为整数 ）

$$\begin{aligned}
X_N(k) &= \frac{1}{N} \sum_{n=-N_1}^{N_1} \mathrm{e}^{-\mathrm{j}k\frac{2\pi}{N}n} = \frac{1}{N} \frac{\mathrm{e}^{\mathrm{j}k\frac{2\pi}{N}N_1} - \mathrm{e}^{-\mathrm{j}k\frac{2\pi}{N}(N_1+1)}}{1 - \mathrm{e}^{-\mathrm{j}\frac{2\pi}{N}k}} \\
&= \frac{1}{N} \frac{\mathrm{e}^{-\mathrm{j}k\frac{\pi}{N}}\left[\mathrm{e}^{\mathrm{j}k\frac{2\pi}{N}\left(\frac{2N_1+1}{2}\right)} - \mathrm{e}^{-\mathrm{j}k\frac{2\pi}{N}\left(\frac{2N_1+1}{2}\right)}\right]}{\mathrm{e}^{-\mathrm{j}k\frac{\pi}{N}}\left(\mathrm{e}^{\mathrm{j}k\frac{\pi}{N}} - \mathrm{e}^{-\mathrm{j}k\frac{\pi}{N}}\right)} = \frac{1}{N} \frac{\sin\left[k\frac{2\pi}{N}\left(N_1 + \frac{1}{2}\right)\right]}{\sin\left(k\frac{\pi}{N}\right)}
\end{aligned}$$

对于 $q = 1$ 的情形，$k = rN$（ r 为整数 ）

$$X_N(k) = \frac{1}{N} \sum_{n=-N_1}^{N_1} \mathrm{e}^{-\mathrm{j}k\frac{2\pi}{N}n} = \frac{1}{N}(2N_1 + 1)$$

即周期矩形序列的频谱为

$$X_N(k) = \begin{cases} \dfrac{1}{N} \dfrac{\sin\left[k\dfrac{\pi}{N}(2N_1+1)\right]}{\sin\left(k\dfrac{\pi}{N}\right)} & , \quad k \neq rN \\ \dfrac{1}{N}(2N_1 + 1) & , \quad k = rN \end{cases} \tag{6-15}$$

可见，周期矩形序列的频谱 $X_N(k)$ 与 $\dfrac{\sin(\alpha x)}{\sin x}$ 具有相同的形状。

由式（6-15）可见，周期矩形序列的频谱函数 $X_N(k)$ 是实函数。对于频谱函数为实函数的情况，在画其频谱图时，不必分别画出幅度频谱和相位频谱，可以直接画出其实函数频谱图。

利用 MATLAB，先产生 $x_N(n)$ 序列，画出 $x_N(n)$ 的图形，再依据 DFS 公式计算 $X_N(k)$，并画出 $X_N(k)$ 的图形，其 MATLAB 代码见本书配套教学资料中的 cp6j23.m，运行结果如图 6-2（b）所示，在图 6-2 中，取周期 $N = 20$，取半脉宽 $N_1 = 2$。

由图 6-2 可知，$x_N(n)$ 和 $X_N(k)$ 同是周期为 N 的周期序列。

现在探究 $x_N(n)$ 的参数对其频谱的影响。首先，固定半脉宽 $N_1 = 2$ 不变，改变周期 N。分别取 $N = 10, 20, 40$，可得其频谱图，如图 6-3 所示。

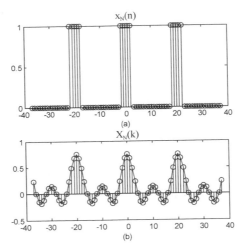

图 6-2　周期矩形序列及其频谱（$N=20$，$N_1=2$）

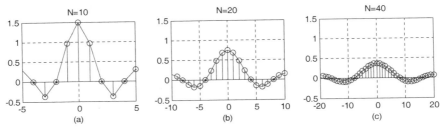

图 6-3　半脉宽 $N_1=2$ 不变，改变周期 N 的周期矩形序列频谱

由图 6-3 可知，由于 N_1 不变，一个周期内频谱的谱峰个数也不变。而随着周期 N 增大，一个周期内谱线的数量增多，谱线的间隔 $\left(\dfrac{2\pi}{N}\right)$ 减小，谱线的幅度也减小。

可以预见，当周期 N 趋于无穷大时，周期序列将变为非周期序列，一个周期内谱线的数量无限增多，谱线的间隔无限减小，离散频谱将变为连续频谱，谱线的幅度也趋于无穷小。

再看，固定 $x_N(n)$ 的周期 $N=20$ 不变，改变半脉宽 N_1（图中显示为 N1，两者相同），分别取 $N_1=2,3,4$，可分别得到其频谱图，如图 6-4 所示。

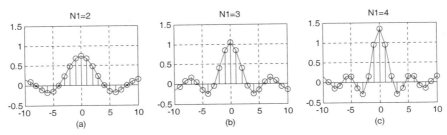

图 6-4　周期 $N=20$ 不变，改变半脉宽 N_1 的周期矩形序列频谱

由图 6-4 可见，由于周期 N 不变，一个周期内谱线的数量不变，即谱线间隔不变，而随

着半脉宽 N_1 增大，一个周期内频谱的谱峰个数增加，即频谱包络的主瓣宽度 $\left(\dfrac{N}{2N_1+1}\right)$ 变窄，说明信号的有效带宽变窄，且幅度增大。

6.3　非周期序列的离散时间傅里叶变换（DTFT）

在 6.2.3 节讨论的周期矩形脉冲序列的频谱中已经看到，当脉冲宽度不变而增大周期时，其谱线间隔及其幅度都随之减小，但频谱的包络形状保持不变。当周期 N 趋于无穷大时，周期序列将演变为非周期序列，其谱线将变得无限密集，离散频谱将演变为连续频谱，谱线的幅度也趋于无穷小。因此仍用离散时间傅里叶级数来表示其频谱显然是不合适的，为此，需要建立非周期序列的离散时间傅里叶变换（DTFT）。

6.3.1　离散时间傅里叶变换

与连续域采用的方法类似，我们也从离散傅里叶级数（DFS）入手推导离散时间傅里叶变换。

设 $x_N(n)$ 是周期为 N 的周期序列，当其周期 N 趋于无穷大时，将演变为非周期序列 $x(n)$，有

$$x(n) = \begin{cases} x_N(n), & 0 \leqslant n \leqslant N-1 \\ 0, & \text{其他} \end{cases} \tag{6-16}$$

根据 DFS 的定义式，有

$$X_N(k) = \frac{1}{N}\sum_{n=<N>} x_N(n)\mathrm{e}^{-\mathrm{j}k\frac{2\pi}{N}n} = \frac{1}{N}\sum_{n=0}^{N-1} x_N(n)\mathrm{e}^{-\mathrm{j}k\frac{2\pi}{N}n} = \frac{1}{N}\sum_{n=-\infty}^{\infty} x(n)\mathrm{e}^{-\mathrm{j}k\frac{2\pi}{N}n}$$

即

$$NX_N(k) = \sum_{n=-\infty}^{\infty} x(n)\mathrm{e}^{-\mathrm{j}k\frac{2\pi}{N}n} \tag{6-17}$$

取 $N \to \infty$，则

$$\begin{cases} \dfrac{2\pi}{N} = \Omega_0 \to \mathrm{d}\Omega \\ k\dfrac{2\pi}{N} = k\Omega_0 \to \Omega \\ X_N(k) \to 0 \\ NX_N(k) \to X(\mathrm{e}^{\mathrm{j}\Omega}) \end{cases}$$

代入式（6-17），得

$$X(\mathrm{e}^{\mathrm{j}\Omega}) = \sum_{n=-\infty}^{\infty} x(n)\mathrm{e}^{-\mathrm{j}\Omega n} \tag{6-18}$$

式（6-18）就是非周期序列的离散时间傅里叶变换。

离散时间傅里叶变换也可以直接由连续时间傅里叶变换推导得出，根据傅里叶变换：

$$X(\mathrm{j}\omega) = \int_{-\infty}^{\infty} x(t)\mathrm{e}^{-\mathrm{j}\omega t}\mathrm{d}t$$

对 $x(t)$ 进行理想抽样，变为抽样信号：

$$x_{\mathrm{s}}(t) = x(t)\big|_{t=nT} = \sum_{n=-\infty}^{\infty} x(t)\delta(t-nT)$$

式中，T 为抽样周期。

再对抽样信号 $x_{\mathrm{s}}(t)$ 取傅里叶变换

$$X_{\mathrm{s}}(\mathrm{j}\omega) = \int_{-\infty}^{\infty} \left[\sum_{n=-\infty}^{\infty} x(t)\delta(t-nT)\right]\mathrm{e}^{-\mathrm{j}\omega t}\mathrm{d}t = \int_{-\infty}^{\infty} \left[\sum_{n=-\infty}^{\infty} x(nT)\delta(t-nT)\right]\mathrm{e}^{-\mathrm{j}\omega t}\mathrm{d}t$$

$$= \sum_{n=-\infty}^{\infty} x(nT)\int_{-\infty}^{\infty} \delta(t-nT)\mathrm{e}^{-\mathrm{j}\omega t}\mathrm{d}t = \sum_{n=-\infty}^{\infty} x(nT)\int_{-\infty}^{\infty} \delta(t-nT)\mathrm{e}^{-\mathrm{j}\omega nT}\mathrm{d}t$$

$$= \sum_{n=-\infty}^{\infty} x(nT)\mathrm{e}^{-\mathrm{j}\omega nT}\int_{-\infty}^{\infty} \delta(t-nT)\mathrm{d}t = \sum_{n=-\infty}^{\infty} x(nT)\mathrm{e}^{-\mathrm{j}\omega nT}$$

记 $x(nT)=x(n)$，$\omega T=\Omega$，$X_{\mathrm{s}}(\mathrm{j}\omega)$ 中的变量由 ω 变为 Ω，记为 $X(\mathrm{e}^{\mathrm{j}\Omega})$，则上式可写为

$$X(\mathrm{e}^{\mathrm{j}\Omega}) = \sum_{n=-\infty}^{\infty} x(n)\mathrm{e}^{-\mathrm{j}\Omega n}$$

此即为离散时间傅里叶变换的变换式。

由于 $NX_N(k) \xlongequal{N\to\infty} X(\mathrm{e}^{\mathrm{j}\Omega})$，而 $N = \dfrac{2\pi}{\Omega_0}$，因此有

$$2\pi \frac{X_N(k)}{\Omega_0} \xlongequal{N\to\infty} X(\mathrm{e}^{\mathrm{j}\Omega}) \tag{6-19}$$

可见 $X(\mathrm{e}^{\mathrm{j}\Omega})$ 表示的是单位频带内的幅度，是频谱密度函数。

又因为 $X(\mathrm{e}^{\mathrm{j}(\Omega+2\pi)}) = X(\mathrm{e}^{\mathrm{j}\Omega})$，即 $X(\mathrm{e}^{\mathrm{j}\Omega})$ 是以 Ω 为变量的周期为 2π 的连续周期函数，这一点与连续域 FT 不同，在连续域，$X(\mathrm{e}^{\mathrm{j}\omega})$ 是连续非周期函数。通常把区间 $[-\pi,\pi]$ 称为 Ω 的主值区间。

比较式（6-7）与式（6-18）可知

$$X_N(k) = \frac{1}{N} X(\mathrm{e}^{\mathrm{j}\Omega})\bigg|_{\Omega=k\Omega_0=k\frac{2\pi}{N}} \tag{6-20}$$

式（6-20）说明，对于有如式（6-16）所示的关系的信号，周期序列离散傅里叶级数系数 $X_N(k)$ 就是与其对应的非周期序列离散时间傅里叶变换 $X(\mathrm{e}^{\mathrm{j}\Omega})$ 在点 $k\Omega_0$ 处的抽样值除以 N，非周期序列离散时间傅里叶变换 $X(\mathrm{e}^{\mathrm{j}\Omega})$ 则是与其对应的周期序列离散傅里叶级数系数 $X_N(k)$ 的包络乘 N。

【例 6-5】 对 6.2.3 节周期矩形序列 $x_N(n)$，取其主值周期序列为一新的非周期序列——矩形脉冲序列 $x(n)$，比较离散傅里叶级数 $\mathrm{DFS}[x_N(n)]$ 与离散时间傅里叶变换 $\mathrm{DTFT}[x(n)]$ 的关系。

解： 根据 6.2.3 节，有周期矩形序列的离散傅里叶级数，如式（6-15）所示，即

$$X_N(k) = \text{DFS}\big[x_N(n)\big] = \begin{cases} \dfrac{1}{N} \dfrac{\sin\left[k\dfrac{\pi}{N}(2N_1+1)\right]}{\sin\left(k\dfrac{\pi}{N}\right)}, & k \neq rN \\[6mm] \dfrac{1}{N}(2N_1+1), & k = rN \end{cases}$$

由式（6-23）知矩形脉冲序列的离散时间傅里叶变换为

$$X(\mathrm{e}^{\mathrm{j}\Omega}) = \text{DTFT}\big[x(n)\big] = \frac{\sin\left[\dfrac{\Omega}{2}(2N_1+1)\right]}{\sin\left(\dfrac{\Omega}{2}\right)}$$

比较上述两式，可见

$$X_N(k) = \frac{1}{N} X(\mathrm{e}^{\mathrm{j}\Omega})\Big|_{\Omega=k\frac{2\pi}{N}} = \frac{1}{N} X(\mathrm{e}^{\mathrm{j}\Omega})\Big|_{\Omega=k\Omega_0}$$

即式（6-20）成立。

由于式（6-18）是对无穷项级数的求和，因此其存在收敛问题。与连续时间傅里叶变换的收敛条件相对应，如果 $x(n)$ 满足绝对可和条件，即 $\displaystyle\sum_{n=-\infty}^{\infty}|x(n)| < \infty$，则式（6-18）收敛。

一般情况下，$X(\mathrm{e}^{\mathrm{j}\Omega})$ 是一个复函数，有 $X(\mathrm{e}^{\mathrm{j}\Omega}) = \big|X(\mathrm{e}^{\mathrm{j}\Omega})\big|\mathrm{e}^{\mathrm{j}\phi(\Omega)}$，其模 $\big|X(\mathrm{e}^{\mathrm{j}\Omega})\big|$ 和幅角 $\phi(\Omega)$ 分别称为幅度频谱和相位频谱。

6.3.2　离散时间傅里叶反变换

根据 IDFS 变换式，有

$$x_N(n) = \sum_{k=\langle N \rangle} X_N(k)\mathrm{e}^{\mathrm{j}n\frac{2\pi}{N}k}$$

考虑式（6-20），有

$$x_N(n) = \sum_{k=\langle N \rangle}\left[\frac{1}{N}X(\mathrm{e}^{\mathrm{j}\Omega})\right]\mathrm{e}^{\mathrm{j}k\Omega_0 n}$$

又根据 $\Omega_0 = \dfrac{2\pi}{N}$，有

$$\frac{1}{N} = \frac{\Omega_0}{2\pi}$$

因此，

$$x_N(n) = \frac{1}{2\pi}\sum_{k=\langle N \rangle} X(\mathrm{e}^{\mathrm{j}\Omega})\mathrm{e}^{\mathrm{j}k\Omega_0 n}\Omega_0$$

取 $N \to \infty$，则

$$\begin{cases} \varOmega_0 = \dfrac{2\pi}{N} \to \mathrm{d}\varOmega \\[2mm] k\varOmega_0 \to \varOmega \\[2mm] x_N(n) \to x(n) \\[2mm] \displaystyle\sum_{k=<N>} \to \int_{2\pi} \end{cases}$$

有

$$x(n) = \frac{1}{2\pi}\int_{2\pi} X(\mathrm{e}^{\mathrm{j}\varOmega})\mathrm{e}^{\mathrm{j}\varOmega n}\mathrm{d}\varOmega \tag{6-21}$$

由于 $X(\mathrm{e}^{\mathrm{j}\varOmega})$ 及 $\mathrm{e}^{\mathrm{j}\varOmega n}$ 的周期都是 2π，因此当求和在[0, N–1]的区间上时，对应于 $\varOmega$ 在 2π 的区间上的变化，因此，积分区间取 2π。式（6-21）为非周期序列的离散时间傅里叶反变换式（IDTFT）。由式（6-21）可见，对于任意非周期序列 $x(n)$，可以将其分解为虚指数序列 $\mathrm{e}^{\mathrm{j}\varOmega n}$ 的加权和，加权系数为 $\dfrac{X(\mathrm{e}^{\mathrm{j}\varOmega})}{2\pi}\mathrm{d}\varOmega$。

6.3.3 典型非周期信号的离散时间傅里叶变换

（1）矩形脉冲序列。

矩形脉冲序列为

$$x(n) = \begin{cases} 1, & |n| \le N_1 \\ 0, & |n| > N_1 \end{cases} \tag{6-22}$$

$$X(\mathrm{e}^{\mathrm{j}\varOmega}) = \sum_{n=-\infty}^{\infty} x(n)\mathrm{e}^{-\mathrm{j}\varOmega n} = \sum_{n=-N_1}^{N_1} \mathrm{e}^{-\mathrm{j}\varOmega n} = \frac{\sin\left[\dfrac{\varOmega}{2}(2N_1+1)\right]}{\sin\left(\dfrac{\varOmega}{2}\right)} \tag{6-23}$$

由式（6-23）可见，频谱密度函数为实函数。取 N_1=2，利用 MATLAB 产生 $x(n)$并作图，依 DTFT 定义式计算 $X(\mathrm{e}^{\mathrm{j}\varOmega})$。

```
%cp6j331.m
%MATLAB 代码：矩形脉冲序列的 DTFT
N1=2;n=-N1:1:N1;x=1.^n;                    %产生 x(n)
dw=2*pi*0.001;
w=-4*pi:dw:4*pi;
X=x*exp(-j*n'*w);                          %计算 DTFT[x(n)]
subplot(1,2,1),stem(n,x,'.');             %绘制 x(n)
axis([-10, 10, -0.3, 1.3]);
title('x(n)');xlabel('n');
subplot(1,2,2);plot(w/pi,X);grid;          %绘制 X(ejΩ)
title('X(ejΩ)');xlabel('Ω / \pi') ;
```

矩形脉冲序列及其频谱如图 6-5 所示。由图 6-5 可见，$X(\mathrm{e}^{\mathrm{j}\varOmega})$是以 $\varOmega$ 为变量的周期为 2π 的连续周期函数。

在频谱图中,常将第一个过零点的频率称为信号的有效带宽。对式(6-23),令 $X(e^{j\Omega}) = 0$,

有 $\dfrac{\sin\left[\dfrac{\Omega}{2}(2N_1+1)\right]}{\sin\left(\dfrac{\Omega}{2}\right)} = 0$, 则 $\left(\dfrac{2N_1+1}{2}\right)\Omega = r\pi$, 第一个过零点的频率为 $\Omega = \dfrac{2\pi}{2N_1+1}$。

可见,信号的有效带宽与信号的时域宽度成反比。

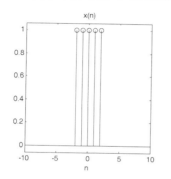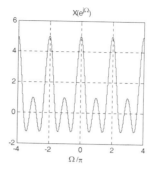

图 6-5 矩形脉冲序列及其频谱

(2)单边指数序列。

单边指数序列为

$$x(n) = a^n \varepsilon(n), \quad |a| < 1 \tag{6-24}$$

根据 DTFT 定义式,有

$$\text{DTFT}[a^n\varepsilon(n)] = \sum_{n=-\infty}^{\infty} a^n\varepsilon(n)e^{-j\Omega n} = \sum_{n=0}^{\infty} a^n e^{-j\Omega n} = \frac{1}{1-ae^{-j\Omega}}, \quad |a| < 1 \tag{6-25}$$

分以下 4 种情况考虑:

① $0<a<1$,取 $a=0.3$,$x(n)$ 及 $X(e^{j\Omega})$ 的图形如图 6-6(a)所示;

② $0<a<1$,取 $a=0.7$,$x(n)$ 及 $X(e^{j\Omega})$ 的图形如图 6-6(b)所示;

③ $-1<a<0$,取 $a= -0.3$,$x(n)$ 及 $X(e^{j\Omega})$ 的图形如图 6-6(c)所示;

④ $-1<a<0$,取 $a= -0.7$,$x(n)$ 及 $X(e^{j\Omega})$ 的图形如图 6-6(d)所示。

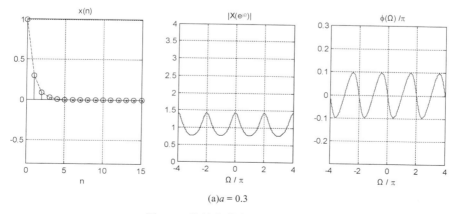

(a)$a = 0.3$

图 6-6 单边指数序列及其频谱

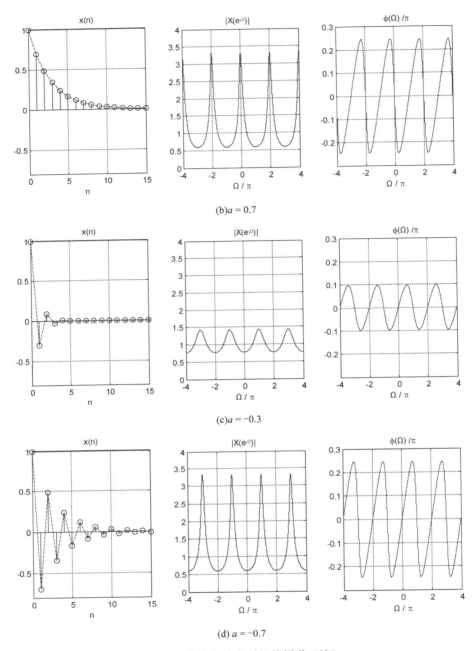

(b)$a = 0.7$

(c)$a = -0.3$

(d) $a = -0.7$

图 6-6　单边指数序列及其频谱（续）

比较图 6-6(a)～图 6-6(d)可知，当 $0 < a < 1$ 时，频谱能量主要集中在低频（$\Omega = 0, \pm 2\pi, \pm 4\pi,$ $\pm 6\pi, \cdots$）附近，具有低频特性；当 $-1 < a < 0$ 时，频谱能量主要集中在高频（$\Omega = \pm \pi, \pm 3\pi, \pm 5\pi, \cdots$）附近，具有高频特性；$|a|$越接近 1，其频谱曲线越尖锐，信号频带越窄，频率成分越少。

（3）奇双边指数序列。

奇双边指数序列为

$$x(n) = \begin{cases} a^n, & n > 0 \\ 0, & n = 0 , \quad (\ 0 < a < 1\ ) \\ -a^{-n}, & n < 0 \end{cases} \tag{6-26}$$

此信号为 n 的奇函数，由 DTFT 定义式有

$$X(\mathrm{e}^{\mathrm{j}\Omega}) = \sum_{n=-\infty}^{\infty} x(n)\mathrm{e}^{-\mathrm{j}\Omega n} = \sum_{n=-\infty}^{-1} (-a^{-n})\mathrm{e}^{-\mathrm{j}\Omega n} + \sum_{n=1}^{\infty} a^n \mathrm{e}^{-\mathrm{j}\Omega n}$$

$$= -\sum_{n=1}^{\infty} (a\mathrm{e}^{\mathrm{j}\Omega})^n + \sum_{n=1}^{\infty} (a\mathrm{e}^{-\mathrm{j}\Omega})^n = -\sum_{n=0}^{\infty} (a\mathrm{e}^{\mathrm{j}\Omega})^n + \sum_{n=0}^{\infty} (a\mathrm{e}^{-\mathrm{j}\Omega})^n$$

$$= -\frac{1}{1 - a\mathrm{e}^{\mathrm{j}\Omega}} + \frac{1}{1 - a\mathrm{e}^{-\mathrm{j}\Omega}} = \frac{-2\mathrm{j}a\sin\Omega}{1 - 2a\cos\Omega + a^2} \tag{6-27}$$

$x(n)$ 为一实奇序列，其频谱是一个虚奇函数。

当 $0 < a < 1$ 时，奇双边指数序列及其频谱图如图 6-7 所示。

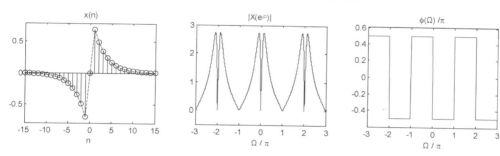

图 6-7　奇双边指数序列及其频谱图

（4）偶双边指数序列。

偶双边指数序列为

$$x(n) = a^{|n|}, \quad (\ 0 < a < 1\ ) \tag{6-28}$$

此信号为 n 的偶函数，由 DTFT 定义式有

$$X(\mathrm{e}^{\mathrm{j}\Omega}) = \sum_{n=-\infty}^{\infty} x(n)\mathrm{e}^{-\mathrm{j}\Omega n} = \sum_{n=-\infty}^{-1} (a^{-n})\mathrm{e}^{-\mathrm{j}\Omega n} + \sum_{n=0}^{\infty} a^n \mathrm{e}^{-\mathrm{j}\Omega n}$$

$$= \sum_{n=1}^{\infty} (a\mathrm{e}^{\mathrm{j}\Omega})^n + \sum_{n=0}^{\infty} (a\mathrm{e}^{-\mathrm{j}\Omega})^n = \sum_{n=0}^{\infty} (a\mathrm{e}^{\mathrm{j}\Omega})^n + \sum_{n=0}^{\infty} (a\mathrm{e}^{-\mathrm{j}\Omega})^n - 1$$

$$= \frac{1}{1 - a\mathrm{e}^{\mathrm{j}\Omega}} + \frac{1}{1 - a\mathrm{e}^{-\mathrm{j}\Omega}} - 1 = \frac{1 - a^2}{1 - 2a\cos\Omega + a^2} \tag{6-29}$$

$x(n)$ 为一实偶序列，其频谱是一个偶函数。

当 $0 < a < 1$ 时，偶双边指数序列及其频谱图如图 6-8 所示。

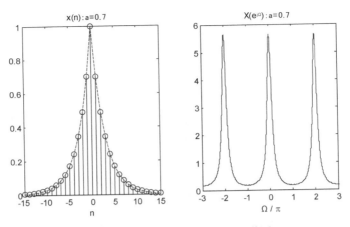

图 6-8　偶双边指数序列及其频谱图

（5）单位样值序列。

单位样值序列为

$$x(n) = \delta(n)$$

由 DTFT 定义式有

$$\mathrm{DTFT}[\delta(n)] = \sum_{n=-\infty}^{\infty} \delta(n)\mathrm{e}^{-\mathrm{j}\Omega n} = 1 \tag{6-30}$$

单位样值序列及其频谱图如图 6-9 所示。

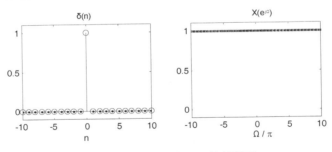

图 6-9　单位样值序列及其频谱图

（6）常数序列。

常数序列为 $x(n) = 1$，该序列不满足绝对可和条件，不能直接利用定义式求出其频谱。

在第 3 章中已知，连续信号 $x(t)=1$ 的频谱函数为 $2\pi\delta(\omega)$，即

$$x(t) = 1 \leftrightarrow X(\mathrm{j}\omega) = 2\pi\delta(\omega)$$

DTFT 其实就是离散时间信号的傅里叶变换，将 $x(t)$ 按 $T_\mathrm{s} = 1$ 离散化，得 $x(n) = 1$，由于 $\Omega = \omega T_\mathrm{s}$，有 $\Omega = \omega T_\mathrm{s}\big|_{T_\mathrm{s}=1} = \omega$，则其 DTFT 对应为 $2\pi\delta(\Omega)$，并应周期化，周期为 ω_s，且有 $\omega_\mathrm{s} = \dfrac{2\pi}{T_\mathrm{s}}\bigg|_{T_\mathrm{s}=1} = 2\pi$，因此有

$$\mathrm{DTFT}[1] = 2\pi\sum_{k=-\infty}^{\infty}\delta(\Omega - 2\pi k) \tag{6-31}$$

常数序列及其频谱图如图 6-10 所示。

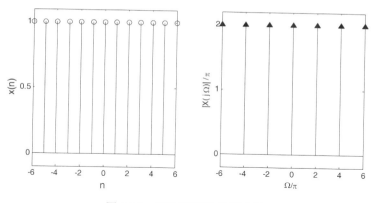

图 6-10　常数序列及其频谱图

（7）符号函数序列。

符号函数序列为

$$x(n) = \text{Sgn}(n) = \begin{cases} 1, & n > 0 \\ 0, & n = 0 \\ -1, & n < 0 \end{cases} \tag{6-32}$$

它同样不满足绝对可和条件，不能直接利用定义式求出其频谱。经与前面讨论过的双边指数序列比较可知，可将 Sgn(n) 视为奇双边指数序列当 a 趋于 1 时的极限，因此

$$\text{DTFT}[\text{Sgn}(n)] = \lim_{a \to 1} \frac{-2ja\sin\Omega}{1 - 2a\cos\Omega + a^2} = \frac{-j\sin\Omega}{1 - \cos\Omega} \tag{6-33}$$

符号函数序列及其频谱图如图 6-11 所示。

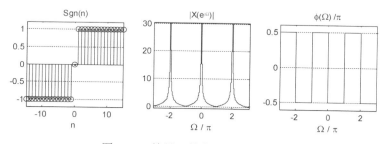

图 6-11　符号函数序列及其频谱图

（8）单位阶跃序列。

单位阶跃序列为

$$x(n) = \varepsilon(n) = \begin{cases} 1, & n \geq 0 \\ 0, & n < 0 \end{cases} \tag{6-34}$$

与连续时间信号 $\varepsilon(t)$ 频谱的求法类似，将 $\varepsilon(n)$ 表示为下面的形式：

$$\varepsilon(n) = \frac{1}{2}\big[1 + \text{Sgn}(n) + \delta(n)\big]$$

代入前面已经得到的结果，有

$$\mathrm{DTFT}[\varepsilon(n)] = \frac{1}{2}\left[\left(2\pi \sum_{k=-\infty}^{\infty} \delta(\Omega - 2\pi k) \right) + \left(\frac{-\mathrm{j}\sin\Omega}{1-\cos\Omega} \right) + 1 \right] = \frac{1}{1-\mathrm{e}^{-\mathrm{j}\Omega}} + \pi \sum_{k=-\infty}^{\infty} \delta(\Omega - 2\pi k) \quad （6\text{-}35）$$

单位阶跃序列及其频谱图如图 6-12 所示。

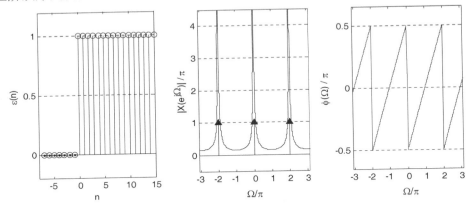

图 6-12　单位阶跃序列及其频谱图

由上述常数序列、符号函数序列、单位阶跃序列的 DTFT 可见，不满足绝对可和的信号也可以存在 DTFT，因此，信号绝对可和只是其 DTFT 存在的充分条件，并非必要条件。

由上述结果可见，离散时间傅里叶变换与连续时间傅里叶变换有着相似的特点，根据推导所得到的频谱也有着对应关系。但是，它们又有着根本的区别，离散时间信号的频谱是以 2π 为周期的，这一点与连续时间信号的频谱不同，要特别注意。

6.4　周期序列的离散时间傅里叶变换

6.3 节已经给出了非周期序列的离散时间傅里叶变换，为使离散时间傅里叶变换也能应用于周期序列，从而用离散时间傅里叶变换分析离散时间信号，还需要建立周期序列的离散时间傅里叶变换。下面用类似于连续域的方法来分析。

由非周期序列的离散时间傅里叶变换的定义式可知，由于任意离散时间周期序列均不满足绝对可和条件，因此无法求得其离散时间傅里叶变换。

对离散时间周期序列 $x_N(n)$，将其表示成离散傅里叶级数的形式：

$$x_N(n) = \sum_{k=<N>} X_N(k)\mathrm{e}^{\mathrm{j}k\frac{2\pi}{N}n}, \quad n = 0, \pm 1, \pm 2, \cdots$$

式中，$X_N(k)$ 为周期序列的离散傅里叶级数系数，根据式（6-7），有

$$X_N(k) = \frac{1}{N} \sum_{n=<N>} x_N(n)\mathrm{e}^{-\mathrm{j}k\frac{2\pi}{N}n}, \quad k = 0, \pm 1, \pm 2, \cdots$$

这里，我们把 $x_N(n)$ 视为序列长度为无限长的离散时间非周期序列，同样把 $X_N(k)$ 视为

序列长度为无限长的离散时间非周期序列，欲求周期序列的离散时间傅里叶变换，可对式（6-4）的级数展开式两边取离散时间傅里叶变换，这里会遇到求虚指数序列 $e^{jk\frac{2\pi}{N}n}$ 的离散时间傅里叶变换的问题。

先回顾连续域情况下的虚指数信号 $x(t) = e^{j\omega_0 t}$，已经看到其傅里叶变换为 $2\pi\delta(\omega - \omega_0)$，即在 $\omega = \omega_0$ 处的冲激。在离散域的情况下，时域的离散化导致频域的周期化，周期为 2π，因此可以期望，离散域虚指数序列 $e^{j\Omega_0 n}$ 的离散时间傅里叶变换应该是在 $\Omega_0 \pm 2\pi k$（$k = 0, \pm1, \pm2, \cdots$）处的冲激，即

$$X(e^{j\Omega}) = 2\pi \sum_{k=-\infty}^{\infty} \delta(\Omega - \Omega_0 - 2\pi k) \qquad (6-36)$$

虚指数序列 $e^{j\Omega_0 n}$ 的频谱如图 6-13 所示。

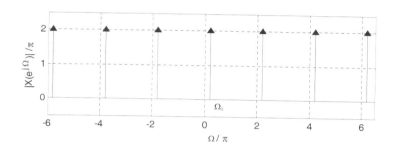

图 6-13　虚指数序列 $e^{j\Omega_0 n}$ 的频谱

为了验证式（6-36）的正确性，对其求离散时间傅里叶反变换

$$\begin{aligned}
x(n) &= \frac{1}{2\pi}\int_{2\pi} X(e^{j\Omega}) e^{j\Omega n} d\Omega \\
&= \frac{1}{2\pi}\int_{2\pi} 2\pi \sum_{k=-\infty}^{\infty} \delta(\Omega - \Omega_0 - 2\pi k) e^{j\Omega n} d\Omega
\end{aligned} \qquad (6-37)$$

由于在任意一个长度为 2π 的积分区间内，式（6-36）中真正包含的只有一个冲激。不失一般性，我们选定只包含 $\Omega_0 + 2\pi k$ 一个冲激的区间作为积分区间，则式（6-37）为

$$\begin{aligned}
x(n) &= \frac{1}{2\pi}\int_{2\pi} 2\pi \sum_{k=-\infty}^{\infty} \delta(\Omega - \Omega_0 - 2\pi k) e^{j\Omega n} d\Omega \\
&= \int_{2\pi} \delta(\Omega - \Omega_0 - 2\pi k) e^{j\Omega n} d\Omega = e^{j\Omega n}\Big|_{\Omega = \Omega_0 + 2\pi k} = e^{j(\Omega_0 + 2\pi k)n} = e^{j\Omega_0 n}
\end{aligned}$$

因此有

$$e^{j\Omega_0 n} \leftrightarrow 2\pi \sum_{k=-\infty}^{\infty} \delta(\Omega - \Omega_0 - 2\pi k) \qquad (6-38)$$

利用式（6-38），可对式（6-4）求离散时间傅里叶变换

$$X(\mathrm{e}^{\mathrm{j}\Omega}) = \mathrm{DTFT}[x_N(n)] = \mathrm{DTFT}\left[\sum_{k=<N>} X_N(k)\mathrm{e}^{\mathrm{j}k\frac{2\pi}{N}n}\right]$$

$$= \sum_{k=<N>} X_N(k)\cdot\mathrm{DTFT}\left[\mathrm{e}^{\mathrm{j}k\frac{2\pi}{N}n}\right] \overset{\Omega_0=\frac{2\pi}{N}}{=\!=\!=} \sum_{k=<N>} X_N(k)\cdot\mathrm{DTFT}\left[\mathrm{e}^{\mathrm{j}k\Omega_0 n}\right]$$

$$= \sum_{k=<N>} X_N(k)2\pi\sum_{l=-\infty}^{\infty}\delta(\Omega - k\Omega_0 - 2\pi l)$$

$$= 2\pi\sum_{l=-\infty}^{\infty}\sum_{k=0}^{N-1} X_N(k)\delta[\Omega - (k+Nl)\Omega_0] \qquad (6\text{-}39)$$

对于式（6-39）右边，将 l 的求和打开看，有

当 $l=0$ 时

$$X(\mathrm{e}^{\mathrm{j}\Omega})\big|_{l=0} = 2\pi\sum_{k=0}^{N-1} X_N(k)\delta[\Omega - k\Omega_0]$$

当 $l=1$ 时

$$X(\mathrm{e}^{\mathrm{j}\Omega})\big|_{l=1} = 2\pi\sum_{k=0}^{N-1} X_N(k)\delta[\Omega - (k+N)\Omega_0]$$

$$= 2\pi\sum_{k=0}^{N-1} X_N(k+N)\delta[\Omega - (k+N)\Omega_0]；\ (\ X_N(k+N)=X_N(k)\ )$$

$$= 2\pi\sum_{k'=N}^{2N-1} X_N(k')\delta[\Omega - k'\Omega_0]；\ (\ k'=k+N\ )$$

$$= 2\pi\sum_{k=N}^{2N-1} X_N(k)\delta[\Omega - k\Omega_0]；\ (\ k=k'\ )$$

同理可得

$$X(\mathrm{e}^{\mathrm{j}\Omega})\big|_{l=2} = 2\pi\sum_{k=2N}^{3N-1} X_N(k)\delta[\Omega - k\Omega_0]$$

$$\vdots$$

$$X(\mathrm{e}^{\mathrm{j}\Omega})\big|_{l=m} = 2\pi\sum_{k=mN}^{(m+1)N-1} X_N(k)\delta[\Omega - k\Omega_0]$$

$$\vdots$$

因此，式（6-39）的求和结果为

$$X(\mathrm{e}^{\mathrm{j}\Omega}) = 2\pi\sum_{k=-\infty}^{\infty} X_N(k)\delta(\Omega - k\Omega_0)，\quad \Omega_0 = \frac{2\pi}{N} \qquad (6\text{-}40)$$

这就是周期序列的离散时间傅里叶变换式。它表明，周期序列 $x_N(n)$ 的离散时间傅里叶变换 $X(\mathrm{e}^{\mathrm{j}\Omega})$ 是由一系列冲激组成的，各个冲激仅出现在基波频率 $\Omega_0 = \dfrac{2\pi}{N}$ 的各次谐波频点上，位于 $\Omega_k = k\dfrac{2\pi}{N}$ 处的冲激强度为 $2\pi X_N(k)$。由于傅里叶级数系数 $X_N(k)$ 是以 N 为周期的，因此，

$X(\mathrm{e}^{j\Omega})$ 就是一个周期等于 $k\dfrac{2\pi}{N}\Big|_{k=N}=2\pi$ 的离散时间周期函数，且 $X(\mathrm{e}^{j\Omega})$ 在一个周期（2π）内的数据点数也是 N。

式（6-40）与连续时间傅里叶变换式 $X(\mathrm{j}\omega)=2\pi\sum\limits_{k=-\infty}^{\infty}X(k)\delta(\omega-k\omega_0)$ 完全对应，其含义也相同。

【例 6-6】　$\delta_N(n)$ 是周期为 $N=1$ 的周期单位样值序列，求其离散傅里叶级数及离散时间傅里叶变换。并与 $\delta(n)$ 的离散时间傅里叶变换进行比较。

解： 由【例 6-4】可知，$X_N(k)=\mathrm{DFS}[\delta_N(n)]=\dfrac{1}{N}\sum\limits_{n=<N>}\delta_N(n)\mathrm{e}^{-jk\frac{2\pi}{N}n}=1$。

周期单位样值序列 $\delta_N(n)$ 的 DFS 频谱是位于 $\Omega=k\Omega_0=k2\pi$ 处的周期为 2π、强度为 1 的周期单位样值序列。

根据周期序列的离散时间傅里叶变换式（6-40），有

$$X(\mathrm{e}^{j\Omega})=\mathrm{DTFT}[\delta_N(n)]=2\pi\sum_{k=-\infty}^{\infty}X_N(k)\delta(\Omega-k\Omega_0)$$

$$=\frac{2\pi}{N}\sum_{k=-\infty}^{\infty}\delta(\Omega-k\Omega_0)=\Omega_0\sum_{k=-\infty}^{\infty}\delta(\Omega-k\Omega_0)=2\pi\sum_{k=-\infty}^{\infty}\delta(\Omega-k2\pi)$$

周期单位样值序列 $\delta_N(n)$ 的 DTFT 频谱是位于 $\Omega=k\Omega_0=k2\pi$ 处的周期为 2π、强度为 2π 的周期单位冲激序列。

$\delta_N(n)$、$X_N(k)=\mathrm{DFS}[\delta_N(n)]$、$X(\mathrm{e}^{j\Omega})=\mathrm{DTFT}[\delta_N(n)]$ 的图形如图 6-14 所示。

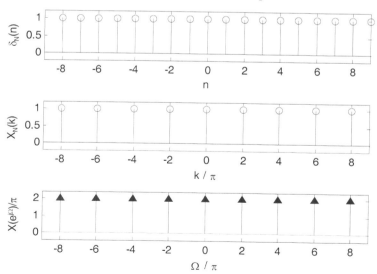

图 6-14　$\delta_N(n)$、$\mathrm{DFS}[\delta_N(n)]$、$\mathrm{DTFT}[\delta_N(n)]$ 的图形

$\mathrm{DFS}[\delta_N(n)]$ 与 $\mathrm{DTFT}[\delta_N(n)]$ 的频谱比较，除了幅度相差 2π 倍，两者的频谱是相同的。可见，周期序列的 DTFT 频谱可以由 DFS 的定义式（6-7）计算再乘 2π 而得到。

$\delta(n)$ 的离散时间傅里叶变换 $X(\mathrm{e}^{\mathrm{j}\Omega}) = \mathrm{DTFT}[\delta(n)]$ 如式（6-30）所示，$\delta(n)$ 及 $\mathrm{DTFT}[\delta(n)]$ 的图形如图 6-9 所示。将 $\mathrm{DTFT}[\delta(n)]$ 与 $\mathrm{DTFT}[\delta_N(n)]$ 的频谱比较，可见，$\mathrm{DTFT}[\delta(n)]$ 的频域按等间隔 $2\pi = \Omega_0\left(=\dfrac{2\pi}{N}\right)$ 取样，再乘 $2\pi(=\Omega_0)$ 即可得到 $\mathrm{DTFT}[\delta_N(n)]$。

可以证明，周期序列的离散时间傅里叶变换等于其主值周期的离散时间傅里叶变换按等间隔 $\Omega_0 = \dfrac{2\pi}{N}$ 取样，再乘 Ω_0。

即

$$\mathrm{DTFT}[x_N(n)] = 2\pi \cdot \mathrm{DFS}[x_N(n)] = \Omega_0 \cdot \mathrm{DTFT}[x(n)]\Big|_{\Omega = k\frac{2\pi}{N}} \quad , \quad \Omega_0 = \frac{2\pi}{N} \qquad (6\text{-}41)$$

式中，$x_N(n)$ 是周期为 N 的周期序列，$x(n)$ 是 $x_N(n)$ 主值周期的非周期序列。

6.5 离散时间傅里叶变换的性质

离散时间傅里叶变换有类似于连续时间傅里叶变换的众多性质，这些性质不仅能深刻揭示变换的特性，而且对于求取信号的变换、反变换具有重要的作用。离散时间傅里叶变换的许多性质与连续时间傅里叶变换既基本相同，又存在明显的差异，因此，要特别注意它们的相似之处和不同之处。

6.5.1 周期性

离散时间信号 $x(n)$ 的离散时间傅里叶变换 $X(\mathrm{e}^{\mathrm{j}\Omega})$ 对 Ω 来说是周期性的，且周期为 2π，即

$$X(\mathrm{e}^{\mathrm{j}\Omega}) = X(\mathrm{e}^{\mathrm{j}(\Omega + 2\pi k)}) \qquad (6\text{-}42)$$

根据 DTFT 的定义式，有

$$X(\mathrm{e}^{\mathrm{j}(\Omega + 2\pi k)}) = \sum_{n=-\infty}^{\infty} x(n)\mathrm{e}^{-\mathrm{j}(\Omega + 2\pi k)n} = \sum_{n=-\infty}^{\infty} x(n)\mathrm{e}^{-\mathrm{j}\Omega n}\mathrm{e}^{-\mathrm{j}2\pi kn} = \sum_{n=-\infty}^{\infty} x(n)\mathrm{e}^{-\mathrm{j}\Omega n} = X(\mathrm{e}^{\mathrm{j}\Omega})$$

这一性质与连续时间傅里叶变换有着本质的区别。

6.5.2 线性特性

若

$$x_1(n) \leftrightarrow X_1(\mathrm{e}^{\mathrm{j}\Omega}) , \quad x_2(n) \leftrightarrow X_2(\mathrm{e}^{\mathrm{j}\Omega})$$

则

$$\alpha x_1(n) + \beta x_2(n) \leftrightarrow \alpha X_1(\mathrm{e}^{\mathrm{j}\Omega}) + \beta X_2(\mathrm{e}^{\mathrm{j}\Omega}) \qquad (6\text{-}43)$$

式中，α、β 为非零常数。

该性质容易由 DTFT 的定义式证明。

6.5.3 奇偶性

设 $x(n)$ 为实序列，根据 DTFT 的定义式，有

$$X(\mathrm{e}^{\mathrm{j}\Omega}) = \mathrm{DTFT}[x(n)] = \sum_{n=-\infty}^{\infty} x(n)\mathrm{e}^{-\mathrm{j}\Omega n}$$

$x(n)$ 的共轭 DTFT 为

$$X_{\mathrm{c}}(\mathrm{e}^{\mathrm{j}\Omega}) = \mathrm{DTFT}[x^*(n)] = \sum_{n=-\infty}^{\infty} x^*(n)\mathrm{e}^{-\mathrm{j}\Omega n} = \sum_{n=-\infty}^{\infty} [x(n)\mathrm{e}^{\mathrm{j}\Omega n}]^* = X^*(\mathrm{e}^{-\mathrm{j}\Omega})$$

由于 $x(n)$ 为实序列，有 $x(n) = x^*(n)$，即 $X(\mathrm{e}^{\mathrm{j}\Omega}) = X_{\mathrm{c}}(\mathrm{e}^{\mathrm{j}\Omega})$，因此有

$$X(\mathrm{e}^{\mathrm{j}\Omega}) = X^*(\mathrm{e}^{-\mathrm{j}\Omega}) \tag{6-44}$$

将式（6-44）两边写成实部与虚部的形式，有

$$X_{\mathrm{R}}(\mathrm{e}^{\mathrm{j}\Omega}) + \mathrm{j}X_{\mathrm{I}}(\mathrm{e}^{\mathrm{j}\Omega}) = \left[X_{\mathrm{R}}(\mathrm{e}^{-\mathrm{j}\Omega}) + \mathrm{j}X_{\mathrm{I}}(\mathrm{e}^{-\mathrm{j}\Omega}) \right]^* = X_{\mathrm{R}}(\mathrm{e}^{-\mathrm{j}\Omega}) - \mathrm{j}X_{\mathrm{I}}(\mathrm{e}^{-\mathrm{j}\Omega})$$

从而有

$$\begin{cases} X_{\mathrm{R}}(\mathrm{e}^{\mathrm{j}\Omega}) = X_{\mathrm{R}}(\mathrm{e}^{-\mathrm{j}\Omega}) \\ X_{\mathrm{I}}(\mathrm{e}^{\mathrm{j}\Omega}) = -X_{\mathrm{I}}(\mathrm{e}^{-\mathrm{j}\Omega}) \end{cases} \tag{6-45}$$

由式（6-45）可见，实序列 $x(n)$ 的离散时间傅里叶变换的实部 $X_{\mathrm{R}}(\mathrm{e}^{\mathrm{j}\Omega})$ 是 Ω 的偶函数，虚部 $X_{\mathrm{I}}(\mathrm{e}^{\mathrm{j}\Omega})$ 是 Ω 的奇函数。

将式（6-44）两边写成幅度与相角的形式，即 $\left|X(\mathrm{e}^{\mathrm{j}\Omega})\right|\mathrm{e}^{\mathrm{j}\phi(\Omega)} = \left|X(\mathrm{e}^{-\mathrm{j}\Omega})\right|\mathrm{e}^{-\mathrm{j}\phi(-\Omega)}$，从而有

$$\begin{cases} \left|X(\mathrm{e}^{\mathrm{j}\Omega})\right| = \left|X(\mathrm{e}^{-\mathrm{j}\Omega})\right| \\ \phi(\Omega) = -\phi(-\Omega) \end{cases} \tag{6-46}$$

由式（6-46）可见，实序列 $x(n)$ 的离散时间傅里叶变换的幅度频谱 $\left|X(\mathrm{e}^{\mathrm{j}\Omega})\right|$ 是 Ω 的偶函数，相位频谱 $\phi(\Omega)$ 是 Ω 的奇函数。

6.5.4 时移特性

若 $x(n) \leftrightarrow X(\mathrm{e}^{\mathrm{j}\Omega})$，则当 $x(n)$ 的时移为 $x(n-n_0)$ 时，根据 DTFT 定义式，有

$$\mathrm{DTFT}[x(n-n_0)] = \sum_{n=-\infty}^{\infty} x(n-n_0)\mathrm{e}^{-\mathrm{j}\Omega n} = \sum_{n=-\infty}^{\infty} x(n-n_0)\mathrm{e}^{-\mathrm{j}\Omega(n-n_0)}\mathrm{e}^{-\mathrm{j}\Omega n_0} = X(\mathrm{e}^{\mathrm{j}\Omega})\mathrm{e}^{-\mathrm{j}\Omega n_0}$$

即

$$x(n-n_0) \leftrightarrow X(\mathrm{e}^{\mathrm{j}\Omega})\mathrm{e}^{-\mathrm{j}\Omega n_0} \tag{6-47}$$

式（6-47）说明，序列时移后，其幅度频谱保持不变，仅相位频谱附加了一个线性相移。

6.5.5 频移特性

若 $x(n) \leftrightarrow X(\mathrm{e}^{\mathrm{j}\Omega})$，则当 $X(\mathrm{e}^{\mathrm{j}\Omega})$ 的频移为 $X(\mathrm{e}^{\mathrm{j}(\Omega-\Omega_0)})$ 时，根据 IDTFT 定义式，有

$$\text{IDTFT}[X(\text{e}^{\text{j}(\Omega-\Omega_0)})] = \frac{1}{2\pi}\int_{2\pi} X(\text{e}^{\text{j}(\Omega-\Omega_0)})\text{e}^{\text{j}\Omega n}\text{d}\Omega$$

$$= \frac{1}{2\pi}\int_{2\pi} X(\text{e}^{\text{j}(\Omega-\Omega_0)})\text{e}^{\text{j}(\Omega-\Omega_0)n}\text{e}^{\text{j}\Omega_0 n}\text{d}(\Omega-\Omega_0) = \text{e}^{\text{j}\Omega_0 n}x(n)$$

即

$$X(\text{e}^{\text{j}(\Omega-\Omega_0)}) \leftrightarrow \text{e}^{\text{j}\Omega_0 n}x(n) \tag{6-48}$$

式（6-48）说明，序列频移 Ω_0 对应于时域信号 $x(n)$ 与一个角频率为 Ω_0 的虚指数信号 $\text{e}^{\text{j}\Omega_0 n}$ 的乘积，这就是时域调制。

利用这一性质，可以很方便地求取虚指数序列的离散时间傅里叶变换。根据常数序列的 DTFT 结果［式（6-31）］，有 $1 \leftrightarrow 2\pi\sum_{k=-\infty}^{\infty}\delta(\Omega-2\pi k)$，利用式（6-48）有

$$\text{e}^{\text{j}\Omega_0 n} \leftrightarrow 2\pi\sum_{k=-\infty}^{\infty}\delta(\Omega-\Omega_0-2\pi k) \tag{6-49}$$

该结果与式（6-38）完全相同。

根据式（6-49），进一步利用欧拉公式和傅里叶变换的线性特性，可得到 $\cos(\Omega_0 n)$、$\sin(\Omega_0 n)$ 的离散时间傅里叶变换。

6.5.6　时域卷积特性

若

$$x_a(n) \leftrightarrow X_a(\text{e}^{\text{j}\Omega}), \quad x_b(n) \leftrightarrow X_b(\text{e}^{\text{j}\Omega})$$

则

$$x_a(n) * x_b(n) \leftrightarrow X_a(\text{e}^{\text{j}\Omega})X_b(\text{e}^{\text{j}\Omega}) \tag{6-50}$$

根据卷积定义，有

$$x_a(n) * x_b(n) = \sum_{m=-\infty}^{\infty} x_a(m)x_b(n-m)$$

对该式进行 DTFT，有

$$\text{DTFT}[x_a(n) * x_b(n)] = \sum_{n=-\infty}^{\infty}\left[\sum_{m=-\infty}^{\infty} x_b(m)x_a(n-m)\right]\text{e}^{-\text{j}\Omega n}$$

$$= \sum_{m=-\infty}^{\infty} x_b(m)\left[\sum_{n=-\infty}^{\infty} x_a(n-m)\text{e}^{-\text{j}\Omega n}\right]\xLeftrightarrow{\text{令}r=n-m} \sum_{m=-\infty}^{\infty} x_b(m)\left[\sum_{r=-\infty}^{\infty} x_a(r)\text{e}^{-\text{j}\Omega r}\right]\text{e}^{-\text{j}\Omega m}$$

$$= X_a(\text{e}^{\text{j}\Omega})\sum_{m=-\infty}^{\infty} x_b(m)\,\text{e}^{-\text{j}\Omega m} = X_a(\text{e}^{\text{j}\Omega})X_b(\text{e}^{\text{j}\Omega})$$

式（6-50）表明，序列时域的卷积对应于序列频域的乘积。

利用这一性质，在求取线性移不变系统的零状态响应时，可将时域的卷积运算转化为频域的乘积运算来求解。

6.5.7 频域卷积特性

若

$$x_a(n) \leftrightarrow X_a(e^{j\Omega}), \quad x_b(n) \leftrightarrow X_b(e^{j\Omega})$$

则

$$x_a(n) \cdot x_b(n) \leftrightarrow \frac{1}{2\pi} X_a(e^{j\Omega}) \copyright X_b(e^{j\Omega})$$

根据 DTFT 定义式，有

$$\mathrm{DTFT}[x_a(n)x_b(n)] = \sum_{n=-\infty}^{\infty} [x_a(n)x_b(n)]e^{-j\Omega n} = \sum_{n=-\infty}^{\infty} \left\{ x_b(n) \left[\frac{1}{2\pi} \int_{2\pi} X_a(e^{j\Psi}) e^{j\Psi n} d\Psi \right] \right\} e^{-j\Omega n}$$

$$= \frac{1}{2\pi} \int_{2\pi} X_a(e^{j\Psi}) \left[\sum_{n=-\infty}^{\infty} x_b(n) e^{-j(\Omega-\Psi)n} \right] d\Psi = \frac{1}{2\pi} \int_{2\pi} X_a(e^{j\Psi}) X_b(e^{j(\Omega-\Psi)}) d\Psi$$

式中，右端正好为 $X_a(e^{j\Omega})$ 与 $X_b(e^{j\Omega})$ 的卷积。由于 $X_a(e^{j\Omega})$ 及 $X_b(e^{j\Omega})$ 都是以 2π 为周期的周期函数，卷积的积分区间是一个 2π 区间，其卷积结果也是以 2π 为周期的周期函数，因此称此卷积为周期卷积，用符号 $\copyright$ 表示，记为

$$x_a(n)x_b(n) \leftrightarrow \frac{1}{2\pi} X_a(e^{j\Omega}) \copyright X_b(e^{j\Omega}) \tag{6-51}$$

式（6-51）表明，序列频域的卷积对应于序列时域的乘积。式（6-51）的一个重要应用是序列的时域截短（或加窗），将 $x_a(n)$ 视为时域序列信号，将 $x_b(n)$ 视为有限长窗口信号，如常用的矩形窗，可将 $x_a(n)$ 与 $x_b(n)$ 的时域相乘视为对 $x_a(n)$ 截取 $x_b(n)$ 的长度。在实际工程中，被分析处理对象 $x_a(n)$ 一般为无限长时间信号，由于不可能一次性对无限长时间信号进行分析处理，必须对其截短，因此截短或加窗处理在离散时间信号与系统分析、设计方面具有重要应用。对信号 $x_a(n)$ 用 $x_b(n)$ 进行时域截短，则时域截短后的信号的频谱将变为 $\frac{1}{2\pi} X_a(e^{j\Omega}) \copyright X_b(e^{j\Omega})$，显然，它不同于未进行时域截短时的信号的频谱 $X_a(e^{j\Omega})$。

6.5.8 时域差分特性

若 $x(n) \leftrightarrow X(e^{j\Omega})$，则有

$$\mathrm{DTFT}[\nabla x(n)] = \mathrm{DTFT}[x(n) - x(n-1)] = \mathrm{DTFT}[x(n)] - \mathrm{DTFT}[x(n-1)]$$
$$= X(e^{j\Omega}) - e^{-j\Omega} X(e^{j\Omega}) = (1 - e^{-j\Omega}) X(e^{j\Omega})$$

即

$$\nabla x(n) \leftrightarrow (1 - e^{-j\Omega}) X(e^{j\Omega}) \tag{6-52}$$

离散时间傅里叶变换的差分特性对应于连续时间傅里叶变换的微分特性，若将 $1 - e^{-j\Omega}$ 视为 $-j\omega$，则其与连续时间傅里叶变换的微分特性具有类似的表达式。

进一步有

$$\mathrm{DTFT}[\nabla^2 x(n)] = \mathrm{DTFT}[x(n) - 2x(n-1) + x(n-2)]$$

$$= X(\mathrm{e}^{\mathrm{j}\Omega}) - 2\mathrm{e}^{-\mathrm{j}\Omega} X(\mathrm{e}^{\mathrm{j}\Omega}) + \mathrm{e}^{-\mathrm{j}\Omega 2} X(\mathrm{e}^{\mathrm{j}\Omega}) = (1 - \mathrm{e}^{-\mathrm{j}\Omega})^2 X(\mathrm{e}^{\mathrm{j}\Omega})$$

即

$$\nabla^2 x(n) \leftrightarrow (1 - \mathrm{e}^{-\mathrm{j}\Omega})^2 X(\mathrm{e}^{\mathrm{j}\Omega}) \tag{6-53}$$

以此类推，有

$$\nabla^n x(n) \leftrightarrow (1 - \mathrm{e}^{-\mathrm{j}\Omega})^n X(\mathrm{e}^{\mathrm{j}\Omega}) \tag{6-54}$$

6.5.9 时域累加特性

若 $x(n) \leftrightarrow X(\mathrm{e}^{\mathrm{j}\Omega})$，由于 $\displaystyle\sum_{m=-\infty}^{n} x(m) = x(n) * \varepsilon(n)$，且

$$\mathrm{DTFT}[\varepsilon(n)] = \frac{1}{1 - \mathrm{e}^{-\mathrm{j}\Omega}} + \pi \sum_{k=-\infty}^{\infty} \delta(\Omega - 2\pi k)$$

则有

$$\mathrm{DTFT}\left[\sum_{m=-\infty}^{n} x(m)\right] = \mathrm{DTFT}[x(n) * \varepsilon(n)] = \mathrm{DTFT}[x(n)] \cdot \mathrm{DTFT}[\varepsilon(n)]$$

$$= X(\mathrm{e}^{\mathrm{j}\Omega})\left[\frac{1}{1 - \mathrm{e}^{-\mathrm{j}\Omega}} + \pi \sum_{k=-\infty}^{\infty} \delta(\Omega - 2\pi k)\right] = \frac{X(\mathrm{e}^{\mathrm{j}\Omega})}{1 - \mathrm{e}^{-\mathrm{j}\Omega}} + \pi X(\mathrm{e}^{\mathrm{j}0}) \sum_{k=-\infty}^{\infty} \delta(\Omega - 2\pi k)$$

即

$$\sum_{m=-\infty}^{n} x(m) \leftrightarrow \frac{X(\mathrm{e}^{\mathrm{j}\Omega})}{1 - \mathrm{e}^{-\mathrm{j}\Omega}} + \pi X(\mathrm{e}^{\mathrm{j}0}) \sum_{k=-\infty}^{\infty} \delta(\Omega - 2\pi k) \tag{6-55}$$

式中，$X(\mathrm{e}^{\mathrm{j}0})$ 为直流分量，由定义式（6-18）可知

$$X(\mathrm{e}^{\mathrm{j}0}) = X(\mathrm{e}^{\mathrm{j}\Omega})\Big|_{\Omega=0} = \sum_{n=-\infty}^{\infty} x(n)\mathrm{e}^{-\mathrm{j}\Omega n}\Big|_{\Omega=0} = \sum_{n=-\infty}^{\infty} x(n)$$

当信号中无直流分量，即 $X(\mathrm{e}^{\mathrm{j}0}) = 0$ 时，有

$$\sum_{m=-\infty}^{n} x(m) \leftrightarrow \frac{X(\mathrm{e}^{\mathrm{j}\Omega})}{1 - \mathrm{e}^{-\mathrm{j}\Omega}} \tag{6-56}$$

6.5.10 频域微分特性

若

$$x(n) \leftrightarrow X(\mathrm{e}^{\mathrm{j}\Omega})$$

则

$$-\mathrm{j}n x(n) \leftrightarrow \frac{\mathrm{d}}{\mathrm{d}\Omega} X(\mathrm{e}^{\mathrm{j}\Omega}) \tag{6-57}$$

根据 DTFT 定义式 $X(\mathrm{e}^{\mathrm{j}\Omega}) = \displaystyle\sum_{n=-\infty}^{\infty} x(n)\mathrm{e}^{-\mathrm{j}\Omega n}$，有

$$\frac{\mathrm{d}}{\mathrm{d}\Omega}X(\mathrm{e}^{\mathrm{j}\Omega}) = \sum_{n=-\infty}^{\infty} x(n)\frac{\mathrm{d}}{\mathrm{d}\Omega}\mathrm{e}^{-\mathrm{j}\Omega n} = \sum_{n=-\infty}^{\infty} x(n)(-\mathrm{j}n)\mathrm{e}^{-\mathrm{j}\Omega n} = \mathrm{DTFT}\left[-\mathrm{j}nx(n)\right]$$

反复利用此式，可得

$$(-\mathrm{j}n)^r x(n) \leftrightarrow \frac{\mathrm{d}^r}{\mathrm{d}\Omega^r}X(\mathrm{e}^{\mathrm{j}\Omega}) \tag{6-58}$$

6.5.11　帕塞瓦尔能量定理

若

$$x(n) \leftrightarrow X(\mathrm{e}^{\mathrm{j}\Omega})$$

则

$$\sum_{n=-\infty}^{\infty} \left|x(n)\right|^2 = \frac{1}{2\pi}\int_{2\pi} \left|X(\mathrm{e}^{\mathrm{j}\Omega})\right|^2 \mathrm{d}\Omega \tag{6-59}$$

根据定义式，有

$$\sum_{n=-\infty}^{\infty} \left|x(n)\right|^2 = \sum_{n=-\infty}^{\infty} x(n)x^*(n) = \sum_{n=-\infty}^{\infty} x(n)\left[\frac{1}{2\pi}\int_{2\pi} X(\mathrm{e}^{\mathrm{j}\Omega})\mathrm{e}^{\mathrm{j}\Omega n}\mathrm{d}\Omega\right]^*$$

$$= \frac{1}{2\pi}\int_{2\pi} X^*(\mathrm{e}^{\mathrm{j}\Omega})\left[\sum_{n=-\infty}^{\infty} x(n)\mathrm{e}^{-\mathrm{j}\Omega n}\right]\mathrm{d}\Omega$$

$$= \frac{1}{2\pi}\int_{2\pi} X^*(\mathrm{e}^{\mathrm{j}\Omega})X(\mathrm{e}^{\mathrm{j}\Omega})\mathrm{d}\Omega = \frac{1}{2\pi}\int_{2\pi} \left|X(\mathrm{e}^{\mathrm{j}\Omega})\right|^2 \mathrm{d}\Omega$$

式（6-59）表明，序列在时域的总能量等于其在频域的总能量。

由式（6-19）可知，$X(\mathrm{e}^{\mathrm{j}\Omega})$ 是频谱密度，因此，定义离散时间信号 $x(n)$ 的能量频谱密度为 $E(\mathrm{e}^{\mathrm{j}\Omega})=\frac{1}{2\pi}\left|X(\mathrm{e}^{\mathrm{j}\Omega})\right|^2$，由式（6-42）可知，$X(\mathrm{e}^{\mathrm{j}\Omega})$ 是一个周期等于 2π 的周期信号，前面已经提到，信号的数字域频率 Ω 是模拟域频率 ω 对采样频率 ω_s 的归一化值，即 $\Omega = \omega T_\mathrm{s} = 2\pi\dfrac{\omega}{\omega_\mathrm{s}}$，根据采样定理可知 $-\pi \leqslant \Omega \leqslant \pi$。因此，式（6-59）右端就是 $E(\mathrm{e}^{\mathrm{j}\Omega})$ 在频域的全部频率范围上的积分，积分的结果就是原序列在频域的总能量。

常见离散时间傅里叶变换的性质如表 6-1 所示。

表 6-1　常见离散时间傅里叶变换的性质

序　号	性　质	关　系　式	
1	周期性	$X(\mathrm{e}^{\mathrm{j}\Omega}) = X(\mathrm{e}^{\mathrm{j}(\Omega+2\pi k)})$	
2	线性	$\alpha x_\mathrm{a}(n) + \beta x_\mathrm{b}(n) \leftrightarrow \alpha X_\mathrm{a}(\mathrm{e}^{\mathrm{j}\Omega}) + \beta X_\mathrm{b}(\mathrm{e}^{\mathrm{j}\Omega})$	
3	奇偶性	$\begin{cases} X_\mathrm{R}(\mathrm{e}^{\mathrm{j}\Omega}) = X_\mathrm{R}(\mathrm{e}^{-\mathrm{j}\Omega}) \\ X_\mathrm{I}(\mathrm{e}^{\mathrm{j}\Omega}) = -X_\mathrm{I}(\mathrm{e}^{-\mathrm{j}\Omega}) \end{cases}$	$\begin{cases} \left|X(\mathrm{e}^{\mathrm{j}\Omega})\right| = \left|X(\mathrm{e}^{-\mathrm{j}\Omega})\right| \\ \phi(\Omega) = -\phi(-\Omega) \end{cases}$
4	时移特性	$x(n - n_0) \leftrightarrow X(\mathrm{e}^{\mathrm{j}\Omega})\mathrm{e}^{-\mathrm{j}\Omega n_0}$	
5	频移特性	$\mathrm{e}^{\mathrm{j}\Omega_0 n}x(n) \leftrightarrow X(\mathrm{e}^{\mathrm{j}(\Omega-\Omega_0)})$	

序　号	性　　质	关　系　式
6	时域卷积特性	$x_a(n) * x_b(n) \leftrightarrow X_a(e^{j\Omega}) X_b(e^{j\Omega})$
7	频域卷积特性	$x_a(n) x_b(n) \leftrightarrow \dfrac{1}{2\pi} X_a(e^{j\Omega}) \copyright X_b(e^{j\Omega})$
8	时域差分特性	$\nabla x(n) \leftrightarrow (1 - e^{-j\Omega}) X(e^{j\Omega})$ $\nabla^n x(n) \leftrightarrow (1 - e^{-j\Omega})^n X(e^{j\Omega})$
9	时域累加特性	$\displaystyle\sum_{m=-\infty}^{n} x(m) \leftrightarrow \dfrac{X(e^{j\Omega})}{1 - e^{-j\Omega}} + \pi X(e^{j0}) \sum_{k=-\infty}^{\infty} \delta(\Omega - 2\pi k)$
10	频域微分特性	$-jn x(n) \leftrightarrow \dfrac{\mathrm{d}}{\mathrm{d}\Omega} X(e^{j\Omega})$ $(-jn)^r x(n) \leftrightarrow \dfrac{\mathrm{d}^r}{\mathrm{d}\Omega^r} X(e^{j\Omega})$
11	帕塞瓦尔能量定理	$\displaystyle\sum_{n=-\infty}^{\infty} \left| x(n) \right|^2 = \dfrac{1}{2\pi} \int_{2\pi} \left| X(e^{j\Omega}) \right|^2 \mathrm{d}\Omega$

6.6　离散傅里叶变换（DFT）

傅里叶变换建立了信号的时域特性与其频谱特性之间的关系，在信号与系统的分析和处理方面具有鲜明的物理意义及重要的应用，是不可或缺的重要分析工具。随着计算机技术的发展及其在工程领域越来越深入和广泛的应用，我们自然也希望能用计算机技术完成傅里叶变换计算。

前面已经建立了 4 种形式的傅里叶变换，在第 3 章建立了连续时间傅里叶级数 FS 和傅里叶变换 FT，FS 和 FT 中的时间变量或频率变量两者至少有一个是连续变量。计算机是不能计算连续变量的，计算机只能计算离散变量或数字变量。因此，FS 和 FT 都是无法利用计算机实现的。

本章建立了离散傅里叶级数 DFS 和离散时间傅里叶变换 DTFT。在 DTFT 中，频率变量是连续的，因此，也无法利用计算机实现 DTFT。DFS 的时间变量和频率变量都是离散的，具备由计算机实现的可能性。

但是，我们考察 DFS 的变换式，不难发现，无论是时域序列 $x_N(n)$ 还是频域序列 $X_N(k)$，都是无限长序列。计算机是不可能计算无限长序列的，因此，DFS 也是无法利用计算机直接实现的。为了由计算机完成傅里叶变换，必须寻找新的途径。

考察 DFS 的变换式，虽然时域序列 $x_N(n)$ 和频域序列 $X_N(k)$ 都是无限长的，但它们都是以 N 为周期的周期序列。对于周期序列，如果已知一个周期的序列值，则将其以 N 为周期进行周期扩展，就能得到长度为无限长的周期序列。鉴于此，我们在计算 DFS 时，不必计算无限长序列值，只要计算一个周期的序列值，得到一个周期的序列值，即可通过周期扩展而得到整个序列值。这里通常取主值周期进行计算。

DFS 定义式为

$$\begin{cases} x_N(n) = \displaystyle\sum_{k=<N>} X_N(k) \mathrm{e}^{\mathrm{j}n\frac{2\pi}{N}k}, & -\infty \leqslant n \leqslant \infty \\[3mm] X_N(k) = \dfrac{1}{N} \displaystyle\sum_{n=<N>} x_N(n) \mathrm{e}^{-\mathrm{j}k\frac{2\pi}{N}n}, & -\infty \leqslant k \leqslant \infty \end{cases}$$

式中，$x_N(n)$ 是周期为 N 的时域序列，$X_N(k)$ 是周期为 N 的频域序列。

对 $x_N(n)$ 及 $X_N(k)$ 只取主值周期，分别变成 $x_1(n)$ 及 $X_1(k)$，得到

$$\begin{cases} x_1(n) = \displaystyle\sum_{k=0}^{N-1} X_1(k) \mathrm{e}^{\mathrm{j}n\frac{2\pi}{N}k}, & 0 \leqslant n \leqslant N-1 \\[3mm] X_1(k) = \dfrac{1}{N} \displaystyle\sum_{n=0}^{N-1} x_1(n) \mathrm{e}^{-\mathrm{j}k\frac{2\pi}{N}n}, & 0 \leqslant k \leqslant N-1 \end{cases}$$

令 $NX_1(k) = X(k)$，$x_1(n) = x(n)$，注意，$x(n)$ 不同于 DFS 的 $x_N(n)$，它只是 $x_N(n)$ 的主值周期，$X(k)$ 也不同于 DFS 的 $X_N(k)$，它也只是 $X_N(k)$ 的主值周期。代入上式，有

$$\begin{cases} x(n) = \dfrac{1}{N} \displaystyle\sum_{k=0}^{N-1} X(k) \mathrm{e}^{\mathrm{j}n\frac{2\pi}{N}k}, & 0 \leqslant n \leqslant N-1 \\[3mm] X(k) = \displaystyle\sum_{n=0}^{N-1} x(n) \mathrm{e}^{-\mathrm{j}k\frac{2\pi}{N}n}, & 0 \leqslant k \leqslant N-1 \end{cases}$$

引入符号

$$W_N = \mathrm{e}^{-\mathrm{j}\frac{2\pi}{N}} \tag{6-60}$$

W_N 称为旋转因子，代入上式，有

$$\begin{cases} x(n) = \dfrac{1}{N} \displaystyle\sum_{k=0}^{N-1} X(k) W_N^{-kn}, & 0 \leqslant n \leqslant N-1 \tag{6-61} \end{cases}$$

$$\begin{cases} X(k) = \displaystyle\sum_{n=0}^{N-1} x(n) W_N^{kn}, & 0 \leqslant k \leqslant N-1 \tag{6-62} \end{cases}$$

这就是离散傅里叶变换式。式（6-62）为离散傅里叶正变换，即 DFT，式（6-61）为离散傅里叶反变换，即 IDFT。它们定义了时域的 N 点有限长序列 $x(n)$ 变换为频域的 N 点有限长序列 $X(k)$ 的离散傅里叶变换。

DFT 是将 DFS 的主值序列提取出来而定义的一种变换对，因此其与 DFS 具有完全类似的形式。DFS 是经过严格数学论证的、符合实际信号特性的、反映信号的客观物理现象的变换对。而 DFT 是为了适应计算机的运算而建立的时域及频域的有限长序列的变换对，从上述 DFT 的推导过程可见，DFT 实际上只是 DFS 的计算工具。有了 DFT，就可以由计算机完成 DFS 运算。由于 DFT 建立了时域有限长序列与频域有限长序列的变换对，因此可以实现对有限长时域序列的频谱计算。

由 DFT 的定义可知，DFT 与 DFS 存在如下关系

$$\begin{cases} x_N(n) = x((n))_N \tag{6-63} \\[2mm] NX_N(k) = X((k))_N \tag{6-64} \end{cases}$$

即 DFS 的主值序列就是 DFT 的序列，DFT 序列以 N 为周期的周期扩展序列就是 DFS 的序列。

比较 DFT 与 DTFT 的变换式，有

$$X(k) = \mathrm{DFT}[x(n)] = X(\mathrm{e}^{\mathrm{j}\Omega})\big|_{\Omega = k\Omega_0 = \frac{2\pi}{N}k}, \quad k=0,1,2,\cdots,N-1 \tag{6-65}$$

该式表明，有限长序列 $x(n)$ 的离散傅里叶变换 $X(k)$ 为其离散时间傅里叶变换 $X(\mathrm{e}^{\mathrm{j}\Omega})$ 在主值区间 $[0, 2\pi]$ 的 N 点等间隔抽样，抽样间隔为 $\Omega_0 = \dfrac{2\pi}{N}$。可见，有限长序列 $x(n)$ 的离散时间傅里叶变换 $X(\mathrm{e}^{\mathrm{j}\Omega})$ 可以用 DFT 来计算，用 DFT 计算的 $X(k)$ 的包络就是 $X(\mathrm{e}^{\mathrm{j}\Omega})$。而且，DFT 的长度 N 不同，表示 $X(\mathrm{e}^{\mathrm{j}\Omega})$ 在主值区间的抽样间隔或抽样点数不同，所得的 DFT 的结果也不同。只要满足抽样定理，就可以由 $X(k)$ 恢复原连续信号的频谱 $X(\mathrm{e}^{\mathrm{j}\omega T}) = X(\mathrm{e}^{\mathrm{j}\Omega})$。因此，在工程实际中，对连续时间信号利用抽样得到的序列进行 DFT 变换，就可以近似分析原连续时间信号的频谱。

【例 6-7】 对于矩形序列 $x(n) = R_M(n)$（$0 \leqslant n \leqslant M-1$），求不同点数 N（$N \geqslant M$）的离散傅里叶变换。用 MATLAB 画出 $M=4$，$N=16,32,48$ 时序列的时域及频域图形。

解： 根据 DFT 定义式（6-62），有

$$X(k) = \sum_{n=0}^{N-1} x(n) W_N^{kn} = \sum_{n=0}^{M-1} \left(\mathrm{e}^{-\mathrm{j}k\frac{2\pi}{N}}\right)^n = \frac{1 - \mathrm{e}^{-\mathrm{j}k\frac{2\pi}{N}M}}{1 - \mathrm{e}^{-\mathrm{j}k\frac{2\pi}{N}}} = \mathrm{e}^{-\mathrm{j}k\frac{\pi}{N}(M-1)} \frac{\sin\left(\dfrac{k\pi}{N}M\right)}{\sin\left(\dfrac{k\pi}{N}\right)}$$

```
%cp6liti7.m
%MATLAB 代码：矩形序列的 N 点 DFT
a=1;M=4;m=0:1:M-1;xa=a.^m;
r=12;                                        %分别取 12、28、44
x=[xa(1:1:length(xa)) zeros(1,r)];           %产生序列 x(n)
N=length(x);                                 %N 可分别为 16、32、48
n=0:1:N-1;
subplot(131);stem(n,x);                      %画序列 x(n) 的图形
xlabel('n');title('x(n)');
axis([0 N -0.1 1.1]);
grid on;
n=0:1:N-1;k=0:1:N-1;
WN=exp(-j*2*pi/N);
nk=n'*k;
Xk=x*WN.^nk;                                 %用定义式计算 DFT
%Xk=fft(x,N);                                %用 fft() 函数计算 DFT
AXk=abs(Xk);BXk=angle(Xk);
subplot(132);stem(k,AXk,'b');               %画幅度频谱|X(k)|的图形
xlabel('k');title('|X(k)|');hold on;
plot(k,AXk,'r--');                           %画幅度频谱|X(k)|的包络
axis([0 N -0.5 4.5]);hold off;grid on;
subplot(133);stem(k,BXk/pi,'b');            %画相位频谱 angle(Xk) 的图形
xlabel('k');title('angle(Xk)/ \pi ');
hold on;plot(k,BXk,'r--');                    %画相位频谱 angle(Xk) 的包络
axis([0 N -0.5 4.5]);hold off;
```

矩形序列不同点数 DFT 的时域及频域图形如图 6-15 所示。

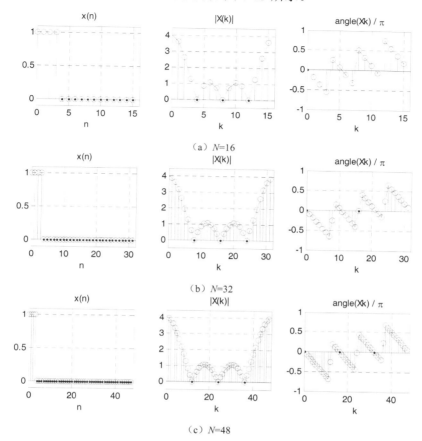

（a）N=16

（b）N=32

（c）N=48

图 6-15　矩形序列不同点数 DFT 的时域及频域图形

6.7　离散傅里叶变换的性质

离散傅里叶变换是由离散傅里叶级数取主值变换得到的，它定义了 N 点有限长时域序列 $x(n)$ 与 N 点有限长频域序列 $X(k)$ 之间的变换关系。由 DFS 与 DFT 的关系可知，可以认为 DFT 是将有限长度为 N 的序列 $x(n)$ 以 N 为周期进行扩展后得到的周期为 N 的序列 $x_N(n)$，再对 $x_N(n)$ 进行 DFS 变换，得到频域周期序列 $X_N(k)$，最后取 $X_N(k)$ 的主值序列，即可得到 $X(k)$。因此，只要认为 DFT 隐含周期性，就可以认为 DFT 就是 DFS，只是 $NX_N(k) = X(k)$。

DFT 与 DFS 具有类似的性质，掌握 DFT 的性质，对于 DFT 的运算及应用具有重要作用。

6.7.1　线性特性

若

$$X_1(k) = \mathrm{DFT}[x_1(n)]，\qquad X_2(k) = \mathrm{DFT}[x_2(n)]$$

则
$$DFT[\alpha x_1(n) + \beta x_2(n)] = \alpha X_1(k) + \beta X_2(k) \tag{6-66}$$

式中，α、β 为任意常数。

证明：根据 DFT 的定义式，有

$$DFT[\alpha x_1(n) + \beta x_2(n)] = \sum_{n=0}^{N-1}[\alpha x_1(n) + \beta x_2(n)]W_N^{kn}$$

$$= \sum_{n=0}^{N-1}[\alpha x_1(n)]W_N^{kn} + \sum_{n=0}^{N-1}[\beta x_2(n)]W_N^{kn}$$

$$= \alpha\sum_{n=0}^{N-1}x_1(n)W_N^{kn} + \beta\sum_{n=0}^{N-1}x_2(n)W_N^{kn} = \alpha X_1(k) + \beta X_2(k)$$

6.7.2　隐含周期性

（1）频域周期性。

若

$$X(k) = DFT[x(n)]$$

则

$$X(k + mN) = X(k)，m 为整数 \tag{6-67}$$

证明：
$$X(k + mN) = \sum_{n=0}^{N-1}x(n)W_N^{(k+mN)n} = \sum_{n=0}^{N-1}x(n)W_N^{kn}W_N^{nmN} = \sum_{n=0}^{N-1}x(n)W_N^{kn} = X(k)$$

（2）时域周期性。

若

$$X(k) = DFT[x(n)]$$

则

$$x(n + mN) = x(n)，m 为整数 \tag{6-68}$$

证明：
$$x(n + mN) = \frac{1}{N}\sum_{k=0}^{N-1}X(k)W_N^{-(n+mN)k}$$

$$= \frac{1}{N}\sum_{k=0}^{N-1}X(k)W_N^{-kn}W_N^{-mNk} = \frac{1}{N}\sum_{k=0}^{N-1}X(k)W_N^{-kn} = x(n)$$

由 DFT 的周期性可知，其 $x(n)$ 与 $X(k)$ 均具有以 N 为周期的周期特性，这一点非常重要。虽然 $x(n)$ 与 $X(k)$ 均为有限长序列，但是它们的长度都为 N，视自变量 n（或 k）的取值为 $(-\infty, \infty)$，由于其具有周期性，因此 $x(n)$ 与 $X(k)$ 为周期序列，此为 DFT 的隐含周期性。

6.7.3　奇偶性和对称性

设 $x(n)$ 为实序列，且 $X(k) = DFT[x(n)]$，根据 DFT 的定义式，有

$$X(k) = \sum_{n=0}^{N-1}x(n)W_N^{kn}$$

对上式两边取共轭，并注意到对于实序列 $x(n)$，有 $x(n) = x^*(n)$，则

$$X^*(k) = \left[\sum_{n=0}^{N-1} x(n)W_N^{kn}\right]^* = \sum_{n=0}^{N-1} x(n)W_N^{-kn} = X(-k)$$

考虑 DFT 的隐含周期性，$X(-k) = X(N-k)$，有

$$X^*(k) = X(-k) = X(N-k) \tag{6-69}$$

（1）将 $X(k)$ 写为实部与虚部的形式，有

$$X(k) = X_R(k) + jX_I(k) \tag{6-70}$$

根据式（6-70），有

$$X^*(k) = X_R(k) - jX_I(k) \tag{6-71}$$

$$X(-k) = X_R(-k) + jX_I(-k) \tag{6-72a}$$

$$X(N-k) = X_R(N-k) + jX_I(N-k) \tag{6-72b}$$

根据式（6-69），有

$$\begin{cases} X_R(k) = X_R(-k) = X_R(N-k) \\ X_I(k) = -X_I(-k) = -X_I(N-k) \end{cases} \tag{6-73} \tag{6-74}$$

可见，$X_R(k)$ 具有偶函数特性，而 $X_I(k)$ 具有奇函数特性。

（2）将 $X(k)$ 写为模与幅角的形式，有

$$X(k) = |X(k)|e^{j\phi(k)} \tag{6-75}$$

类似地，可以得到

$$\begin{cases} |X(k)| = |X(-k)| = |X(N-k)| \\ \phi(k) = -\phi(-k) = -\phi(N-k) \end{cases} \tag{6-76} \tag{6-77}$$

可见，$|X(k)|$ 具有偶函数特性，而 $\phi(k)$ 具有奇函数特性。

（3）由于 DFT 具有隐含周期性，因此 $X(N-k)$ 也具有周期性，周期为 N，k 在 $0 \sim N-1$ 的范围内，$X(k)$ 是关于 $k = \dfrac{N}{2}$ 点对称的，即 $X(k)$ 的模 $|X(k)|$ 和实部 $X_R(k)$ 是关于 $k = \dfrac{N}{2}$ 点偶对称的，而其虚部 $X_I(k)$ 和幅角 $\phi(k)$ 是关于 $k = \dfrac{N}{2}$ 点奇对称的。

如图 6-16 所示，图 6-16(a)为 N 为偶数的对称情况，图 6-16(b)为 N 为奇数的对称情况。

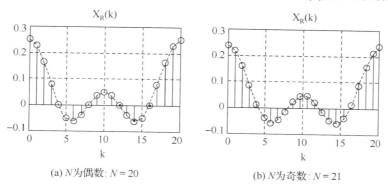

(a) N 为偶数：$N = 20$　　　　　　　(b) N 为奇数：$N = 21$

图 6-16　DFT 的偶对称性

6.7.4 时频互易特性

若

$$\text{DFT}[x(n)] = X(k)$$

则

$$\text{DFT}\left[\frac{1}{N}X(n)\right] = x(-k) \tag{6-78}$$

证明：根据 DFT 反变换式，有

$$x(n) = \frac{1}{N}\sum_{k=0}^{N-1} X(k) W_N^{-kn}$$

对 n 取 $-n$，有

$$x(-n) = \frac{1}{N}\sum_{k=0}^{N-1} X(k) W_N^{kn}$$

再将符号 n 换为 k，将 k 换为 n，有

$$x(-k) = \sum_{n=0}^{N-1} \frac{X(n)}{N} W_N^{kn} = \text{DFT}\left[\frac{X(n)}{N}\right]$$

式（6-78）表明，若序列 $x(n)$ 的 DFT 为 $X(k)$，则当时域序列的表达式具有 $X(n)$ 的形状时，其对应的 DFT 的频域序列具有 $x(-k)$ 的形状。

6.7.5 时域循环移位特性

有限长序列 $x(n)$ 的移位序列为 $x(n-m)$，从一般意义上讲，这是序列 $x(n)$ 移位 m 位后形成的序列，但是，对于 DFT 来讲，由于 DFT 具有隐含周期性，因此这个移位变为循环移位。

对于循环移位，其方法是先把长度为 N 的有限长序列 $x(n)$ 以 N 为周期进行周期扩展，构成周期序列 $x((n))_N$，然后移位 m 位得到 $x((n-m))_N$，最后取 $x((n-m))_N$ 的主值周期，即 $x((n-m))_N R_N(n)$（$R_N(n)$ 是宽度为 N 的矩形序列），就得到了 $x(n-m)$ 的循环移位序列，记为 $x((n-m))_N R_N(n)$。

若

$$\text{DFT}[x(n)] = X(k)$$

则

$$\text{DFT}[x((n-m))_N R_N(n)] = W_N^{mk} X(k) \tag{6-79}$$

证明：根据 DFT 的定义式，有

$$\text{DFT}[x((n-m))_N R_N(n)] = \sum_{n=0}^{N-1} [x((n-m))_N R_N(n)] W_N^{kn}$$

$$= \sum_{n=0}^{N-1} [x(n-m)] W_N^{kn} = \sum_{n=0}^{N-1} [x(n-m)] W_N^{k(n-m)} W_N^{km}$$

令 $n-m = n'$，注意到序列先取循环移位，后取主值周期，则

$$上式 = W_N^{km} \sum_{n'=0}^{N-1} [x(n')] W_N^{kn'} = W_N^{mk} X(k)$$

式（6-79）说明，序列时域的循环移位对应于频域的移相。

6.7.6　频域循环移位特性

若

$$X(k) = \mathrm{DFT}[x(n)]$$

则

$$X((k-m))_N R_N(k) = \mathrm{DFT}[x(n)W_N^{-mn}] \tag{6-80}$$

式中，$X((k-m))_N R_N(k)$ 是频域序列的循环移位。

证明：$\mathrm{IDFT}[X((k-m))_N R_N(k)] = \dfrac{1}{N}\displaystyle\sum_{k=0}^{N-1}[X((k-m))_N R_N(k)]W_N^{-kn}$

$$= \frac{1}{N}\sum_{k=0}^{N-1}[X(k-m)]W_N^{-kn} = \frac{1}{N}\sum_{k=0}^{N-1}[X(k-m)]W_N^{-(k-m)n}W_N^{-mn}$$

令 $k-m=k'$，注意，序列先取循环移位，后取主值周期，则

$$上式 = W_N^{-mn}\frac{1}{N}\sum_{k'=0}^{N-1}[X(k')]W_N^{-k'n} = x(n)W_N^{-mn}$$

式（6-80）说明，序列的频域循环移位对应于时域序列乘一个虚指数序列，这相当于时域的调制。

6.7.7　时域循环卷积特性

（1）线性卷积。

线性卷积的定义式为

$$x(n) = x_1(n)*x_2(n) = \sum_{m=-\infty}^{\infty}x_1(m)x_2(n-m) \tag{6-81}$$

设 $x_1(n)$ 的长度为 L，$x_2(n)$ 的长度为 M，由式（6-81）可知：对于 $x_1(m)$，有 $0 \leqslant m \leqslant L-1$；对于 $x_2(n-m)$，有 $0 \leqslant n-m \leqslant M-1$。将这两个不等式相加，有

$$0 \leqslant n \leqslant (L+M-1)-1 \tag{6-82}$$

即 n 的长度为 $N = L+M-1$。

可见，线性卷积结果的序列长度是与参与卷积运算的两个有限长序列的长度有关的。

（2）循环卷积。

我们已经知道，傅里叶变换具有时域及频域卷积特性，因此，DFT 也有时域及频域卷积特性。从卷积运算的定义式中可以看到，计算卷积需要进行序列的移位，如式（6-81）中的 $x_2(n-m)$。我们还知道，DFT 具有隐含周期性。因此，在计算卷积时，序列移位必须采用循环移位的方式。DFT 是定义在时域长度为 N 的有限长序列与频域长度同样为 N 的有限长序列之间的变换对，因此，参与卷积的两个序列的长度也要相同。为此，定义循环卷积为：两个长度均为 N 的有限长序列 $x_1(n)$ 与 $x_2(n)$，将序号变量 n 用参变量 m 代替后，变为 $x_1(m)$ 和 $x_2(m)$，借用式（6-81）的线性卷积计算公式，将 $x_2(m)$ 序列以 N 为周期进行周期扩展，变成周期序列 $x_2((m))_N$，再将其反折为 $x_2((-m))_N$，然后移位 n 位，得到 $x_2((n-m))_N$，再取其主

值区间，得到 $x_2((n-m))_N R_N(m)$，这其实就是序列的循环移位序列，最后将其与 $x_1(m)$ 相乘，将乘得的 N 个值相加，即可得到在移位 n 位时的卷积结果。对 n 分别取 $0 \sim N-1$ 的全部 N 个移位值，按照这样的方法就计算出了卷积的 N 个值。可见，循环卷积是与 N 有关的，称为 N 点循环卷积，用符号 $\circledN$ 表示，有

$$x_C(n) = x_1(n) \circledN x_2(n) = \sum_{m=0}^{N-1} x_1(m) x_2((n-m))_N R_N(m) ; \quad 0 \leqslant n \leqslant N-1 \qquad (6\text{-}83)$$

（3）循环卷积与线性卷积的关系。

对于长度为 L 的有限长序列 $x_1(n)$ 和长度为 M 的有限长序列 $x_2(n)$，其线性卷积为 $x(n) = x_1(n) * x_2(n)$，且 $x(n)$ 的长度为 $L+M-1$。当对其进行循环卷积运算时，首先要将 $x_1(n)$ 和 $x_2(n)$ 变为长度为 N 的序列，为了不丢失 $x_1(n)$ 和 $x_2(n)$ 的有效数据，取 $N \geqslant \max(L,M)$，则两者的循环卷积为 $x_C(n) = x_1(n) \circledN x_2(n)$，$x_C(n)$ 的长度仍为 N。

正如 DFT 是人为定义的变换，而 DFS 是有数学论证的符合客观物理实际的变换一样，用 DFT 计算循环卷积是为了方便计算机运算而定义的，只有用线性卷积运算的结果才是符合客观数学实际的。因此，我们必须考察循环卷积的结果能不能正确地表达线性卷积的结果。长度为 L 的有限长序列 $x_1(n)$ 和长度为 M 的有限长序列 $x_2(n)$ 的线性卷积结果的长度为 $L+M-1$，而其循环卷积结果的长度仍然为 N，可见，要使循环卷积的结果完全包含线性卷积的结果，必须满足

$$N \geqslant L+M-1 \qquad (6\text{-}84)$$

在满足式（6-84）的条件下，循环卷积的前 $L+M-1$ 个值正好是线性卷积的结果。

（4）时域循环卷积特性。

若

$$X_1(k) = \text{DFT}[x_1(n)], \qquad X_2(k) = \text{DFT}[x_2(n)]$$

则

$$\text{DFT}[x_1(n) \circledN x_2(n)] = X_1(k) X_2(k) \qquad (6\text{-}85)$$

证明： $\text{DFT}[x_1(n) \circledN x_2(n)] = \text{DFT}\left[\sum_{m=0}^{N-1} x_1(m) x_2((n-m))_N R_N(m) \right]$

$$= \sum_{n=0}^{N-1} \left[\sum_{m=0}^{N-1} x_1(m) x_2((n-m))_N R_N(m) \right] W_N^{kn}$$

$$= \sum_{m=0}^{N-1} x_1(m) \sum_{n=0}^{N-1} \left[x_2((n-m))_N R_N(m) W_N^{kn} \right]$$

$$= \sum_{m=0}^{N-1} x_1(m) W_N^{km} X_2(k) = X_1(k) X_2(k)$$

式（6-85）说明，两个有限长序列的循环卷积的离散傅里叶变换等于这两个序列的离散傅里叶变换的乘积。该特性提供了一条利用离散傅里叶变换计算循环卷积的途径。

利用式（6-85）计算任意两个有限长序列的循环卷积，其方法可归纳为：假定序列 $x_{1L}(n)$ 的长度为 L，序列 $x_{2M}(n)$ 的长度为 M，取 $N \geqslant L+M-1$，对 $x_{1L}(n)$ 在末尾补零，使其变成长

度为 N 的序列 $x_{1N}(n)$，补零的个数为 $N-L$ 个。同理，对 $x_{2M}(n)$ 在末尾补零，使其也变成长度为 N 的序列 $x_{2N}(n)$，补零的个数为 $N-M$ 个。然后对 $x_{1N}(n)$ 和 $x_{2N}(n)$ 分别进行 N 点 DFT，得到 $X_1(k)=\text{DFT}[x_{1N}(n)]$ 和 $X_2(k)=\text{DFT}[x_{2N}(n)]$，再将 $X_1(k)$ 和 $X_2(k)$ 相乘，得到 $X(k)=X_1(k)X_2(k)$，最后对这个乘积的结果 $X(k)$ 进行 N 点 IDFT，所得结果的前 $L+M-1$ 个值就是 $x_1(n)$ 与 $x_2(n)$ 的线性卷积结果，如图 6-17 所示。

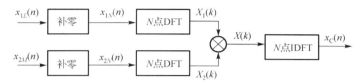

图 6-17　利用离散傅里叶变换计算线性卷积的原理框图

如果视 $x_1(n)$ 为系统的激励，视 $x_2(n)$ 为系统的单位样值响应，则 $x_1(n)$ 与 $x_2(n)$ 的卷积就是系统的零状态响应。因此，利用该特性可以将求取系统零状态响应的方法由时域的卷积变换为频域的乘积。虽然这样要进行的步骤更多，但是由于 DFT 具有快速算法——快速傅里叶变换（FFT），其实际花费的计算时间更少，因此该方法成为使用计算机计算线性卷积的重要方法。

【例 6-8】　已知 4 点有限长序列 $x_1(n)=[\underset{\uparrow}{1},1,1,1]$ 和 3 点有限长序列 $x_2(n)=[\underset{\uparrow}{1},2,3]$。

（1）求线性卷积 $x(n)=x_1(n)*x_2(n)$；

（2）求 4 点循环卷积 $x(n)=x_1(n)④x_2(n)$；

（3）求 6 点循环卷积 $x(n)=x_1(n)⑥x_2(n)$；

（4）求 8 点循环卷积 $x(n)=x_1(n)⑧x_2(n)$。

解：（1）按线性卷积的计算原理，做成线性卷积计算表，如表 6-2 所示。

表 6-2　线性卷积计算表

m	−3	−2	−1	0	1	2	3	4	5	$x(n)$
$x_1(m)$	0	0	0	1	1	1	1	0	0	
$x_2(0-m)$	0	3	2	1	0	0	0	0	0	1
$x_2(1-m)$	0	0	3	2	1	0	0	0	0	3
$x_2(2-m)$	0	0	0	3	2	1	0	0	0	6
$x_2(3-m)$	0	0	0	0	3	2	1	0	0	6
$x_2(4-m)$	0	0	0	0	0	3	2	1	0	5
$x_2(5-m)$	0	0	0	0	0	0	3	2	1	3

即 $x(n)=[\underset{\uparrow}{1},3,6,6,5,3]$。

（2）按 4 点循环卷积的计算原理，做成 4 点循环卷积计算表，如表 6-3 所示。

表 6-3　4 点循环卷积计算表

m	0	1	2	3	$x(n)$
$x_1(m)$	1	1	1	1	

续表

m	0	1	2	3	$x(n)$
$x_2(0-m)$	1	0	3	2	6
$x_2(1-m)$	2	1	0	3	6
$x_2(2-m)$	3	2	1	0	6
$x_2(3-m)$	0	3	2	1	6

即 $x(n)=[\underset{\uparrow}{6},6,6,6]$ 。

（3）按 6 点循环卷积的计算原理，做成 6 点循环卷积计算表，如表 6-4 所示。

表 6-4　6 点循环卷积计算表

m	0	1	2	3	4	5	$x(n)$
$x_1(m)$	1	1	1	1	0	0	
$x_2(0-m)$	1	0	0	0	3	2	1
$x_2(1-m)$	2	1	0	0	0	3	3
$x_2(2-m)$	3	2	1	0	0	0	6
$x_2(3-m)$	0	3	2	1	0	0	6
$x_2(4-m)$	0	0	3	2	1	0	5
$x_2(5-m)$	0	0	0	3	2	1	3

即 $x(n)=[\underset{\uparrow}{1},3,6,6,5,3]$ 。

（4）按 8 点循环卷积的计算原理，做成 8 点循环卷积计算表，如表 6-5 所示。

表 6-5　8 点循环卷积计算表

m	0	1	2	3	4	5	6	7	$x(n)$
$x_1(m)$	1	1	1	1	0	0	0	0	
$x_2(0-m)$	1	0	0	0	0	0	3	2	1
$x_2(1-m)$	2	1	0	0	0	0	0	3	3
$x_2(2-m)$	3	2	1	0	0	0	0	0	6
$x_2(3-m)$	0	3	2	1	0	0	0	0	6
$x_2(4-m)$	0	0	3	2	1	0	0	0	5
$x_2(5-m)$	0	0	0	3	2	1	0	0	3
$x_2(6-m)$	0	0	0	0	3	2	1	0	0
$x_2(7-m)$	0	0	0	0	0	3	2	1	0

即 $x(n)=[\underset{\uparrow}{1},3,6,6,5,3,0,0]$ 。

由于 $x_1(n)$ 的长度为 4，$x_2(n)$ 的长度为 3，因此其线性卷积的长度为 6，如前面的（1）所示。在（2）中，取 4 点循环卷积，由于不满足 $N \geq L+M-1$，因此其结果不能包含线性卷积结果。在（3）中，取 6 点循环卷积，由于 $N = L+M-1$，因此其结果正好是线性卷积结果。在（4）中，取 8 点循环卷积，由于 $N \geq L+M-1$，因此其结果包含全部线性卷积结果，其前 6 位正好等于线性卷积结果，之后的各位结果必为零。

该例的 MATLAB 实现方法如下：线性卷积可以用 conv( )函数实现，语法为 c = conv(a, b)，将 a 与 b 的卷积结果返回给 c；循环卷积可以用 DFT 算法，由 fft( )函数实现，语法为 X = fft(x, N)，计算 x 的 N 点 DFT，将结果返回给 X。代码如下

```
%cp6liti8.m
%MATLAB 代码：序列的卷积
n=0:3;
x1=[1 1 1 1];                  %产生 x1(n)
subplot(1,3,1);stem(n,x1);            %绘制 x1(n)的波形
axis([0 8 -0.1 1.2]);xlabel('n');%title('x1(n)');
%---
n=0:2;x2=[1 2 3];                  %产生 x2(n)
subplot(1,3,2);stem(n,x2);            %绘制 x2(n)的波形
axis([0 8 -0.3 3.5]);xlabel('n');%title('x2(n)');
%%%(1)线性卷积
xc1=conv(x1,x2);                  %计算线性卷积
n=0:5;
subplot(1,3,3);stem(n,xc1);
axis([0 8 -0.7 7]);xlabel('n');%title('x1(n)*x2(n)');
%%%(2)N 点循环卷积
Ni=[4 6 8];
for i=1:length(Ni)
  N=Ni(i);
  X1=fft(x1,N);
  X2=fft(x2,N);
  X=X1.*X2;
  xc2=ifft(X,N);                  %计算 N 点循环卷积
  n=0:N-1;
  subplot(1,3,i);        stem(n,xc2);
  axis([0 8 -0.7 7]);  xlabel('n');%title(['N=',num2str(N)])
end
```

线性卷积与 N 点循环卷积如图 6-18 所示。

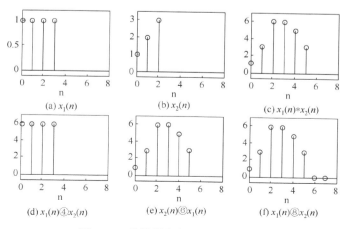

图 6-18　线性卷积与 N 点循环卷积

6.7.8 频域循环卷积特性

若

$$X_1(k) = \text{DFT}[x_1(n)], \quad X_2(k) = \text{DFT}[x_2(n)]$$

则

$$\text{DFT}[x_1(n)x_2(n)] = \frac{1}{N}X_1(k) \circledN X_2(k) \tag{6-86}$$

该式可以用类似于式（6-85）的方法证明，请读者自行练习。

式（6-86）说明，两个有限长序列时域的乘积的离散傅里叶变换，等于这两个序列的离散傅里叶变换的循环卷积除以 N。

如果视 $x_1(n)$ 为较长序列，视 $x_2(n)$ 为矩形序列，则 $x_1(n)$ 与 $x_2(n)$ 的乘积就是对 $x_1(n)$ 的矩形加窗或截短，$x_1(n)$ 加窗后再取 DFT，即截短序列的频谱就是 $x_1(n)$ 的频谱与矩形窗的频谱的卷积再除以 N。显然有 $X_1(k) \circledN X_2(k) \neq X_1(k)$，说明对序列截短后，频谱发生了改变。

6.7.9 帕塞瓦尔能量定理

若

$$X(k) = \text{DFT}[x(n)]$$

则

$$\sum_{n=0}^{N-1}|x(n)|^2 = \frac{1}{N}\sum_{k=0}^{N-1}|X(k)|^2 \tag{6-87}$$

证明：

$$\sum_{n=0}^{N-1}|x(n)|^2 = \sum_{n=0}^{N-1}\left[x(n)x^*(n)\right] = \sum_{n=0}^{N-1}[x(n)]\left[\frac{1}{N}\sum_{k=0}^{N-1}X(k)W_N^{-kn}\right]^*$$

$$= \sum_{n=0}^{N-1}[x(n)]\left[\frac{1}{N}\sum_{k=0}^{N-1}X^*(k)W_N^{kn}\right] = \frac{1}{N}\sum_{k=0}^{N-1}X^*(k)\sum_{n=0}^{N-1}\left[x(n)W_N^{kn}\right]$$

$$= \frac{1}{N}\sum_{k=0}^{N-1}X^*(k)X(k) = \frac{1}{N}\sum_{k=0}^{N-1}|X(k)|^2$$

式（6-87）说明，序列的时域能量与频域能量是相等的。

6.7.10 IDFT 的 DFT 计算

若

$$X(k) = \text{DFT}[x(n)]$$

则

$$x(n) = \frac{1}{N}\left\{\text{DFT}[X^*(k)]\right\}^* \tag{6-88}$$

证明：根据 DFT 反变换式，有

$$x(n) = \frac{1}{N}\sum_{k=0}^{N-1}X(k)W_N^{-kn}$$

$$= \frac{1}{N}\left\{\left[\sum_{k=0}^{N-1} X(k)W_N^{-kn}\right]^*\right\}^* = \frac{1}{N}\left\{\sum_{k=0}^{N-1} X^*(k)W_N^{kn}\right\}^* = \frac{1}{N}\left\{\mathrm{DFT}\left[X^*(k)\right]\right\}^*$$

即

$$x(n) = \mathrm{IDFT}[X(k)] = \frac{1}{N}\left\{\mathrm{DFT}[X^*(k)]\right\}^*$$

式（6-88）表明，欲计算 $X(k)$ 的 IDFT，可以利用 DFT 的算法实现。于是，利用 DFT 算法既可以计算正变换 DFT，又可以计算其逆变换 IDFT，可以实现 DFT 程序的通用化。

6.8　用离散傅里叶变换近似分析连续时间信号

工程中遇到的信号大多为非周期连续时间信号，对这样的信号进行 DFT 分析，具有重要和普遍的工程实际意义。

6.8.1　近似分析的方法

设连续时间非周期信号为 $x_1(t)$，其频谱为 $X_1(\mathrm{j}\omega)$，如图 6-19(a)所示。由于 DFT 只能对有限长离散时间信号进行运算，因此首先要对 $x_1(t)$ 进行抽样，抽样周期为 T_s，使其成为离散时间序列 $x_2(n)$，而时域的离散化导致频域的周期化，因此其频谱变为周期频谱 $X_2(\mathrm{j}\omega)$，周期为 $\omega_s = \frac{2\pi}{T_s}$，如图 6-19(b)所示。为使 $x_2(n)$ 成为有限长序列，必须对 $x_2(n)$ 进行截短，使其成为长度为 N 的有限长序列 $x_3(n)$。对于时域的截短，最简单的方法是将时域序列乘矩形信号（矩形窗序列），由离散傅里叶变换的频域卷积特性可知，截短后的信号的频谱不再是原信号的频谱，而是原信号的频谱与矩形窗序列的频谱的卷积。因此截短后的信号的频谱为 $X_3(\mathrm{j}\omega)$，如图 6-19(c)所示。

由图 6-19(c)可见，信号的频谱仍为连续函数，为了能用 DFT 计算，还必须对频谱函数进行离散化，也就是进行频域抽样，频域抽样间隔为 ω_0，得到 $X_4(k)$，而频域抽样导致时域周期化为 $x_4(n)$，周期为 $T_0 = \frac{2\pi}{\omega_0}$，如图 6-19(d)所示。

只要使序列时域的一个周期的点数与其频域的一个周期的点数都为 N，就可以利用 DFT 计算两者之间的变换。下面通过变换公式对上述过程进行分析。

已知非周期连续时间信号 $x_1(t)$ 的连续时间傅里叶变换为

$$X_1(\mathrm{j}\omega) = \int_{-\infty}^{\infty} x_1(t)\mathrm{e}^{-\mathrm{j}\omega t}\mathrm{d}t \qquad (6\text{-}89)$$

（1）首先对 $x_1(t)$ 进行抽样得到 $x_2(n)$，T_s 为抽样周期，$f_s = 1/T_s$ 为抽样频率。

$$x_2(n) = x_1(t)\big|_{t=nT_s} \qquad (6\text{-}90)$$

则式（6-89）中，$X_1(\mathrm{j}\omega)$ 变为 $X_2(\mathrm{j}\omega)$，积分 $\int_{-\infty}^{\infty}$ 变为求和 $\sum_{n=-\infty}^{\infty}$，$\mathrm{d}t = (n+1)T_s - nT_s = T_s$，有

$$X_2(\mathrm{j}\omega) = \sum_{n=-\infty}^{\infty} x_2(n)\mathrm{e}^{-\mathrm{j}\omega nT_s}T_s \qquad (6\text{-}91)$$

这里，由于时域抽样频率为 f_s，因此频域周期化，周期为 $\omega_s = 2\pi f_s$。

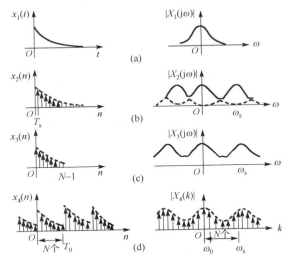

图 6-19　用 DFT 分析连续时间信号的过程

（2）再将 $x_2(n)$ 截短为 N 点长度，变为

$$x_3(n) = x_2(n)R_N(n) \qquad (6\text{-}92)$$

则其对应的频谱 $X_3(\mathrm{j}\omega)$ 为

$$X_3(\mathrm{j}\omega) \approx T_s \sum_{n=0}^{N-1} x_3(n)\mathrm{e}^{-\mathrm{j}\omega nT_s} \qquad (6\text{-}93)$$

（3）再对 $X_3(\mathrm{j}\omega)$ 进行频域离散化，变为 $X_4(k)$，频域抽样间隔为 ω_0，有

$$X_3(\mathrm{j}\omega)\big|_{\omega=k\omega_0} = X_4(\mathrm{j}k\omega_0) = X_4(k) \qquad (6\text{-}94)$$

且保证对 $X_3(\mathrm{j}\omega)$ 的一个周期宽度 ω_s 抽样 N 个点，即

$$\omega_s = N\omega_0 \quad 或 \quad f_s = NF_0 \qquad (6\text{-}95)$$

式中，$F_0 = \omega_0/2\pi$。

频域抽样导致时域周期化，其周期为 $T_0 = 1/F_0$，代入式（6-95）有

$$T_0 = NT_s \qquad (6\text{-}96)$$

式（6-96）说明，时域信号一个周期的抽样点数也正好为 N。

根据式（6-95），有

$$\omega_0 T_s = 2\pi \frac{\omega_0}{\omega_s} = \frac{2\pi}{N}$$

于是，式（6-94）可写为

$$X_4(k) = X_3(\mathrm{j}\omega)\big|_{\omega=k\omega_0} \approx T_s \sum_{n=0}^{N-1} x_3(n)\mathrm{e}^{-\mathrm{j}k\omega_0 nT_s}$$

$$= T_s \sum_{n=0}^{N-1} x_2(n)\mathrm{e}^{-\mathrm{j}n\frac{2\pi}{N}k} = T_s \cdot \mathrm{DFT}[x_2(n)]$$

即

$$X_4(k) = X_3(\mathrm{j}\omega)\big|_{\omega=k\omega_0} \approx T_s \cdot \mathrm{DFT}[x_2(n)] \qquad (6\text{-}97)$$

对式（6-97）去掉为区分步骤而添加的下标，变为

$$X(k) = X(\mathrm{j}\omega)\big|_{\omega=k\omega_0} \approx T_s \cdot \mathrm{DFT}[x(n)] \qquad (6\text{-}98)$$

式（6-98）说明，在已知连续时间非周期信号 $x(t)$ 的情况下，可用 DFT 对其频谱进行近似分析。

根据傅里叶变换的时域与频域的对称性可以得到，在已知连续时间非周期信号 $x(t)$ 的频谱的情况下，亦可用 DFT 近似分析出其时域信号，即

$$x(n) = x(t)\big|_{t=nT_s} \approx \frac{1}{T_s} \cdot \mathrm{IDFT}[X(k)] \qquad (6\text{-}99)$$

请读者自行证明。

6.8.2 近似分析出现的问题

（1）频谱混叠。

第一，由于利用 DFT 进行频谱分析时，必须将时域信号 $x(t)$ 离散化为 $x(n)$，这必导致频域周期化。第二，为使 $x(n)$ 为 N 点有限长序列，必须对 $x(n)$ 进行截短，相当于对连续时间信号 $x(t)$ 也进行了截短，导致信号为时域有限长信号。第三，由第 3 章非周期矩形脉冲信号的傅里叶变换可知，连续时间时域有限长信号的频域一般为无限宽频谱。由于这三方面的原因，利用 DFT 分析连续时间信号的频谱必然会出现频谱混叠现象，如图 6-19(c)所示。

频谱混叠现象的出现导致分析计算的频谱结果与信号的真实频谱之间出现误差。利用 DFT 分析连续时间信号的频谱难以避免频谱混叠问题，只能寻找措施尽量减少混叠误差，使其满足工程精度的要求。

要减少混叠误差，首先，可以对连续时间信号采取抗混叠滤波。实际工程信号的有效带宽总是有限的，抗混叠滤波实际上就是一个低通滤波器，使该滤波器的截止频率不低于信号的最高有效频率，于是，经抗混叠滤波后的信号近似成为频带有限信号，该信号频谱周期化后，频谱混叠造成的影响就会降低。

其次，可以加大连续时间信号的抽样频率，抽样频率越大，频谱周期化时相邻周期的间隔也越大，频谱混叠造成的影响也会越小。

抗混叠滤波器越接近理想低通滤波器，效果越好，当然，这必然会导致滤波器更复杂，成本更高，并且会导致更复杂的稳定性问题。抽样频率越高，抗混叠效果越好，当然，这也必然导致同样时间长度内抽样数据点数的增加，要求抽样器件的工作频率更高，抽样数据的存储容量更大，DFT 计算的数据量更大，计算所花费的时间更长，系统的实时性降低。

对抗混叠滤波器及抽样频率进行选择时不可盲目追求高性能，而应以工程实际需求为依

据，达到工程误差允许的范围即可。

（2）频谱泄漏。

利用 DFT 分析连续时间信号的频谱，一般在将 $x(t)$ 抽样为离散序列 $x(n)$ 后，必须将其截短为长度为 N 的有限长序列。关于时域序列的截短，也叫加窗，最简单的方法就是，将时域序列与长度为 N 的矩形序列相乘，也叫矩形加窗、矩形截短，如式（6-92）所示。由 DFT 的频域卷积性质可知，时域信号的乘积对应于其频域的卷积，即

$$x(n) \cdot R_N(n) \leftrightarrow \frac{1}{N} X(k) * R_N(k)$$

显然，只要

$$R_N(k) \neq \delta(k)$$

那么

$$X(k) * R_N(k) \neq X(k)$$

说明截短后的信号的频谱不再是原信号的频谱。若要 $X(k) * R_N(k) = X(k)$，则必要求

$$R_N(k) = \delta(k)$$

如果截短序列的频谱为 $\delta(k)$，对 $\delta(k)$ 进行反变换，可得 $R_\infty(n) = 1$，即在 $-\infty \leqslant n \leqslant \infty$ 的范围内，$R_N(n)$ 均等于 1，这相当于不施加任何截短。也就是说，只要施加截短，信号的频谱就会发生改变。截短序列就是用于截短的窗序列，也叫加窗序列。

【例 6-9】设图 6-20(a)为信号 $x(t)$ 的频谱 $X(\mathrm{j}\omega)$，对 $X(\mathrm{j}\omega)$ 反变换，可得 $x(t)$，如图 6-20(b)所示，对 $x(t)$ 截短可得 $x'(t)$，如图 6-20(c)所示，由 $x'(t)$ 可得其频谱 $X'(\mathrm{j}\omega)$，如图 6-20(d)所示。

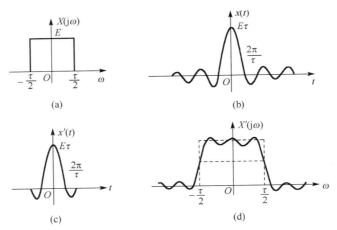

图 6-20　信号矩形截短及其频谱

比较图 6-20(d)与图 6-20(a)，$X'(\mathrm{j}\omega)$ 的频谱不再像 $X(\mathrm{j}\omega)$ 的频谱那样具有有限宽，而是向两边延伸出来了，就像泄漏了一样。可见，时域截短不可避免会产生频谱泄漏，工程上只能设法减少频谱泄漏的影响。时域矩形窗序列及其频谱如图 6-21 所示。

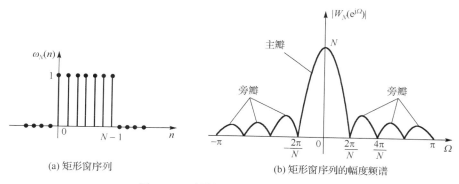

图 6-21　时域矩形窗序列及其频谱

由矩形窗的频谱可见，它有一定宽度的主瓣和一定高度的旁瓣，正是矩形窗的频谱特性引起了频谱泄漏，使图 6-20 中的 $X'(j\omega)$ 的边沿不再像 $X(j\omega)$ 那样垂直于横轴，这会弱化频谱分辨能力；也使图 6-20 中的 $X'(j\omega)$ 的平坦部分不再像 $X(j\omega)$ 那样平坦，而是产生了起伏和拖尾，这会影响对弱小频谱信号的检测。因此，要减小频谱泄漏的影响，必须要从以下两方面着手，即要求加窗序列的频谱边沿要尽量陡、平坦部分尽量没有起伏。这就要求加窗序列频谱的主瓣宽度尽量窄，旁瓣幅度尽量小。

对于矩形窗，能选择的参数只有宽度（设宽度为 M），选取 3 种不同的宽度，可以得到幅度频谱，如图 6-22 所示。由图 6-22 可知，随着矩形窗的时域宽度增大，主瓣越来越窄，而旁瓣越来越高。无论选择什么样的宽度，其主瓣宽度与旁瓣高度都是对立的，主瓣越窄，其旁瓣越高；反之，主瓣越宽，其旁瓣越低。

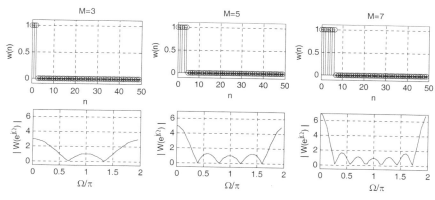

图 6-22　周期 N=50 时不同宽度的矩形窗的幅度频谱

因此，要想较好地控制频谱泄漏，在选择矩形窗的情况下，只能在边沿的陡峭性与平坦部分的起伏性之间做选择。要么追求边沿的陡峭性而不计平坦部分的起伏性，要么追求平坦部分有较小的起伏性而不计边沿的陡峭性。要使两方面同时达到最优是不可能的。

由矩形窗的频谱图可见，即使主瓣较宽，其旁瓣较主瓣的相对值还是较大的。为了更好地抑制旁瓣，人们发明了不同于矩形窗的许多窗函数。常见的有三角形窗、巴特利特（bartlett）窗、汉明（hamming）窗、汉宁（hanning）窗、布莱克曼（blackman）窗、chebyshev 窗、凯瑟（kaiser）窗等，它们的时域波形图如图 6-23 所示，它们的幅度频谱图如图 6-24 所示，它们的对数幅度频谱图如图 6-25 所示。这些窗函数相对于矩形窗，能够起到减小旁瓣的作用，在工程上可根据旁瓣抑制的具体要求选用不同的窗函数。当然，它们比矩形窗具有更宽的主瓣，对频谱的分辨力更弱，关于提高频谱分辨力，可采用下一小节的措施。

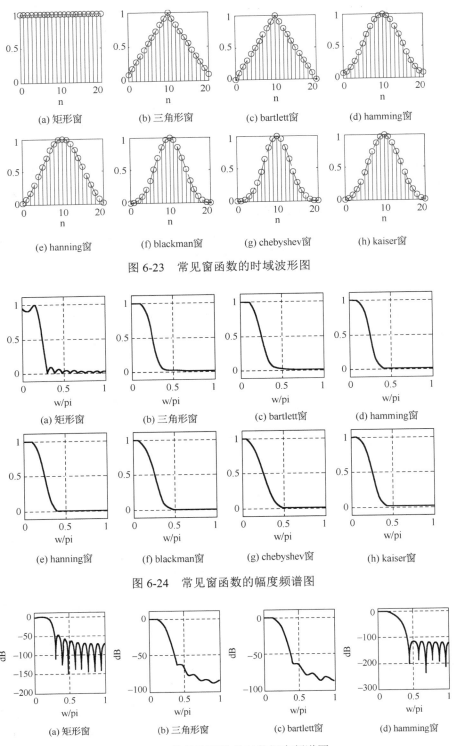

图 6-23　常见窗函数的时域波形图

图 6-24　常见窗函数的幅度频谱图

图 6-25　常见窗函数的对数幅度频谱图

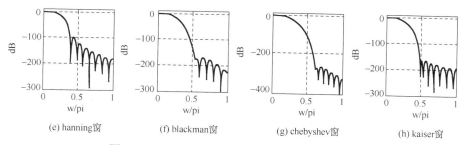

图 6-25　常见窗函数的对数幅度频谱图（续）

MATLAB 中提供了常见窗函数及其 MATLAB 调用库函数，如表 6-6 所示。

表 6-6　常见窗函数及其 MATLAB 调用库函数

窗函数名称	MATLAB 调用库函数	表达式
矩形窗	rectwin(L)	$w(n) = 1,\ 0 \leqslant n \leqslant L-1$
三角形窗	triang(L)	$w(n) = \begin{cases} \dfrac{2n}{L+1} & ,\ 1 \leqslant n \leqslant \dfrac{L+1}{2} \\ 2 - \dfrac{2n}{L+1} & ,\ \dfrac{L+1}{2}+1 \leqslant n \leqslant L \end{cases}$，$L$为奇数 $w(n) = \begin{cases} \dfrac{2n-1}{L} & ,\ 1 \leqslant n \leqslant \dfrac{L}{2} \\ 2 - \dfrac{2n-1}{L} & ,\ \dfrac{L}{2}+1 \leqslant n \leqslant L \end{cases}$，$L$为偶数
bartlett 窗 （三角窗）	bartlett(L)	$w(n) = \begin{cases} \dfrac{2n}{L-1} & ,\ 0 \leqslant n \leqslant \dfrac{L-1}{2} \\ 2 - \dfrac{2n}{L-1} & ,\ \dfrac{L-1}{2} \leqslant n \leqslant L-1 \end{cases}$
hamming 窗 （改进升余弦窗）	hamming(L)	$w(n) = 0.54 - 0.46\cos\left(2\pi \dfrac{n}{L-1}\right),\ 0 \leqslant n \leqslant L-1$
hanning 窗 （升余弦窗）	hanning(L)	$w(n) = 0.5\left(1 - \cos\left(2\pi \dfrac{n}{L-1}\right)\right),\ 0 \leqslant n \leqslant L-1$
blackman 窗 （二阶升余弦窗）	blackman(L)	$w(n) = 0.42 - 0.5\cos\left(\dfrac{2\pi n}{L-1}\right) + 0.08\cos\left(\dfrac{4\pi n}{L-1}\right)$, $0 \leqslant n \leqslant \begin{cases} \dfrac{L}{2}-1 & ,\ L\text{为偶数} \\ \dfrac{L+1}{2}-1 & ,\ L\text{为奇数} \end{cases}$
chebyshev 窗	chebwin(L)	—
kaiser 窗	kaiser(L,b)	$w(n) = \dfrac{I_0\left(b\sqrt{1-\left(1-\dfrac{2n}{L-1}\right)^2}\right)}{I_0(b)},\ 0 \leqslant n \leqslant L-1$

（3）栅栏效应。

利用 DFT 分析连续时间信号的频谱，由于频域的离散性，因此只在有限个离散频点上有序列值，即 $X(k) = X(\mathrm{j}\omega)\big|_{\omega=k\omega_0}$，即 DFT 只分析了 $\omega = k\omega_0$ 这些离散频点上的频谱值。然而，这些频点之间的频谱的情况是未知的，这就像透过一个栅栏去看原信号的频谱，只能看到栅栏缝隙透过的频谱，而看不到被栅栏遮挡的频谱。这种现象被形象地称为"栅栏效应"。

　　栅栏效应同样是利用 DFT 分析连续时间信号频谱时无法避免的现象。如需查看被栅栏遮挡的频谱，能采取的办法只有改变栅栏的位置，使可见的栅栏缝隙移动到被遮挡的频谱处。进行 DFT 分析时，其时域序列及频域序列在一个周期内的点数都为 N，可以通过在时域序列尾部添加若干零值而加大 N 的办法来实现栅栏位置的移动。

　　由式（6-94）知，信号频域周期为 ω_s，一个周期内频谱的点数为 N，频谱间隔为 ω_0，三者关系如式（6-95）所示。信号 $x(t)$ 确定时，时域采样频率必将确定，ω_s 不变。这时在采样信号尾部添加零值，加大了 N，必然会使 ω_0 减小，这就导致栅栏位置改变或移动。例 6-7 在矩形序列尾部添加零值得到了不同点数 DFT 的时域及频域图，可见，使 N 成倍增加时，栅栏缝隙也成倍增加，能看到的频谱也成倍增加了。

（4）基于 DFT 分析连续时间信号频谱系统结构。

　　综上所述，基于 DFT 分析连续时间信号频谱系统结构如图 6-26 所示。

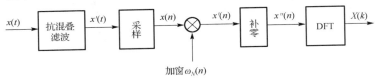

图 6-26　基于 DFT 分析连续时间信号频谱系统结构

6.8.3　频率分辨率

　　在利用 DFT 分析信号频谱时，DFT 时域序列与频域序列的对应关系图如图 6-27 所示。

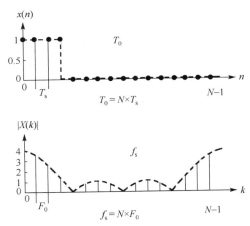

图 6-27　DFT 时域序列与频域序列的对应关系图

　　由于 $X(k) = X(\mathrm{e}^{\mathrm{j}\Omega})\big|_{\Omega = k\Omega_0}$，且 $\Omega_0 = \dfrac{2\pi}{N}$ 为基波频率，即 $X(k)$ 的频点为

$$\Omega_k = k\Omega_0 = k\frac{2\pi}{N}$$

因此，其离散域相邻频点之间的间隔为

$$\Delta\Omega = \Omega_{k+1} - \Omega_k = \frac{2\pi}{N} \tag{6-100}$$

这就是 DFT 分析的离散域频率分辨率，也称为数字域频率分辨率。

由式（6-100）可知，数字域频率分辨率只与点数 N 有关，N 越大，即一个周期内的点数越多，$\Delta\Omega$ 就越小，数字域频率分辨率就越高。

根据图 6-27 中各参数之间的关系，有

$$T_0 = NT_s \tag{6-101}$$

式中，T_s 为时域抽样周期，T_0 为时域信号抽样记录总时间长度。

$$f_s = NF_0 \tag{6-102}$$

式中，f_s 为时域抽样频率，$f_s = \dfrac{1}{T_s}$；F_0 为频域谱线间的间隔，它反映的是信号的频谱，是信号的模拟域频率分辨率。

由式（6-101）及式（6-102）可得

$$F_0 = \frac{f_s}{N} = \frac{1}{NT_s} = \frac{1}{T_0} \tag{6-103}$$

式（6-103）表明，DFT 频谱分析的模拟域频率分辨率为有效信号记录总时间长度 T_0 的倒数，即模拟域频率分辨率只与有效信号记录总时间长度 T_0 有关，T_0 越大，F_0 越小，模拟域频率分辨率越高。

理解式（6-100）及式（6-103）非常重要。如果只对 $x(n)$ 通过补零增加点数 N，即一个周期内频谱的数量增加了，$\Delta\Omega$ 减小，虽然提高了数字域频率分辨率，但是由式（6-103）可以看出，其 F_0 并未减小，即模拟域频率分辨率并没有提高。因为在序列 $x(n)$ 后面补零实际上并没有增大有效信号记录总时间长度 T_0，T_0 不增大，F_0 就不会减小，当然也就不会提高模拟域频率分辨率。

【例 6-10】　设由频率为 49Hz 和 51Hz 的信号合成的信号为

$$x(t) = \cos(2\pi \cdot 49 \cdot t) + \cos(2\pi \cdot 51 \cdot t) \tag{6-104}$$

取不同点数 N，比较 DFT 的频谱分析结果。

解：由式（6-104）可见，$x(t)$ 的最高频率为 51Hz。

抽样频率可选择为 $f_s = 200\text{Hz}$，对 $x(t)$ 离散化，得到 $x(n)$ 为

$$x(n) = \cos(2\pi \cdot 49 \cdot n / 200) + \cos(2\pi \cdot 51 \cdot n / 200) \tag{6-105}$$

（1）对 $x(n)$ 只取 $N=50$ 个点的长度信号，得到 $x_1(n)$ 及其 DFT 频谱图，如图 6-28(a)所示。

（2）对 $x(n)$ 仍然只取 $N=50$ 个点的长度信号，但是在后面添加 150 个零，得到 $x_2(n)$ 及其 DFT 频谱图，如图 6-28(b)所示。

（3）对 $x(n)$ 取 $N=200$ 个点的长度信号，得到 $x_3(n)$ 及其 DFT 频谱图，如图 6-28(c)所示。

由图 6-28(a)可知，有效信号记录总时间长度 T_0 不够大，导致频率分辨率低，无法分辨题设的两个频率。50 个点的记录长度相当于将有效长度截短，因此产生了频谱泄漏。

在图 6-28(b)中，在 $x(n)$ 后面补零，增大了 N，使 $X(k)$ 谱线数量增多，数字域频率分辨率提高了，频谱泄漏更明显。同样，补零后，实际信号的有效信号记录总时间长度 T_0 并没有增大，不会提高模拟域频率分辨率，因此还是无法分辨题设的两个频率。

在图 6-28(c)中，$x(n)$ 的有效信号记录总时间长度 T_0 增大了，模拟域频率分辨率也提高了，

因此能够分辨题设的两个频率。该例的 MATLAB 代码见本书配套教学资料中的 cp6liti10.m。

关于频率，在代码中画 $X(k)$ 波形的三个 stem 语句中，"w1""w2""w3" 是 DFT 的频率变量，即 Ω，由于 $\Omega = \omega T_{\mathrm{s}}$，即 $\Omega = 2\pi f / f_{\mathrm{s}}$，注意 $f_{\mathrm{s}} = 200$，因此 $f = \dfrac{\Omega}{\pi} \times 100$，即 "w1/pi*100" "w2/pi*100" "w3/pi*100"，单位为 Hz。又因 $\Omega = k\Omega_0 = k\dfrac{2\pi}{N}$，有 $f = k\dfrac{2}{N} \times 100$，所以在 N 取 200 时，$f = k$。由图 6-28(c)可知，谱线频率为 49Hz 及 51Hz。

关于幅度，由 $|X(k)| = |X(-k)| + |X(k)|$ 可知，对图 6-28(c)，49Hz 及 51Hz 的幅度均为 0.5+0.5=1，其结果与式（6-104）相符。

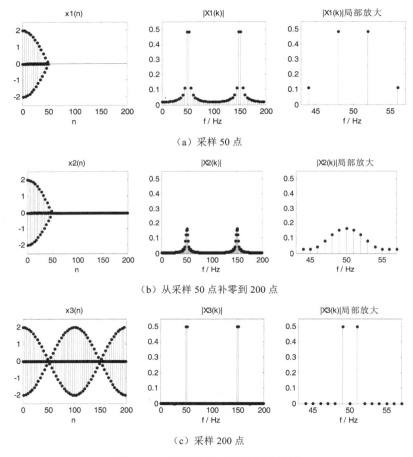

图 6-28　不同采样时长的频谱分析

6.8.4　利用 DFT 近似分析连续时间信号频谱的参数选择

在利用 DFT 分析连续时间信号的频谱时，其分析结果是近似的，存在频谱混叠、频谱泄漏、栅栏效应等问题，还要考虑模拟域频率分辨率。如何选择相关参数，才能使分析结果满足工程应用的要求，是必须要考虑的问题。

对于被分析的连续时间信号，首先要确定其最高有效频率 f_{m}，该参数通常情况下会由工程实际确定，也可依实际信号估计，如取信号的最短上升或下降时间 t_{d} 作为最高频率分量的

半周期，有

$$f_{\mathrm{m}} \approx \frac{1}{2t_{\mathrm{d}}} \qquad (6\text{-}106)$$

然后，要确定信号频谱分析的模拟域频率分辨率 F_0，这是分析的目标，一般按工程应用要求给定。再依抽样定理确定信号的最低抽样频率

$$f_{\mathrm{s}} \geqslant 2f_{\mathrm{m}} \qquad (6\text{-}107)$$

由模拟域频率分辨率确定信号的有效记录长度为

$$T_0 \geqslant \frac{1}{F_0} \qquad (6\text{-}108)$$

进一步可确定抽样记录点数为

$$N = \frac{f_{\mathrm{s}}}{F_0} = \frac{T_0}{T_{\mathrm{s}}} \geqslant \frac{2f_{\mathrm{m}}}{F_0} \qquad (6\text{-}109)$$

【例 6-11】 对于由频率为 49Hz 和 51Hz 的信号合成的信号：

$$x(t) = \cos(2\pi \times 49 \times t) + \cos(2\pi \times 51 \times t)$$

确定 DFT 频谱分析所需的参数。

解：信号的最高频率为 $f_{\mathrm{m}}=51\mathrm{Hz}$；可得抽样频率为 $f_{\mathrm{s}} \geqslant 2f_{\mathrm{m}} = 102\,\mathrm{Hz}$；要分辨频率为 49Hz 和 51Hz 的两个频点，取模拟域频率分辨率为 $F_0=1\mathrm{Hz}$，可得信号有效记录长度为

$$T_0 \geqslant \frac{1}{F_0} = 1\mathrm{s}$$

最后可得抽样点数为

$$N \geqslant \frac{T_0}{T_{\mathrm{s}}} = 102$$

取 $f_{\mathrm{s}} = 200\mathrm{Hz}$，$N = 200$，则 DFT 分析结果如例 6-10 的图 6-28（c）所示。

6.9　离散时间系统的频域分析

通过离散时间信号的频域分析已经看到，其在信号的频谱分析方面具有重要作用，同样，其在离散时间系统分析方面也具有重要作用，可以用于分析系统的频率响应特性，还可以用于求取系统的零状态响应。

6.9.1　离散时间系统的频率响应

对任意离散周期信号，利用 DFS 可以将其表示为虚指数信号 $\mathrm{e}^{\mathrm{j}\frac{2\pi}{N}n}$ 的线性组合，如式（6-4）所示，对任意离散非周期信号，利用 DTFT 可以将其表示为虚指数信号 $\mathrm{e}^{\mathrm{j}\Omega n}$ 的线性组合，如式（6-21）所示。因此，与连续时间系统的情况一样，将虚指数信号 $\mathrm{e}^{\mathrm{j}\Omega n}$ 称为离散时间系统分析的基本信号。

于是，设 LSI 系统的单位样值响应为 $h(n)$，当系统激励为频率为 Ω 的基本信号 $\mathrm{e}^{\mathrm{j}\Omega n}$ 时，其零状态响应为

$$y_{\mathrm{zs}}(n) = \mathrm{e}^{\mathrm{j}\Omega n} * h(n) = \sum_{m=-\infty}^{\infty} h(m)\mathrm{e}^{\mathrm{j}\Omega(n-m)} = \mathrm{e}^{\mathrm{j}\Omega n} \sum_{m=-\infty}^{\infty} h(m)\mathrm{e}^{-\mathrm{j}\Omega m} \tag{6-110}$$

式中，求和项正好是 $h(n)$ 的 DTFT，记为 $H(\mathrm{e}^{\mathrm{j}\Omega})$，即

$$H(\mathrm{e}^{\mathrm{j}\Omega}) = \sum_{n=-\infty}^{\infty} h(n)\mathrm{e}^{-\mathrm{j}\Omega n} \tag{6-111}$$

于是，式（6-110）可以写为

$$y_{\mathrm{zs}}(n) = \mathrm{e}^{\mathrm{j}\Omega n} H(\mathrm{e}^{\mathrm{j}\Omega}) \tag{6-112}$$

由式（6-112）可知，一个稳定的 LSI 系统对基本信号的零状态响应是基本信号本身乘一个与时间序数 n 无关的复常数 $H(\mathrm{e}^{\mathrm{j}\Omega})$。这表明 LSI 系统在虚指数序列 $\mathrm{e}^{\mathrm{j}\Omega n}$ 的激励下，系统的输出仍然为同频率的虚指数序列，只是幅度和相位发生了改变。

已知 LSI 系统对任意输入序列 $x(n)$ 的零状态响应为

$$y_{\mathrm{zs}}(n) = x(n) * h(n) \tag{6-113}$$

对式（6-113）两边取 DTFT，并利用时域卷积特性，有

$$Y_{\mathrm{zs}}(\mathrm{e}^{\mathrm{j}\Omega}) = X(\mathrm{e}^{\mathrm{j}\Omega})H(\mathrm{e}^{\mathrm{j}\Omega}) \tag{6-114}$$

定义

$$H(\mathrm{e}^{\mathrm{j}\Omega}) = \frac{Y_{\mathrm{zs}}(\mathrm{e}^{\mathrm{j}\Omega})}{X(\mathrm{e}^{\mathrm{j}\Omega})} \tag{6-115}$$

为离散时间系统的频率响应函数，且 $H(\mathrm{e}^{\mathrm{j}\Omega})$ 是系统单位样值响应 $h(n)$ 的 DTFT。

通常，$H(\mathrm{e}^{\mathrm{j}\Omega})$ 是 Ω 的连续复函数，将 $H(\mathrm{e}^{\mathrm{j}\Omega})$ 写成模与幅角的形式，有

$$H(\mathrm{e}^{\mathrm{j}\Omega}) = \left| H(\mathrm{e}^{\mathrm{j}\Omega}) \right| \mathrm{e}^{\mathrm{j}\phi(\Omega)}$$

式中，$\left| H(\mathrm{e}^{\mathrm{j}\Omega}) \right|$ 为系统的幅频特性，$\phi(\Omega)$ 为系统的相频特性，它们都是 Ω 的函数。

由于 $h(n)$ 是实序列，因此由 DTFT 的奇偶性可知，系统的幅频特性是 Ω 的偶函数，相频特性是 Ω 的奇函数。通过研究 $H(\mathrm{e}^{\mathrm{j}\Omega})$，可以分析离散时间系统的频率特性。

对于 $H(\mathrm{e}^{\mathrm{j}\Omega})$ 的求取，当已知系统的 $h(n)$ 时，可由式（6-111）的定义式求取，当已知系统的差分方程时，可对差分方程两边进行 DTFT 求取。

LSI 系统的差分方程一般式为

$$\sum_{i=0}^{N} a_i y(n-i) = \sum_{j=0}^{M} b_j x(n-j) \tag{6-116}$$

式中，a_i、b_j 为常数。

若系统是稳定的，对式（6-116）两边取 DTFT，并利用时移特性，有

$$\sum_{r=0}^{N} a_r \mathrm{e}^{-\mathrm{j}\Omega r} Y(\mathrm{e}^{\mathrm{j}\Omega}) = \sum_{l=0}^{M} b_l \mathrm{e}^{-\mathrm{j}\Omega l} X(\mathrm{e}^{\mathrm{j}\Omega}) \tag{6-117}$$

从而得到

$$H(\mathrm{e}^{\mathrm{j}\Omega}) = \frac{Y(\mathrm{e}^{\mathrm{j}\Omega})}{X(\mathrm{e}^{\mathrm{j}\Omega})} = \frac{\displaystyle\sum_{l=0}^{M} b_l \mathrm{e}^{-\mathrm{j}\Omega l}}{\displaystyle\sum_{r=0}^{N} a_r \mathrm{e}^{-\mathrm{j}\Omega r}} \qquad (6\text{-}118)$$

【例 6-12】 已知离散时间因果稳定 LSI 系统的单位样值响应为

$$h(n) = \frac{1}{6}\left(-\frac{1}{2}\right)^n \varepsilon(n) - \frac{1}{15}\left(-\frac{1}{5}\right)^n \varepsilon(n)$$

（1）求系统的频率响应函数 $H(\mathrm{e}^{\mathrm{j}\Omega})$；

（2）画出系统的幅频特性曲线和相频特性曲线。

解：（1）对系统的单位样值响应取 DTFT，有

$$H(\mathrm{e}^{\mathrm{j}\Omega}) = \mathrm{DTFT}\big[h(n)\big] = \frac{1}{6}\cdot\frac{1}{1+\dfrac{1}{2}\mathrm{e}^{-\mathrm{j}\Omega}} - \frac{1}{15}\cdot\frac{1}{1+\dfrac{1}{5}\mathrm{e}^{-\mathrm{j}\Omega}}$$

整理得

$$H(\mathrm{e}^{\mathrm{j}\Omega}) = \frac{1}{10+7\mathrm{e}^{-\mathrm{j}\Omega}+\mathrm{e}^{-2\mathrm{j}\Omega}}$$

（2）利用 MATLAB 软件可画出系统的幅频特性曲线和相频特性曲线，如图 6-29 所示。可见，系统具有高通滤波特性。

```
%cp6liti12.m
%利用 MATLAB 画幅频特性曲线和相频特性曲线
b=[1];a=[10 7 1];
[H,w]=freqz(b,a,N,'whole');
%%%
subplot(121); plot(w/pi,abs(H))
xlabel('\Omega / \pi');ylabel('|H( j\Omega)|');grid on
subplot(122)plot(w/pi,angle(H)/pi)
xlabel('\Omega / \pi');ylabel('\phi(\Omega) / \pi');grid on
%%%
```

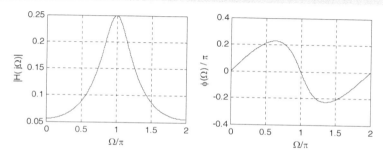

图 6-29 系统的幅频特性曲线和相频特性曲线

6.9.2　离散时间系统的零状态响应

式（6-113）和式（6-114）给出了离散时间系统的零状态响应的两种求取途径。式（6-113）通过时域卷积积分求取，式（6-114）把时域的卷积运算转化为频域的乘积运算，这为系统响应的求取带来了方便。在实际工程中，一般利用 DFT 计算系统的零状态响应，如图 6-30 所示。

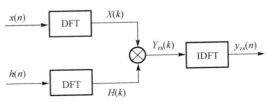

图 6-30　利用 DFT 计算系统的零状态响应

由图 6-30 可见，要计算 $y_{zs}(n)$，需要进行两次 DFT 变换、一次乘法运算和一次 DFT 反变换。其计算过程比直接利用式（6-113）进行卷积复杂，但是，由于 DFT/IDFT 有快速算法 FFT/IFFT，从而使图 6-30 中的运算比直接利用式（6-113）运算所需的时间要少得多，而且点数 N 越大，运算时间的减少量越大。

【例 6-13】　已知离散时间因果稳定 LSI 系统的差分方程为

$$10y(n) + 7y(n-1) + y(n-2) = x(n)$$

（1）求系统的频率响应函数 $H(e^{j\Omega})$；

（2）当 $x(n) = \left(\dfrac{1}{5}\right)^n \varepsilon(n)$ 时，求系统的零状态响应。

解：（1）对差分方程两边取 DTFT，有

$$10Y(e^{j\Omega}) + 7e^{-j\Omega}Y(e^{j\Omega}) + e^{-2j\Omega}Y(e^{j\Omega}) = X(e^{j\Omega})$$

整理得

$$H(e^{j\Omega}) = \frac{Y(e^{j\Omega})}{X(e^{j\Omega})} = \frac{1}{10 + 7e^{-j\Omega} + e^{-2j\Omega}}$$

（2）由 $x(n) = \left(\dfrac{1}{5}\right)^n \varepsilon(n)$ 可得

$$X(e^{j\Omega}) = \text{DTFT}[x(n)] = \frac{1}{1 - 5^{-1}e^{-j\Omega}}$$

因此：

$$Y_{zs}(e^{j\Omega}) = H(e^{j\Omega})X(e^{j\Omega}) = \frac{1}{10 + 7e^{-j\Omega} + e^{-2j\Omega}} \cdot \frac{1}{1 - 5^{-1}e^{-j\Omega}}$$

$$= \frac{5}{42} \cdot \frac{1}{1 + 2^{-1}e^{-j\Omega}} - \frac{1}{30} \cdot \frac{1}{1 + 5^{-1}e^{-j\Omega}} + \frac{1}{70} \cdot \frac{1}{1 - 5^{-1}e^{-j\Omega}}$$

有

$$y_{zs}(n) = \text{IDTFT}\left[Y_{zs}(e^{j\Omega})\right] = \frac{5}{42}\left(-\frac{1}{2}\right)^n \varepsilon(n) - \frac{1}{30}\left(-\frac{1}{5}\right)^n \varepsilon(n) + \frac{1}{70}\left(\frac{1}{5}\right)^n \varepsilon(n)$$

6.10　【课程思政】——电力系统谐波分析

电力系统的交流电是频率为 50Hz 的正弦信号，称为工频信号，50Hz 的频率称为工频频率，工频频率的倒数称为工频周期。在实际电力系统中，除主要有工频信号外，还有频率为工频频率的整数倍的信号，称为谐波信号，其倍数称为谐波次数。进行谐波分析，就是要从实际的电力系统交流信号中分析工频信号及谐波信号的具体参数。

谐波的存在是不可避免的，谐波又会对电力系统造成诸多危害，电力系统谐波分析是实际工程中一项非常重要的工作。电力系统谐波分析，就是对实际电力系统信号进行频谱分析。学习和掌握谐波分析无疑具有重要的理论意义和工程实用价值。

要实现电力系统谐波分析，其知识基础是信号的频谱分析，频谱分析是本课程的重要知识点。本课程重点讲述了连续时间傅里叶级数、连续时间傅里叶变换、离散傅里叶级数、离散时间傅里叶变换及离散傅里叶变换，通过对本课程的学习，读者可以实现对各种信号的频谱分析，并掌握在实际工程中对信号频谱分析的误差、精度、频率分辨率等的分析和控制的原理和方法。

下面利用本课程的 DFT 频谱分析知识，分步详细分析，以达成电力系统谐波分析的目标。使读者通过工程实例体会本课程的基础性、实用性，以及对解决实际问题的局限性。激发对本课程学习的积极性，以及对信号处理类专业课程的学习热情。

6.10.1　信号的表示

设电力系统交流信号的表达式为

$$x(t) = \sum_{i=1}^{L} A_i \sin(i \times 2\pi \times 50 \times t + \varphi_i)$$

式中，L 为拟分析的谐波的最高次数。

这里假设电力系统交流信号由工频信号及 5 次、9 次、13 次谐波信号组成

$$\begin{aligned}x(t) = &10\sin(2\pi \times 50t + 0.1\pi) + 5\sin(2\pi \times 50 \times 5t + 0.2\pi) + \\ &3\sin(2\pi \times 50 \times 9t + 0.3\pi) + \sin(2\pi \times 50 \times 13t + 0.4\pi)\end{aligned} \tag{6-119}$$

式（6-119）表明，信号 $x(t)$ 由幅值为 10 初相位为 0.1π 的工频信号、幅值为 5 初相位为 0.2π 的 5 次谐波信号、幅值为 3 初相位为 0.3π 的 9 次谐波信号、幅值为 1 初相位为 0.4π 的 13 次谐波信号组成。

利用 MATLAB 设置并画出 $x(t)$ 的波形，MATLAB 代码见本书配套教学资料中的 cp6j101.m，含谐波的工频信号如图 6-31 所示。

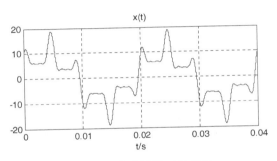

图 6-31　含谐波的工频信号

6.10.2　信号的抽样

对连续信号进行 DFT 频谱分析，必须对连续信号进行离散化，即抽样处理。对连续信号抽样，关键是要确定抽样频率和抽样时长（抽样点数）。电力系统谐波频率是工频频率（50Hz）的整数倍，因此可取频率分辨率 $F_0 \leqslant 50\text{Hz}$，抽样时长至少为 $T_0 \geqslant \dfrac{1}{F_0} = \dfrac{1}{50} = 20\text{ ms}$。

再根据要分析测量的最高次谐波要求，如式（6-119）设为 13 次，可知被测信号的最高频率为 $f_{\max} = 50 \times 13 = 650\text{Hz}$。

抽样定理要求 $f_s \geqslant 2f_{\max}$，先取

$$f_s = 5f_{\max} \tag{6-120}$$

可得最少抽样点数为

$$N = \frac{f_s}{F_0} = \frac{5 \times f_{\max}}{F_0} = \frac{5 \times 650}{50} = 65$$

按此参数对图 6-31 中的信号抽样，其 MATLAB 代码见本书配套教学资料中的 cp6j102.m，抽样后的信号如图 6-32 所示。

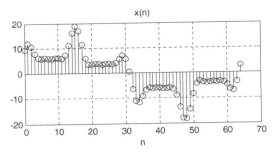

图 6-32　抽样后的信号

6.10.3　DFT 变换

求时域信号的频谱，实际就是进行频域变换。按照 6.10.2 节的计算要求，得到实际信号的抽样序列 $x(n)$，对 $x(n)$ 进行傅里叶变换，实际就是进行 DFT 变换，可以得到 $X(k)$，MATLAB 代码见本书配套教学资料中的 cp6j103.m，含谐波的工频信号的 DFT 频谱如图 6-33 所示。

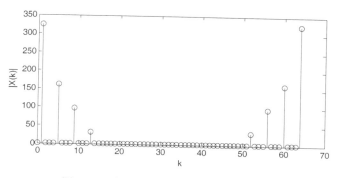

图 6-33　含谐波的工频信号的 DFT 频谱

6.10.4　谐波数据的确定

按照 6.10.3 节计算得到了 $X(k)$，怎么才能得到具体的谐波数据呢？这就涉及模拟域频率与数字域频率之间的关系问题了。

信号的数字域频率 Ω 为

$$\Omega = k\Omega_0 = k\frac{2\pi}{N} \tag{6-121}$$

信号的模拟域频率 ω 与其数字域频率 Ω 之间的关系为

$$\Omega = \omega T_s = \frac{\omega}{f_s} \tag{6-122}$$

式中，T_s 为抽样间隔时间，其倒数为抽样频率 f_s。

由式（6-121）、式（6-122）可得

$$\Omega = k \times \frac{2\pi}{N} = \frac{\omega}{f_s}$$

即

$$\omega = 2\pi f = k \times \frac{2\pi}{N} \times f_s \tag{6-123a}$$

或

$$f = k \times \frac{1}{N} \times f_s \tag{6-123b}$$

将 f_s 及 N 代入式（6-123），可得 $f = 50k$。因此对于某一个 k 值，其对应的模拟域频率为 $f = 50k$，单位为 Hz。

查图 6-33，有 4 根谱线，其对应的 k 值分别为 1、5、9、13，可知信号 $x(n)$ 含有的频率为工频及其 5 次、9 次和 13 次谐波，与式（6-119）符合。

再来看信号的幅值，由 6.10.3 节的计算，查看 $|X(k)|$ 得到对应 $k=\pm1, \pm5, \pm9, \pm13$ 的值分别为 325、162.5、97.5、32.5。由于 DFT 计算的是频谱密度，由式（6-64）可知，其幅值为 $|X_N(k)| = \dfrac{|X(k)|}{N}$。

对于某 k，其幅值 A 由 $X_N(k)$ 与 $X_N(-k)$ 组成

$$A = |X_N(k)| + |X_N(-k)| = \frac{|X(k)|}{N} + \frac{|X(-k)|}{N} \qquad (6\text{-}124)$$

由式（6-124）可计算得到 $|X(k)|$ 对应 $k = 1,5,9,13$ 的幅值分别为 10、5、3、1。

运行 MATLAB 代码，见本书配套教学资料中的 cp6j104.m，得到的结果 Ak 为 $Ak =$ 10.0000,5.0000,3.0000,1.0000，与式（6-119）相符。

最后来看信号的初相位，运行 MATLAB 代码，见本书配套教学资料中的 cp6j104.m，得到的结果 pk 为

$$pk = -0.4000,-0.3000,-0.2000,-0.1000$$

即信号各频谱的初相位分别为 -0.4π、-0.3π、-0.2π、-0.1π。

信号的 DFT 分析所得的相位是以余弦函数为参照的，本实例信号，即式（6-119）是正弦函数，其对应的余弦函数的初相位为 $\varphi_{\cos} = \varphi_{\sin} - 0.5\pi$。由上述 $\varphi_{\cos} = -0.4\pi, -0.3\pi, -0.2\pi, -0.1\pi$ 可得，$\varphi_{\sin} = 0.1\pi, 0.2\pi, 0.3\pi, 0.4\pi$，与式（6-119）相符。

从这里可以看出，只要计算出 $X(k)$，就得到了信号的频谱。

6.10.5　问题的进一步分析

由前面可见，电力系统谐波分析涉及本课程的多个重点知识，但是，这只是基本的，我们还可以进一步分析研究。

（1）改变抽样频率。

式（6-120）给出的抽样频率是 $f_s = 5f_{\max}$，可见其满足抽样定理的要求，现在考虑减小抽样频率。

与 6.10.2 节一样，保证信号抽样时长为 1 个工频周期，分别取 f_s 为 $f_{\max}$ 的 5 倍、3 倍、2 倍、1 倍，则对应的抽样点数分别为 65、39、26、13，MATLAB 代码见本书配套教学资料中的 cp6j1051.m，得到 $X(k)$ 的结果，如图 6-34 所示。

由图 6-34 可见，在图 6-34(a) 和图 6-34(b) 中，$f_s > 2f_{\max}$，能正确分析出频谱；而在图 6-34(c) 中，$f_s = 2f_{\max}$，不能正确分析 650Hz 的谐波；在图 6-34(d) 中，$f_s < 2f_{\max}$，抽样频率不够，不能正确分析出频谱。

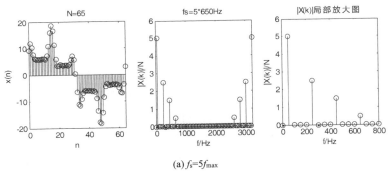

(a) $f_s=5f_{\max}$

图 6-34　不同抽样频率的 DFT 分析结果

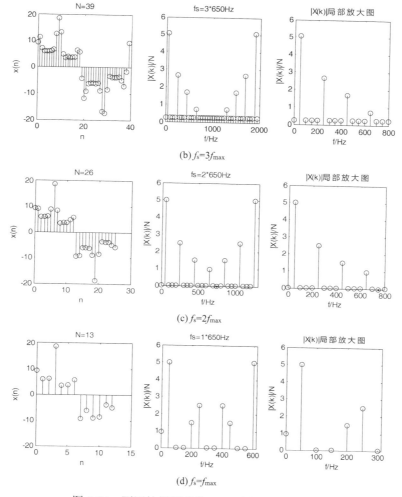

图 6-34　不同抽样频率的 DFT 分析结果（续）

（2）改变抽样时长。

保证抽样频率为 $f_s = 5f_{max}$，改变抽样点数 N，相当于改变抽样时长。现在来考虑减小抽样时长。选择抽样时长为 1 个、0.5 个、0.25 个工频周期，即 $T_0 = 1 \times T_{50}, 0.5 \times T_{50}, 0.25 \times T_{50}$，对应的抽样点数 N 分别为 65、33、17，MATLAB 代码见本书配套教学资料中的 cp6j1052.m，得到 $X(k)$ 的结果，如图 6-35 所示。图 6-35 中，T_{50} 表示 50Hz 工频信号的周期。

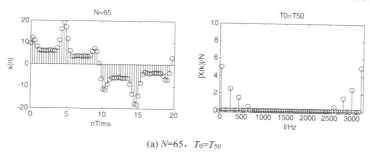

(a) $N=65$，$T_0 = T_{50}$

图 6-35　不同抽样时长的 DFT 分析结果

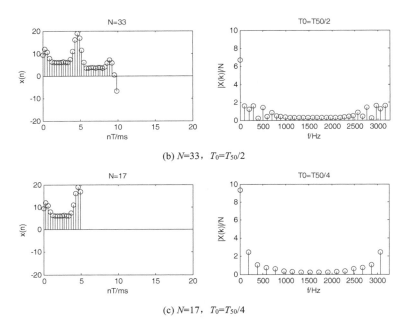

(b) N=33，$T_0=T_{50}/2$

(c) N=17，$T_0=T_{50}/4$

图 6-35   不同抽样时长的 DFT 分析结果（续）

由图 6-35(b)和图 6-35(c)可见，由于抽样时长不够长，因此达不到 50Hz 的频率分辨率。

（3）抽样信号补 0。

对于如图 6-35(b)所示的情况，在 $x(n)$ 后面补 0，使信号时长达到 1 个工频周期，MATLAB 代码见本书配套教学资料中的 cp6j1053.m，补 0 后的分析结果如图 6-36 所示。

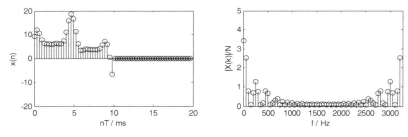

图 6-36   补 0 后的分析结果

由图 6-36 可知，即使通过补 0 使信号时长达到 20ms，实际信号的有效时长也没有增加，得到的频谱只是密度增加了，实际上频谱分辨率仍没有增加。

（4）非整周期抽样分析。

由图 6-35(a)可知，N=65 时是信号的整整一个周期，现在增加一些点数，如 N=80,95，使抽样信号不再是整周期的，MATLAB 代码见本书配套教学资料中的 cp6j1054.m，非整周期抽样分析结果如图 6-37 所示。

我们知道，DFT 具有隐含周期性，如果抽样信号不是整周期抽样的，周期扩展后，从全时间范围看，必然成为不连续信号，因此对这种信号进行 DFT 分析就产生了频谱泄漏，由图 6-37 可清楚地看见这一现象，其中，N=80,95 不是整周期抽样的，与图 6-35(a)中 N=65 时的整周期抽样比较，明显出现了频谱泄漏现象。

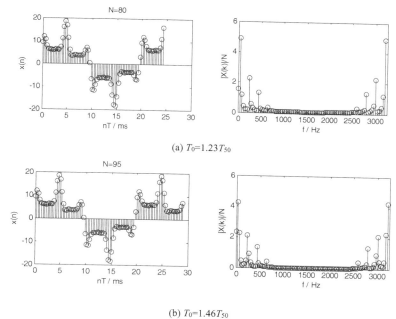

(a) $T_0=1.23T_{50}$

(b) $T_0=1.46T_{50}$

图 6-37　非整周期抽样分析结果

6.10.6　问题的扩展研究

6.10.5 节的内容是在本课程的教学范围之内的，但如果考虑电力系统的实际情况，要能很好地分析电力系统谐波，仅有"信号与系统"的内容是远远不够的，我们来看看以下几点。

（1）电网频率非恒定的影响。

由于电网的频率不是恒定的，而是时变的，电力标准允许频率有±0.2Hz 的波动，因此，如果采用恒定的等间隔抽样，要实现对波形的整周期抽样是不可能的。

（2）非整数倍谐波的影响。

实际电力系统中是存在非整数倍谐波的，由于 DFT 对频谱的分析限制 k 为整数，所以无法检测出 k 为非整数的谐波。而且，由于存在非整数次谐波，其必然会在整数次谐波的频谱中引入混叠误差。

（3）可变频率分辨率。

利用 DFT 分析频谱，在整个频谱上具有相同的频率分辨率，它不能在我们感兴趣的某段频谱上给出较其他段具有更高分辨率的频谱。

（4）噪声和随机干扰。

由于电力系统负载的复杂性，其信号中不可避免地存在噪声和随机干扰，会对进行测量的电信号造成污染，外界扰动和工况操作等还会导致信号跃变等问题，使得电力信号成为典型的不确定信号，本课程知识仅限于分析确定信号。

（5）测量实时性要求。

DFT 的计算原理要求采集全部时间信号后，才能进行频谱计算，这对于长期不间断的谐波监测来讲是难以实现的，电力系统要求采集一段信号就进行一次谐波计算。

诸如此类的实际问题，需要进一步的信号与系统的理论和方法的支撑，通过对问题的扩展研究，我们要看到"信号与系统"课程的基础性，认识到该课程在实际问题应用中的局限性和不足，因此需要我们进一步学习信号处理类的后续课程。

6.11　小结

连续时间信号与系统的频域分析在信号与系统的分析及设计方面具有重要的实际意义，是工程上广泛采用的、不可或缺的工具。与连续时间信号与系统的频域分析相对应，离散时间信号与系统同样需要频域分析。

本章首先引入了离散傅里叶级数 DFS，又推导出了离散时间傅里叶变换 DTFT，它们是离散时间信号与系统频域分析的数学基础。为了能用计算机技术完成傅里叶变换，最终定义了离散傅里叶变换 DFT，并分析得出了离散傅里叶变换既可以计算离散傅里叶级数，也可以计算离散时间傅里叶变换的结论，从而使离散傅里叶变换成为工程领域计算机频域分析的重要工具。傅里叶变换的性质反映了不同形式的信号与其傅里叶变换函数的对应规律，这些性质是求取傅里叶变换的重要基础，也是线性时不变系统频域分析的重要数学基础。

本章详细分析了离散傅里叶变换对工程领域连续时间信号频谱实现近似分析的原理、方法；讨论了其不可避免产生的频谱混叠、频谱泄漏、栅栏效应问题，以及有效解决这些问题的方法和措施；分析了数字域频率与对应的实际信号模拟域频率的换算关系；讨论了为保证频谱分析的频率分辨率，对信号采样的参数的要求。最后，结合电力系统谐波分析的工程实例，完整地给出了电力系统谐波分析的方法、步骤；研究了不同分析参数对分析结果的影响，体现了本课程在工程应用中的基础性、实用性，考察工程问题的实际性，揭示了本课程的局限性，说明了后续进一步学习信号与系统理论和方法的必要性。

通过离散域傅里叶变换，可以将任意离散时间信号表示为虚指数序列的线性组合，从而可以得到线性移不变系统对任意离散时间信号的零状态响应。但是，离散系统的频域分析最常用的还是正弦稳态响应分析及系统频率特性分析，这是对实际系统进行频域分析的重要应用。

在后续课程及专业工程实际中，信号与系统的频域分析可以在诸多方面得到重要的应用。例如，信号的放大、信号的谐波分析、信号的滤波、信号的抽样、信号的重构、信号的检测、信号的辨识、信号的调制、信号的解调、信号的无失真传输、频分复用、生物识别、故障定位、状态检修、探测勘探、无损检测、无线通信等。通过在各个不同专业领域千差万别的工程专业对象的应用，频域分析与处理技术正在发挥着日益广泛和深刻的作用，值得我们认真学习、深入研究。

习　题　6

6.1　求周期为 N 的周期单位样值序列 $\delta_N(n)$ 的频谱。

6.2　求下列周期序列的周期，并求其频谱。

（1）$x_N(n) = \cos\left(\dfrac{\pi}{6}n\right)$　　　　　　　　（2）$x_N(n) = \sin\left(\dfrac{\pi}{4}n\right)$

（3）$x_N(n) = 2\sin\left(\dfrac{\pi}{4}n\right) + \cos\left(\dfrac{\pi}{3}n\right)$　　　　（4）$x_N(n) = \sin\left(\dfrac{2\pi}{3}n\right)\cos\left(\dfrac{2\pi}{4}n\right)$

6.3　求下列周期序列的频谱。

（1）$x_4(n) = [\underset{\uparrow}{1}, 2, 0, 2]$　　　　　　　　（2）$x_4(n) = [\underset{\uparrow}{0}, 1, 0, -1]$

（3）$x_6(n) = [\underset{\uparrow}{1}, 2, 0, 2, 0, 0]$　　　　　　（4）$x_6(n) = [\underset{\uparrow}{0}, 1, 0, -1, 0, 0]$

6.4　已知周期序列 $x_N(n)$ 的频谱为 $X_N(k)$，求下列周期序列的频谱。

（1）$x_N(-n)$　　　　　　　　　　　　（2）$(-1)^n x_N(n)$，N 为偶数

（3）$x_N(n-m)$，m 为整数　　　　　　（4）$x_N(n+rN)$，r 为整数

（5）$x_N(n) - x_N(n-1)$　　　　　　　（6）$x_N(n)\cos\left(\dfrac{6\pi n}{N}\right)$

6.5　设 $\mathrm{DFS}[x_N(n)] = X_N(k)$，证明：

（1）$x_N(-k) = N \cdot \mathrm{DFS}[X_N(n)]$

（2）$\displaystyle\sum_{n=0}^{N-1}\left|x_N(n)\right|^2 = N\sum_{k=0}^{N-1}\left|X_N(k)\right|^2$

6.6　$x_r(n)$ 是一个周期为 N 的序列，也是一个周期为 $2N$ 的序列。用 $X_{r1}(k)$ 表示周期为 N 的序列 $x_r(n)$ 的 DFS 系数，用 $X_{r2}(k)$ 表示周期为 $2N$ 的序列 $x_r(n)$ 的 DFS 系数，试推导出 $X_{r1}(k)$ 与 $X_{r2}(k)$ 的关系式。

6.7　求序列 $x(n) = 0.5^{|n|}$ 的频谱。

6.8　求下列序列的离散时间傅里叶变换。

（1）$\delta(n-m)$，m 为整数　　　　　　（2）$\mathrm{e}^{-an}\varepsilon(n)$，$a > 0$

（3）$\mathrm{e}^{-(a+jb)n}\varepsilon(n)$，$a > 0$　　　　（4）$\mathrm{e}^{-an}\varepsilon(n)\cos(\Omega_0 n)$，$a > 0$

（5）$\cos(\Omega_0 n)$　　　　　　　　　　（6）$\sin(\Omega_0 n)$

6.9　已知离散序列 $x(n)$ 的频谱为 $X(\mathrm{e}^{j\Omega})$，求下列序列的频谱。

（1）$x(-n)$　　　　　　　　　　　　　（2）$x(3n)$

（3）$x(n/3)$　　　　　　　　　　　　（4）$x(n)\cos\left(\dfrac{\pi}{6}n\right)$

（5）$x(n+2\pi r)$，r 为整数

6.10　已知 $x(n) = R_N(n)$，求 $x(n)$ 的 DTFT。

6.11　已知离散时间信号 $x(n) = [x(0), x(1), x(2), x(3)] = [1, 3, 2, 4]$，求它的离散时间傅里叶变换。

6.12　已知 $X(\mathrm{e}^{j\Omega}) = 1 - 2\mathrm{e}^{-j3\Omega} + 4\mathrm{e}^{j2\Omega} + 3\mathrm{e}^{-j6\Omega} + 5\mathrm{e}^{-j2\Omega}$，求其原函数。

6.13　已知某序列 $x(n)$ 的频谱 $X(\mathrm{e}^{j\Omega})$ 是周期为 2π 的连续矩形函数，其主值周期为

$X(\mathrm{e}^{j\Omega}) = \begin{cases} 1, & |\Omega| \le \Omega_{\mathrm{c}} \\ 0, & \Omega_{\mathrm{c}} < |\Omega| \le \pi \end{cases}$，求其对应的序列 $x(n)$。

6.14　已知有限长序列 $x(n) = [3, 1, 1, 0, \underset{\uparrow}{2}, -2, 0, -1, -1, -3]$，不计算 $x(n)$ 的 DTFT，求下列值。

（1）$X(\mathrm{e}^{j0})$　　　　　　（2）$X(\mathrm{e}^{j\pi})$　　　　　　（3）$\displaystyle\int_0^{2\pi} X(\mathrm{e}^{j\Omega})\mathrm{d}\Omega$

（4）$\int_0^{2\pi}\left|X(\mathrm{e}^{\mathrm{j}\varOmega})\right|^2\mathrm{d}\varOmega$　　（5）$\int_0^{2\pi}\left[\dfrac{\mathrm{d}}{\mathrm{d}\varOmega}X(\mathrm{e}^{\mathrm{j}\varOmega})\right]\mathrm{d}\varOmega$　　（6）$\int_0^{2\pi}\left|\dfrac{\mathrm{d}X(\mathrm{e}^{\mathrm{j}\varOmega})}{\mathrm{d}\varOmega}\right|^2\mathrm{d}\varOmega$

6.15　利用卷积定理求 $y(n)=a^n\varepsilon(n)*b^n\varepsilon(-n)$。

6.16　周期信号的傅里叶级数系数表示的是什么？对于非周期信号的傅里叶变换，其系数表示的是什么？

6.17　已知 5 点序列 $x(n)=\left[\underset{\uparrow}{0},1,4,9,16\right]$：

（1）求 $x(n)$ 的频谱 $X(\mathrm{e}^{\mathrm{j}\varOmega})$；

（2）对 $X(\mathrm{e}^{\mathrm{j}\varOmega})$ 在一个周期内进行 6 点抽样，得到 $X_6(\mathrm{e}^{\mathrm{j}k\varOmega_0})$，求其对应的时域序列 $x_6(n)$；

（3）对 $X(\mathrm{e}^{\mathrm{j}\varOmega})$ 在一个周期内进行 4 点抽样，得到 $X_4(\mathrm{e}^{\mathrm{j}k\varOmega_0})$，求其对应的时域序列 $x_4(n)$。

6.18　若 $x_1(n)$ 与 $x_2(n)$ 均为有限长序列，试说明利用 DFT 计算 $x_1(n)*x_2(n)$ 的步骤。

6.19　$x_1(n)$ 的长度为 M，$x_2(n)$ 的长度为 N，它们的线性卷积结果的长度是多少？当循环卷积的长度满足什么条件时，循环卷积结果与线性卷积结果相同？

6.20　工程上使用 DFT 分析连续时间信号的频谱，往往要对时间信号截短，使用截短后的信号分析得到的频谱与不截短的原信号的频谱是有差别的，该差别是由何引起的？如何减小该差别？

6.21　循环卷积和周期卷积的关系和差别是什么？

6.22　求下列有限长序列的 DFT：

（1）$\delta(n)$　　　　　　　　　　　（2）$\delta(n-m),\ 0<m<N$

（3）$\varepsilon(n)R_N(n)$　　　　　　　　（4）$a^nR_N(n),\ a>0$

6.23　依据 DFT 的定义式，试确定计算机进行一个 N 点的 DFT 运算时，共要进行多少次复数乘法运算，进行多少次复数加法运算。

6.24　利用 DFT 分析连续时间信号 $x(t)$ 频谱时，得到的频谱 $X(k)$ 中的 k 是数字域频率，如何由 k 得到对应的模拟域频率 f？

6.25　对长度为 M 的序列 $x(n)$ 进行 DFT 变换之后的频谱是 $X(k)$，对序列 $x(n)$ 进行尾部补零后变成 N 点，新序列的 DFT 频谱与原频谱有何异同？

6.26　论述 DFT 与 DFS、DTFT 的联系和区别。

6.27　已知两序列 $x(n)=\left[\underset{\uparrow}{1},2,0,2\right]$ 和 $h(n)=\left[\underset{\uparrow}{1},0,1,-1\right]$，试计算：

（1）$x(n)$ 和 $h(n)$ 的 6 点圆周卷积；

（2）$x(n)$ 和 $h(n)$ 的线性卷积；

（3）若采用 DFT 算法计算线性卷积，画出其实现框图。

6.28　已知两序列 $x(n)=\left[\underset{\uparrow}{1},2,0,2,1\right]$ 和 $h(n)=\left[\underset{\uparrow}{1},0,1,-1\right]$，试计算：

（1）$x(n)$ 和 $h(n)$ 的线性卷积；

（2）$x(n)$ 和 $h(n)$ 的 6 点圆周卷积；

（3）$x(n)$ 和 $h(n)$ 的 8 点圆周卷积；

（4）$x(n)$ 和 $h(n)$ 的 10 点圆周卷积；

（5）解释上述结果。

6.29　设有限长序列 $x(n) = \delta(n) + 2\delta(n-1) + 3\delta(n-2) + 4\delta(n-3)$：

（1）求该序列的离散时间傅里叶变换 DTFT；

（2）求该序列的离散傅里叶变换 DFT；

（3）为了提高 DFT 的频率分辨率，可以采取什么措施？写出表达式。

6.30　对已知最高频率为 f_m=300Hz 的模拟非周期信号进行 DFT 频谱分析，要求频率分辨率小于 10Hz，试求：

（1）最小有效记录长度 T_0、最大抽样间隔 T_s、最少抽样点数 N_{min}；

（2）要提高频率分辨率，有效的方法是什么？

6.31　对实信号进行 DFT 频谱分析，要求频谱分辨率 $F \leqslant 50Hz$，信号最高频率 $f_m = 2.5kHz$，试确定最小有效记录长度 T_0、最大抽样间隔 T_s、最少抽样点数 N_{min}。如果 f_m 不变，要求频谱分辨率增大为原来的两倍，那么最少抽样点数和最小有效记录长度是多少？

6.32　已知某周期信号的基波周期为 T，含有的谐波最高为 63 次，要求对该信号进行 DFT 频谱分析，试求：

（1）最小抽样频率和一个周期的最小样本数；

（2）当样本数不是整周期数据时，会出现什么问题？

6.33　对连续信号进行抽样前一般会进行低通滤波，其目的是什么？如果不进行低通滤波，将会产生什么后果？

6.34　在已知连续时间非周期信号 $x(t)$ 的频谱 $X(k)$ 的情况下，证明：IDFT 的近似分析公式为 $x(n) = x(t)\big|_{t=nT_s} \approx \dfrac{1}{T_s} \cdot \text{IDFT}[X(k)]$。

6.35　对连续时间周期信号 $x(t) = \cos(t)$ 抽样得到离散时间序列 $x(nT) = \cos(nT)$，为了保证 $x(nT)$ 是周期序列，如何确定抽样周期？

6.36　用 DFT 计算连续时间信号的频谱时，出现栅栏效应的原因是什么？如何观察被栅栏遮盖的频率？

6.37　利用 DFT 近似计算非周期连续时间信号 $x(t)$ 的频谱，必然存在的问题有哪些？

6.38　在什么条件下，离散时间系统的输出是输入信号与单位样值响应的卷积？为什么？

6.39　已知某离散系统的框图如题图 6.39 所示，试求该系统的频率特性，绘制其幅频及相频特性曲线，并分析该系统的作用。

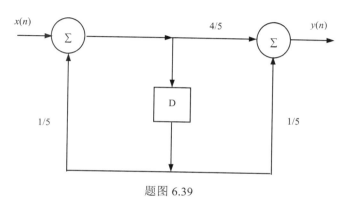

题图 6.39

6.40   设离散时间 LSI 系统的输入为 $x(n)=\left(\dfrac{1}{2}\right)^{n}\varepsilon(n)$，输出为 $y(n)=\left(\dfrac{1}{4}\right)^{n}\varepsilon(n)$，求该系统的频率响应，并确定该系统是否为唯一的。

6.41   已知某因果稳定 LSI 系统的差分方程为

$$y(n)-0.75y(n-1)+0.125y(n-2)=4x(n)+3x(n-1)$$

（1）求系统的频率响应 $H(\mathrm{e}^{\mathrm{j}\varOmega})$；

（2）求激励 $x_1(n)=10\varepsilon(n)$ 的稳态输出响应 $y_1(n)$；

（3）求激励 $x_2(n)=10\cos\left(\dfrac{\pi}{6}n\right)\varepsilon(n)$ 的稳态输出响应 $y_2(n)$；

（4）求激励 $x_3(n)=10\cos\left(\dfrac{5\pi}{6}n\right)\varepsilon(n)$ 的稳态输出响应 $y_3(n)$。

6.42   已知系统方程 $y(n)=x(n-3n_0)$，试求系统的频率特性 $H(\mathrm{j}\varOmega)$ 及单位样值响应 $h(n)$，并说明系统的线性、移变性、因果性和稳定性。

6.43   已知某因果稳定 LSI 系统的差分方程为

$$y(n)-0.75y(n-1)+0.125y(n-2)=4x(n)+3x(n-1)$$

求该系统的频率响应 $H(\mathrm{e}^{\mathrm{j}\varOmega})$ 和单位样值响应 $h(n)$。

6.44   已知离散因果系统的差分方程为 $y(n)+\dfrac{1}{2}y(n-1)=x(n)$：

（1）求该系统的单位样值响应 $h(n)$；

（2）求其逆系统的单位样值响应 $g(n)$；

（3）写出该逆系统的差分方程。

6.45   已知某因果稳定 LSI 系统的差分方程为

$$y(n)-0.75y(n-1)+0.125y(n-2)=4x(n)+3x(n-1)$$

若系统的输入为 $x(n)=\left(\dfrac{3}{4}\right)^{n}\varepsilon(n)$，求该系统的零状态响应 $y_{\mathrm{zs}}(n)$。

6.46   已知某因果稳定 LSI 系统的单位样值响应为 $h(n)=\left(\dfrac{3}{4}\right)^{n}\varepsilon(n)$，求输入 $x(n)$ 时系统的响应：

（1） $x(n)=\left(\dfrac{1}{2}\right)^{n}\varepsilon(n)$ （2） $x(n)=\cos\left(\dfrac{\pi}{2}n\right)$ （3） $x(n)=(-1)^{n}$

MATLAB 习题 6

M6.1   利用 MATLAB 完成习题 6.2，并画出其时域图形及频谱图形。

M6.2   利用 MATLAB 完成习题 6.3。

M6.3   利用 MATLAB 完成习题 6.7，并画出其时域图形及频谱图形。

M6.4   利用 MATLAB 完成习题 6.28。

M6.5   利用 MATLAB 完成习题 6.45，并画出输入及输出的时域图形。

M6.6　利用 MATLAB 分析模拟信号的频谱，设该模拟信号为

$$x(t) = 10\sin(2\pi \times 35t + 0.1\pi) + 15\sin(2\pi \times 36t + 0.2\pi)$$

（1）画出 $x(t)$ 的时域波形图；

（2）确定抽样频率及抽样点数；

（3）画出 $X(k)$ 的频谱图形；

（4）由 $X(k)$ 的数值确定信号的幅值、频率、相位，并与 $x(t)$ 给定的参数对比，验证结果的正确性。

M6.7　已知某因果稳定 LSI 系统的差分方程为

$$y(n) - 0.75y(n-1) + 0.125y(n-2) = 4x(n) + 3x(n-1)$$

（1）画出该系统的频率响应 $H(\mathrm{e}^{\mathrm{j}\Omega})$ 和单位样值响应 $h(n)$ 的图形；

（2）求激励 $x_1(n) = 10\varepsilon(n)$ 的输出响应 $y_1(n)$，画出 $x_1(n)$ 和 $y_1(n)$ 的图形；

（3）求激励 $x_2(n) = 10\cos(0.1\pi n)\varepsilon(n)$ 的输出响应 $y_2(n)$，画出 $x_2(n)$ 和 $y_2(n)$ 的图形；

（4）求激励 $x_3(n) = 10\cos(0.9\pi n)\varepsilon(n)$ 的输出响应 $y_3(n)$，画出 $x_3(n)$ 和 $y_3(n)$ 的图形。

M6.8　设有非周期矩形序列 $x(n) = \begin{cases} 1, & |n| \leqslant M \\ 0, & 其他 \end{cases}$，分别取 M 为 3、6、9，画出其频谱图，并比较。

M6.9　DTFT 的反变换定义式 $x(n) = \dfrac{1}{2\pi}\displaystyle\int_{2\pi} X(\mathrm{e}^{\mathrm{j}\Omega})\mathrm{e}^{\mathrm{j}\Omega n}\mathrm{d}\Omega$ 说明，序列的 $X(\mathrm{e}^{\mathrm{j}\Omega})$ 在 $[-\pi,\ \pi]$ 的全部频率范围上的虚指数信号的加权和等于序列 $x(n)$ 本身。给定 $x(n) = \delta(n)$，可得 $X(\mathrm{e}^{\mathrm{j}\Omega}) = \mathrm{DTFT}[\delta(n)] = 1$，现由 $X(\mathrm{e}^{\mathrm{j}\Omega})$ 在有限频率范围上的虚指数信号的加权和合成原序列，则

$$x(n) = \frac{1}{2\pi}\int_{-\omega}^{\omega} X(\mathrm{e}^{\mathrm{j}\Omega})\mathrm{e}^{\mathrm{j}\Omega n}\mathrm{d}\Omega = \frac{1}{2\pi}\int_{-\omega}^{\omega} \mathrm{e}^{\mathrm{j}\Omega n}\mathrm{d}\Omega = \frac{\sin(n\omega)}{n\pi}$$

（1）分别取 $\omega = \dfrac{1}{8}\pi, \dfrac{2}{8}\pi, \dfrac{3}{8}\pi, \dfrac{4}{8}\pi, \dfrac{5}{8}\pi, \dfrac{6}{8}\pi, \dfrac{7}{8}\pi, \dfrac{8}{8}\pi$，画出 $x(n)$；

（2）可以得出什么结论？

M6.10　DFT 的反变换定义式 $x(n) = \dfrac{1}{N}\displaystyle\sum_{k=0}^{N-1} X(k)\mathrm{e}^{\mathrm{j}n\frac{2\pi}{N}k}$ 说明，序列的 $X(k)$ 在 $[0,\ N-1]$ 的全部频率范围上的虚指数信号的加权和等于序列 $x(n)$ 本身。给定矩形脉冲序列 $x(n) = R_M(n)$，可得 $X(k) = \mathrm{e}^{-\mathrm{j}k\frac{\pi}{N}(M-1)} \dfrac{\sin\left(\dfrac{k\pi}{N}M\right)}{\sin\left(\dfrac{k\pi}{N}\right)}$。

现由 $X(k)$ 在有限频率范围内合成原序列，可求出合成序列 $x(n)$ 的表达式

$$x(n) = \frac{1}{N}\sum_{k=0}^{N-1} X(k)W_N^{-kn} = \frac{1}{N}\sum_{k=0}^{N-1}\left[\mathrm{e}^{-\mathrm{j}k\frac{\pi}{N}(M-1)} \frac{\sin\left(\dfrac{k\pi}{N}M\right)}{\sin\left(\dfrac{k\pi}{N}\right)}\right] W_N^{-kn}$$

（1）给定 $M=4$、$N=16$ 时，k 的上限分别取 $k = 8, 9, 10, 11, 12, 13, 14, 15$，画出 $x(n)$。

（2）可以得出什么结论？

第7章 离散时间信号与系统的 z 域分析

7.1 引言

z 变换是研究离散时间信号与系统的重要工具。如果把离散时间信号视为连续时间信号经抽样后得到的样值序列，则可以将 z 变换视为离散域的拉普拉斯变换，因此可以认为 z 变换和拉普拉斯变换是等价的。z 变换可将描述离散时间系统的差分方程转换成 z 域的代数方程，将离散时间信号的时域卷积和运算转换成 z 域的代数运算。

7.2 z 变换

7.2.1 z 变换的定义

对连续时间信号 $x(t)$ 的采样可以描述为连续时间信号 $x(t)$ 乘时域周期冲激函数序列 $\delta_T(t)$，假设采样周期为 T，可得到时域均匀抽样信号 $x_s(t)$

$$x_s(t) = x(t)\delta_T(t) = x(t)\sum_{n=-\infty}^{\infty}\delta(t-nT) = \sum_{n=-\infty}^{\infty}x(nT)\delta(t-nT) \tag{7-1}$$

对式（7-1）两边取双边拉普拉斯变换，得 $X_s(s) = \mathcal{L}\left[x_s(t)\right] = \sum_{n=-\infty}^{\infty}x(nT)\mathrm{e}^{-nsT}$，令 $\mathrm{e}^{sT} = z$，将 $X_s(s)$ 记为 $X(z)$，将 $x(nT)$ 记为 $x(n)$，则

$$X(z) = \sum_{n=-\infty}^{\infty}x(n)z^{-n} \tag{7-2}$$

对于序列 $x(n)$（$-\infty < n < \infty$），定义

$$X_b(z) = \sum_{n=-\infty}^{\infty}x(n)z^{-n} \tag{7-3}$$

为序列 $x(n)$ 的双边 z 变换，记为 $X_b(z) = Z\left[x(n)\right]$。

对于序列 $x(n)$（$-\infty < n < \infty$），取其右边序列 $x(n)\varepsilon(n)$ 的双边 z 变换

$$X_s(z) = \sum_{n=-\infty}^{\infty}x(n)\varepsilon(n)z^{-n} = \sum_{n=0}^{\infty}x(n)z^{-n} \tag{7-4}$$

定义为序列 $x(n)$ 的单边 z 变换，记为 $X_s(z) = Z\left[x(n)\right]$。从式（7-4）中可以看出，序列的单边 z 变换与单边序列的双边 z 变换是等价的。在不引起混淆的情况下，经常直接用 $X(z)$ 表示双

边 z 变换 $X_b(z)$ 和单边 z 变换 $X_s(z)$。

由双边 z 变换式（7-3）和单边 z 变换式（7-4）可以看出，它们的关系为

$$X_b(z) = \sum_{n=-\infty}^{\infty} x(n)z^{-n} = \sum_{n=-\infty}^{-1} x(n)z^{-n} + \sum_{n=0}^{\infty} x(n)z^{-n} = \sum_{n=-\infty}^{-1} x(n)z^{-n} + X_s(z) \tag{7-5}$$

7.2.2 z 变换的收敛域

由定义式（7-3）和式（7-4）可以看出，序列 $x(n)$ 的 z 变换是复变量 z 的幂级数，也称罗朗（Laurent）级数。只有当幂级数收敛时，其 z 变换才有意义。对于任意有界序列 $x(n)$，使得该序列 z 变换存在的复变量 z 的集合称为 z 变换的收敛域（Region Of Convergence，ROC）。

根据级数的基本理论可知，式（7-3）所表示的级数收敛，即 z 变换存在的充分条件是其对应的正项级数 $\sum_{n=-\infty}^{\infty} \left| x(n)z^{-n} \right| = \sum_{n=-\infty}^{\infty} |a_n|$ 收敛。判决正项级数是否收敛可以采用比值判定法，也可以采用根值判定法。

① 比值判定法：令正项级数一般项 a_n 的后项与前项的比值的绝对值的极限等于 ρ，即

$$\lim_{n\to\infty} |a_{n+1} / a_n| = \rho \tag{7-6}$$

当 $\rho < 1$ 时，级数收敛；当 $\rho > 1$ 时，级数发散；当 $\rho = 1$ 时，级数可能收敛，也可能发散。

② 根值判定法：令正项级数一般项 $|a_n|$ 的 n 次根的极限等于 ρ，即

$$\lim_{n\to\infty} \sqrt[n]{|a_n|} = \rho \tag{7-7}$$

当 $\rho < 1$ 时，级数收敛；当 $\rho > 1$ 时，级数发散；当 $\rho = 1$ 时，级数可能收敛，也可能发散。

下面讨论几种特殊序列 z 变换的收敛域。

（1）有限长序列 z 变换的收敛域。

对于有限长序列 $x(n)$（$N_1 \leqslant n \leqslant N_2$），其 z 变换可表示为

$$X(z) = \sum_{n=N_1}^{N_2} x(n)z^{-n} \tag{7-8}$$

由式（7-8）可以看出，序列的 z 变换是有限项的和，只要每一项的取值为有限值，其和就是有限值。①当 $N_1 < 0$、$N_2 < 0$ 时，$\left| x(n)z^{-n} \right|$ 在 $|z| < \infty$ 的区域内为有限值，$X(z)$ 在 $|z| < \infty$ 的区域内收敛，如图 7-1(a)所示；②当 $N_1 < 0$、$N_2 \geqslant 0$ 时，$\left| x(n)z^{-n} \right|$ 在 $0 < |z| < \infty$ 的区域内为有限值，$X(z)$ 在 $0 < |z| < \infty$ 的区域内收敛，如图 7-1(b)所示；③当 $N_1 \geqslant 0$、$N_2 \geqslant 0$ 时，$\left| x(n)z^{-n} \right|$ 在 $|z| > 0$ 的区域内为有限值，$X(z)$ 在 $|z| > 0$ 的区域内收敛，如图 7-1(c)所示。由此可以看出，有限长序列的 z 变换的收敛区间与序列的起止值 N_1、N_2 有关，除在 $z = 0$ 和 $z = \infty$ 处可能不收敛外，有限长序列的 z 变换在其他区间都是收敛的。

【例 7-1】 求有限长序列 $x(n) = \{x(-2), x(-1), x(0), x(1), x(2), x(3)\} = \{6, 5, \underset{\underset{n=0}{\uparrow}}{4}, 3, 2, 1\}$ 的双边 z 变换和单边 z 变换。

解： 根据 z 变换的定义可得，$x(n)$ 的双边 z 变换 $X_b(z)$ 为

$$X_b(z) = \sum_{n=-\infty}^{\infty} x(n)z^{-n} = \sum_{n=-2}^{3} x(n)z^{-n} = 6z^2 + 5z + 4 + 3z^{-1} + 2z^{-2} + 1z^{-3}$$

因为 $N_1 = -2 < 0$，$N_2 = 3 > 0$，所以 $X_b(z)$ 在 $0 < |z| < \infty$ 的区域内收敛，如图 7-1(b)所示。
$x(n)$ 的单边 z 变换 $X_s(z)$ 为

$$X_s(z) = \sum_{n=0}^{\infty} x(n)z^{-n} = \sum_{n=0}^{3} x(n)z^{-n} = 4 + 3z^{-1} + 2z^{-2} + z^{-3}$$

因为 $N_1 = 0$，$N_2 = 3 > 0$，所以 $X_s(z)$ 的 ROC 为 $|z| > 0$，如图 7-1(c)所示。

【例 7-2】 求单位样值序列 $\delta(n)$ 的 z 变换。

解： 由 z 变换的定义可得 $Z[\delta(n)] = \sum_{n=-\infty}^{\infty} \delta(n)z^{-n} = \delta(0)z^0 = z^0$，考虑数学中规定零的零次幂
没有意义，当 $z \neq 0$ 时，记 $z^0 = 1$，因此有 $Z[\delta(n)] = 1, |z| > 0$，表明单位样值序列 $\delta(n)$ 的 z 变
换是常数 1，其收敛域为 $|z| > 0$，如图 7-1(c)所示。

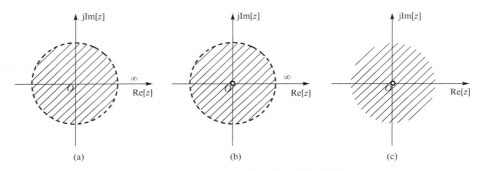

图 7-1 有限长序列的 z 变换的收敛域

（2）右边序列 z 变换的收敛域。

右边序列 $x(n)$ 在 $N_1 \leqslant n < \infty$ 内取非零的有限值，其他点为零，其 z 变换可表示为

$$X(z) = \sum_{n=N_1}^{\infty} x(n)z^{-n} \tag{7-9}$$

① 若右边序列 $x(n)$（$N_1 \leqslant n < \infty$）为因果序列，即 $N_1 \geqslant 0$，根据比值判定法可知，若满足

$$\rho = \lim_{n\to\infty} \left| \frac{a_{n+1}}{a_n} \right| = \lim_{n\to\infty} \left| \frac{x(n+1)z^{-(n+1)}}{x(n)z^{-n}} \right| = \lim_{n\to\infty} \left| \frac{x(n+1)z^{-1}}{x(n)} \right| = \lim_{n\to\infty} \left| \frac{x(n+1)}{x(n)} \right| |z^{-1}| < 1$$

即

$$|z| > \lim_{n\to\infty} |x(n+1)/x(n)| = R_1 \tag{7-10}$$

则该级数收敛，其中，$R_1 = \lim_{n\to\infty} |x(n+1)/x(n)|$ 为收敛半径。因此，右边因果序列的收敛域是半
径为 R_1 的圆外部分，即 $|z| > R_1$，如图 7-2(a)所示。

② 若右边序列 $x(n)$（$N_1 \leqslant n < \infty$）为非因果序列，即 $N_1 < 0$，则式（7-9）可以写成

$$X(z) = \sum_{n=N_1}^{\infty} x(n)z^{-n} = \sum_{n=N_1}^{-1} x(n)z^{-n} + \sum_{n=0}^{\infty} x(n)z^{-n} \qquad (7\text{-}11)$$

式中，第一项为有限长序列，根据式（7-8）描述的有限长序列的 z 变换可知，当 $N_1 < 0$、$N_2 < 0$ 时，其 z 变换在 $|z| < \infty$ 的区域内收敛；第二项为右边因果序列，根据式（7-10）可知，其收敛域为 $|z| > R_1$；因此，这两个收敛区间的交集就是式（7-11）的收敛区间，即 $R_1 < |z| < \infty$，如图 7-2(b)所示。

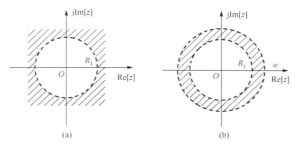

图 7-2　右边序列 z 变换的收敛域

【例 7-3】　求因果序列 $x(n) = a^n \varepsilon(n)$ 的 z 变换和收敛域（式中，a 为常数）。

解：根据 z 变换的定义，因果序列 $x(n)$ 的双边 z 变换与单边 z 变换相同，即

$$X(z) = \sum_{n=-\infty}^{\infty} a^n \varepsilon(n) z^{-n} = \sum_{n=0}^{\infty} a^n z^{-n} \qquad (7\text{-}12)$$

根据式（7-10），对于因果序列，其收敛区间为 $|z| > R_1 = \lim\limits_{k \to \infty} |x(k+1)/x(k)| = \lim\limits_{n \to \infty} |a^{n+1}/a^n| = |a|$，对式（7-12）利用等比级数求和公式，得

$$X(z) = \lim_{N \to \infty} \frac{1-(az^{-1})^{N+1}}{1-az^{-1}} = \frac{z}{z-a}, \qquad |az^{-1}| < 1，即 |z| > |a|$$

可见，对于因果序列 $x(n)$，仅当 $|z| > |a|$ 时，其 z 变换存在。在 z 平面上，ROC 是以原点为中心、以 $\rho = |a|$ 为半径的圆的圆外区域，如图 7-3(a)所示。其中，ρ 称为收敛半径，$X(z)$ 是 z 的有理函数。在本例中，$X(z)$ 具有一个零点 $z = 0$ 和一个极点 $z = a$，在图 7-3(b)中分别用符号"∘"和"×"表示。因果序列 $a^n \varepsilon(n)$ 与其 z 变换的对应关系为

$$a^n \varepsilon(n) \leftrightarrow z/(z-a), \qquad |z| > |a| \qquad (7\text{-}13)$$

【例 7-4】　求因果指数序列 $e^{j\Omega_0 n} \varepsilon(n)$（$\Omega_0$ 为实数）和 $\varepsilon(n)$ 的 z 变换。

解：对于因果序列，其单边 z 变换和双边 z 变换相同。根据右边序列 $a^n \varepsilon(n)$ 的 z 变换 [式（7-13）]可知，当式（7-13）中的 $a = e^{j\Omega_0}$（Ω_0 为实数）时，有 $e^{j\Omega_0 n} \varepsilon(n) \leftrightarrow z/(z-e^{j\Omega_0})$，$|z| > 1$。当式（7-13）中的 $a = 1$ 时，可得单位阶跃序列 $\varepsilon(n)$ 的 z 变换为 $\varepsilon(n) \leftrightarrow z/(z-1)$（$|z| > 1$）。

（3）左边序列 z 变换的收敛域。

左边序列 $x(n)$ 在 $-\infty < n < N_2$ 内取非零的有限值，在其他点的取值为 0，其 z 变换可表示为

$$X(z) = \sum_{n=-\infty}^{N_2} x(n)z^{-n} = \sum_{n=-N_2}^{\infty} x(-n)z^{n} \qquad （7-14）$$

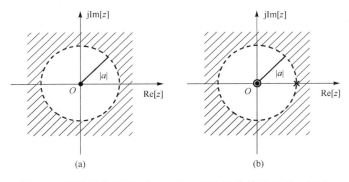

图 7-3　因果指数序列 $a^n\varepsilon(n)$ 的 z 变换的收敛域和零、极点

① 若 $N_2 \le 0$，则 $x(n)$ 是一个非因果左边序列，根据比值判定法可知，若满足

$$\rho = \lim_{n\to\infty}\left|\frac{a_{n+1}}{a_n}\right| = \lim_{n\to\infty}\left|\frac{x[-(n+1)]z^{(n+1)}}{x(-n)z^{n}}\right| = \lim_{n\to\infty}\left|\frac{x[-(n+1)]}{x(-n)}\right||z| < 1$$

即

$$|z| < \lim_{n\to\infty}\left|\frac{x(-n)}{x[-(n+1)]}\right| = R_2 \qquad （7-15）$$

则该级数收敛，收敛区间为 $|z| < R_2$，如图 7-4(a)所示。

② 若 $N_2 > 0$，则式（7-14）可以写成

$$X(z) = \sum_{n=-\infty}^{N_2} x(n)z^{-n} = \sum_{n=-\infty}^{0} x(n)z^{-n} + \sum_{n=1}^{N_2} x(n)z^{-n} = \sum_{n=-N_2}^{-1} x(-n)z^{n} + \sum_{n=0}^{\infty} x(-n)z^{n} \qquad （7-16）$$

式中，第一项为有限长序列，在 $|z|>0$ 的区域内收敛；第二项根据比值判定法可知，其收敛域为 $|z| < \lim_{n\to\infty}\left|\frac{x(-n)}{x[-(n+1)]}\right| = R_2$；因此，式（7-16）的收敛区间为 $0 < |z| < R_2$，如图 7-4(b)所示。

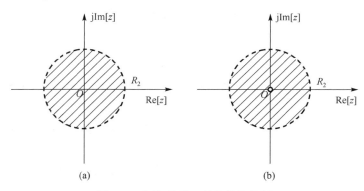

图 7-4　左边序列 z 变换的收敛域

【例 7-5】　求序列 $x(n) = -a^n\varepsilon(-n-3)$ 的 z 变换及其收敛域（式中，a 为非零常数）。

解： 当 $n \leqslant -3$ 时，$x(n)$ 取非零值，当 $n > -3$ 时，$x(n) = 0$，因此序列 $x(n) = -a^n \varepsilon(-n-3)$ 是非因果序列，其单边 z 变换等于零。$x(n)$ 的双边 z 变换为

$$X(z) = \sum_{n=-\infty}^{\infty} [-a^n \varepsilon(-n-3)] z^{-n} = \sum_{n=-\infty}^{-3} (-a^n) z^{-n} = -\sum_{n=-\infty}^{-3} (a^{-1}z)^{-n} \qquad (7\text{-}17)$$

令 $m = -n$，代入式（7-17），得

$$X(z) = -\sum_{n=-\infty}^{-3} (a^{-1}z)^{-n} = -\sum_{m=3}^{\infty} (a^{-1}z)^m \qquad (7\text{-}18)$$

令 $n = m-3$，代入式（7-18），得

$$X(z) = -\sum_{m=3}^{\infty} (a^{-1}z)^m = -\sum_{n=0}^{\infty} (a^{-1}z)^{n+3} = -(a^{-1}z)^3 \sum_{n=0}^{\infty} (a^{-1}z)^n = \frac{a^{-2}z^3}{z-a}, \quad |z| < |a| \qquad (7\text{-}19)$$

其收敛区间为 $|z| < |a|$，如图 7-5(a)所示。

【例 7-6】 求非因果序列 $x(n) = -a^n \varepsilon(-n+3)$ 的 z 变换及其收敛域（式中，a 为非零常数）。

解： 当 $n \leqslant 3$ 时，$x(n)$ 有非零值，当 $n > 3$ 时，$x(n) = 0$，因此

① $x(n)$ 的单边 z 变换为

$$X(z) = \sum_{n=0}^{\infty} [-a^n \varepsilon(-n+3)] z^{-n} = \sum_{n=0}^{3} (-a^n) z^{-n} \qquad (7\text{-}20)$$

这是一个有限长序列的 z 变换，$X(z)$ 在 $|z| > 0$ 的区域内收敛，如图 7-5(b)所示。

② $x(n)$ 的双边 z 变换为

$$X(z) = \sum_{n=-\infty}^{\infty} [-a^n \varepsilon(-n+3)] z^{-n} = -\sum_{n=-\infty}^{3} a^n z^{-n} = -\sum_{n=-3}^{\infty} a^{-n} z^n = -\sum_{n=-3}^{-1} a^{-n} z^n - \sum_{n=0}^{\infty} a^{-n} z^n \qquad (7\text{-}21)$$

式中，第一项为有限长序列，在 $|z| > 0$ 的区域内收敛；第二项根据比值判定法可知，其收敛域为 $|z| < \lim_{n \to \infty} |x(-n)/x(-(n+1))| = \lim_{n \to \infty} |a^{-n}/a^{-(n+1)}| = |a|$；因此，这两个收敛区间的交集就是式（7-21）的收敛区间，为 $0 < |z| < |a|$。

$$X(z) = -\sum_{n=-3}^{-1} a^{-n} z^n - \sum_{n=0}^{\infty} a^{-n} z^n = \frac{a^4 z^{-3}}{z-a}, \quad |z| > 0, \ |a^{-1}z| < 1, \ \text{即} \ 0 < |z| < |a| \qquad (7\text{-}22)$$

其收敛域为 $0 < |z| < |a|$，如图 7-5(c)所示。

（4）双边序列 z 变换的收敛域。

双边序列 $x(n)$（$-\infty < n < \infty$）的 z 变换为

$$X(z) = \sum_{n=-\infty}^{\infty} x(n) z^{-n} = \sum_{n=-\infty}^{-1} x(n) z^{-n} + \sum_{n=0}^{\infty} x(n) z^{-n} \qquad (7\text{-}23)$$

从式（7-23）中可以看出，双边 z 变换可以视为左边序列 z 变换和右边序列 z 变换的和，显然，双边序列的收敛域是使得式（7-23）中的两个级数都收敛的交集。如果该交集不为空，

则它一定是一个环域，即 $R_1 < |z| < R_2$，否则 $X(z)$ 不收敛。

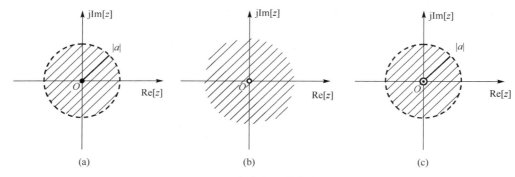

图 7-5　左边序列的收敛域

【**例 7-7**】　求双边序列 $x(n) = a^n \varepsilon(n) + b^n \varepsilon(-n-1)$ 的 z 变换及其收敛域（式中，a、b 为非零常数）。

解：（1）根据单边 z 变换定义，得单边 z 变换

$$X(z) = \sum_{n=0}^{\infty} x(n)z^{-n} = \sum_{n=0}^{\infty} [a^n \varepsilon(n) + b^n \varepsilon(-n-1)]z^{-n} = \sum_{n=0}^{\infty} (az^{-1})^n = \frac{z}{z-a} \qquad (7\text{-}24)$$

根据右边序列 z 变换的判据可知，级数在 $|z| > |a|$ 时收敛。

（2）根据双边 z 变换定义，得双边 z 变换

$$X(z) = \sum_{n=-\infty}^{\infty} x(n)z^{-n} = \sum_{n=-\infty}^{\infty} [a^n \varepsilon(n) + b^n \varepsilon(-n-1)]z^{-n} = \sum_{n=0}^{\infty} (az^{-1})^n + \sum_{n=-\infty}^{-1} (bz^{-1})^n \qquad (7\text{-}25)$$

根据比值判定法可知，式（7-25）中右边第一项级数在 $|z| > |a|$ 时收敛，第二项级数在 $|z| < |b|$ 时收敛。如果 $|a| < |b|$，则 $X(z)$ 的 ROC 是式（7-25）中两项级数 ROC 的公共区域，即 $|a| < |z| < |b|$，是半径为 $|a|$ 和 $|b|$ 的两个圆之间的环状区域，如图 7-6 所示。此时，$x(n)$ 的双边 z 变换为

$$X(z) = \frac{z}{z-a} - \frac{z}{z-b} = \frac{(a-b)z}{(z-a)(z-b)}, \quad |a| < |z| < |b| \qquad (7\text{-}26)$$

其 z 变换具有一个零点 $z = 0$ 和两个极点 $z = a$、$z = b$。如果 $|a| > |b|$，由于式（7-25）中的两项级数没有公共收敛域，因此 $x(k)$ 的双边 z 变换不存在。

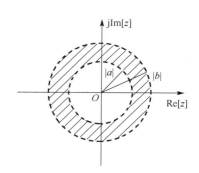

图 7-6　双边序列的收敛域

常用序列的 z 变换如表 7-1 所示。

下面来看看如何用 MATLAB 求因果序列的 z 变换。

（1）设 $x_1 = a^n \varepsilon(n)$，$x_2 = \sin(\pi n / b)\varepsilon(n)$，$x_3 = \dfrac{n(n-1)}{c}\varepsilon(n)$，运行下列程序。

```
syms a b c n, x1=(a)^n; X1=ztrans(x1)
x2=sin((n*pi/b)); X2=ztrans(x2),x3=(n*(n-1))/c; X3=ztrans(x3)
```

运行结果为

```
X1=-z/(a - z)     X2=(z*sin(pi/b))/(z^2 - 2*cos(pi/b)*z + 1)
X3=(z*(z + 1))/(c*(z - 1)^3) - z/(c*(z - 1)^2)
```

查表 7-1 可知，运行结果是正确的。注意这个程序没有给出收敛域。其中，z 变换函数 ztrans(x)假定序列 "x" 是因果序列，对于非因果序列，这个函数无法给出正确的结果。

（2）设 $x_0 = \delta(n)$，$x_1 = \delta(n-2)$，$x_2 = \varepsilon(n)$，$x_3 = \varepsilon(n)$，$x_4 = \varepsilon(n-1)$，$x_5 = R_4(n)$，运行下列程序

```
syms n
x0=kroneckerDelta(n); X0=ztrans(x0), %Z transfomer for Delta(n)
x1=kroneckerDelta(n,2); X1=ztrans(x1) %Z transfomer for Delta(n-2)
x2=kroneckerDelta(n,n); X2=ztrans(x2) %Z transfomer for step function
x3=(1)^n; X3=ztrans(x3) %Z transfomer for step function
x4=kroneckerDelta(n,n)-kroneckerDelta(n);%step function with delay 1 unit
X4=ztrans(x4)           %Z transfomer forstep function with delay 1 unit
x5=kroneckerDelta(n)+kroneckerDelta(n,1)+kroneckerDelta(n,2)
    +kroneckerDelta(n,3);              %Rectangle function
X5=ztrans(x5)           %Z transfomer for Rectangle function;
```

运行结果为

```
X0=1;          X1=1/z^2;          X2=z/(z - 1);          X3=z/(z - 1);
X4=z/(z-1)-1;  X5=1/z + 1/z^2 + 1/z^3 + 1
```

表 7-1　常用序列的 z 变换

序　列		单边 z 变换	双边 z 变换
因果序列	$\delta(n)$	$1, \ \|z\| > 0$	同左
	$\varepsilon(n)$	$\dfrac{z}{z-1}, \ \|z\| > 1$	
	$e^{j\Omega_0 n}\varepsilon(n)$	$\dfrac{z}{z - e^{j\Omega_0}}, \ \|z\| > 1$	
	$a^n\varepsilon(n)$	$\dfrac{z}{z-a}, \ \|z\| > \|a\|$	
	$na^{n-1}\varepsilon(n)$	$\dfrac{z}{(z-a)^2}, \ \|z\| > \|a\|$	
	$\dfrac{n(n-1)\cdots(n-m+1)}{m!}a^{n-m}\varepsilon(n)$	$\dfrac{z}{(z-a)^{m+1}}, \ \|z\| > \|a\|$	
	$\sin(\Omega_0 n)\varepsilon(n)$	$\dfrac{z\sin\Omega_0}{z^2 - 2z\cos\Omega_0 + 1}, \ \|z\| > 1$	
	$\cos(\Omega_0 n)\varepsilon(n)$	$\dfrac{z^2 - z\cos\Omega_0}{z^2 - 2z\cos\Omega_0 + 1}, \ \|z\| > 1$	

序　列		单边 z 变换	双边 z 变换
非因果序列	$-\varepsilon(-n-1)$	0	$\dfrac{z}{z-1}$, $\lvert z \rvert < 1$
	$-e^{j\Omega_0 n}\varepsilon(-n-1)$	0	$\dfrac{z}{z-e^{j\Omega_0}}$, $\lvert z \rvert < 1$
	$-a^n\varepsilon(-n-1)$	0	$\dfrac{z}{z-a}$, $\lvert z \rvert < \lvert a \rvert$
	$-na^{n-1}\varepsilon(-n-1)$	0	$\dfrac{z}{(z-a)^2}$, $\lvert z \rvert < \lvert a \rvert$
	$-\dfrac{n(n-1)\cdots(n-m+1)}{m!}a^{n-m}\varepsilon(-n-1)$	0	$\dfrac{z}{(z-a)^{m+1}}$, $\lvert z \rvert < \lvert a \rvert$
双边序列	$a^n\varepsilon(n)+b^n\varepsilon(-n-1)$ $(\lvert b \rvert > \lvert a \rvert)$	$\dfrac{z}{z-a}$, $\lvert z \rvert > \lvert a \rvert$	$\dfrac{z}{z-a}-\dfrac{z}{z-b}=\dfrac{z(a-b)}{(z-a)(z-b)}$, $\lvert a \rvert < \lvert z \rvert < \lvert b \rvert$

注：a、b 为非零实常数，Ω_0 为实常数，m 为正整数。

7.3　z 变换的性质

z 变换的性质如下。

（1）线性特性。

若序列 $x_1(n)$、$x_2(n)$ 满足

$$x_1(n) \leftrightarrow X_1(z),\ \text{ROC：} R_1 ; \qquad\qquad x_2(n) \leftrightarrow X_2(z),\ \text{ROC：} R_2$$

则对任意非零常数 c_1、c_2，有

$$c_1 x_1(n) + c_2 x_2(n) \leftrightarrow c_1 X_1(z) + c_2 X_2(z),\ \text{ROC：} R_1 \cap R_2 \tag{7-27}$$

对某些特定组合信号 $c_1 x_1(n) + c_2 x_2(n)$，其 z 变换的收敛域可能比 $R_1 \cap R_2$ 大。

证明： 根据 z 变换的定义可知，$c_1 x_1(n) + c_2 x_2(n)$ 的 z 变换为

$$Z\left[c_1 x_1(n) + c_2 x_2(n)\right] = \sum_{k=-\infty}^{\infty}\left[c_1 x_1(n) + c_2 x_2(n)\right]z^{-n} = \sum_{n=-\infty}^{\infty}c_1 x_1(n)z^{-n} + \sum_{n=-\infty}^{\infty}c_2 x_2(n)z^{-n}$$

$$= c_1 \sum_{n=-\infty}^{\infty}x_1(n)z^{-n} + c_2 \sum_{n=-\infty}^{\infty}x_2(n)z^{-n} = c_1 X_1(z) + c_2 X_2(z),\quad \text{ROC：} R_1 \cap R_2$$

z 变换的线性特性是其应用于线性系统分析的基础。

【例 7-8】 已知 $x(n) = 2\delta(n) + 3\varepsilon(n)$，求 $x(n)$ 的 z 变换。

解： 由表 7-1 可知

$$\delta(n) \leftrightarrow 1,\ \lvert z \rvert > 0 \ ; \qquad\qquad \varepsilon(n) \leftrightarrow \dfrac{z}{z-1},\ \lvert z \rvert > 1$$

根据线性特性，求得 $x(n)$ 的双边 z 变换为

$$X(z) = Z[x(n)] = Z[2\delta(n) + 3\varepsilon(n)] = 2 + \dfrac{3z}{z-1} = \dfrac{5z-2}{z-1},\qquad \lvert z \rvert > 1$$

【例 7-9】　求序列 $\sin(\Omega_0 n)\varepsilon(n)$ 和 $\cos(\Omega_0 n)\varepsilon(n)$ 的 z 变换。

解：由欧拉公式 $e^{j\Omega_0 n} = \cos(\Omega_0 n) + j\sin(\Omega_0 n)$ 可知

$$\sin(\Omega_0 n) = \frac{1}{2j}(e^{j\Omega_0 n} - e^{-j\Omega_0 n}), \quad \cos(\Omega_0 n) = \frac{1}{2}(e^{j\Omega_0 n} + e^{-j\Omega_0 n})$$

因此

$$\sin(\Omega_0 n)\varepsilon(n) = \frac{1}{2j}(e^{j\Omega_0 n} - e^{-j\Omega_0 n})\varepsilon(n) = \frac{1}{2j}e^{j\Omega_0 n}\varepsilon(n) - \frac{1}{2j}e^{-j\Omega_0 n}\varepsilon(n)$$

$$\cos(\Omega_0 n)\varepsilon(n) = \frac{1}{2}(e^{j\Omega_0 n} + e^{-j\Omega_0 n})\varepsilon(n) = \frac{1}{2}e^{j\Omega_0 n}\varepsilon(n) + \frac{1}{2}e^{-j\Omega_0 n}\varepsilon(n)$$

由表 7-1 可知

$$e^{\pm j\Omega_0 n}\varepsilon(n) \leftrightarrow \frac{z}{z - e^{\pm j\Omega_0}}, \quad |z| > 1$$

根据线性特性，有

$$Z[\sin(\Omega_0 n)\varepsilon(n)] = Z\left[\frac{1}{2j}e^{j\Omega_0 n}\varepsilon(n) - \frac{1}{2j}e^{-j\Omega_0 n}\varepsilon(n)\right] = \frac{1}{2j}\left(\frac{z}{z - e^{j\Omega_0}} - \frac{z}{z - e^{-j\Omega_0}}\right) = \frac{z\sin\Omega_0}{z^2 - 2z\cos\Omega_0 + 1}$$

即

$$\sin(\Omega_0 n)\varepsilon(n) \leftrightarrow \frac{z\sin\Omega_0}{z^2 - 2z\cos\Omega_0 + 1}, \quad |z| > 1$$

同理可得

$$\cos(\Omega_0 n)\varepsilon(n) \leftrightarrow \frac{z^2 - z\cos\Omega_0}{z^2 - 2z\cos\Omega_0 + 1}, \quad |z| > 1$$

（2）移位特性。

① 双边 z 变换的位移性质。

设双边序列 $x(n)$ 的双边 z 变换为 $X_b(z)$，即 $x(n) \leftrightarrow X_b(z)$，$\alpha < |z| < \beta$，则位移序列 $x(n+m)$ 的双边 z 变换满足

$$x(n+m) \leftrightarrow z^m X_b(z), \quad \alpha < |z| < \beta \tag{7-28}$$

式中，m 为整数。

证明：根据双边 z 变换的定义，可得

$$X_{n+m,b}(z) = Z[x(n+m)] = \sum_{n=-\infty}^{\infty} x(n+m)z^{-n}$$

令 $k = n + m$，则有

$$X_{n+m,b}(z) = Z[x(n+m)] = \sum_{k=-\infty}^{\infty} x(k)z^{m-k} = z^m\sum_{k=-\infty}^{\infty} x(k)z^{-k} = z^m X_b(z), \quad \alpha < |z| < \beta$$

因此式（7-28）成立。该式表明，序列 $x(n)$ 在离散域位移 m 位，相当于 z 域的 $X_b(z)$ 乘 z^m。

通常称 z^m 为位移因子。由于位移因子仅影响 z 变换在 $z=0$ 或 $z=\infty$ 处的零、极点分布（$z=0$ 和 $z=\infty$ 是零点还是极点呢？请读者自行思考），因此当位移序列 $x(n+m)$ 仍为双边序列时，其 z 变换的收敛域保持不变。

② 单边 z 变换的位移特性。

设双边序列 $x(n)$ 的双边 z 变换为 $X_b(z)$，即 $x(n) \leftrightarrow X_b(z)$，$R_1 < |z| < R_2$，由双边序列与单边序列 z 变换的相互关系 $X_b(z) = \sum\limits_{n=-\infty}^{-1} x(n)z^{-n} + X_s(z)$ ［式（7-5）］可知，位移序列 $x(n+m)$ 的单边 z 变换满足

$$X_{n+m,s}(z) = z^m \left(X_b(z) - \sum_{i=-\infty}^{m-1} x(i)z^{-i} \right) \tag{7-29}$$

式中，m 为整数。

证明：根据单边 z 变换的定义，$x(n+m)$ 的单边 z 变换为

$$X_{n+m,s}(z) = \sum_{n=-\infty}^{\infty} x(n+m)\varepsilon(n)z^{-n} = \sum_{n=-\infty}^{\infty} x(n+m)z^{-n} - \sum_{n=-\infty}^{-1} x(n+m)z^{-n}$$

$$= z^m X_b(z) - \sum_{n=-\infty}^{-1} x(n+m)z^{-n} = z^m X_b(z) - \sum_{i=-\infty}^{m-1} x(i)z^{m-i} = z^m \left(X_b(z) - \sum_{i=-\infty}^{m-1} x(i)z^{-i} \right)$$

其收敛域由双边序列的 z 变换 $X_b(z)$ 的收敛域和左边序列的 z 变换 $\sum\limits_{i=-\infty}^{m-1} x(i)z^{-i}$ 的收敛域的交集决定。$\sum\limits_{i=-\infty}^{m-1} x(i)z^{-i}$ 的取值跟 $x(n)$ 是否为双边序列和有限长序列有关，也跟左移、右移的位数 m 有关。如果已知双边序列 $x(n)$ 的单边 z 变换 $X_s(z)$，也可以推导出序列 $x(n+m)$ 的单边 z 变换。

对于单边因果序列来讲，如果移位后依然是单边因果序列，则它们的单边 z 变换和双边 z 变换相同，此时式（7-29）就变成了式（7-28）。

【**例 7-10**】 已知 $x(n) = 2^n[\varepsilon(n+1) - \varepsilon(n-2)]$，求 $x(n)$ 的双边 z 变换及其收敛域。

解： $x(n)$ 可以表示为 $x(n) = 2^n[\varepsilon(n+1) - \varepsilon(n-2)] = 2^{-1} \times 2^{n+1}\varepsilon(n+1) - 2^2 \times 2^{n-2}\varepsilon(n-2)$，根据表 7-1，得

$$2^n \varepsilon(n) \leftrightarrow z/(z-2), \qquad |z| > 2$$

根据双边 z 变换的位移特性，得

$$2^{n+1}\varepsilon(n+1) \leftrightarrow z \cdot \frac{z}{z-2} = \frac{z^2}{z-2}, \ 2 < |z| < \infty \ \text{和} \ 2^{n-2}\varepsilon(n-2) \leftrightarrow z^{-2} \cdot \frac{z}{z-2} = \frac{1}{z(z-2)}, \ |z| > 2$$

根据线性特性，得

$$X(z) = Z[x(n)] = \frac{z^2}{2(z-2)} - \frac{4}{z(z-2)} = \frac{z^3 - 8}{2z(z-2)} = \frac{(z-2)(z^2+2z+4)}{2z(z-2)} = \frac{z^2+2z+4}{2z}$$

两个序列的 z 变换的收敛区间的交集为 $2 < |z| < \infty$，由于上式中出现了分子和分母对消的情况，因此其收敛域可能扩大。而事实上，由于 $x(n)$ 是一个有限长双边序列，因此它的双边 z

变换的收敛域为 $0<|z|<\infty$。收敛区间要根据序列的具体情况来确定。

【例 7-11】　已知 $x(n)=a^{n-2}$，求 $x(n)\varepsilon(n)$ 的 z 变换 $X(z)$。

解： 令 $x_1(n)=a^n\varepsilon(n+M)$，其中，$M$ 为正整数，则 $x_1(n)$ 的双边 z 变换为

$$X_1(z)=Z[x_1(n)]=\sum_{n=-M}^{\infty}a^nz^{-n}=\sum_{n=-M}^{-1}a^nz^{-n}+\sum_{n=0}^{\infty}a^nz^{-n}=\sum_{n=-M}^{-1}a^nz^{-n}+\frac{z}{z-a},\quad |a|<|z|<\infty$$

当 $M=2$ 时，上式变为 $X_1(z)=\sum_{n=-2}^{-1}a^nz^{-n}+\dfrac{z}{z-a}=\dfrac{a^{-2}z^3}{z-a}$，$|a|<|z|<\infty$，根据单边 z 变换的位移特性[式（7-29）]，则有

$$X(z)=Z[a^{n-2}\varepsilon(n)]=Z[x_1(n-2)\varepsilon(n)]=z^{-2}\left[X_1(z)-\sum_{i=-M}^{-3}x_1(i)z^{-i}\right]$$

$$=z^{-2}\left[\sum_{n=-M}^{-1}a^nz^{-n}+\frac{z}{z-a}-\sum_{i=-M}^{-3}x_1(i)z^{-i}\right]=z^{-2}\left[\sum_{n=-2}^{-1}a^nz^{-n}+\frac{z}{z-a}\right]=\frac{a^{-2}z}{z-a},\quad |a|<|z|<\infty$$

也可以用线性特性直接求得

$$X(z)=Z[a^{n-2}\varepsilon(n)]=Z[a^{-2}a^n\varepsilon(n)]=a^{-2}Z[a^n\varepsilon(n)]=\frac{a^{-2}z}{z-a},\qquad |a|<|z|<\infty$$

【例 7-12】　求 $\delta(n-m)$ 和 $\varepsilon(n-m)$（m 为整数）的 z 变换。

解： 由于 $\delta(n)$ 和 $\varepsilon(n)$ 是因果序列，所以它的双边 z 变换和单边 z 变换相同，且

$$\delta(n)\leftrightarrow 1,\quad |z|>0,\quad \varepsilon(n)\leftrightarrow z/(z-1),\qquad |z|>1$$

① 当 m 为正整数时，$\delta(n-m)$ 和 $\varepsilon(n-m)$ 是因果序列，根据式（7-28），可得它们的单边 z 变换和双边 z 变换为

$$\delta(n-m)\leftrightarrow z^{-m},\qquad |z|>0;\qquad\qquad \varepsilon(n-m)\leftrightarrow z^{-m}\frac{z}{z-1}=\frac{z^{1-m}}{z-1},\qquad |z|>1$$

② 当 m 为负整数时，$\delta(n-m)$ 和 $\varepsilon(n-m)$ 是非因果序列，根据式（7-28），得它们的双边 z 变换为

$$\delta(n-m)\leftrightarrow z^{-m},\qquad |z|>0;\qquad\qquad \varepsilon(n-m)\leftrightarrow z^{-m}(z/(z-1))=z^{1-m}/(z-1),\quad |z|>1$$

根据式（7-29），得它们的单边 z 变换为

$$\delta(n-m)\varepsilon(n)\leftrightarrow 0 \qquad\qquad\qquad \varepsilon(n-m)\varepsilon(n)=\varepsilon(n)\leftrightarrow z/(z-1),\qquad |z|>1$$

【例 7-13】　设 $x_1(n)$（$0\leqslant n<N$）为有限长序列，其 z 变换为 $X_1(z)$，$|z|>0$，求单边周期序列 $x_N(n)=\sum\limits_{i=0}^{\infty}x_1(n-iN)$（其中，$n\geqslant 0$，$N\geqslant 1$）的 z 变换。

解： $Z[x_N(n)]=Z\left[\sum\limits_{i=0}^{\infty}x_1(n-iN)\right]=Z[x_1(n)+x_1(n-N)+x_1(n-2N)+\cdots]$

$$=X_1(z)(1+z^{-N}+z^{-2N}+\cdots)=\frac{X_1(z)}{1-z^{-N}}=\frac{z^N}{z^N-1}X_1(z),\qquad |z|>1$$

即

$$x_N(n) = \sum_{i=0}^{\infty} x_1(n - iN) \leftrightarrow \frac{z^N}{z^N - 1} X_1(z), \qquad |z| > 1 \tag{7-30}$$

若 $x_1(n) = \delta(n)$，则有 $X_1(z) = 1, |z| > 0$，因此 $x(n) = \sum_{i=0}^{\infty} \delta(n - i)$ 的 z 变换为

$$X(z) = z^N / (z^N - 1) X_1(z) = z / (z - 1)$$

（3）z 域尺度变换特性（时域乘 a^n）。

对于序列 $x(n)$，假设有变换对

$$x(n) \leftrightarrow X(z), \qquad \alpha < |z| < \beta$$

则时域乘指数序列 a^n 后的 z 变换为

$$a^n x(n) \leftrightarrow X(z / a), \qquad |a|\alpha < |z| < |a|\beta$$

证明： 根据 z 变换的定义可知

$$Z[a^n x(n)] = \sum_{n=-\infty}^{\infty} a^n x(n) z^{-n} = \sum_{n=-\infty}^{\infty} x(n)\left(\frac{z}{a}\right)^{-n} = X\left(\frac{z}{a}\right), \qquad \alpha < \left|\frac{z}{a}\right| < \beta$$

即

$$a^n x(n) \leftrightarrow X(z / a), \qquad |a|\alpha < |z| < |a|\beta \tag{7-31}$$

表明时域 $x(n)$ 乘指数序列 a^n 的运算对应于 z 域 $X(z)$ 在尺度上展缩 a 倍的运算。若 a 为正实数，则收敛域是在 z 平面的延伸或收缩；若 a 是模为 1 的复数，则收敛域不变，零、极点沿着以原点为圆心的圆周运动。

【**例 7-14**】 已知 $x(n) = (1/3)^n 2^{n+1} \varepsilon(n+1)$，求 $x(n)$ 的双边 z 变换及其收敛域。

解： 由表 7-1 得

$$2^n \varepsilon(n) \leftrightarrow z / (z - 2), \qquad |z| > 2$$

根据双边 z 变换的位移特性，令 $x_1(n) = 2^{n+1} \varepsilon(n+1)$，则有

$$x_1(n) = 2^{n+1} \varepsilon(n+1) \leftrightarrow z \cdot (z / (z - 2)) = z^2 / (z - 2), \qquad 2 < |z| < \infty$$

由题意可知

$$x(n) = (1/3)^n x_1(n)$$

根据 z 域尺度变换特性，得

$$X(z) = Z[x(n)] = Z\left[\left(\frac{1}{3}\right)^n x_1(n)\right] = X_1(3z) = \frac{(3z)^2}{3z - 2} = \frac{9z^2}{3z - 2} = \frac{3z^2}{z - 2/3}, \qquad 2/3 < |z| < \infty$$

也可以用线性特性和时移特性求出它的双边 z 变换及其收敛域

$$X(z) = Z[x(n)] = Z[(1/3)^n 2^{n+1} \varepsilon(n+1)] = Z[(1/3)^{-1} (1/3)^{n+1} 2^{n+1} \varepsilon(n+1)]$$

$$= 3Z[(2/3)^{n+1} \varepsilon(n+1)] = 3z \frac{z}{z - 2/3} = \frac{3z^2}{z - 2/3}, \qquad 2/3 < |z| < \infty$$

（4）序列卷积的 z 变换（时域卷积定理）。

假设

$$x_1(n) \leftrightarrow X_1(z), \quad \alpha_1 < |z| < \beta_1 \; ; \qquad\qquad x_2(n) \leftrightarrow X_2(z), \quad \alpha_2 < |z| < \beta_2$$

对于

$$x(n) = x_1(n) * x_2(n)$$

则

$$x(n) \leftrightarrow X_1(z)X_2(z) \qquad\qquad (7\text{-}32)$$

式中，$X_1(z)X_2(z)$ 的收敛域一般为 $X_1(z)$ 和 $X_2(z)$ 收敛域的公共部分，即 $R_- < |z| < R_+$ ，其中，$R_- = \max(\alpha_1,\alpha_2)$ ，$R_+ = \min(\beta_1,\beta_2)$ 。若 $X_1(z)$ 和 $X_2(z)$ 相乘有零、极点相消，则 $X_1(z)X_2(z)$ 的收敛域可能扩大。式（7-32）表明，两序列 $x_1(n)$、$x_2(n)$ 在时域的卷积运算对应于在 z 域的相乘运算。

证明： 根据 z 变换的定义可知

$$Z[x_1(n) * x_2(n)] = \sum_{n=-\infty}^{\infty} [x_1(n) * x_2(n)] z^{-n} = \sum_{n=-\infty}^{\infty}\left[\sum_{m=-\infty}^{\infty} x_1(m)x_2(n-m)\right] z^{-n}$$

如果上式的 z 变换存在，则交换它的求和顺序，可得

$$Z[x_1(n) * x_2(n)] = \sum_{m=-\infty}^{\infty} x_1(m)\left[\sum_{n=-\infty}^{\infty} x_2(n-m)z^{-n}\right]$$
$$\xrightarrow{\diamond n-m=k} \sum_{m=-\infty}^{\infty} x_1(m)\left[\sum_{k=-\infty}^{\infty} x_2(k)z^{-(k+m)}\right] = \sum_{m=-\infty}^{\infty} x_1(m)z^{-m}\left[\sum_{k=-\infty}^{\infty} x_2(k)z^{-k}\right] \qquad (7\text{-}33)$$

根据 z 变换的定义可知，式（7-33）可以写成

$$Z[x_1(n) * x_2(n)] = \left[\sum_{m=-\infty}^{\infty} x_1(m)z^{-m}\right]\left[\sum_{k=-\infty}^{\infty} x_2(k)z^{-k}\right] = X_1(z)X_2(z) \qquad (7\text{-}34)$$

时域卷积定理把时域的卷积运算变成了 z 域的乘积运算，其运算复杂程度有所下降。

【例 7-15】 已知 $x_1(n) = \varepsilon(n+2)$ ，$x_2(n) = (-1)^n \varepsilon(n-2)$ ，$x(n) = x_1(n) * x_2(n)$ 。求 $x(n)$ 的双边 z 变换和 $x(n)$ 。

解： 由双边 z 变换的位移特性得

$$X_1(z) = Z[x_1(n)] = z^2[z/(z-1)] = z^3/(z-1), \qquad 1 < |z| < \infty$$

$$\varepsilon(n-2) \leftrightarrow z^{-2}[z/(z-1)] = 1/(z(z-1)), \qquad |z| > 1$$

由 z 域尺度变换特性得

$$X_2(z) = Z[(-1)^n \varepsilon(n-2)] = \frac{1}{-z(-z-1)} = \frac{1}{z(z+1)}, \qquad |z| > 1 \qquad (7\text{-}35)$$

根据时域卷积定理，得

$$X(z) = \mathcal{Z}[x_1(n) * x_2(n)] = X_1(z)X_2(z) = \frac{z^2}{(z-1)(z+1)} = \frac{1}{2}\left(\frac{z}{z-1} + \frac{z}{z+1}\right), \quad 1 < |z| < \infty \quad （7\text{-}36）$$

根据线性特性和表 7-1 得 $X(z)$ 的原函数 $x(n)$ 为

$$x(n) = \frac{1}{2}\varepsilon(n) + \frac{1}{2}(-1)^n \varepsilon(n) \quad （7\text{-}37）$$

（5）z 域微分（时域乘 n）。

假设有变换对

$$x(n) \leftrightarrow X(z), \quad \alpha < |z| < \beta$$

则有变换对

$$nx(n) \leftrightarrow (-z)\frac{\mathrm{d}X(z)}{\mathrm{d}z}, \quad \alpha < |z| < \beta \quad （7\text{-}38）$$

证明：根据 z 变换的定义，序列 $x(n)$ 的 z 变换为

$$X(z) = \sum_{n=-\infty}^{\infty} x(n)z^{-n}, \quad \alpha < |z| < \beta$$

将上式等号两边对 z 求导数，得

$$\frac{\mathrm{d}X(z)}{\mathrm{d}z} = \frac{\mathrm{d}}{\mathrm{d}z}\left[\sum_{n=-\infty}^{\infty} x(n)z^{-n}\right] = \sum_{n=-\infty}^{\infty} x(n)\frac{\mathrm{d}}{\mathrm{d}z}(z^{-n}) = \sum_{n=-\infty}^{\infty} x(n)(-n)z^{-n-1} = -z^{-1}\sum_{n=-\infty}^{\infty} nx(n)z^{-n}$$

因此

$$(-z)\frac{\mathrm{d}X(z)}{\mathrm{d}z} = \sum_{n=-\infty}^{\infty} nx(n)z^{-n} = \mathcal{Z}[nx(n)]$$

即

$$nx(n) \leftrightarrow (-z)\frac{\mathrm{d}}{\mathrm{d}z}X(z) \qquad \text{ROC：} \alpha < |z| < \beta$$

由于 $X(z)$ 是复变量 z 的幂级数，其导函数与其具有相同的 ROC，因此式（7-38）的收敛域与 $X(z)$ 的收敛域相同。

由上述推导过程可以看出，$x(n)$ 乘 n 的正整数 m 次幂的 z 变换为

$$n^m x(n) \leftrightarrow (-z)^m \frac{\mathrm{d}^m}{\mathrm{d}z^m}X(z) \qquad \text{ROC：} \alpha < |z| < \beta \quad （7\text{-}39）$$

如果不出现零、极点相消的情况，那么式（7-39）不会改变 z 变换的极点，因此其收敛域仍为 $\alpha < |z| < \beta$。如果出现零、极点相消的情况，那么收敛域可能会扩大。

（6）时域反转。

设

$$x(n) \leftrightarrow X_{\mathrm{b}}(z), \quad \alpha < |z| < \beta$$

则有

$$x(-n) \leftrightarrow X_{\mathrm{b}}(z^{-1}), \qquad \frac{1}{\beta} < |z| < \frac{1}{\alpha} \qquad\qquad (7\text{-}40)$$

证明： 根据 z 变换的定义有

$$Z\left[x(-n)\right] = \sum_{n=-\infty}^{\infty} x(-n)z^{-n} \xlongequal{\text{令} m=-n} \sum_{m=-\infty}^{\infty} x(m)(z^{-1})^{-m} = X(z^{-1})$$

即

$$x(-n) \leftrightarrow X_{\mathrm{b}}(z^{-1}), \qquad \alpha < |z^{-1}| < \beta$$

因此

$$x(-n) \leftrightarrow X_{\mathrm{b}}(z^{-1}), \qquad \frac{1}{\beta} < |z| < \frac{1}{\alpha}$$

【例 7-16】 求 $a^{-n-2}\varepsilon(-n-2)$ 和 $a^{-n}\varepsilon(-n-2)$ （ $a > 0$ ）的双边 z 变换。

解： 由表 7-1 可知

$$Z\left[a^{n}\varepsilon(n)\right] = \frac{z}{z-a}, \quad |z| > a$$

根据时域反转性质，得

$$Z\left[a^{-n}\varepsilon(-n)\right] = \frac{z^{-1}}{z^{-1}-a}, \qquad |z^{-1}| > a \ ，\ \text{即} \ |z| < \frac{1}{a}$$

根据双边 z 变换的位移特性，得

$$Z\left[a^{-n-2}\varepsilon(-n-2)\right] = Z\left[a^{-(n+2)}\varepsilon(-(n+2))\right] = z^{2}\frac{z^{-1}}{z^{-1}-a} = \frac{z^{2}}{1-az}, \qquad |z| < \frac{1}{a}$$

因为

$$a^{-n}\varepsilon(-n-2) = a^{2}a^{-(n+2)}\varepsilon(-n-2)$$

根据 z 变换的线性特性可得

$$Z\left[a^{-n}\varepsilon(-n-2)\right] = Z\left[a^{2}a^{-(n+2)}\varepsilon(-(n+2))\right] = a^{2}Z\left[a^{-(n+2)}\varepsilon(-(n+2))\right] = \frac{a^{2}z^{2}}{1-az}, \qquad |z| < \frac{1}{a}$$

（7）初值定理。

设 $x(n)$ 为因果序列，则

$$x(0) = \lim_{z \to \infty} X(z) \qquad\qquad (7\text{-}41)$$

证明： 由 z 变换的定义可知，因果序列 $x(n)$ 的单边 z 变换和双边 z 变换相同，即

$$X(z) = \sum_{n=0}^{\infty} x(n)z^{-n} = x(0) + x(1)z^{-1} + x(2)z^{-2} + \cdots \qquad\qquad (7\text{-}42)$$

当 $z \to \infty$ 时，式（7-42）为

$$\lim_{z \to \infty} X(z) = \lim_{z \to \infty}\left(\sum_{n=0}^{\infty} x(n)z^{-n}\right) = x(0) + \lim_{z \to \infty} x(1)z^{-1} + \lim_{z \to \infty} x(2)z^{-2} + \cdots$$

假设 $x(n)$ 有界，则除 $x(0)$ 外，其他各项的极限值都等于零，即 $x(0) = \lim\limits_{z \to \infty} X(z)$，对式（7-42）等号两边同乘变量 z^m，有

$$z^m X(z) = z^m \sum_{n=0}^{\infty} x(n) z^{-n} = z^m [x(0) + x(1)z^{-1} + x(2)z^{-2} + \cdots]$$

并令 $z \to \infty$，则 $\lim\limits_{z \to \infty} z^m X(z) = \lim\limits_{z \to \infty} z^m \sum_{i=0}^{m-1} x(i) z^{-i} + \lim\limits_{z \to \infty} z^m \sum_{i=m}^{\infty} x(i) z^{-i} = \lim\limits_{z \to \infty} z^m \sum_{i=0}^{m-1} x(i) z^{-i} + x(m)$，可得

$$x(m) = \lim_{z \to \infty} z^m \left[X(z) - \sum_{i=0}^{m-1} x(i) z^{-i} \right]$$

令 $m = 1, 2, 3, \cdots$，可得序列 $x(n)$ 的取值为

$$x(1) = \lim_{z \to \infty} z[X(z) - x(0)] \tag{7-43}$$

$$x(2) = \lim_{z \to \infty} z^2 [X(z) - x(0) - x(1)z^{-1}] \tag{7-44}$$

$$\vdots$$

$$x(m) = \lim_{z \to \infty} z^m [X(z) - \sum_{i=0}^{m-1} x(i) z^{-i}] \tag{7-45}$$

（8）终值定理。

设 $x(n)$ 为因果序列，其 z 变换为 $X(z)$，有

$$x(\infty) = \lim_{z \to 1}[(z-1)X(z)] \tag{7-46}$$

证明：由于 $x(n)$ 为因果序列，因此 $X_b(z) = X_s(z) = X(z)$，根据位移特性可得

$$Z[x(n+1)\varepsilon(n)] = z[X(z) - x(0)]$$

根据 z 变换的线性特性，得

$$Z[x(n+1)\varepsilon(n) - x(n)\varepsilon(n)] = z[X(z) - x(0)] - X(z) = (z-1)X(z) - zx(0)$$

于是

$$(z-1)X(z) = zx(0) + Z[x(n+1) - x(n)] = zx(0) + \sum_{n=0}^{\infty} [x(n+1) - x(n)] z^{-n}$$

当 $z \to 1$ 时，得

$$\lim_{z \to 1}[(z-1)X(z)] = \lim_{z \to 1} zx(0) + \lim_{z \to 1} \sum_{n=0}^{\infty} [x(n+1) - x(n)] z^{-n}$$
$$= x(0) + [x(1) - x(0)] + [x(2) - x(1)] + [x(3) - x(2)] + \cdots$$
$$= x(\infty)$$

因此式（7-46）成立。

由于 $x(n)$ 为因果序列，它的收敛域 $|z| > R$ 为 z 平面上半径为 R 的圆外区域，为了保证上述极限存在，要求 $(z-1)X(z)$ 的 ROC 包含单位圆。如果 $X(z)$ 存在 $z = 1$ 的一阶极点，那么

$(z-1)X(z)$ 就出现了零、极点相消的现象，不影响极限的求取。因此要求 $X(z)$ 除在 $z=1$ 处有一阶极点外，其余极点均位于单位圆内，这样对式（7-46）右端求取 $z \to 1$ 极限才有意义。

【例 7-17】　已知因果序列 $x_1(n)$、$x_2(n)$ 的 z 变换分别为 $X_1(z) = \dfrac{z(z-5)}{z^2 - 1.5z + 0.5}$ 和

$X_2(z) = \dfrac{1}{z-0.5}$，求：① $x_1(0)$ 和 $x_2(0)$；② $x_1(\infty)$ 和 $x_2(\infty)$。

解： ① 假设因果序列 $x_1(n)$ 和 $x_2(n)$ 有界，应用初值定理得

$$x_1(0) = \lim_{z \to \infty} X_1(z) = \lim_{z \to \infty} \left[\frac{z(z-5)}{z^2 - 1.5z + 0.5} \right] = \lim_{z \to \infty} \left[\frac{1 - 5z^{-1}}{1 - 1.5z^{-1} + 0.5z^{-2}} \right] = 1$$

$$x_2(0) = \lim_{z \to \infty} X_2(z) = \lim_{z \to \infty} \left[\frac{1}{z-0.5} \right] = \lim_{z \to \infty} \left[\frac{z^{-1}}{1 - 0.5z^{-1}} \right] = 0$$

② 因为 $X_1(z) = \dfrac{z(z-5)}{z^2 - 1.5z + 0.5} = \dfrac{z(z-5)}{(z-1)(z-0.5)}$，存在两个极点，极点 $z = 0.5$ 位于单位圆内，极点 $z = 1$ 是单位圆上的一阶极点，终值定理成立，因此有

$$x_1(\infty) = \lim_{z \to 1}(z-1)X_1(z) = \lim_{z \to 1}(z-1)\frac{z(z-5)}{(z-1)(z-0.5)} = -8$$

对于 $X_2(z) = \dfrac{1}{z-0.5}$，在 $z = 0.5$ 处有极点，$(z-1)X_2(z)$ 在单位圆上收敛，终值定理成立，因此有

$$x_2(\infty) = \lim_{z \to 1}(z-1)X_2(z) = \lim_{z \to 1}(z-1)\frac{1}{z-0.5} = 0$$

7.4　z 反变换

由 $x(n)$ 的 z 变换 $X(z)$ 及其收敛域求取时间序列 $x(n)$ 的变换，称为 z 反变换。根据 z 变换的定义

$$X(z) = \sum_{n=-\infty}^{\infty} x(n)z^{-n}, \quad R_{x_1} < z < R_{x_2} \tag{7-47}$$

可以将 z 反变换表示为 $x(n) = Z^{-1}[X(z)]$。z 变换的定义式（7-47）描述了离散时间序列 $x(n)$ 与 z 变换 $X(z)$ 的关系，本质上讲，可以直接由 $X(z)$ 求出 $x(n)$。

根据 z 变换的定义式 $X(z) = \sum\limits_{n=-\infty}^{\infty} x(n)z^{-n}$，有

$$\oint_c z^{m-1} X(z)\mathrm{d}z = \oint_c \left[\sum_{n=-\infty}^{\infty} x(n)z^{-n} \right] z^{m-1}\mathrm{d}z = \sum_{n=-\infty}^{\infty} x(n)\oint_c z^{m-n-1}\mathrm{d}z$$

由柯西定理 $\oint_c z^{k-1}\mathrm{d}z = \begin{cases} 2\pi\mathrm{j}, & k = 0 \\ 0, & k \neq 0 \end{cases}$，有 $\sum\limits_{n=-\infty}^{\infty} x(n)\oint_c z^{m-n-1}\mathrm{d}z = 2\pi\mathrm{j}x(n)$。

因此：

$$x(n) = \frac{1}{2\pi j} \oint_c X(z) z^{n-1} \mathrm{d}z \qquad (7\text{-}48)$$

积分路径为 $c \in (R_{x_1}, R_{x_2})$，是一条 z 平面上 $X(z)$ 的收敛域内环绕坐标原点沿逆时针方向的围线。式（7-48）与（7-47）组成了 z 变换对。

对于简单的情况，用观察法就可以求出相应的 z 反变换。对由有限项多项式表达的 z 变换 $X(z)$，可以直接根据 z 变换的定义求出其 z 反变换为有限长序列，如

$$X(z) = \sum_{n=0}^{4} x(n) z^{-n} = 1 + 3z^{-1} + 2z^{-3} + 5z^{-4}$$

其 z 反变换就是有限长序列，用集合形式表达为 $x(n) = [1 \underset{0}{\uparrow} 3\ 0\ 2\ 5]$，也可以写成解析表达式：

$x(n) = \delta(n) + 3\delta(n-1) + 2\delta(n-3) + 5\delta(n-4)$。

三种常用的 z 反变换方法是：直接法、部分分式展开法和围线积分法（留数法）。下面介绍两种简单实用的 z 反变换方法"直接法"和"部分分式展开法"。

7.4.1　直接法

直接法从 z 变换及其收敛域出发，利用 $x(n)$ 与 $X(z)$ 的关系（如表 7-1 所示）和 z 变换的性质来求 z 反变换。

【例 7-18】 试求下列函数的 z 反变换。

（1）$X_1(z) = \dfrac{2z}{z-2}$，$|z| > 2$　　　　　　（2）$X_2(z) = \dfrac{2z}{z-2}$，$|z| < 2$

解：分别记 $X_1(z)$、$X_2(z)$ 的 z 反变换为 $x_1(n)$、$x_2(n)$。

（1）根据收敛域 $|z| > 2$ 可知，$x_1(n)$ 是一个因果序列，应用 z 变换对公式

$$a^n \varepsilon(n) \leftrightarrow \frac{z}{z-a}, \quad |z| > |a|$$

并结合线性特性，可得

$$x_1(n) = Z^{-1}[X_1(z)] = 2 \cdot 2^n \varepsilon(n) = 2^{n+1} \varepsilon(n)$$

（2）根据收敛域 $|z| < 2$ 可知，$x_2(n)$ 是一个非因果序列，应用 z 变换对公式

$$-a^n \varepsilon(-n-1) \leftrightarrow \frac{z}{z-a}, \quad |z| < |a|$$

并结合线性特性，可得

$$x_2(n) = Z^{-1}[X_2(z)] = -2 \cdot 2^n \varepsilon(-n-1) = -2^{n+1} \varepsilon(-n-1)$$

7.4.2　部分分式展开法

z 变换的部分分式展开法是将有理分式 $X(z)$ 展开为常用的部分分式的和，即 $X(z) = \sum_i X_i(z)$，如果部分分式 $X_i(z)$ 都是常见序列的 z 变换，那么可以很容易地求出其反变换 $x_i(n)$，

根据反变换的线性特性可以方便地求出反变换

$$x(n) = Z^{-1}\left[\sum_i X_i(z)\right] = \sum_i Z^{-1}[X_i(z)] = \sum_i x_i(n)$$

假设 $X(z)$ 为有理分式，即

$$X(z) = \frac{B(z)}{A(z)} = \frac{b_m z^m + b_{m-1} z^{m-1} + \cdots + b_1 z + b_0}{a_n z^n + a_{n-1} z^{n-1} + \cdots + a_1 z + a_0}, \qquad \alpha < |z| < \beta \tag{7-49}$$

式中，a_i（$i = 0, 1, 2, \cdots, n$）、b_j（$j = 0, 1, 2, \cdots, m$）为实数，不失一般性，可以取 $a_n = 1$。若 $m \geqslant n$，则 $X(z)$ 为假分式，可用多项式除法将 $X(z)$ 区分为 z 的 $(m-n)$ 次多项式 $N(z)$ 和真分式 $X'(z)$ 两部分，即

$$X(z) = c_0 + c_1 z + c_2 z^2 + \cdots + c_{m-n} z^{m-n} + X'(z) = N(z) + X'(z) \tag{7-50}$$

式中，$N(z) = c_0 + c_1 z + c_2 z^2 + \cdots + c_{m-n} z^{m-n} = \sum_{i=0}^{m-n} c_i z^i$，$c_i$ 为实系数。应用 z 变换的定义可知

$$c_i z^i \leftrightarrow c_i \delta(n + i) \tag{7-51}$$

由此很容易写出 $N(z)$ 的 z 反变换。由式（7-51）可知，$N(z)$ 的反变换对应的是非因果序列，也就是说，如果 $m > n$，就可以判断 $x(n)$ 是非因果序列。因此，我们主要讨论真分式 $X'(z)$ 的 z 反变换，它可用部分分式展开法计算。

设 $X(z)$ 为有理真分式，并含有一个 $z = 0$ 的零点（若没有 $z = 0$ 的零点，则增加一个 $z = 0$ 的零点，同时在分母增加一个 $z = 0$ 的极点），可表示为

$$X(z) = \frac{B(z)}{A(z)} = \frac{B(z)}{(z - z_1)(z - z_2) \cdots (z - z_n)} \tag{7-52}$$

式中，z_i（$i = 1, 2, \cdots, m$）为 $X(z)$ 的极点，它可能为一阶极点或重极点，也可能为实极点、虚极点或复极点。当 z_i 为复极点（虚极点）时，共轭成对出现。

（1）$X(z)$ 的极点为一阶极点。

$X(z)$ 的部分分式展开式为

$$X(z) = \frac{B(z)}{A(z)} = \frac{K_1 z}{z - z_1} + \frac{K_2 z}{z - z_2} + \cdots + \frac{K_n z}{z - z_n} = \sum_{i=1}^{n} \frac{K_i z}{z - z_i}, \qquad \alpha < |z| < \beta \tag{7-53}$$

根据 $X(z)$ 的收敛域和变换对关系

$$z_i^n \varepsilon(n) \leftrightarrow \frac{z}{z - z_i}, \qquad |z| > |z_i| \tag{7-54}$$

$$-z_i^n \varepsilon(-n - 1) \leftrightarrow \frac{z}{z - z_i}, \qquad |z| < |z_i| \tag{7-55}$$

可以对式（7-53）表示的 z 变换计算 z 反变换，求取 $x(n)$。

由式（7-53）可知，$X(z)$ 必须存在一个 $z = 0$ 的零点。如果不存在该零点，则可以采用

补零点的方法，即在 $X(z)$ 的分子和分母中分别乘 z，可以写为

$$X(z) = \frac{z}{z}X(z) = K_0 + \frac{K_1 z}{z - z_1} + \frac{K_2 z}{z - z_2} + \cdots + \frac{K_n z}{z - z_n} = K_0 + \sum_{i=1}^{n}\frac{K_i z}{z - z_i}, \qquad \alpha < |z| < \beta \qquad （7\text{-}56）$$

【例 7-19】 已知 $X(z) = \dfrac{z + 2}{(z - 1)(z - 2)}$，$|z| > 2$，求 $X(z)$ 的原函数 $x(n)$。

解：因为 $X(z)$ 的收敛域为 $|z| > 2$，所以 $x(n)$ 为因果序列。$X(z)$ 的极点全为一阶极点，$X(z)$ 没有 $z = 0$ 的零点，根据式（7-56）可展开为

$$X(z) = \frac{z + 2}{(z - 1)(z - 2)} = K_0 + \frac{K_1 z}{z - 1} + \frac{K_2 z}{z - 2}$$

将上式的右边通分，得

$$X(z) = \frac{z + 2}{(z - 1)(z - 2)} = K_0 + \frac{K_1 z}{z - 1} + \frac{K_2 z}{z - 2} = \frac{(K_0 + K_1 + K_2)z^2 + (-3K_0 - 2K_1 - K_2)z + 2K_0}{(z - 1)(z - 2)}$$

令上式中分子的系数相等，得 $K_0 = 1$，$K_1 = -3$，$K_2 = 2$，于是有

$$X(z) = 1 + \frac{-3z}{z - 1} + \frac{2z}{z - 2}, \qquad |z| > 2$$

由于 $\delta(n) \leftrightarrow 1,\ |z| > 0$；$\varepsilon(n) \leftrightarrow \dfrac{z}{z - 1},\ |z| > 1$；$2^n \varepsilon(n) \leftrightarrow \dfrac{z}{z - 2},\ |z| > 2$，并且以上变换的 ROC 的公共部分为 $|z| > 2$，所以 $X(z)$ 的原函数为

$$x(n) = \delta(n) - 3\varepsilon(n) + 2 \cdot 2^n \varepsilon(n) = \delta(n) - 3\varepsilon(n) + 2^{n+1}\varepsilon(n)$$

【例 7-20】 已知 $X(z) = \dfrac{z^2}{(z + 2)(z + 3)}$，$2 < |z| < 3$，求 $X(z)$ 的 z 反变换 $x(n)$。

解：因为 $X(z)$ 的收敛域为 $2 < |z| < 3$，所以 $x(n)$ 为双边序列。$X(z)$ 不是真分式，对其进行部分分式展开，得

$$X(z) = \frac{3z}{z + 3} - \frac{2z}{z + 2}, \qquad 2 < |z| < 3$$

根据收敛区间 $2 < |z| < 3$ 可知，上式第一项为非因果序列，第二项为因果序列，由表 7-1 可知

$$-(-3)^n \varepsilon(-n - 1) \leftrightarrow \frac{z}{z + 3},\ |z| < 3 ; \qquad\qquad (-2)^n \varepsilon(n) \leftrightarrow \frac{z}{z + 2},\ |z| > 2$$

根据线性特性可得

$$x(n) = -3 \times (-3)^n \varepsilon(-n - 1) - 2 \times (-2)^n \varepsilon(n) = (-3)^{n+1}\varepsilon(-n - 1) + (-2)^{n+1}\varepsilon(n)$$

【例 7-21】 已知 $X(z) = \dfrac{2z^2 + 6z}{(z - 1)(z - 2)(z - 3)}$，$2 < |z| < 3$，求 $X(z)$ 的 z 反变换 $x(n)$。

解：因为 $X(z)$ 的收敛域为 $2 < |z| < 3$，所以 $x(n)$ 为双边序列。$X(z)$ 为有理真分数，有三个一阶极点，假设可以将其分解为下式

$$X(z) = \frac{2z^2 + 6z}{(z-1)(z-2)(z-3)} = \frac{K_1 z}{z-1} + \frac{K_2 z}{z-2} + \frac{K_3 z}{z-3}$$

可得 $K_1 = 4$，$K_2 = -10$，$K_3 = 6$，因此

$$X(z) = \frac{4z}{z-1} - \frac{10z}{z-2} + \frac{6z}{z-3}, \qquad 2 < |z| < 3$$

由于 $\varepsilon(n) \leftrightarrow \frac{z}{z-1}$，$|z| > 1$；$2^n \varepsilon(n) \leftrightarrow \frac{z}{z-2}$，$|z| > 2$；$-3^n \varepsilon(-n-1) \leftrightarrow \frac{z}{z-3}$，$|z| < 3$，所以 z 变换的收敛域的公共部分为 $2 < |z| < 3$，于是得

$$x(n) = 4\varepsilon(n) - 10 \cdot 2^n \varepsilon(n) - 6 \cdot 3^n \varepsilon(-n-1) = 4\varepsilon(n) - 5 \cdot 2^{n+1} \varepsilon(n) - 2 \cdot 3^{n+1} \varepsilon(-n-1)$$

（2）$X(z)$ 有高阶极点。

设 $X(z)$ 在 $z = z_0$ 处有 m 阶极点，另有 n 个一阶极点 z_i（$i = 1, 2, \cdots, n$），则 $X(z)$ 可表示为

$$X(z) = \frac{B(z)}{(z-z_0)^m (z-z_1)(z-z_2)\cdots(z-z_n)} \tag{7-57}$$

$X(z)$ 的部分分式展开式为

$$X(z) = \sum_{i=1}^{m} K_{1i} \frac{z}{(z-z_0)^{m-i+1}} + \sum_{i=1}^{n} K_i \frac{z}{z-z_i}, \qquad \alpha < |z| < \beta \tag{7-58}$$

根据 $X(z)$ 的收敛域和各分式的 z 反变换求 $X(z)$ 的 z 反变换。其中，高阶极点对应的分式和一阶极点对应的分式可根据表 7-1 的公式求 z 反变换。

【例 7-22】 已知 $X(z) = \frac{z+1}{(z-1)(z-2)^2}$，$1 < |z| < 2$，求 $X(z)$ 的 z 反变换 $x(n)$。

解：由收敛域 $1 < |z| < 2$ 可知，$x(n)$ 为双边序列。由于 $X(z)$ 没有 $z = 0$ 的零点，增加一个 $z = 0$ 的零点，同时在分母中增加一个 $z = 0$ 的极点，则

$$X(z) = \frac{z(z+1)}{z(z-1)(z-2)^2} = \frac{K_{11}z}{(z-2)^2} + \frac{K_{12}z}{(z-2)} + \frac{K_1 z}{z-1} + \frac{K_2 z}{z} = \frac{23z}{(z-2)^2} + \frac{2z}{(z-2)} + \frac{3z}{z-1} + 1$$

根据收敛域 $1 < |z| < 2$，查表 7-1 可得

$$-n \cdot 2^{n-1} \varepsilon(-n-1) \leftrightarrow \frac{z}{(z-2)^2}, \quad |z| < 2; \qquad -2^n \varepsilon(-n-1) \leftrightarrow \frac{z}{z-2}, \quad |z| < 2;$$

$$\varepsilon(n) \leftrightarrow \frac{z}{z-1}, \quad |z| > 1; \qquad\qquad \delta(n) \leftrightarrow 1$$

所以

$$x(n) = -23 \times n \cdot 2^{n-1} \varepsilon(-n-1) + 2 \times 2^n \varepsilon(-n-1) + 3\varepsilon(n) + \delta(n) = \left(-\frac{23}{2}n + 2\right)2^n \varepsilon(-n-1) + 3\varepsilon(n) + \delta(n)$$

（3）$X(z)$ 有共轭复极点。

若 $X(z)$ 有共轭复极点，则将 $X(z)$ 展开为部分分式的形式与实极点的情况相同，但计算

略为复杂。

【**例 7-23**】 已知 $X(z) = \dfrac{z}{z^2 - 2z + 2}$ ，①若 $X(z)$ 的收敛域为 $|z| > \sqrt{2}$ ，求 z 反变换 $x(n)$ ；②若 $X(z)$ 的收敛域为 $|z| < \sqrt{2}$ ，求 z 反变换 $x(n)$ 。

解：① $X(z)$ 的收敛域为 $|z| > \sqrt{2}$ 。在这种情况下， $x(n)$ 为因果序列。 $X(z)$ 的极点为 $z_{1,2} = 1 \pm j$ ， $X(z)$ 可展开为

$$X(z) = \frac{z}{[z - (1+j)][z - (1-j)]} = \frac{K_1 z}{z - (1+j1)} + \frac{K_2 z}{z - (1-j)} = \frac{K_1 z^2 - K_1 z(1-j) + K_2 z^2 - K_2 z(1+j)}{(z - (1+j))(z - (1-j))}$$

$$= \frac{(K_1 + K_2)z^2 + z(-K_1 + jK_1 - K_2 - jK_2))}{(z - (1+j))(z - (1-j))}$$

由上式可得

$$K_1 + K_2 = 0 ， \quad K_1(-(1-j)) + K_2(-(1+j)) = 1$$

解上述联立方程得

$$K_1 = -j\frac{1}{2} = \frac{1}{2}e^{-j\frac{\pi}{2}} ； \quad K_2 = -K_1 = j\frac{1}{2} = \frac{1}{2}e^{j\frac{\pi}{2}}$$

因此

$$X(z) = \frac{1}{2}e^{-j\frac{\pi}{2}} \frac{z}{z - (1+j)} + \frac{1}{2}e^{j\frac{\pi}{2}} \frac{z}{z - (1-j)} = \frac{1}{2}e^{-j\frac{\pi}{2}} \frac{z}{z - \sqrt{2}e^{j\frac{\pi}{4}}} + \frac{1}{2}e^{j\frac{\pi}{2}} \frac{z}{z - \sqrt{2}e^{-j\frac{\pi}{4}}}$$

根据表 7-1，得

$$x(n) = \frac{1}{2}\left[e^{-j\frac{\pi}{2}}\left(\sqrt{2}e^{j\frac{\pi}{4}}\right)^n + e^{j\frac{\pi}{2}}\left(\sqrt{2}e^{-j\frac{\pi}{4}}\right)^n\right]\varepsilon(n) = \frac{1}{2}(\sqrt{2})^n\left[e^{j\left(\frac{\pi}{4}n - \frac{\pi}{2}\right)} + e^{-j\left(\frac{\pi}{4}n - \frac{\pi}{2}\right)}\right]\varepsilon(n)$$

$$= (\sqrt{2})^n \cos\left(\frac{\pi n}{4} - \frac{\pi}{2}\right)\varepsilon(n) = (\sqrt{2})^n \sin\left(\frac{\pi n}{4}\right)\varepsilon(n)$$

② 若 $X(z)$ 的收敛域为 $|z| < \sqrt{2}$ 。根据表 7-1，有

$$x(n) = -(\sqrt{2})^n \sin\left(\frac{\pi n}{4}\right)\varepsilon(-n-1)$$

假定 $x(n)$ 是因果序列，MATLAB 提供了求 z 反变换的函数，利用函数 iztrans(X)可以很方便地求取时间序列。下面以几个例子来说明如何用 MATLAB 求 z 反变换 $x(n)$ 。

【**例 7-24**】 设 $X_1(z) = \dfrac{z}{z - 0.5}$, $X_2 = \dfrac{z}{(z-2)(z-3)}$, $X_3 = \dfrac{z}{(z+2)(z+3)}$ ，假定时间序列为因果序列，用 MATLAB 求它们的 z 反变换。

解：运行下列程序

```
syms z
X1=z/(z-0.5); x1=iztrans(X1), X2=z/((z-2)*(z-3)); x2=iztrans(X2)
```

```
X3=z/((z+2)*(z+3));x3=iztrans(X3)
```

运行结果为

```
x1=(1/2)^n        x2=3^n - 2^n              x3=(-2)^n - (-3)^n
```

查表 7-1 可知，假定序列是因果序列，其运行结果是正确的。注意这个程序也没有给出收敛域，其 z 反变换的假定前提是信号为因果信号。上述运行结果可以用完整的数学形式表示为

```
x1=[(1/2)^n]ε(n),  x2=[3^n-2^n]ε(n),  x3=[(-2)^n-(-3)^n]ε(n)
```

【例 7-25】　设 $Z_0 = 1$，$Z_1 = z^{-2}$，$Z_2 = z/(z-1)$，$Z_3 = z/(z-1)-1$，$Z_4 = z^{-1} + z^{-2} + z^{-3} + 1$，假定时间序列为因果序列，用 MATLAB 求它们的 z 反变换。

解： 运行下列程序

```
syms
Z0=z^0; x0=iztrans(Z0), Z1=1/z^2; x1=iztrans(Z1)
Z2=z/(z-1); x2=iztrans(Z2), Z3=z/(z - 1)-1; x3=iztrans(Z3)
Z4=1/z + 1/z^2 + 1/z^3 + 1; x4=iztrans(Z4)
```

运行结果为

```
x0=kroneckerDelta(n, 0), x1=kroneckerDelta(n - 2, 0)
x2=1, x3=1-kroneckerDelta(n, 0)
x4=kroneckerDelta(n-1,0) + kroneckerDelta(n-2,0) + kroneckerDelta(n-3,0)
+ kroneckerDelta(n, 0)
```

其中，函数 kroneckerDelta(n, 0) 表示 $\delta(n)$。由于 x=iztrans(Z) 假定信号是因果信号，因此上述运行结果可表示为 $x0 = \delta(n)$；$x1 = \delta(n-2)$；$x2 = \varepsilon(n)$；$x3 = \varepsilon(n) - \delta(n) = \varepsilon(n-1)$；$x4 = \delta(n) + \delta(n-1) + \delta(n-2) + \delta(n-3) = R_4(n)$。

7.5　离散时间系统的 z 域分析

7.5.1　线性移不变离散时间系统的系统函数

设线性移不变离散时间系统的输入为 $x(n)$，其单位样值响应为 $h(n)$，根据时域卷积特性可知，系统的零状态响应为

$$y_{zs}(n) = \sum_{m=-\infty}^{\infty} x(m)h(n-m) = \sum_{m=-\infty}^{\infty} h(m)x(n-m) = x(n) * h(n) = h(n) * x(n) \qquad （7-59）$$

设 $X(z) = Z[x(n)]$，$H(z) = Z[h(n)]$，$Y_{zs}(z) = Z[y_{zs}(n)]$，根据 z 变换的卷积和性质，对式（7-59）两边取 z 变换，有

$$Y_{zs}(z) = Z[y_{zs}(n)] = Z[x(n) * h(n)] = X(z)H(z) \qquad （7-60）$$

则

$$H(z) = \frac{Y_{zs}(z)}{X(z)} \tag{7-61}$$

式（7-61）称为线性移不变离散时间系统的系统函数，一般可以用如下分数形式描述

$$H(z) = \frac{Y_{zs}(z)}{X(z)} = \frac{\sum_{r=0}^{M} b_r z^{-r}}{\sum_{k=0}^{N} a_k z^{-k}} \tag{7-62}$$

由系统函数 $H(z) = \dfrac{Y_{zs}(z)}{X(z)}$ 可知，在 z 域中，系统的零状态响应可以表示为

$$Y_{zs}(z) = H(z)X(z) \tag{7-63}$$

其时域解为

$$y_{zs}(n) = Z^{-1}[Y_{zs}(z)] = Z^{-1}[H(z)X(z)] \tag{7-64}$$

因此，线性移不变离散时间系统的零状态响应的 z 域求解可按以下步骤进行：第一步，计算系统输入为 $x(n)$ 时的 z 变换 $X(z)$；第二步，根据单位样值响应 $h(n)$ 计算离散系统 z 域的系统函数 $H(z)$；第三步，由输入序列的 z 变换 $X(z)$ 和系统函数 $H(z)$ 计算系统零状态响应的 z 变换 $Y_{zs}(z) = H(z)X(z)$；第四步，计算 $Y_{zs}(z)$ 的 z 反变换，求得系统零状态响应的时域解 $y_{zs}(n)$。

【例 7-26】 已知某线性移不变离散时间系统，当输入为 $x_1(n) = \varepsilon(n)$ 时，零状态响应为 $y_{zs1}(n) = 2^n \varepsilon(n)$。求输入为 $x_2(n) = (n+1)\varepsilon(n)$ 时系统的零状态响应 $y_{zs2}(n)$。

解： 对于线性移不变离散时间系统来说，为了求得任意输入信号作用于系统后的响应，必须知道系统的单位样值响应或系统函数。根据系统函数的定义，可以由已知的 $x_1(n)$ 和 $y_{zs1}(n)$ 求出它们的 z 变换，然后求出系统函数。

$$X_1(z) = Z[x_1(n)] = Z[\varepsilon(n)] = z/(z-1), \qquad |z| > 1$$

$$Y_{zs1}(z) = Z[y_{zs1}(n)] = Z[2^n \varepsilon(n)] = z/(z-2), \qquad |z| > 2$$

根据式（7-61），系统函数 $H(z)$ 为

$$H(z) = \frac{Y_{zs1}(z)}{X_1(z)} = (z-1)/(z-2), \qquad |z| > 2$$

系统输入 $x_2(n)$ 的 z 变换为

$$X_2(z) = Z[x_2(n)] = Z[(n+1)\varepsilon(n)] = z/(z-1)^2 + z/(z-1) = z^2/(z-1)^2, \qquad |z| > 1$$

由式（7-63）可得，$y_{zs2}(n)$ 的 z 变换为

$$Y_{zs2}(z) = Z[y_{zs2}(n)] = X_2(z)H(z) = z^2/[(z-1)(z-2)] = 2z/(z-2) - z/(z-1), \qquad |z| > 2$$

求上式的 z 反变换得

$$y_{zs2}(n) = Z^{-1}[Y_{zs2}(z)] = 2 \cdot 2^n \varepsilon(n) - \varepsilon(n) = (2^{n+1} - 1)\varepsilon(n)$$

上述求解过程可以用 MATLAB 程序实现

```
%cp7liti26.m
syms n
x1=1^(n); X1=ztrans(x1)          %Z transfomer for step function
y1=2^n;                          %output response for input step function
Y1=ztrans(y1),H=Y1/X1
x2=(n+1);                        %input function
X2=ztrans(x2)                    %Z transfomer for step function
Y2=X2*H                          %output function
y=iztrans(Y2)
```

运行结果为

```
X1=z/(z - 1), Y1=z/(z - 2), H=(z - 1)/(z - 2),X2=z/(z - 1) + z/(z - 1)^2
Y2=((z/(z - 1) + z/(z - 1)^2)*(z - 1))/(z - 2), y=2*2^n - 1
```

7.5.2　用 z 变换求解离散时间系统的差分方程

用线性常系数差分方程描述的 LSI 离散时间系统可以根据 z 变换的性质把差分方程变换成 z 域的代数方程，计算系统的零输入响应、零状态响应和完全响应。

先看一个二阶线性移不变离散时间系统，设系统的差分方程为

$$y(n) + a_1 y(n-1) + a_2 y(n-2) = b_0 x(n) + b_1 x(n-1) + b_2 x(n-2) \tag{7-65}$$

式中，a_1、a_2、b_0、b_1、b_2 为实常数。$x(n)$ 为因果序列，$y(n)$ 的初始条件为 $y(-1)$、$y(-2)$。因为 $y(n)$ 是非因果序列，并且我们不知道 $y(-3), y(-4), \cdots$ 的取值是多少，因此对 $y(n)$ 求双边 z 变换是一件比较麻烦的事情。为了简化分析，让式（7-65）两边同时乘 $\varepsilon(n)$ 得

$$y(n)\varepsilon(n) + a_1 y(n-1)\varepsilon(n) + a_2 y(n-2)\varepsilon(n) = b_0 x(n)\varepsilon(n) + b_1 x(n-1)\varepsilon(n) + b_2 x(n-2)\varepsilon(n) \tag{7-66}$$

由单边 z 变换的移位特性可知

$$Z[a_1 y(n-1)\varepsilon(n)] = a_1 z^{-1} Y(z) + a_1 y(-1)$$
$$Z[a_2 y(n-2)\varepsilon(n)] = a_2 z^{-2} Y(z) + a_2 y(-2) + a_2 y(-1)z^{-1} \tag{7-67}$$

对式（7-66）两边取 z 变换，得

$$Y_s(z) + a_1 z^{-1} Y_s(z) + a_1 y(-1) + a_2 z^{-2} Y_s(z) + a_2 y(-2) + a_2 y(-1)z^{-1}$$
$$= b_0 X_s(z) + b_1 z^{-1} X_s(z) + b_2 z^{-2} X_s(z) \tag{7-68}$$

$$(1 + a_1 z^{-1} + a_2 z^{-2})Y_s(z) + (a_1 + a_2 z^{-1})y(-1) + a_2 y(-2) = \left(b_0 + b_1 z^{-1} + b_2 z^{-2}\right)X_s(z) \tag{7-69}$$

整理可得

$$Y_s(z) = \frac{-[(a_1 + a_2 z^{-1})y(-1) + a_2 y(-2)]}{1 + a_1 z^{-1} + a_2 z^{-2}} + \frac{(b_0 + b_1 z^{-1} + b_2 z^{-2})}{1 + a_1 z^{-1} + a_2 z^{-2}} X_s(z) \tag{7-70}$$

令

$$Y_{zi}(z) = \frac{-[(a_1 + a_2 z^{-1})y(-1) + a_2 y(-2)]}{1 + a_1 z^{-1} + a_2 z^{-2}} \tag{7-71}$$

$$Y_{zs}(z) = \frac{(b_0 + b_1 z^{-1} + b_2 z^{-2})}{1 + a_1 z^{-1} + a_2 z^{-2}} X_s(z) \qquad (7\text{-}72)$$

则

$$Y(z) = \frac{-[(a_1 + a_2 z^{-1})y(-1) + a_2 y(-2)]}{1 + a_1 z^{-1} + a_2 z^{-2}} + \frac{(b_0 + b_1 z^{-1} + b_2 z^{-2})}{1 + a_1 z^{-1} + a_2 z^{-2}} X_s(z) = Y_{zi}(z) + Y_{zs}(z) \qquad (7\text{-}73)$$

式中，$Y_{zi}(z)$ 只与 $y(n)$ 的初始值 $y(-1)$、$y(-2)$ 有关，而与 $X_s(z)$ 无关，它是系统的零输入响应 $y_{zi}(n)$ 的单边 z 变换；$Y_{zs}(z)$ 只与输入 $X_s(z)$ 有关，与初始状态无关，它是系统的零状态响应 $y_{zs}(n)$ 的单边 z 变换；$1 + a_1 z^{-1} + a_2 z^{-2}$ 称为系统的特征多项式，$1 + a_1 z^{-1} + a_2 z^{-2} = 0$ 称为系统的特征方程，其根称为特征根。分别求 $Y_s(z)$、$Y_{zi}(z)$、$Y_{zs}(z)$ 的单边 z 反变换，就能得到完全响应 $y(n)$、零输入响应 $y_{zi}(n)$ 和零状态响应 $y_{zs}(n)$，即

$$\begin{aligned} y(n) &= Z^{-1}[Y_s(z)] = Z^{-1}[Y_{zi}(z) + Y_{zs}(z)] \\ &= Z^{-1}\left[\frac{-[(a_1 + a_2 z^{-1})y(-1) + a_2 y(-2)]}{1 + a_1 z^{-1} + a_2 z^{-2}}\right] + Z^{-1}\left[\frac{(b_0 + b_1 z^{-1} + b_2 z^{-2})}{1 + a_1 z^{-1} + a_2 z^{-2}} X_s(z)\right] \end{aligned} \qquad (7\text{-}74)$$

$$y_{zi}(n) = Z^{-1}[Y_{zi}(z)] = Z^{-1}\left[\frac{-[(a_1 + a_2 z^{-1})y(-1) + a_2 y(-2)]}{1 + a_1 z^{-1} + a_2 z^{-2}}\right] \qquad (7\text{-}75)$$

$$y_{zs}(n) = Z^{-1}[Y_{zs}(z)] = Z^{-1}\left[\frac{(b_0 + b_1 z^{-1} + b_2 z^{-2})}{1 + a_1 z^{-1} + a_2 z^{-2}} X_s(z)\right] \qquad (7\text{-}76)$$

根据系统函数的定义，由式（7-73）可知差分方程［式（7-65）］描述的二阶离散时间系统的系统函数为

$$H(z) = \frac{B(z)}{A(z)} = \frac{b_0 + b_1 z^{-1} + b_2 z^{-2}}{1 + a_1 z^{-1} + a_2 z^{-2}} \qquad (7\text{-}77)$$

对于一般的 n 阶离散系统来说，可以用差分方程

$$\sum_{i=0}^{N} a_i y(n-i) = \sum_{j=0}^{M} b_j x(n-j) \qquad (7\text{-}78)$$

来描述，式中，$M \leqslant N$，$a_0 = 1$，a_i（$i = 1, \cdots, N$）、b_j（$j = 0, 1, \cdots, M$）为实常数。当 $x(n)$ 为因果序列，初始条件为 $y(-1), y(-2), \cdots, y(-N)$（$y(n)$ 是非因果双边序列）时，因为我们关心的是 $n \geqslant 0$ 时系统的响应，可以将式（7-78）两边同时乘 $\varepsilon(n)$，得

$$\sum_{i=0}^{N} a_i y(n-i)\varepsilon(n) = \sum_{j=0}^{M} b_j x(n-j)\varepsilon(n) \qquad (7\text{-}79)$$

由双边序列 $y(n)$ 移位后的序列 $y(n-i)$ 的单边 z 变换可知

$$Z[y(n-i)\varepsilon(n)] = z^{-i} Y(z) + \sum_{l=-i}^{-1} y(l) z^{-(l+i)} = z^{-i}\left(Y(z) + \sum_{l=-i}^{-1} y(l) z^{-l}\right) \qquad (7\text{-}80)$$

对式（7-79）两边取单边 z 变换，得

$$a_0 Y_{\mathrm{s}}(z) + \sum_{i=1}^{N} a_i z^{-i}\left[Y_{\mathrm{s}}(z) + \sum_{l=-i}^{-1} y(l)z^{-l}\right] = \sum_{j=0}^{M} b_j z^{-j} X_{\mathrm{s}}(z)$$

整理得

$$\sum_{i=0}^{N} a_i z^{-i} Y_{\mathrm{s}}(z) + \sum_{i=1}^{N} a_i z^{-i}\sum_{l=-i}^{-1} y(l)z^{-l}] = \sum_{j=0}^{M} b_j z^{-j} X_{\mathrm{s}}(z) \qquad (7\text{-}81)$$

由此可得，输出 $y(n)$ 的单边 z 变换为

$$Y_{\mathrm{s}}(z) = \frac{-\displaystyle\sum_{i=1}^{N} a_i z^{-i}\left[\sum_{l=-i}^{-1} y(l)z^{-l}\right]}{\displaystyle\sum_{i=0}^{N} a_i z^{-i}} + \frac{\displaystyle\sum_{j=0}^{M} b_j z^{-j}}{\displaystyle\sum_{i=0}^{N} a_i z^{-i}} X_{\mathrm{s}}(z) \qquad (7\text{-}82)$$

根据系统函数的定义，即零初始条件下的输出 z 变换与输入 z 变换的比值，式（7-78）描述的线性移不变离散时间系统的系统函数为

$$H(z) = \frac{\displaystyle\sum_{j=0}^{M} b_j z^{-j}}{\displaystyle\sum_{i=0}^{N} a_i z^{-i}} = \frac{b_0 + b_1 z^{-1} + b_2 z^{-2} + \cdots + b_M z^{-M}}{a_0 + a_1 z^{-1} + a_2 z^{-2} + \cdots + a_N z^{-N}} \qquad (7\text{-}83)$$

式（7-78）和式（7-83）是 n 阶线性移不变离散时间系统在时域的差分方程和 z 域的系统函数，它们之间是一一对应的关系。

对于 n 阶线性移不变离散时间系统，如果输入 $x(n)$ 为因果信号，即 $x(-i)$（$i = 1, 2, \cdots, M$）等于零，则零时刻之前的零状态响应为

$$y_{\mathrm{zs}}(-i) = 0, \qquad i = 1,2,\cdots,N \qquad (7\text{-}84)$$

其零时刻之前的零输入响应 $y_{\mathrm{zi}}(-i)$（$i = 1, 2, \cdots, N$）由系统的初始值 $y(-i)$（$i = 1, 2, \cdots, N$）决定，即

$$y_{\mathrm{zi}}(-i) = y(-i), \quad i = 1,2,\cdots,N \qquad (7\text{-}85)$$

初始值 $y(i)$ 和 $y(-i)$ 可根据系统差分方程应用递推法相互转换。零时刻之后的响应根据初始条件、输入信号和差分方程递推求得，也可以通过 z 变换求得。

【例 7-27】 已知离散系统的差分方程为 $y(n) - 2y(n-1) + 3y(n-2) = x(n)$，输入 $x(n) = \varepsilon(n)$，假定 $y(0) = 1$，$y(1) = 2$，求零时刻之前的状态。

解：令 $n = 1$，可求出：$y(-1) = (1/3)[-y(1) + 2y(0) + x(1)] = 1/3$，令 $n = 0$，可求出：$y(-2) = (1/3)[-y(0) + 3y(-1) + x(0)] = 1/3$，若已知 $y(-1)$、$y(-2)$、$x(n)$，则可以通过差分方程 $y(n) - 2y(n-1) + 3y(n-2) = x(n)$ 求出 $y(0)$ 和 $y(1)$。也可以根据上述差分方程和初始条件，用递推法求出零输入响应和零状态响应。

【例 7-28】 已知二阶离散系统的差分方程为 $y(n) - 4y(n-1) - 5y(n-2) = x(n-1)$，$x(n) = \varepsilon(n)$，$y(-1) = 1$，$y(-2) = 1$。求系统的完全响应 $y(n)$、零输入响应 $y_{\mathrm{zi}}(n)$ 和零状态响应 $y_{\mathrm{zs}}(n)$。

解：输入 $x(n)$ 的 z 变换为

$$X(z) = Z[\varepsilon(n)] = z / (z-1), \qquad |z| > 1$$

对系统差分方程两端取单边 z 变换，得

$$Y(z) - 4[z^{-1}Y(z) + y(-1)] - 5[z^{-2}Y(z) + y(-2) + y(-1)z^{-1}] = z^{-1}X(z)$$

将 $X(z)$ 和初始条件 $y(-1)$、$y(-2)$ 代入上式，得系统输出 $y(n)$ 完全响应的 z 变换为

$$Y(z) = \frac{(4 + 5z^{-1})y(-1) + 5y(-2)}{1 - 4z^{-1} - 5z^{-2}} + \frac{z^{-1}}{1 - 4z^{-1} - 5z^{-2}}X(z) = \frac{9z^2 + 5z}{z^2 - 4z - 5} + \frac{z}{z^2 - 4z - 5}X(z)$$

$$= \frac{\frac{2}{3}z}{z+1} + \frac{8\frac{1}{3}z}{z-5} + \left(\frac{-\frac{1}{6}z}{z+1} + \frac{\frac{1}{6}z}{z-5}\right)\frac{z}{z-1} = \left(\frac{\frac{2}{3}z}{z+1} + \frac{8\frac{1}{3}z}{z-5}\right) + \left(\frac{-\frac{1}{12}z}{z+1} + \frac{\frac{5}{24}z}{z-5} + \frac{-\frac{1}{8}z}{z-1}\right), \quad |z| > 5$$

零输入响应的 z 变换为

$$Y_{zi}(z) = \frac{(4 + 5z^{-1})y(-1) + 5y(-2)}{1 - 4z^{-1} - 5z^{-2}} = \frac{9z^2 + 5z}{z^2 - 4z - 5} = \frac{\frac{2}{3}z}{z+1} + \frac{8\frac{1}{3}z}{z-5}, \quad |z| > 5$$

零状态响应的 z 变换为

$$Y_{zs}(z) = \frac{z^{-1}}{1 - 4z^{-1} - 5z^{-2}}X(z) = \frac{z}{z^2 - 4z - 5}X(z) = \frac{z}{z^2 - 4z - 5} \cdot \frac{z}{z-1}$$

$$= \frac{z^2}{(z+1)(z-5)(z-1)} = \frac{-\frac{1}{12}z}{z+1} + \frac{\frac{5}{24}z}{z-5} + \frac{-\frac{1}{8}z}{z-1}, \qquad |z| > 5$$

分别求 $Y(z)$、$Y_{zi}(z)$、$Y_{zs}(z)$ 的 z 反变换，得

$$y(n) = Z^{-1}[Y(z)] = \frac{2}{3}(-1)^n \varepsilon(n) + 8\frac{1}{3}(5)^n \varepsilon(n) - \frac{1}{12}(-1)^n \varepsilon(n) + \frac{5}{24}(5)^n \varepsilon(n) - \frac{1}{8}\varepsilon(n)$$

$$= \frac{7}{12}(-1)^n \varepsilon(n) + 8 \times \frac{13}{24}(5)^n \varepsilon(n) - \frac{1}{8}\varepsilon(n)$$

$$y_{zi}(n) = Z^{-1}[Y_{zi}(z)] = Z^{-1}\left[\frac{\frac{2}{3}z}{z+1} + \frac{8\frac{1}{3}z}{z-5}\right] = \frac{2}{3}(-1)^n \varepsilon(n) + 8\frac{1}{3}(5)^n \varepsilon(n)$$

$$y_{zs}(n) = Z^{-1}[Y_{zs}(z)] = Z^{-1}\left[\frac{-\frac{1}{12}z}{z+1} + \frac{\frac{5}{24}z}{z-5} + \frac{-\frac{1}{8}z}{z-1}\right] = -\frac{1}{12}(-1)^n \varepsilon(n) + \frac{5}{24}(5)^n \varepsilon(n) - \frac{1}{8}\varepsilon(n)$$

也可以直接用 $y(n) = y_{zi}(n) + y_{zs}(n)$ 求出完全响应。

7.6 离散时间系统的零、极点与时域响应

对于线性移不变离散时间因果系统，系统函数 $H(z)$ 与系统差分方程有着确定的对应关系；系统的输入 $X(z)$ 和系统函数 $H(z)$ 决定系统的零状态响应；由系统函数可以得到系统的

结构框图。下面将进一步讨论系统函数 $H(z)$ 与离散时间系统时域响应、频率响应和稳定性的关系。系统的特性取决于 $H(z)$ 的零、极点在复平面上的分布。

7.6.1　$H(z)$的零、极点

差分方程式（7-78）描述的线性移不变离散时间因果系统可以用式（7-83）的系统函数 $H(z)$ 描述，通常可以表示为 z 的有理分式，令式（7-83）中的 $a_0 = 1$，得

$$H(z) = \frac{B(z)}{A(z)} = \frac{b_0 + b_1 z^{-1} + b_2 z^{-2} + \cdots + b_M z^{-M}}{1 + a_1 z^{-1} + a_2 z^{-2} + \cdots + a_N z^{-N}} = \frac{\sum_{r=0}^{M} b_r z^{-r}}{1 + \sum_{k=1}^{N} a_k z^{-k}} \tag{7-86}$$

式中，a_i（$i = 1, 2, \cdots, N$）、b_j（$j = 0, 1, 2, \cdots, M$）为实常数。$H(z)$ 也可以表示为

$$H(z) = \frac{\sum_{r=0}^{M} b_r z^{-r}}{1 + \sum_{k=1}^{N} a_k z^{-k}} = G \frac{\prod_{r=1}^{M}(1 - z_r z^{-1})}{\prod_{k=1}^{N}(1 - p_k z^{-1})} \tag{7-87}$$

式中，G 为系统函数的幅度因子，分子中的因子 $(1 - z_r z^{-1})$ 在 $z = z_r$ 处产生一个 $H(z)$ 的零点，在 $z = 0$ 处产生一个极点，分母中的因子 $(1 - p_k z^{-1})$ 在 $z = p_k$ 处产生一个 $H(z)$ 的极点，在 $z = 0$ 处产生一个零点。$H(z)$ 的极点 $z = p_k$ 和零点 $z = z_r$ 可能是实数、虚数或复数。由于系数 a_i、b_j 都是实数，所以，若极点（零点）为虚数或复数，则必然共轭成对出现。

假设 $M \leqslant N$，将式（7-86）的分子、分母同乘 z^N，可以将其写成 z 的正幂形式

$$H(z) = z^{N-M} \frac{b_0 z^M + b_1 z^{M-1} + b_2 z^{M-2} + \cdots + b_{M-1} z + b_M}{z^N + a_1 z^{N-1} + a_2 z^{N-2} + \cdots + a_{N-1} z + a_N} = G z^{N-M} \frac{\prod_{r=1}^{M}(z - z_r)}{\prod_{k=1}^{N}(z - p_k)} \tag{7-88a}$$

由式（7-88a）可以看出，系统在 $z = 0$ 处有一个 $N - M$ 阶零点。

假设 $N < M$，将式（7-86）的分子、分母同乘 z^M，可以将其写成 z 的正幂形式

$$H(z) = \frac{1}{z^{M-N}} \frac{b_0 z^M + b_1 z^{M-1} + b_2 z^{M-2} + \cdots + b_{M-1} z + b_M}{z^N + a_1 z^{N-1} + a_2 z^{N-2} + \cdots + a_{N-1} z + a_N} = G z^{N-M} \frac{\prod_{r=1}^{M}(z - z_r)}{\prod_{k=1}^{N}(z - p_k)} \tag{7-88b}$$

由式（7-88b）可以看出，系统在 $z = 0$ 处有一个 $M - N$ 阶极点。

由式（7-87）可以看出，除常数 G 外，系统函数完全由其极点和零点决定。因此，系统函数 $H(z)$ 的零、极点分布和它的收敛域决定了系统的特性。

【例 7-29】系统函数为 $H_1(z) = \dfrac{3z^2}{z^2 + 2z + 2}$，$H_2(z) = \dfrac{3z^2 + 2z + 1}{z^3 + 2z + 2}$，画出其零、极点分布图。

解：系统函数可分解为

$$H_1(z) = \frac{3z^2}{z^2 + 2z + 2} = \frac{3z^2}{(z + 1 + \mathrm{j})(z + 1 - \mathrm{j})}$$

有一个二阶零点 0，一对共轭极点 $-1\pm j$。用同样的方法可以得到 $H_2(z)$ 的零、极点。用 MATLAB 画出 $H_1(z) = \dfrac{3z^2}{z^2+2z+2} = \dfrac{3}{1+2z^{-1}+2z^{-2}}$ 的零、极点分布图，如图 7-7(a)所示，以及

$H_2(z) = \dfrac{3z^2+2z+1}{z^3+2z+2} = \dfrac{0+3z^{-1}+2z^{-2}+z^{-3}}{1+0z^{-1}+2z^{-2}+2z^{-3}}$ 的零、极点分布图，如图 7-7(b)所示。

MATLAB 程序为

```
%cp7liti29.m
b=[3]; a=[1 2 2];
subplot(121), zplane(b,a),grid on,title('零、极点分布图')
b=[0 3 2 1]; a=[1 0 2 2];
subplot(122), zplane(b,a),grid on, title('零、极点分布图')
```

前面的 MATLAB 程序指令 zplane(b,a)中的"b"和"a"是指下式中的系数

$$H(z) = \frac{B(z)}{A(z)} = \frac{b_1 + b_2 z^{-1} + \cdots + b_{n+1} z^{-n}}{a_1 + a_2 z^{-1} + \cdots + a_{m+1} z^{-m}}$$

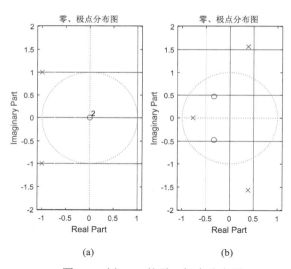

(a)   (b)

图 7-7　例 7-29 的零、极点分布图

7.6.2　$H(z)$ 的极点与时域响应

对于线性移不变离散时间因果系统来说，系统函数 $H(z)$ 和单位样值响应 $h(n)$ 是一对单边 z 变换对。$H(z)$ 的极点的性质及极点在 z 平面上的分布决定了 $h(n)$ 的形式。$H(z)$ 的零点影响 $h(n)$ 的幅值和相位，$H(z)$ 的极点决定系统自由响应的形式。下面主要讨论线性移不变离散时间因果系统的系统函数 $H(z)$ 的极点的不同分布对 $h(n)$ 的影响。

（1）单位圆内极点。

若 $H(z)$ 在单位圆内有一阶实数极点 $z = p_i$，$|p_i| < 1$，则 $H(z)$ 中含有部分分式 $H_i(z) = K_i \dfrac{z}{z-p_i}$。根据 z 反变换可知，$h(n)$ 中有形式为 $h_i(n) = K_i p_i^n \varepsilon(n)$ 的项，这是一个衰减

的指数函数。若 $H(z)$ 在单位圆内有二阶实极点 $z = p_i$，$|p_i| < 1$，则 $H(z)$ 中含有部分分式 $H_i(z) = K_i \dfrac{z}{(z - p_i)^2}$。根据 z 反变换可知，$h(n)$ 中有形式为 $h_i(n) = K_i n p^{n-1} \varepsilon(n)$ 的项，可以看出随着 n 增大，其响应是衰减的。

若 $H(z)$ 在单位圆内有一阶共轭复极点 $z = p_{1,2} = r \mathrm{e}^{\pm \mathrm{j}\beta}$，$r < 1$，则 $H(z)$ 的分母中就有因子 $(z - r\mathrm{e}^{\mathrm{j}\beta})(z - r\mathrm{e}^{-\mathrm{j}\beta})$，根据 z 反变换可知，$h(n)$ 中有形式为 $A r^n \cos(\beta n + \theta)\varepsilon(n)$ 的项，这是一个指数衰减的正弦波。若 $H(z)$ 在单位圆内有二阶共轭复极点 $p_{1,2} = r\mathrm{e}^{\pm \mathrm{j}\beta}$，则 $H(z)$ 的分母中就有因子 $(z - r\mathrm{e}^{\mathrm{j}\beta})^2 (z - r\mathrm{e}^{-\mathrm{j}\beta})^2$，$h(n)$ 中就有形式为 $A n r^{n-1} \cos[\beta(n-1) + \theta]\varepsilon(n)$ 的项，可以看出，随着 n 增大，其响应是衰减的。

如果 $H(z)$ 在单位圆内有二阶以上的极点，这些极点对应的 $h(n)$ 的幅值在整体上随着 n 的增大而减小，最终趋于零。因此，$H(z)$ 在单位圆内的所有极点对应的 $h(n)$ 的幅值在整体上都是随 n 的增大而减小，最终趋于零的，如图 7-8 所示。

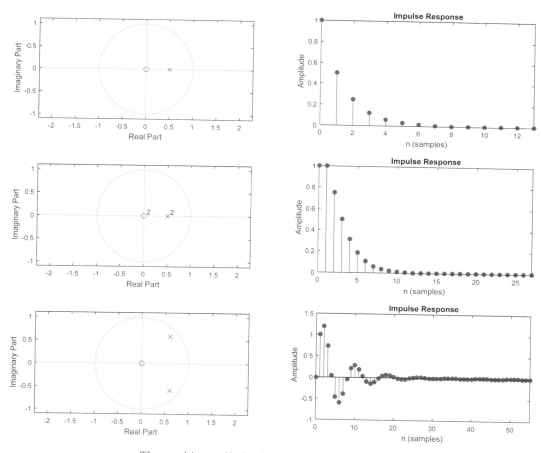

图 7-8　例 7-30 的零、极点分布图与单位样值响应

【例 7-30】　设有系统函数

$$H_1(z) = \frac{z}{z - 0.5}, \quad H_2(z) = \frac{z^2}{z^2 - z + 0.25} = \frac{z^2}{(z - 0.5)^2}, \quad H_3(z) = \frac{z}{z^2 - 1.2z + 0.7}$$

画出其零、极点分布图和单位样值响应。

解：根据系统函数写出 MATLAB 程序：

```
%cp7liti30.m
b1=[1];a1=[1 -0.5];
subplot(321),zplane(b1,a1),subplot(322),impz(b1,a1)
b2=[1];a2=[1 -1 0.25];
subplot(323),zplane(b2,a2),subplot(324),impz(b2,a2)
b3=[0 1];a3=[1 -1.2 0.7];
subplot(325),zplane(b3,a3),subplot(326),impz(b3,a3)
```

运行程序，可得其零、极点分布图和单位样值响应，如图 7-8 所示。

（2）单位圆上极点。

若 $H(z)$ 在单位圆上有一阶实极点 $p=\pm 1$，则 $H(z)$ 中就有部分分式 $H_i(z)=K_i\dfrac{z}{z\pm 1}$，根据 z 反变换可知，$h(n)$ 中就有形式为 $K_i(\pm 1)^n\varepsilon(n)$ 的项；若有二阶实极点 $p=\pm 1$，则 $H(z)$ 中就有部分分式 $H_i(z)=K_i\dfrac{z}{(z\pm 1)^2}+K_i\dfrac{z}{(z\pm 1)}$。根据 z 反变换可知，$h(n)$ 中就有形式为 $K_i n(\pm 1)^{n-1}\varepsilon(n)$ 的项。

若 $H(z)$ 在单位圆上有共轭复极点 $p_{1,2}=\mathrm{e}^{\pm j\beta}$，则 $h(n)$ 中就有形式为 $A\cos(\beta n+\theta)\varepsilon(n)$ 的项；若有二阶共轭复极点 $p_{1,2}=\mathrm{e}^{\pm j\beta}$，根据 z 反变换可知，$h(n)$ 中就有形式为 $An\cos[\beta(n-1)+\theta]\varepsilon(n)$ 的项。

因此，$H(z)$ 在单位圆上的一阶极点对应 $h(n)$ 的响应为阶跃序列或正弦序列；$H(z)$ 在单位圆上的二阶及二阶以上极点对应 $h(n)$ 中的响应都是随 n 的增大而增大的，最终趋于无穷大，如图 7-9 所示。

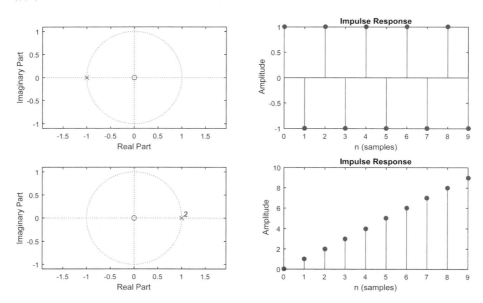

图 7-9　单位圆上的极点分布图与单位样值响应

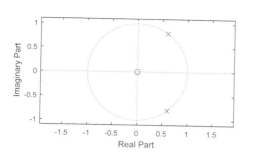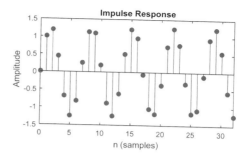

图 7-9　单位圆上的极点分布图与单位样值响应（续）

（3）单位圆外极点。

$H(z)$ 在单位圆外的极点对应 $h(n)$ 中的响应与单位圆内极点对应的 $h(n)$ 中的响应形式相似，但都随 n 的增大而增大，最终趋于无穷大。即系统的单位样值响应是发散的，因此系统是不稳定的，如图 7-10 所示。

【例 7-31】　设有系统函数

$$H_1(z) = \frac{z}{z+1.1}, \quad H_2(z) = \frac{z}{z^2 - 2z + 2}, \quad H_3(z) = \frac{z}{z^2 - 1.2z + 2}$$

画出其零、极点分布图和单位样值响应。

解： 与例 7-30 类同，根据系统函数写出 MATLAB 程序，得其零、极点分布图与单位样值响应，如图 7-10 所示。

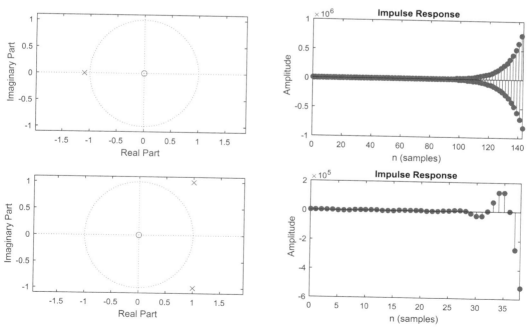

图 7-10　例 7-31 的零、极点分布图与单位样值响应

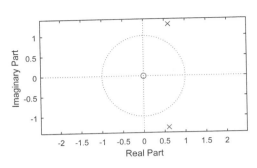 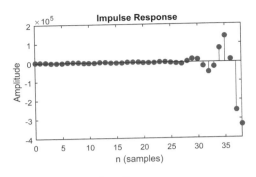

图 7-10　例 7-31 的零、极点分布图与单位样值响应（续）

7.7　线性移不变离散时间系统的稳定性

根据时域中稳定性的定义可知，要求系统的有界输入产生有界输出（BIBO），对于线性移不变离散时间系统而言，其稳定的充要条件是单位样值响应 $h(n)$ 绝对可和。下面来看系统稳定性与单位样值响应 $h(n)$ 绝对可和及收敛域包含单位圆的关系。

根据系统函数的定义可知

$$H(z) = \sum_{n=-\infty}^{\infty} h(n) z^{-n} \tag{7-89}$$

若 $H(z)$ 存在，则式（7-89）右边的级数绝对可和，即

$$\sum_{n=-\infty}^{\infty} \left| h(n) z^{-n} \right| < \infty \tag{7-90}$$

假设单位圆在 $H(z)$ 的收敛域内，即 $H(z)$ 在 $|z|=1$ 处收敛，则

$$\sum_{n=-\infty}^{\infty} \left| h(n) z^{-n} \right| \leqslant \sum_{n=-\infty}^{\infty} \left| h(n) \right| \left| z^{-n} \right|_{|z|=1} = \sum_{n=-\infty}^{\infty} \left| h(n) \right| < \infty \tag{7-91}$$

式（7-91）说明，如果 $H(z)$ 的收敛域包括单位圆，那么系统的单位样值响应绝对可和，即系统稳定。

假设系统函数 $H(z)$ 的 N 个极点 p_i（$i=1,2,\cdots,N$）均为一阶极点，则有

$$H(z) = \sum_{i=0}^{N} \frac{K_i z}{z - p_i} \tag{7-92}$$

（1）因果系统的极点、稳定性与收敛域。

对于因果系统来说，其单位样值响应 $h(n)$ 为因果序列，每个极点对应的子系统 $\dfrac{K_i z}{z - p_i}$ 的

单位样值响应为 $h_i(n) = K_i (p_i)^n \varepsilon(n)$，其 z 变换为 $\displaystyle\sum_{n=0}^{\infty} h_i(n) z^{-n} = \sum_{n=0}^{\infty} K_i (p_i^{-1} z)^{-n}$，根据级数收敛

的条件，应用比值法可得其收敛域为 $|z| > |p_i|$，因此，$H(z) = \displaystyle\sum_{i=0}^{N} \frac{K_i z}{z - p_i}$ 的收敛域为各子系统

$\dfrac{K_i z}{z - p_i}$ 的收敛域的交集，即 $|z| > \max(|p_i|,\ i = 1, 2, \cdots, N)$；由式（7-92）可得，因果系统的单位样值响应为

$$h(n) = \sum_{i=0}^{N} K_i (p_i)^n \varepsilon(n) \qquad (7\text{-}93)$$

对式（7-93）两边取绝对值，再对 n 求和，得

$$\sum_{n=0}^{\infty} |h(n)| = \sum_{n=0}^{\infty} \left| \sum_{i=0}^{N} K_i (p_i)^n \varepsilon(n) \right| \leqslant \sum_{i=0}^{N} |K_i| \sum_{n=0}^{\infty} |(p_i)^n| \qquad (7\text{-}94)$$

式中，$\displaystyle\sum_{i=0}^{N} |K_i|$ 为有限项的和，由于 K_i 是常数，所以 $\displaystyle\sum_{i=0}^{N} |K_i|$ 为有限值，当

$$\sum_{n=0}^{\infty} \left| (p_i)^n \right| < \infty \qquad (7\text{-}95)$$

时，式（7-94）为有限值，系统稳定。欲使不等式（7-95）成立，按照级数收敛的要求，必须满足

$$|p_i| < 1, \qquad i = 0, 1, 2, \cdots, N \qquad (7\text{-}96)$$

即因果系统的极点在单位圆内，系统是稳定的。

根据因果系统的收敛域 $|z| > \max(|p_i|,\ i = 1, 2, \cdots, N)$ 和稳定条件式 $|p_i| < 1$（$i = 0, 1, 2, \cdots, N$）可知，稳定的因果系统的系统函数的收敛域必须包括单位圆。

（2）非因果系统的极点、稳定性与收敛域。

当系统为非因果系统时，其单位样值响应 $h(n)$ 为非因果序列；每个极点对应的子系统 $\dfrac{K_i z}{z - p_i}$ 的单位样值响应为 $h_i(n) = -K_i (p_i)^n \varepsilon(-n-1)$，其 z 变换 $\displaystyle\sum_{n=-\infty}^{\infty} h_i(n) z^{-n} = -\sum_{n=-\infty}^{-1} K_i (p_i)^n z^{-n}$ 的收敛域为 $|z| < |p_i|$，因此 $H(z) = \displaystyle\sum_{i=0}^{N} \dfrac{K_i z}{z - p_i}$ 的收敛域为各子系统 $\dfrac{K_i z}{z - p_i}$ 的收敛域的交集，即 $H(z)$ 的收敛域为 $|z| < \min(p_i,\ i = 1, 2, \cdots, N)$。由式（7-92）描述的系统的单位样值响应为

$$h(n) = -\sum_{i=0}^{N} K_i (p_i)^n \varepsilon(-n-1) \qquad (7\text{-}97)$$

对式（7-97）两边取绝对值，再对 n 求和，得

$$\sum_{n=-\infty}^{\infty} |h(n)| = \sum_{n=-\infty}^{-1} |h(n)| = \sum_{n=-\infty}^{-1} \left| -\sum_{i=0}^{N} K_i (p_i)^n \right|$$
$$\leqslant \sum_{i=0}^{N} |K_i| \sum_{n=-\infty}^{-1} |(p_i)^n| \qquad (7\text{-}98)$$

式中，$\displaystyle\sum_{i=0}^{N} |K_i|$ 为有限项的和，由于 K_i 是常数，所以 $\displaystyle\sum_{i=0}^{N} |K_i|$ 为有限值。当

$$\sum_{n=-\infty}^{-1} \left| (p_i)^n \right| = \sum_{n=1}^{\infty} \left| (p_i^{-1})^n \right| < \infty \qquad (7\text{-}99)$$

时，式（7-98）为有限值，系统稳定。欲使不等式（7-99）成立，按照级数收敛的要求，必

须满足

$$|p_i| > 1, \quad i = 0, 1, 2, \cdots, N \tag{7-100}$$

即非因果系统的极点在单位圆以外，系统才是稳定的。

根据非因果系统的收敛域 $|z| < \min(p_i, \ i = 1, 2, \cdots, N)$ 和稳定条件 $|p_i| > 1$（$i = 0, 1, 2, \cdots, N$）可知，稳定的非因果系统的系统函数的收敛域必须包括单位圆。

（3）双边系统的极点、稳定性与收敛域。

对于双边系统来说，其单位样值响应为双边序列。其收敛域必为环状区域，即收敛域为 $R_- < |z| < R_+$。假定式（7-92）中 $0, \cdots, N_1 - 1$ 个极点对应的时域序列为因果序列，$N_1, \cdots, N$ 个极点对应的时域序列为非因果序列。将式（7-92）写成

$$H(z) = \sum_{i=0}^{N} \frac{K_i z}{z - p_i} = \sum_{i=0}^{N_1-1} \frac{K_i z}{z - p_i} + \sum_{i=N_1}^{N} \frac{K_i z}{z - p_i} \tag{7-101}$$

式（7-101）描述的系统的单位样值响应为

$$h(n) = \sum_{i=0}^{N_1-1} K_i (p_i)^n \varepsilon(n) - \sum_{i=N_1}^{N} K_i (p_i)^n \varepsilon(-n-1) \tag{7-102}$$

对式（7-102）两边取绝对值，再对 n 求和，得

$$\sum_{n=-\infty}^{\infty} |h(n)| = \sum_{n=-\infty}^{\infty} \left| \sum_{i=0}^{N_1-1} K_i (p_i)^n \varepsilon(n) - \sum_{i=N_1}^{N} K_i (p_i)^n \varepsilon(-n-1) \right| \tag{7-103}$$

$$\leqslant \sum_{i=0}^{N_1-1} |K_i| \sum_{n=0}^{\infty} |(p_i)^n| + \sum_{i=N_1}^{N} |K_i| \sum_{n=-\infty}^{-1} |(p_i)^n|$$

式中，$\sum_{i=0}^{N_1-1} |K_i|$ 和 $\sum_{i=N_1}^{N} |K_i|$ 为有限项的和，由于 K_i 是常数，所以 $\sum_{i=0}^{N_1-1} |K_i|$ 和 $\sum_{i=N_1}^{N} |K_i|$ 为有限值。当

$$\sum_{n=0}^{\infty} |(p_i)^n| < \infty \tag{7-104}$$

$$\sum_{n=-\infty}^{-1} |(p_i)^n| = \sum_{n=1}^{\infty} |(p_i^{-1})^n| < \infty \tag{7-105}$$

时，式（7-103）为有限值。

式（7-104）成立的条件是

$$|p_i| < 1, \quad i = 0, 2, \cdots, N_1 - 1 \tag{7-106}$$

即对于因果序列对应的因果子系统，其系统稳定的条件为极点在单位圆内。

式（7-105）成立的条件是

$$|p_i| > 1, \quad i = N_1, \cdots, N \tag{7-107}$$

即对于非因果序列对应的非因果子系统，其系统稳定的条件为极点在单位圆外。

对于双边系统来说，根据因果系统的收敛域和非因果系统的收敛域可知，其收敛域为

$$\max(p_i, |p_i| < 1, \; i = 0, 2, \cdots, N_1 - 1) < |z| < \min(p_i, |p_i| > 1, \; i = N_1, \cdots, N) \qquad (7\text{-}108)$$

因此稳定的双边系统的系统函数的收敛域必须包括单位圆。

由前面的分析可知，对于仅含一阶极点的线性移不变离散系统而言，系统函数的收敛域包含单位圆是系统稳定的充要条件。可以证明其结论对含多重极点的系统也成立。

【例 7-32】 线性移不变离散系统的系统函数为 $H(z) = \dfrac{z-1}{(z-0.5)(z-2)(z-3)}$，其收敛域为 ① $|z| < 0.5$；② $0.5 < |z| < 2$；③ $2 < |z| < 3$；④ $|z| > 3$。判断系统的因果性和稳定性。

解： ① 由于系统的收敛域为 $|z| < 0.5$，所以系统为非因果系统；由于收敛域不包括单位圆，所以系统不稳定。② 由于系统的收敛域为 $0.5 < |z| < 2$，所以系统为双边非因果系统；由于收敛域包括单位圆，所以系统稳定。③ 由于系统的收敛域为 $2 < |z| < 3$，所以系统为双边非因果系统；由于收敛域不包括单位圆，所以系统不稳定。④ 由于系统的收敛域为 $|z| > 3$，所以系统为因果系统；由于收敛域不包括单位圆，所以系统不稳定。

【例 7-33】 线性移不变离散系统的系统函数为 $H(z) = \dfrac{z-1}{(z-0.5-0.6\mathrm{j})(z-0.5+0.6\mathrm{j})}$，其收敛域为 ① $|z| < \sqrt{0.61}$；② $|z| > \sqrt{0.61}$。判断系统的因果性和稳定性。

解： ① 由于系统的收敛域为 $|z| < \sqrt{0.61}$，所以系统为非因果系统；由于收敛域不包括单位圆，所以系统不稳定。② 由于系统的收敛域为 $|z| > \sqrt{0.61}$，所以系统为因果系统；由于收敛域包括单位圆，所以系统稳定。

7.8　$H(z)$ 与离散时间系统的频率响应

连续系统的频率特性是指连续系统对不同频率的正弦信号的响应特性，可以用系统的单位冲激响应的傅里叶变换 $H(\mathrm{j}\omega)$ 表示，可以用系统的单位样值响应的离散时间傅里叶变换 $H(\mathrm{e}^{\mathrm{j}\Omega})$ 表示。离散系统的频率特性是指离散系统对不同频率的正弦信号的响应特性。

根据离散时间傅里叶变换的定义

$$H(\mathrm{e}^{\mathrm{j}\Omega}) = \sum_{n=-\infty}^{\infty} h(n)\mathrm{e}^{-\mathrm{j}\Omega n} \qquad (7\text{-}109)$$

和 z 变换的定义

$$H(z) = \sum_{n=-\infty}^{\infty} h(n)z^{-n} \qquad (7\text{-}110)$$

可知，当 $H(z)$ 在单位圆 $|z| = 1$ 上收敛时，令 $z = \mathrm{e}^{\mathrm{j}\Omega}$，可以由 $H(z)$ 直接求得离散系统的频率响应 $H(\mathrm{e}^{\mathrm{j}\Omega})$。若线性移不变离散系统 $H(z)$ 的收敛域包含单位圆，即系统是稳定的，系统对正弦输入信号的稳态响应描述了系统在稳态时的传输特性，则 $H(\mathrm{e}^{\mathrm{j}\Omega})$ 称为离散系统的频率响应或频率特性，它描述了在不同频点上系统的幅值传输比和相位变化情况。$H(\mathrm{e}^{\mathrm{j}\Omega})$ 为

$$H(\mathrm{e}^{\mathrm{j}\Omega}) = H(z)\big|_{z=\mathrm{e}^{\mathrm{j}\Omega}} \qquad (7\text{-}111)$$

$$H(\mathrm{e}^{\mathrm{j}\Omega}) = |H(\mathrm{e}^{\mathrm{j}\Omega})|\, \mathrm{e}^{\mathrm{j}\varphi(\Omega)} \qquad (7\text{-}112)$$

$|H(\mathrm{e}^{\mathrm{j}\Omega})|$ 称为幅频响应或幅频特性，$\varphi(\Omega)$ 称为相频响应或相频特性。

若线性移不变离散系统是不稳定的，其收敛域不包含虚轴，傅里叶变换不存在，则系统对正弦输入信号的响应就是发散的，不存在输出稳定状态，因此其频率响应不存在。由此可见，求取线性移不变离散系统的频率响应的第一步就是研究系统的稳定性，只有稳定的系统才能够由 $H(z)$ 中的 $z = \mathrm{e}^{\mathrm{j}\Omega}$ 求取系统的频率响应。

【例 7-34】 已知线性移不变离散因果系统的系统函数为 $H(z) = \dfrac{1}{z+0.5}$。系统的输入为

$$x(n) = 1 + \cos\left(\frac{\pi}{2}n\right) + \cos(\pi n), \quad -\infty < n < \infty, \quad 求系统的稳态响应。$$

解： $H(z)$ 的极点为 $z = -0.5$，在单位圆内，对于线性移不变离散因果系统来说，可以判定系统是稳定的。系统的频率响应为 $H(\mathrm{e}^{\mathrm{j}\Omega}) = H(z)\big|_{z=\mathrm{e}^{\mathrm{j}\Omega}} = \dfrac{1}{\mathrm{e}^{\mathrm{j}\Omega}+0.5}$，可以先求出 $x(n)$ 各分量的稳态响应，然后根据叠加原理求出完全响应。

（1）系统对分量 $x_0(n) = 1$ 的稳态响应。

可以将直流量 $x_0(n) = 1$ 视为 $\Omega = 0$、初相位 $\varphi = 0$ 的正弦量。当 $\Omega = 0$ 时，系统的频率响应、幅频响应、相频响应分别为 $H(\mathrm{e}^{\mathrm{j}0}) = \dfrac{1}{\mathrm{e}^{\mathrm{j}\Omega}+0.5}\bigg|_{\Omega=0} = \dfrac{2}{3} = \dfrac{2}{3}\mathrm{e}^{\mathrm{j}0}$；$|H(\mathrm{e}^{\mathrm{j}0})| = \dfrac{2}{3}$；$\varphi(\Omega) = \varphi(0) = 0$。设系统对 $x_0(n)$ 的稳态响应为 $y_0(n)$，得

$$y_0(n) = 1 \times \frac{2}{3} = \frac{2}{3}$$

（2）系统对分量 $x_1(n) = \cos\left(\dfrac{\pi}{2}n\right)$ 的稳态响应。

$x_1(n)$ 的 $\Omega = \pi/2$，初相位 $\varphi = 0$。当 $\Omega = \pi/2$ 时，系统的频率响应为

$$H(\mathrm{e}^{\mathrm{j}\Omega}) = H(\mathrm{e}^{\mathrm{j}\frac{\pi}{2}}) = \frac{1}{\mathrm{e}^{\mathrm{j}\Omega}+0.5}\bigg|_{\Omega=\frac{\pi}{2}} = \frac{1}{0.5+\mathrm{j}}$$

$$\left|H(\mathrm{e}^{\mathrm{j}\frac{\pi}{2}})\right| = 2/\sqrt{5} \approx 0.89 ; \qquad \varphi(\Omega) = \varphi\left(\frac{\pi}{2}\right) = -\arctan 2 = -63.4°$$

设系统对 $x_1(n)$ 的稳态响应为 $y_1(n)$，得

$$y_1(n) = \left|H(\mathrm{e}^{\mathrm{j}\frac{\pi}{2}})\right| \cos\left(\frac{\pi}{2}n + \varphi\left(\frac{\pi}{2}\right)\right) = 0.89\cos\left(\frac{\pi}{2}n - 63.4°\right)$$

（3）系统对分量 $x_2(n) = \cos(\pi n)$ 的稳态响应。

$x_2(n)$ 的 $\Omega = \pi$，初相位 $\varphi = 0$。当 $\Omega = \pi$ 时，系统的频率响应为

$$H(\mathrm{e}^{\mathrm{j}\Omega}) = H(\mathrm{e}^{\mathrm{j}\pi}) = \frac{1}{\mathrm{e}^{\mathrm{j}\pi}+0.5} = -2 ;$$

$$|H(\mathrm{e}^{\mathrm{j}\pi})| = 2 ; \qquad \varphi(\Omega) = \varphi(\pi) = -\pi = -180°$$

系统对 $x_2(n)$ 的稳态响应为

$$y_2(n) = \mid H(e^{j\pi}) \mid \cos\left(\pi n + \varphi(\pi)\right) = 2\cos(\pi n - 180°)$$

（4）系统对 $x(n)$ 的稳态响应。

$$y(n) = y_0(n) + y_1(n) + y_2(n) = \frac{2}{3} + 0.89\cos\left(\frac{\pi}{2}n - 63.4°\right) + 2\cos(\pi n - 180°), \qquad -\infty < n < \infty$$

【例 7-35】　求线性移不变离散因果系统 $H(z) = \dfrac{z}{2z-1}$ 的频率响应。

解： 因为线性移不变离散因果系统 $H(z)$ 的极点 $z = 1/2$ 在单位圆内，因此系统是稳定的。系统的频率响应为

$$H(e^{j\Omega}) = H(z)\big|_{z=e^{j\Omega}} = \frac{e^{j\Omega}}{2e^{j\Omega}-1} = \frac{\cos(\Omega)+j\sin(\Omega)}{2[\cos(\Omega)+j\sin(\Omega)]-1}$$

$$= 2\sqrt{\left[1+\left(\tan\frac{\Omega}{2}\right)^2\right]\bigg/\left[1+9\left(\tan\frac{\Omega}{2}\right)^2\right]}\,e^{j\left(\frac{\Omega}{2}-\arctan\left(3\tan\frac{\Omega}{2}\right)\right)}$$

系统的幅频响应和相频响应分别为

$$\mid H(e^{j\Omega}) \mid = \sqrt{\left[1+\left(\tan\frac{\Omega}{2}\right)^2\right]\bigg/\left[1+9\left(\tan\frac{\Omega}{2}\right)^2\right]}\,;$$

$$\varphi(\Omega) = \frac{\Omega}{2} - \arctan\left(3\tan\frac{\Omega}{2}\right)$$

可以用 MATLAB 画出幅频特性和相频特性，运行下列程序

```
%cp7liti36.m
b=[1 0];a=[2 -1];[H,w]=freqz(b,a,512,'whole');
Ha=abs(H); Hb=angle(H);
plot(w/pi,Ha,'-',w/pi,Hb,'-.'), legend('幅频特性','相频特性')
```

可得幅频特性和相频特性，如图 7-11 所示。

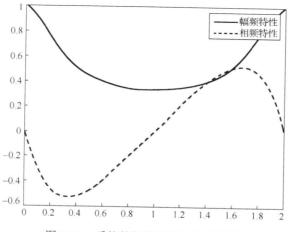

图 7-11　系统的幅频特性和相频特性

7.9 z 域与 s 域的关系

对连续时间信号 $x(t)$ 进行均匀抽样后，可得到离散时间信号

$$x_s(t) = x(t)\delta_T(t) = x(t)\sum_{n=-\infty}^{\infty}\delta(t-nT) = \sum_{n=-\infty}^{\infty}x(nT)\,\delta(t-nT) \tag{7-113}$$

对式（7-113）两边取双边拉普拉斯变换，得

$$X_s(s) = \mathcal{L}\left[x_s(t)\right] = \sum_{n=-\infty}^{\infty}x(nT)\mathrm{e}^{-nsT} \tag{7-114}$$

令 $\mathrm{e}^{sT} = z$，将 $X_s(s)$ 记为 $X(z)$，将 $x(nT)$ 记为 $x(n)$，则式（7-114）可写为

$$X(z) = \sum_{n=-\infty}^{\infty}x(n)z^{-n} \tag{7-115}$$

由此得复变量 z 和 s 的关系为

$$z = \mathrm{e}^{sT} \tag{7-116}$$

$$s = \frac{1}{T}\ln z \tag{7-117}$$

式中，T 为抽样周期。

设

$$s = \sigma + \mathrm{j}\omega \tag{7-118}$$

则

$$z = \mathrm{e}^{sT} = \mathrm{e}^{(\sigma+\mathrm{j}\omega)T} = \mathrm{e}^{\sigma T}\mathrm{e}^{\mathrm{j}\omega T} \tag{7-119}$$

设

$$z = r\mathrm{e}^{\mathrm{j}\Omega} \tag{7-120}$$

根据式（7-119）可得

$$r = \mathrm{e}^{\sigma T} \tag{7-121}$$

$$\Omega = \omega T \tag{7-122}$$

由式（7-121）可知，当 $\sigma < 0$（为负值）时，$r < 1$，即 s 平面的左半平面映射为 z 平面的单位圆（$|z|=1$）的内部；当 $\sigma > 0$ 时，$r > 1$，即 s 平面的右半平面映射为 z 平面的单位圆的外部；当 $\sigma = 0$ 时，$r = 1$，即 s 平面的 $\mathrm{j}\omega$ 轴映射为 z 平面的单位圆，如图 7-12 所示。式（7-121）、式（7-122）还表明，s 平面上的实轴（$\mathrm{j}\omega = 0$，$s = \sigma$）映射为 z 平面的正实轴（$\Omega = 0$，$z = r$）；s 平面上的原点（$\sigma = 0$，$\mathrm{j}\omega = 0$）映射为 z 平面上的 $z = 1$ 的点（$\Omega = 0$，$r = 1$）；s 平面上任意一点 s_i 的映射为 z 平面上的点 $z_i = \mathrm{e}^{s_i T}$。

由式（7-119）可知

$$z = \mathrm{e}^{sT} = \mathrm{e}^{(\sigma+\mathrm{j}\omega)T} = \mathrm{e}^{\sigma T}\mathrm{e}^{\mathrm{j}\omega T} = \mathrm{e}^{\sigma T}\mathrm{e}^{\mathrm{j}(\omega+2k\pi/T)T} \qquad (7\text{-}123)$$

s 平面的 $\mathrm{j}\omega$ 轴的 ω 每变化 $2\pi/T$，在 z 平面上，Ω 就变化 2π。因此，从 s 平面到 z 平面的映射不是单值，z 平面上的一点 $z = r\mathrm{e}^{\mathrm{j}\Omega}$ 映射到 s 平面上将有无穷多个点。

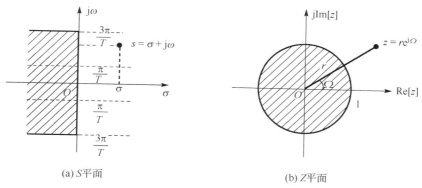

(a) S平面　　　　　　　　　　(b) Z平面

图 7-12　s 平面与 z 平面的映射关系

7.10　离散系统的结构

离散系统的结构是离散系统分析、设计和实现的基础。与连续系统类似，离散系统也可以用方框图、信号流图表示。若已知离散系统的差分方程或系统函数，则可以采用若干基本单元互连的方式来描述离散系统。

7.10.1　离散系统的方框图的实现

离散系统的基本单元有乘法器(数乘器)、加法器和单位移位器，如图 7-13 所示。图 7-13(a) 表示乘法器的时域和 z 域形式，图 7-13(b)表示加法器的时域和 z 域形式，图 7-13(c)表示单位移位器（或称单位延迟器）的时域和 z 域形式，并且假定单位移位器的初始状态 $y(-1) = 0$。

图 7-14 所示为离散系统，其中，$x(n)$ 和 $y(n)$ 分别为系统的输入和输出。可以通过图 7-13 中的基本运算单元连接，以及串联、并联或串并混合来表示一个复杂的离散系统。

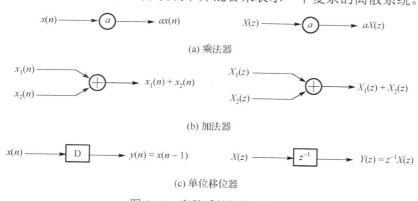

(a) 乘法器

(b) 加法器

(c) 单位移位器

图 7-13　离散系统的基本单元

根据离散系统的差分方程或系统函数 $H(z)$ ，可得系统的方框图。

$x(n) \longrightarrow \boxed{} \longrightarrow y(n)$

图 7-14　离散系统

【例 7-36】　已知二阶离散系统的系统函数为

$$H(z) = \frac{b_0 + b_1 z^{-1} + b_2 z^{-2}}{1 + a_1 z^{-1} + a_2 z^{-2}} \qquad (7\text{-}124)$$

画出系统的方框图。

解：根据系统函数 $H(z) = \dfrac{Y(z)}{X(z)} = \dfrac{b_0 + b_1 z^{-1} + b_2 z^{-2}}{1 + a_1 z^{-1} + a_2 z^{-2}}$ ，得到系统差分方程

$$y(n) + a_1 y(n-1) + a_2 y(n-2) = b_0 x(n) + b_1 x(n-1) + b_2 x(n-2) \qquad (7\text{-}125)$$

$x(n)$ 延迟一个单元，即经过一个单位延迟环节 D，可以得到 $x(n-1)$ ， $x(n-1)$ 经过一个单位延迟环节 D，可以得到 $x(n-2)$ 。 $y(n)$ 延迟一个单元，即经过一个单位延迟环节，可以得到 $y(n-1)$ ， $y(n-1)$ 经过一个单位延迟环节，可以得到 $y(n-2)$ 。根据式（7-125）可得系统的方框图，如图 7-15 所示。

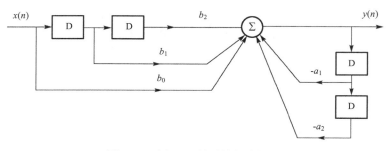

图 7-15　例 7-37 的系统的方框图

式（7-124）可以写成两个系统级联的形式

$$H(z) = \frac{b_0 + b_1 z^{-1} + b_2 z^{-2}}{1 + a_1 z^{-1} + a_2 z^{-2}} = \frac{1}{1 + a_1 z^{-1} + a_2 z^{-2}} (b_0 + b_1 z^{-1} + b_2 z^{-2}) = H_1(z) H_2(z) \qquad (7\text{-}126)$$

$$H_1(z) = \frac{F(z)}{X(z)} = \frac{1}{1 + a_1 z^{-1} + a_2 z^{-2}} \qquad (7\text{-}127)$$

$$H_2(z) = \frac{Y(z)}{F(z)} = b_0 + b_1 z^{-1} + b_2 z^{-2} \qquad (7\text{-}128)$$

由式（7-127）可得方框图，如图 7-16(a)所示，由式（7-128）可得方框图，如图 7-16(b)所示。将两个系统合并后，如图 7-17 所示。

对于一般的 N 阶线性移不变离散系统来说，可以用差分方程

$$y(n) + \sum_{i=1}^{N} a_i y(n-i) = \sum_{j=0}^{M} b_j x(n-j) \qquad (7\text{-}129)$$

来描述。其系统函数可以描述为

$$H(z) = \frac{Y(z)}{X(z)} = \frac{\displaystyle\sum_{j=0}^{M} b_j z^{-j}}{1 + \displaystyle\sum_{i=1}^{N} a_i z^{-i}} \tag{7-130}$$

式（7-129）或式（7-130）可直接用图 7-18 来描述。

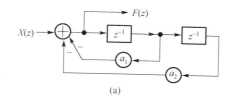

(a)

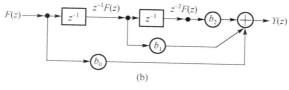

(b)

图 7-16　子系统的方框图

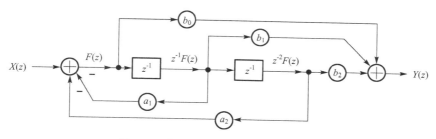

图 7-17　例 7-36 的二阶系统的方框图

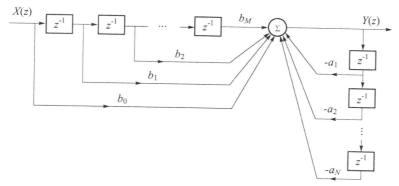

图 7-18　式（7-130）所描述的系统的方框图

$$H(z) = \frac{Y(z)}{X(z)} = \frac{1}{1 + \displaystyle\sum_{i=1}^{N} a_i z^{-i}} \left(\sum_{j=0}^{M} b_j z^{-j} \right) = H_1(z) H_2(z) \tag{7-131}$$

式中,

$$H_1(z) = \frac{F(z)}{X(z)} = \frac{1}{1 + \sum_{i=1}^{N} a_i z^{-i}}$$ （7-132）

$$H_2(z) = \frac{Y(z)}{F(z)} = \sum_{j=0}^{M} b_j z^{-j}$$ （7-133）

其差分方程分别为

$$f(n) = -\sum_{i=1}^{N} a_i f(n-i) + x(n)$$ （7-134）

$$y(n) = \sum_{j=0}^{M} b_j f(n-j)$$ （7-135）

对应的系统方框图分别如图 7-19(a)和图 7-19(b)所示。

图 7-19(a)输出的 $F(z)$ 和图 7-19(b)输入的 $F(z)$ 是同一个信号，可以合并起来，如图 7-20 所示。这种实现方式称为直接型结构。当阶数较高时，这种实现方式容易引起误差积累，因此应尽量避免使用这种直接实现方式，而采取由一阶、二阶系统级联或并联的形式。对于一阶或二阶的系统都可以用直接型结构来实现。

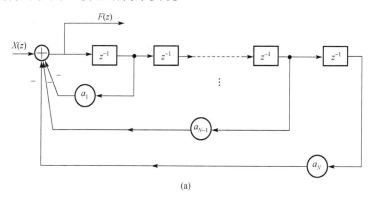

(a)

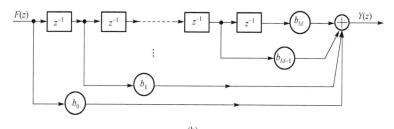

(b)

图 7-19   式（7-130）的子系统的方框图

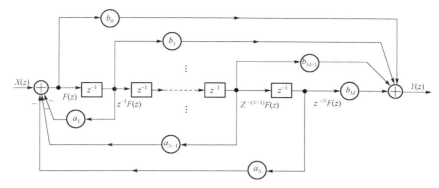

图 7-20　式（7-130）所描述的系统的直接实现方框图

7.10.2　离散系统的级联和并联

由多个线性移不变离散系统可级联成级联系统，如图 7-21 所示，图 7-21(a)为时域表达形式，图 7-21(b)为 z 域表达形式。$h_i(n)$（$i=1, 2,\cdots, N$）为第 i 个子系统的单位样值响应，$H_i(z)$（$i=1, 2,\cdots, N$）为第 i 个子系统的系统函数。若系统的单位样值响应 $h(n)$ 与各子系统的单位样值响应 $h_i(n)$ 均为因果信号，则复合系统为因果系统。

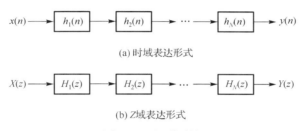

(a) 时域表达形式

(b) Z域表达形式

图 7-21　级联系统

根据线性移不变离散系统的特性可知，$h(n)$ 与 $h_i(n)$ 之间的关系为

$$h(n) = h_1(n) * h_2(n) * \cdots * h_N(n) \tag{7-136}$$

根据单边 z 变换的时域卷积特性，复合系统的系统函数 $H(z)$ 与各子系统的系统函数 $H_i(z)$ 之间的关系为

$$H(z) = H_1(z)H_2(z)\cdots H_N(z) \tag{7-137}$$

图 7-22 所示为由 n 个离散系统并联组成的并联系统。图 7-22(a)为时域表达形式，图 7-22(b)为 z 域表达形式。设并联系统为因果系统，$h(n)$ 为并联系统的单位样值响应，$H(z)$ 为并联系统的系统函数，则 $h(n)$ 与各子系统单位样值响应 $h_i(n)$ 以及 $H(z)$ 与各子系统的系统函数 $H_i(z)$ 之间的关系为

$$h(n) = \sum_{i=1}^{N} h_i(n) \tag{7-138}$$

$$H(z) = \sum_{i=1}^{N} H_i(z) \tag{7-139}$$

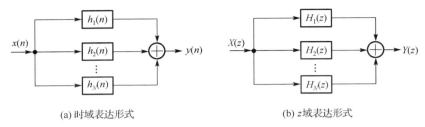

(a) 时域表达形式 (b) z域表达形式

图 7-22 并联系统

【例 7-37】 已知离散系统的方框图如图 7-23 所示。其中，三个环节的单位样值响应分别为 $h_1(n) = \delta(n-1)$ ，$h_2(n) = \delta(n-1)$ ，$h_3(n) = \delta(n-2)$ 。① 求系统的单位样值响应 $h(n)$ ；② 系统输入 $x(n) = a^n \varepsilon(n)$ 时，求系统的零状态响应 $y_{zs}(n)$ 。

解： ①求 $h(n)$ 。

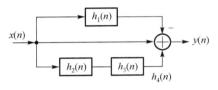

图 7-23 例 7-38 离散系统的方框图

设由子系统 $h_2(n)$ 和 $h_3(n)$ 级联组成的子系统的单位样值响应为 $h_4(n)$ ，该子系统的系统函数为 $H_4(z)$ ，则 $h_4(n) = h_2(n) * h_3(n) = \delta(n-1) * \delta(n-2) = \delta(n-3)$ ， $H_4(z) = Z[h_4(n)] = z^{-3}$ ，因此，系统的单位样值响应 $h(n)$ 为

$$h(n) = \delta(n) + h_4(n) - h_1(n) = \delta(n) + \delta(n-3) - \delta(n-1)$$

② 求系统的零状态响应 $y_{zs}(n)$ 。

$$y_{zs}(n) = x(n) * h(n) = a^n \varepsilon(n) * [\delta(n) - \delta(n-1) + \delta(n-3)] = a^n \varepsilon(n) - a^{n-1} \varepsilon(n-1) + a^{n-3} \varepsilon(n-3)$$

也可以在 z 域对上述问题进行求解

$$H(z) = Z[h(n)] = Z[\delta(n) + \delta(n-3) - \delta(n-1)] = 1 - z^{-1} + z^{-3}, \qquad |z| > 0$$

$$X(z) = Z[x(n)] = Z[x(n)] = Z[a^n \varepsilon(n)] = \frac{z}{z-a}, \qquad |z| > |a|$$

$$Y_{zs}(z) = Z[y_{zs}(n)] = X(z)H(z) = \frac{z}{z-a}(1 - z^{-1} + z^{-3}) = \frac{z}{z-a} - z^{-1}\frac{z}{z-a} + z^{-3}\frac{z}{z-a}, \qquad |z| > |a|$$

求 $Y_{zs}(z)$ 的单边 z 反变换，根据线性特性和移位特性可得

$$y_{zs}(n) = a^n \varepsilon(n) - a^{n-1} \varepsilon(n-1) + a^{n-3} \varepsilon(n-3)$$

7.11 【课程思政】——工频干扰下的低频信号检测

在工程实际中，经常会碰到低频信号检测问题，如直流电压、直流电流、温度、压力、流量、水位、含氧量等。监视这些运行参数是电力系统安全、稳定运行的基本前提。这些参数都是缓慢变化的量，其主要频谱都在几赫兹以下。这些低频信号不可避免地存在被工频信号干扰的问题。下面以低频信号检测问题为背景研究信号与系统的理论与方法在测量系统中的应用。

一般的测量系统由传感器（A）、调理电路（B）、采样保持器（C）、模数转换器（D）和

数字滤波器（E）组成，如图 7-24 所示。传感器用于将被测量转换为电信号；调理电路用于将传感器输出的电信号转换为模数转换器测量范围内的信号并进行滤波等处理；采样保持器对调理电路输出的电信号进行采样；模数转换器将采样得到的模拟量转换为数字量；数字滤波器对采集到的数字量进行滤波，以获得需要的信号，该数字滤波器就是一个离散时间系统，可以用差分方程或系统函数描述，并用一段程序或硬件电路实现。

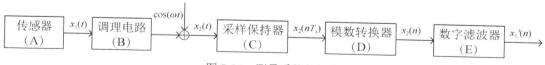

图 7-24　测量系统的组成

假设传感器（A）的输出信号 $x_1(t)$ 如图 7-25(a)所示［以 $x_1(t) = 1 + \cos(0.4\pi t) + \cos(0.8\pi t) + \cos(1.2\pi t) + \cos(1.6\pi t) + \cos(2\pi t)$ 为例］，其频谱 $X_1(f)$ 如图 7-25（b）所示，其最高频率为 $f_{max} = 1\text{Hz}$。传感器输出信号 $x_1(t)$ 经过调理电路（B）到采样保持器（C），有可能被空间电磁场干扰，假设干扰信号的频率为工频 $f_{max\,i} = 50\text{Hz}$，则采样保持器（C）的输入信号变为 $x_2(t)$，如图 7-25（c）所示［假定 $x_2(t) = x_1(t) + \cos(100\pi t)$］，其频谱 $X_2(f)$ 如图 7-25（d）所示。根据信号 $x_2(t)$ 的频谱，由抽样定理可知，其采样频率应该为 $f_{s_1} \geq 2f_{max\,i} = 100\text{Hz}$，一般取 $f_{s_1} = 4f_{max\,i} = 200\text{Hz}$（$T_{s_1} = 1/f_{s_1} = 1/200 = 0.005\text{s}$）。采样保持器输出端得到离散时间信号 $x_2(nT_{s_1})$，如图 7-25(e)所示。由采样定理的推导过程可知，离散时间信号 $x_2(nT_{s_1})$ 的频谱 $X_2(e^{j\omega})$ 是原连续信号 $x_2(t)$ 的频谱 $X_2(f)$ 的周期延拓，周期为采样频率 f_{s_1}，如图 7-25(f)所示。

离散时间信号 $x_2(nT_{s_1})$ 通过模数转换器变成数字信号被输入微机后在内存中被存储，微机对存储的信号进行数字处理，该数字处理相当于一个线性移不变离散时间因果系统 $H(z)$（关于 $H(z)$ 的设计问题超出了本书的范围，可参考 "数字信号处理" 方面的书籍），假设用差分方程描述为

$$y(n) = 0.25x(n) + 0.25x(n-1) + 0.25x(n-2) + 0.25x(n-3) \tag{7-140}$$

两边取单边 z 变换，得系统函数 $H(z)$

$$H(z) = 0.25 + 0.25z^{-1} + 0.25z^{-2} + 0.25z^{-3} \tag{7-141}$$

$H(z)$ 的三阶极点 $z = 0$ 在单位圆内，系统是稳定的，可以用计算机编程实现滤波，滤除 $x_2(n)$ 中的干扰信号，获得与 $x_1(t)$ 相对应的离散时间信号 $x_1(nT_{s_1})$ 的近似值 $x_1'(n)$。离散时间系统 $H(z)$ 的单位样值响应如图 7-25(g)所示，其频率特性 $H(e^{j\omega})$ 如图 7-25(h)所示。从图 7-25(h) 中可以看出，它是一个低通滤波器。$x_1'(n)$ 及其频谱如图 7-25(i)和图 7-25(j)所示。从时域中可以看出，$x_1'(n)$ 与 $x_1(nT_{s_1})$ 的幅值基本一致，时间上有一定的延迟，幅频特性基本一致。

用 MATLAB 表示信号 $x_1(t)$ 的程序如下

```
t=0:0.01:5;x=0.5+cos(0.2*2*pi*t)+cos(0.4*2*pi*t)+cos(0.6*2*pi*t)+cos(0
.8*2*pi*t)+cos(2*pi*t);
    plot(t,x), xlabel('t/s'), ylabel('x(t)')
```

运行结果如图 7-25(a)所示。

对信号 $x_1(t)$ 进行频谱分析，得到频谱 $|X_1(f)|$，用 MATLAB 实现的程序如下

```
Clear,N=20;k=1:1:N;t=0.25;
x(k)=0.5+cos(0.2*2*pi*k*t)+cos(0.4*2*pi*k*t)+cos(0.6*2*pi*k*t)
     +cos(0.8*2*pi*k*t)+cos(2*pi*k*t);
X=1/N*fft(x,N);
i=N/2+1:1:N; X(i)=0;
stem((k-1)/t/N,abs(X)),xlabel('f/Hz'),ylabel('abs(X(k)')
```

运行结果如图 7-25(b)所示。
用 MATLAB 表示 $x_2(t)$ 的程序如下

```
t=0:0.01:5;x=0.5+cos(0.2*2*pi*t)+cos(0.4*2*pi*t)
   +cos(0.6*2*pi*t)+cos(0.8*2*pi*t)+cos(2*pi*t)+cos(50*2*pi*t);
plot(t,x), xlabel('t/s'), ylabel('x(t)')
```

运行结果如图 7-25(c)所示。
对信号 $x_2(t)$ 进行频谱分析，得到频谱 $|X_2(f)|$，用 MATLAB 实现的程序如下

```
N=1000;k=1:1:N;t=0.005;
x(k)=0.5+cos(0.2*2*pi*k*t)+cos(0.4*2*pi*k*t)+cos(0.6*2*pi*k*t)
     +cos(0.8*2*pi*k*t)+cos(2*pi*k*t)+cos(50*2*pi*k*t);X=1/N*fft(x,N);
i=1:1:N/2;XX(i)=X(i);
subplot(121);
stem((i-1)/t/N,abs(XX)), xlabel('f/Hz'),ylabel('abs(X(k)')
j=1:1:10;YY(j)=X(j);
subplot(122);
stem((j-1)/t/N,abs(YY)), xlabel('f/Hz(局部放大)'),ylabel('abs(X(k)')
```

运行结果如图 7-25(d)所示。
用 MATLAB 表示信号 $x_2(t)$ 的离散化产生信号 $x_2(nT_{s_1})$ 的程序如下

```
k=1:1:1000;t=0.005;
x(k)=0.5+cos(0.2*2*pi*k*t)+cos(0.4*2*pi*k*t)+cos(0.6*2*pi*k*t)
     +cos(0.8*2*pi*k*t)+cos(2*pi*k*t)+cos(50*2*pi*k*t)
stem(k*t,x), xlabel('t/s'),ylabel('x(t)')
```

运行结果如图 7-25(e)所示。
对信号 $x_2(n)$ 进行频谱分析，得到频谱 $|X_2(e^{j\omega})|$，用 MATLAB 实现的程序如下

```
N=1000;k=1:1:N;t=0.005;
x(k)=0.5+cos(0.2*2*pi*k*t)+cos(0.4*2*pi*k*t)+cos(0.6*2*pi*k*t)
     +cos(0.8*2*pi*k*t)+cos(2*pi*k*t)+cos(50*2*pi*k*t);
X=1/N*fft(x,N);
Y=[X X X X];
m=1:1:4*N;
stem((m-1)/t/N,abs(Y)), xlabel('f/Hz'), ylabel('abs(X(k)')
```

运行结果如图 7-25(f)所示。

用 MATLAB 实现数字低通滤波器 $H(z)$ 的单位样值响应的程序如下

```
b=[0.25 0.25 0.25 0.25];
a=[1];
impz(b,a);axis([0 10 0 0.5])
```

运行结果如图 7-25(g)所示。

数字低通滤波器 $H(z)$ 的频率特性为 $H(e^{j\omega})$，用 MATLAB 实现的程序如下

```
b=[0.25 0.25 0.25 0.25];
a=[1];
w=0:0.01*pi:pi;
[h,w]=freqz(b,a,w);
plot(w/(2*pi)*Fs,abs(h),'-'),xlabel('f/Hz');ylabel('A');
```

运行结果如图 7-25(h)所示。

经过数字低通滤波器后的信号为 $x_1'(n)$，用 MATLAB 实现的程序如下

```
clear;
k=1:1:10000;t=0.005;x(k)=0;y(k)=0.5;
x(k)=0.5+cos(0.2*2*pi*k*t)+cos(0.4*2*pi*k*t)+cos(0.6*2*pi*k*t)
+cos(0.8*2*pi*k*t)+cos(2*pi*k*t)+cos(50*2*pi*k*t);
m=4:1:10000;
y(m)=1/4*x(m)+1/4*x(m-1)+1/4*x(m-2)+1/4*x(m-3);%低通滤波器如式（7-140）所
示，输入 x(m)，输出 y(m)，获得 0～50s 内的滤波结果
k=1:1:1000;
yy(k)=y(k);x=k*t;%取开始的 5s 内的数据画图
stem(x,yy);
xlabel('t/s'), ylabel('x1(nTs2)')
```

运行结果如图 7-25(i)所示。

$x_1'(n)$ 的幅频响应为 $\left|X_1'(f)\right|$，用 MATLAB 实现的程序如下

```
clear;k=1:1:10000;t=0.005;x(k)=0;y(k)=0.5;
x(k)=0.5+cos(0.2*2*pi*k*t)+cos(0.4*2*pi*k*t)+cos(0.6*2*pi*k*t)
+cos(0.8*2*pi*k*t)+cos(2*pi*k*t)+cos(50*2*pi*k*t);
m=4:1:10000;
y(m)=1/4*x(m)+1/4*x(m-1)+1/4*x(m-2)+1/4*x(m-3);%低通滤波器如式（7-140）所示，
输入 x(m)，输出 y(m)，获得 0～50s 内的滤波结果
i=1:1:1000;yy(i)=y(9000+i);%取滤波后的稳态数据（45s 后的数据）进行频谱分析
YY=1/100*fft(yy,1000);
xx=0.2*i-0.2;
subplot(121);stem(xx,abs(YY));xlabel('f/Hz'),ylabel('A'),
i=1:1:10;YYY(i)=YY(i);z=0.2*i-0.2;
subplot(122);stem(z,abs(YYY)),xlabel('f/Hz'),ylabel('A')
```

运行结果如图 7-25(j)所示。

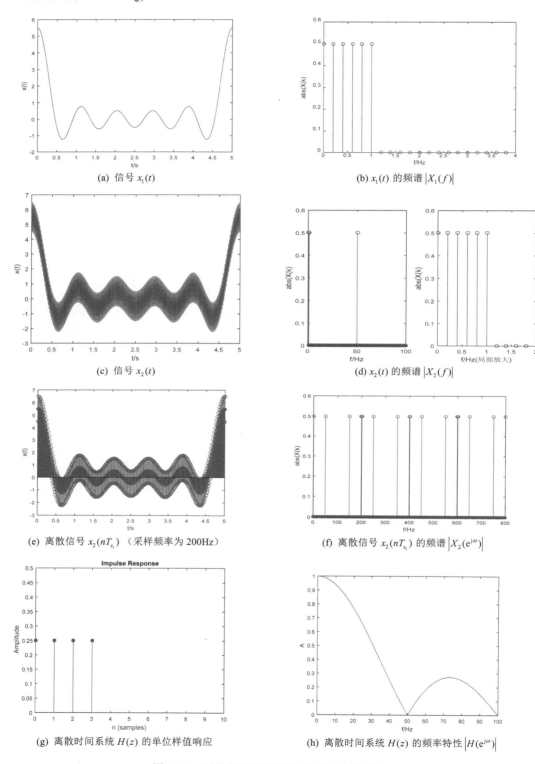

(a) 信号 $x_1(t)$

(b) $x_1(t)$ 的频谱 $|X_1(f)|$

(c) 信号 $x_2(t)$

(d) $x_2(t)$ 的频谱 $|X_2(f)|$

(e) 离散信号 $x_2(nT_{s_1})$（采样频率为 200Hz）

(f) 离散信号 $x_2(nT_{s_1})$ 的频谱 $|X_2(e^{j\omega})|$

(g) 离散时间系统 $H(z)$ 的单位样值响应

(h) 离散时间系统 $H(z)$ 的频率特性 $|H(e^{j\omega})|$

图 7-25　测量相同环节的时域信号及其频谱

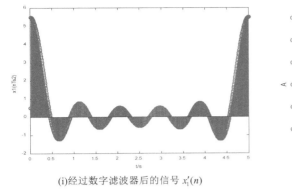

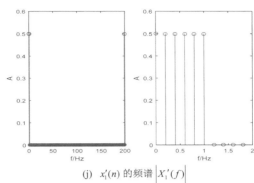

(i)经过数字滤波器后的信号 $x_1'(n)$　　　　　(j) $x_1'(n)$ 的频谱 $\left| X_1'(f) \right|$

图 7-25　测量相同环节的时域信号及其频谱（续）

前面讨论了按照抽样定理进行的采样频率确定和滤波处理，下面针对同样的系统组成（见图 7-24），如果不满足抽样定理，是否也可以恢复需要测量的信号呢？

假设信号 $x_1(t)$ 和 $x_2(t)$ 不变，如果抽样频率 f_{s_2}=20Hz（$T_{s_2} = 1 / f_{s_2} = 1 / 20 = 0.05\text{s}$）（不满足抽样定理）。采样保持器输出端得到离散时间信号 $x_2(nT_{s_2})$，如图 7-26(e)所示，其频谱如图 7-26(f)所示。由于干扰信号的频率为 50Hz，以 20Hz 的周期延拓后，在 $10\text{Hz} \pm k \times 20\text{Hz}$ 处出现了频谱混叠，干扰信号的幅值由 0.5 变成了 1.0。

$x_2(nT_{s_2})$ 经过模数转换器变成数字量 $x_2(n)$，通过一个低通滤波器 $H(z)$ 处理（关于 $H(z)$ 的设计问题超出了本书的范围，可参考"数字信号处理"方面的书籍），假设用差分方程描述为

$$y(n) = 0.5x(n) + 0.5x(n-1) \tag{7-142}$$

两边取单边 z 变换，得系统函数 $H(z)$：

$$H(z) = 0.5 + 0.5z^{-1} \tag{7-143}$$

$H(z)$ 在单位圆内有极点 $z = 0$，系统是稳定的，可以用计算机编程实现滤波，滤除 $x_2(n)$ 中的干扰信号，获得与 $x_1(t)$ 相对应的离散时间信号 $x_1(nT_{s_2})$ 的近似值 $x_1'(n)$。离散时间系统 $H(z)$ 的单位样值响应如图 7-26(g)所示，其频谱如图 7-26(h)所示。$x_1'(n)$ 及其频谱如图 7-26(i) 和图 7-26(j)所示。如果我们采用如图 7-26(h)所示的低通滤波器，则可以将该干扰信号滤除，恢复得到我们想要的低频信号 $x_1(n)$，如图 7-26(i)所示，其频谱如图 7-26(j)所示，与理想的低频信号基本一致。

图 7-26 与图 7-25 中的信号及其频谱分析，除采样频率不同外，其基本原理是一样的，其 MATLAB 程序就不在这里给出了，读者可以自行编写。

前面两个不同的采样频率所设计的系统都可以滤除干扰信号。由此可见，抽样定理只是一个充分条件意义下的定理。满足抽样定理，不会出现频谱混叠；不满足抽样定理，则会出现频谱混叠；如果抽样后的离散信号出现频谱混叠，只要在有效信号频段不出现频谱混叠，就可以通过滤波的方式滤除干扰信号，恢复有效信号；提取抽样信号中的有效信号才是我们的目的。抽样不是为了恢复原信号，提取需要的信息才是我们的目的。因此抽样定理最基本的表述应该是"抽样频率要保证有效信息不混叠"。如何做到"有效信息不混叠"，针对不同的信号特征、不同的应用、不同的分析域可能采取不同的抽样频率，这就需要我们不断探索，

找到解决问题的办法。根据前面的应用示例，还可以探讨在电气工程中经常碰到的频率波动的工频信号的干扰滤除问题、谐波干扰滤除问题等。关于滤波器的设计问题，已经超出了本书的范围，有兴趣的读者可以参考有关"数字信号处理"的文献。

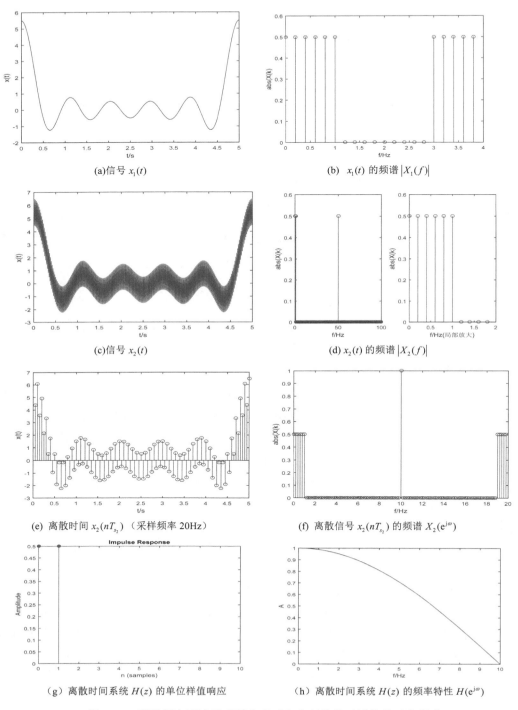

(a)信号 $x_1(t)$　　　　　　　　　　(b)　$x_1(t)$ 的频谱 $|X_1(f)|$

(c)信号 $x_2(t)$　　　　　　　　　　(d)　$x_2(t)$ 的频谱 $|X_2(f)|$

(e) 离散时间 $x_2(nT_{s_2})$ （采样频率 20Hz）　　　　　(f) 离散信号 $x_2(nT_{s_2})$ 的频谱 $X_2(\mathrm{e}^{\mathrm{j}\omega})$

（g）离散时间系统 $H(z)$ 的单位样值响应　　　　　（h）离散时间系统 $H(z)$ 的频率特性 $H(\mathrm{e}^{\mathrm{j}\omega})$

图 7-26　采样频率不满足采样定理时各个环节的时域信号及其频谱

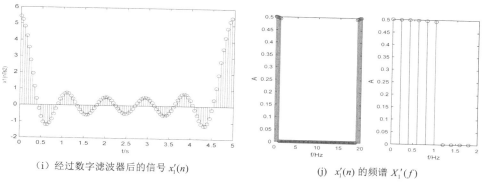

（i）经过数字滤波器后的信号 $x_1'(n)$　　　　　（j）$x_1'(n)$ 的频谱 $X_1'(f)$

图 7-26　采样频率不满足采样定理时各个环节的时域信号及其频谱（续）

7.12　小结

（1）对于序列 $x(n)$，定义 $X_{\mathrm{b}}(z) = \displaystyle\sum_{n=-\infty}^{\infty} x(n)z^{-n}$ 为双边 z 变换，定义 $X_{\mathrm{s}}(z) = \displaystyle\sum_{n=0}^{\infty} x(n)\,z^{-n}$ 为单边 z 变换。双边 z 变换和单边 z 变换的关系为

$$X_{\mathrm{b}}(z) = \sum_{n=-\infty}^{\infty} x(n)z^{-n} = \sum_{n=-\infty}^{-1} x(n)z^{-n} + \sum_{n=0}^{\infty} x(n)z^{-n} = \sum_{n=-\infty}^{-1} x(n)z^{-n} + X_{\mathrm{s}}(z)$$

z 变换是实现离散信号与系统分析的数学工具。

（2）根据级数的基本理论，z 变换存在的充分条件是其对应的正项级数收敛。判决正项级数收敛的方法有两种：比值判定法和根值判定法。

（3）利用 z 变换的性质能方便地计算信号的 z 变换或 z 反变换，更好地解决离散信号与系统的分析问题。

（4）z 反变换方法：直接法、部分分式展开法。

（5）离散系统 z 域分析方法。根据时域卷积性质可得离散系统的系统函数。可以根据 z 变换的性质把差分方程变换成 z 域的代数方程，计算系统的零输入响应、零状态响应和完全响应。

（6）系统函数 $H(z)$ 与离散系统的时域响应、频率响应和稳定性有密切关系。线性移不变离散系统的特性取决于 $H(z)$ 的零、极点在复平面上的分布。

（7）线性移不变离散因果系统的全部极点在单位圆以内，系统是稳定的；线性移不变离散非因果系统的全部极点在单位圆以外，系统是稳定的。对于双边系统，因果子系统的极点必须位于单位圆以内，非因果子系统的极点必须位于单位圆以外，系统才是稳定的。也就是说，线性移不变离散系统 $H(z)$ 的收敛域包括单位圆是系统稳定的充要条件。

（8）若线性移不变离散因果系统的系统函数 $H(z)$ 的极点全部在单位圆内，则 $H(\mathrm{e}^{\mathrm{j}\Omega})$ 称为离散系统的频率响应或频率特性 $H(\mathrm{e}^{\mathrm{j}\Omega}) = H(z)\big|_{z=\mathrm{e}^{\mathrm{j}\Omega}}$；$H(\mathrm{e}^{\mathrm{j}\Omega}) = |H(\mathrm{e}^{\mathrm{j}\Omega})|\,\mathrm{e}^{\mathrm{j}\varphi(\Omega)}$，$|H(\mathrm{e}^{\mathrm{j}\Omega})|$ 称为幅频响应或幅频特性，$\varphi(\Omega)$ 称为相频响应或相频特性。

（9）离散系统的级联和并联。

根据认识论的"理论—实践—理论"的基本认识过程，加强对基本理论的学习，通过具体实践，加深对理论和方法的理解，从而更好地指导实践，提高解决实际问题的能力。本章最后通过一个工程实例对本章的基本内容进行了贯通，以期达到理论联系实际的目的，加深读者对理论问题的理解，同时为解决实际问题提供帮助。

习　题　7

7.1　求出下列序列的 z 变换 $X(z)$，并标明收敛域。

（1）$\left(\dfrac{1}{5}\right)^n \varepsilon(n)$ 　　　　（2）$\left(-\dfrac{1}{2}\right)^n \varepsilon(n-1)$ 　　　　（3）$\left(\dfrac{1}{6}\right)^{-n} \varepsilon(n)$

（4）$\left(\dfrac{1}{4}\right)^n \varepsilon(-n)$ 　　　　（5）$-\left(\dfrac{1}{3}\right)^{n-1} \varepsilon(-n-1)$ 　　　　（6）$\delta(n-2)$

（7）$\left(\dfrac{1}{4}\right)^n [\varepsilon(n)-\varepsilon(n-5)]$ 　　（8）$\left(\dfrac{1}{2}\right)^n \varepsilon(n)+\left(\dfrac{1}{3}\right)^n \varepsilon(n-2)$ 　　（9）$\delta(n)-\dfrac{1}{5}\delta(n-3)$

7.2　已知 $X(z)=\dfrac{0.5z^{-1}}{1-2.5z^{-1}+z^{-2}}$，求在下列 3 种收敛域下的 z 反变换。

（1）$|z|>2$ 　　　（2）$|z|<0.5$ 　　　（3）$0.5<|z|<2$

7.3　求双边序列 $x(n)=\left(\dfrac{1}{4}\right)^{|n|}$ 的 z 变换，并标明收敛域。

7.4　已知序列 $x(n)$ 的 z 变换：$X(z)=\dfrac{z}{z^2-2.5z+1}$。

（1）求 $x(n)$ 为右边序列的收敛域；（2）求 $x(n)$ 为左边序列的收敛域；

（3）求 $x(n)$ 为双边序列的收敛域。

7.5　利用 z 变换的性质求下列序列的 z 变换，并标明其收敛域。

（1）$x(n)=a^n\varepsilon(-n)-a^n\varepsilon(-n-1)$ 　　　（2）$x(n)=(1/3)^n[\varepsilon(n)-\varepsilon(n-3)]$

（3）$x(n)=\varepsilon(n-1)-\varepsilon(n-6)$ 　　　（4）$(-1)^n n\varepsilon(n)$

7.6　已知因果序列的 z 变换函数表达式 $X(z)$，试计算该序列的初值 $x(0)$ 及终值 $x(\infty)$。

（1）$X(z)=\dfrac{1+z^{-1}+z^{-2}}{(1+z^{-1})(1-2z^{-1})}$ 　　（2）$X(z)=\dfrac{z^2}{z^2-1.5z+0.5}$ 　　（3）$X(z)=\dfrac{z}{z^2-0.36}$

7.7　离散时间序列 $x(n)$ 如题图 7.7 所示。

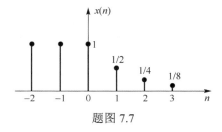

题图 7.7

试求：

（1）$x(n)$、$x(n-1)$、$x(n-2)$、$x(n+1)$ 和 $x(n+2)$ 的双边 z 变换；

（2）$x(n)$、$x(n-1)$、$x(n-2)$、$x(n+1)$ 和 $x(n+2)$ 的单边 z 变换。

7.8　已知 z 变换式 $X(z)$ 和 $Y(z)$，求 $x(n)$ 与 $y(n)$ 卷积的 z 变换。

（1）$X(z)=\dfrac{1}{1-0.6z^{-1}}$　　（$|z|>0.6$），$Y(z)=\dfrac{1}{1-2z}$　　（$|z|>0.5$）

（2）$X(z)=\dfrac{0.99}{(1-0.1z^{-1})(1-0.1z)}$　　（$0.1<|z|<10$），$Y(z)=\dfrac{1}{1-5z}$　　（$|z|>0.2$）

（3）$X(z)=\dfrac{z}{z-\mathrm{e}^{-b}}$　　（$|z|>\mathrm{e}^{-b}$），$Y(z)=\dfrac{z\sin\Omega_0}{z^2-2z\cos\Omega_0+1}$　　（$|z|>1$）

7.9　求下列 z 变换所对应的序列。

（1）$X(z)=\dfrac{1}{1+0.5z^{-1}}$，$\quad|z|>\dfrac{1}{2}$　　　　（2）$X(z)=\dfrac{1-0.5z^{-1}}{1+3/4z^{-1}+1/8z^{-2}}$，$\quad|z|<\dfrac{1}{2}$

（3）$X(z)=\dfrac{1-0.5z^{-1}}{1-0.25z^{-2}}$，$\quad|z|>\dfrac{1}{2}$　　　　（4）$X(z)=\dfrac{9z^2}{9z^2-9z+2}$，$\quad|z|>\dfrac{2}{3}$

（5）$X(z)=\dfrac{9z^2}{9z^2-9z+2}$，$\quad|z|<\dfrac{1}{3}$　　　　（6）$X(z)=\dfrac{9z^2}{9z^2-9z+2}$，$\quad\dfrac{1}{3}<|z|<\dfrac{2}{3}$

7.10　求下列 z 变换式的 z 反变换。

（1）$X(z)=\dfrac{1}{z^2-5z+6}$　　　　（2）$X(z)=\dfrac{z^{-1}}{(1-6z^{-1})^2}$

7.11　已知因果系统的差分方程为
（1）$y(n-2)-1.2y(n-1)+0.36y(n)=x(n)$
（2）$y(n)-1.2y(n-1)+0.36y(n-2)=x(n)$
（3）$y(n)-2y(n-1)+0.25y(n-2)=x(n)+0.5x(n-1)$
（4）$y(n)-2y(n-2)+0.25y(n-3)=x(n)$
求系统函数，判断系统的稳定性，并画出系统的结构图。

7.12　已知系统函数
（1）$H(z)=\dfrac{1}{(z-0.5)(z+0.6)}$，$\quad|z|>0.6$　　（2）$H(z)=\dfrac{1}{(z-0.5\mathrm{j})(z+0.5\mathrm{j})}$，$\quad|z|>0.5$

（3）$H(z)=\dfrac{1}{(z-2)(z-0.5)}$，$\quad|z|>2$　　（4）$H(z)=\dfrac{1}{z^2-1.2z+0.36}$，$\quad|z|>0.6$

（5）$H(z)=\dfrac{1}{z^2-0.25}$，$\quad|z|>0.5$

求系统的单位样值响应，写出系统的差分方程，并判断系统的稳定性。

7.13　已知系统函数
（1）$H(z)=\dfrac{1}{z^2-1.2z+0.36}$，$\quad|z|>0.6$　　（2）$H(z)=\dfrac{1}{z^2-0.25}$，$\quad|z|>0.5$

（3）$H(z)=\dfrac{1}{z^2-2.5z+1}$，$\quad|z|>2$

求系统的频率响应，并画出系统的频谱图。

7.14　已知系统函数
（1）$H(z)=\dfrac{1}{z^2-1.2z+0.36}$，$\quad|z|>0.6$　　　　（2）$H(z)=\dfrac{1}{z^2-0.25}$，$\quad|z|>0.5$

（3）$H(z)=\dfrac{1}{z^2-2.5z+1}$, $\quad |z|>2$

求系统的差分方程，并画出系统的结构图。

7.15 已知某实际系统的待测量信号的带宽为 0～1Hz，由于空间电磁场的干扰，干扰信号的带宽为 49.5～50.5Hz，试设计一个信号采集与处理系统，滤除干扰信号并提取有效信号，并分析系统的性能（稳定性和频率特性）。

MATLAB 习题 7

M7.1 求出下列序列的 z 变换 $X(z)$，并标明收敛域。

（1）$\left(\dfrac{1}{5}\right)^n \varepsilon(n)$ 　　（2）$(a)^n \varepsilon(n)$ 　　（3）$\left(\dfrac{1}{6}\right)^{-n} \varepsilon(n)$

（4）$(a)^{-n} \varepsilon(n)$ 　　（5）$-\left(\dfrac{1}{3}\right)^{n-1} \varepsilon(n)$ 　　（6）$\delta(n-2)$

（7）$\left(\dfrac{1}{4}\right)^n [\varepsilon(n)-\varepsilon(n-5)]$ 　　（8）$\left(\dfrac{1}{2}\right)^n \varepsilon(n)+\left(\dfrac{1}{3}\right)^n \varepsilon(n-2)$ 　　（9）$\delta(n)-\dfrac{1}{5}\delta(n-3)$

M7.2 已知因果序列的 z 变换为

（1）$X(z)=\dfrac{0.5z^{-1}}{1-2.5z^{-1}+z^{-2}}$; 　　（2）$X(z)=\dfrac{z}{z^2-2.5z+1}$

（3）$X(z)=\dfrac{1+z^{-1}+z^{-2}}{(1+z^{-1})(1-2z^{-1})}$; 　　（4）$X(z)=\dfrac{z^2}{z^2-1.5z+0.5}$

求其 z 反变换。

M7.3 求 z 变换所对应的因果序列。

（1）$X(z)=\dfrac{1}{1+0.5z^{-1}}$, $\quad |z|>\dfrac{1}{2}$ 　　（2）$X(z)=\dfrac{1-0.5z^{-1}}{1-0.25z^{-2}}$, $\quad |z|>\dfrac{1}{2}$

（3）$X(z)=\dfrac{9z^2}{9z^2-9z+2}$, $\quad |z|>\dfrac{2}{3}$ 　　（4）$X(z)=\dfrac{1}{z^2-5z+6}$

（5）$X(z)=\dfrac{z^{-1}}{(1-6z^{-1})^2}$ 　　（6）$X(z)=\dfrac{-9z^2-13z}{(z+0.5)(z+2)(z-3)}$

M7.4 已知系统函数

（1）$H(z)=\dfrac{1}{z^2-1.2z+0.36}$, $|z|>0.6$ 　　（2）$H(z)=\dfrac{1}{z^2-0.25}$, $|z|>0.5$

（3）$H(z)=\dfrac{1}{z^2-2.5z+1}$, $|z|>2$

画出系统的频谱图和零、极点分布图，求系统的单位样值响应。

参 考 文 献

[1] 郑君里，等．信号与系统[M]．2 版．北京：高等教育出版社，2000．

[2] 郑君里，等．信号与系统引论[M]．北京：高等教育出版社，2009．

[3] 郑君里．教与写的记忆——信号与系统评注[M]．北京：高等教育出版社，2005．

[4] 管致中，等．信号与线性系统[M]．5 版．北京：高等教育出版社，2011．

[5] 徐守时，等．信号与系统理论、方法和应用[M]．2 版．合肥：中国科学技术大学出版社，2010．

[6] 徐守时．信号与系统[M]．2 版．北京：清华大学出版社，2016．

[7] A.V.OPPENHEIM，等．离散时间信号处理[M]．刘树棠，等译．2 版．西安：西安交通大学出版社，2001．

[8] A.V.OPPENHEIM，等．信号与系统[M]．刘树棠，译．2 版．西安：西安交通大学出版社，1998．

[9] Simon Haykin，等．信号与系统[M]．林秩盛，等译．2 版．北京：电子工业出版社，2013．

[10] 胡钋，等．信号与系统[M]．北京：中国电力出版社，2009．

[11] 陈生潭，等．信号与系统[M]．4 版．西安：西安电子科技大学出版社，2014．

[12] 陈后金，等．信号与系统[M]．2 版．北京：高等教育出版社，2015．

[13] The MathWorks, Inc. MATLAB——科学计算语言[EB/OL]．https://ww2.mathworks.cn，2022．

[14] 王正林，等．精通 MATLAB7[M]．北京：电子工业出版社，2006．

[15] 陈明，等．MATLAB7 函数和实例速查手册[M]．北京：人民邮电出版社，2014．

[16] 梁虹，等．信号与系统分析及 MATLAB 实现[M]．北京：电子工业出版社，2002．

[17] 徐利民，等．基于 MATLAB 的信号与系统实验教程[M]．北京：清华大学出版社，2010．

[18] 王颖民．信号与系统实验[M]．成都：西南交通大学出版社，2010．

[19] 任玉杰，等．高等数学及其 MATLAB 实现[M]．广州：中山大学出版社，2013．

[20] 上海交通大学数学系．复变函数与积分变换[M]．上海：上海交通大学出版社，2012．

[21] 白艳萍，等．复变函数与积分变换[M]．北京：国防工业出版社，2004．

反侵权盗版声明

　　电子工业出版社依法对本作品享有专有出版权。任何未经权利人书面许可，复制、销售或通过信息网络传播本作品的行为；歪曲、篡改、剽窃本作品的行为，均违反《中华人民共和国著作权法》，其行为人应承担相应的民事责任和行政责任，构成犯罪的，将被依法追究刑事责任。

　　为了维护市场秩序，保护权利人的合法权益，我社将依法查处和打击侵权盗版的单位和个人。欢迎社会各界人士积极举报侵权盗版行为，本社将奖励举报有功人员，并保证举报人的信息不被泄露。

举报电话：（010）88254396；（010）88258888

传　　真：（010）88254397

E-mail： dbqq@phei.com.cn

通信地址：北京市海淀区万寿路 173 信箱

　　　　　电子工业出版社总编办公室

邮　　编：100036